통계와 확률 교육

김응환 · 이석훈 지음

KM 경문사

머리말

통계와 자료분석은 새로운 발견의 여정이다. 또한 이것은 데이터와 수학적 모델 사이의 대화를 반복하는 것이다.

이 책은 대학이나 초·중·고등학교 수학에서 통계학과 확률론을 배우고 가르치기 위한 토론과 실험의 지도 전략을 구안한 것이다. 그리고 사범대학이나 일반대학에서 기초통계학개론 수준의 통계교육 내용과 통계학자들의 스토리 역사와 함께 임용고사에 관한 내용을 간략하게 소개하였다.

일반적으로 학교수학에서 수학의 연역적인 공부에 치중한 우리들은 연역적 사고와 입시교육에 익숙해져 있다. 이런 환경에서 통계학적 사고의 대부분이 귀납적인 사고체계 속에서 모델 구축을 통한 불확실성을 추론하는 것을 배우자니 통계학이 어렵게 생각되는 것이다.

이 책에서는 가능한 한 귀납적인 사고의 틀을 따라 과학적인 실험을 통한 탐구와 개념이해 중심의 교수방법을 도입하려고 노력하였다. 각 장에 있는 실험과제와 토론과 실험에서 학생과 교사 간의 대화를 통한 이야기 속의 비밀에 있다. 아마도 가벼운 호기심과 함께 인내심을 가지고 본 교재를 따라가다 보면 자연스레 통계학의 제반 개념들과 생소한 통계용어들의 의미에 대한 깊은 이해가 되리라고 믿는다.

이 책을 통하여 학생들이 통계지식이 실생활과 그대로 연결된 유용한 지식이라는 내적 동기 유발과 함께, 실험과 토론을 통한 통계수업에 대한 수학교사의 교사교육을 개선하는 데 도움이 되었으면 한다.

통계에 관한 여러 가지 모호한 개념들이 맑아지고 통계 공부와 가르치기가 즐거워지기를 바란다. 특히 우리들 모두가 정직하고 적극적인 통계생산자로서 그리고 지혜로운 통계소비자로서 성장하여 대한민국이 신뢰사회 구축과 건강한 사회로 더욱 발전하기를 바라는 마음이 간절하다.

끝으로 이 책을 만들기까지 정성과 세심함으로 애써주신 경문사 가족들께 감사드리며 항상 곁에서 묵묵히 지며보며 헌신적인 도움을 준 가족과 주위 분들에게도 감사드린다.

2015년 2월

지은이

차 례

1장 통계교육의 안내

2장 자료의 수집

3장 자료의 표현

4장 확률

5장 확률변수

6장 확률분포

7장 표집분포

8장 통계적 추정

9장 가설검정

10장 범주형 자료분석

11장 분산분석

12장 회귀분석

부록

Teaching Statistics and Probability

1장 통계교육의 안내

1.1 통계교육의 필요성

우리는 '왜(WHY)' 통계를 배워야 하는가?

우리는 매일 생활 속에서 신문, 방송, 잡지와 인터넷 등의 대중매체로부터 통계 수치와 그래픽 정보를 만나면서 지식과 경험 그리고 교육을 통해 성장한다. 또한 통신과 컴퓨터의 발달로 누적 기록된 방대한 데이터(big data)를 다룰 수 있게 되었다. 이제 우리들과 모든 학생들은 어떤 직업을 갖게 되더라도 자기 관심분야의 데이터를 이해하고 통계수치, 표, 차트와 그래픽을 사용하여 정보를 생산하고 대량의 데이터를 분석하고 가공하는 능력을 길러야 한다. 그리고 다음 3가지의 통계교육 필요성과 더불어 합리적인 의사결정을 하는 자유민주주의의 시민으로서 미래의 지식경제 사회를 살아가기 위한 기본 능력인 통계지식을 절대적으로 갖추어야 하게끔 사회가 요구하고 있다.

실용성과 실생활의 도구

통계는 사용되지 않는 곳이 없는 실생활 도구로서 그 유용성이야말로 설명이 필요 없을 정도이다. 예를 든다면 우리는 매일 취업률 통계나 경기지수나 물가지수나 일기예보 등을 들으면서 통계와 확률의 사용에 익숙해져 있다. 바이오(bio)산업의 신약개발에 대한 성공과 그 부작용에 대한 검정을 원한다. 시시각각 변하는 환율이나 주가에 대응하거나 선물과 파생시장에서의 예측과 위험관리와 제조업에서의 신상품 판매를 위한 마케팅을 위한 시장조사를 한다. 보험회사의 생명표나 인구통계의 이용이나 TV제조 공장에서의 품질관리, 경영에서의 6시그마운동 등에도 통계와 확률이 상시 이용되고 있다. 감독과 코치들은 프로 운동선수들의 각 경기에 기여하는 바를 오랜 기간 관찰한 데이터를 통계적으로 분석하여 잠재력이 있는 선수들을 관리한다. 우리들은 각종 선거 여론조사에서 바이어스(bias, 편향)의 위험(risk)이 있음에도 불구하고 선거에서 승리하기 위한 가장 좋은 전략구상의 한 방편으로서 통계를 요긴하게 사용한다.

창의성과 탐구정신 함양

통계를 공부하게 되면 우리는 늘 잘 모르거나 아직 알려져 있지 않은 관심이 있는 대상에 대하여 창의적인 관점과 호기심을 갖게 된다. "이것이 궁금한데?" 혹은 "왜 안 되지?"라는 새로운 질문을 던지고 강력한 내적 동기유발과 함께 수학적 모델링을 통하여 이를 해결하기 위한 탐구정신을 연마하게 되는 기회를 갖게 된다.

적극적인 통계 생산자와 지혜로운 통계 소비자 양성

더 나아가서 학생들과 우리들은 유익하고 유용한 통계 정보의 적극적인 통계 생산자로서뿐만 아니라 지혜로운 통계 소비자로서 범람하는 정보 가운데 비평적인 안목을 가지고 옥석을 구분하고 현혹됨이 없이 자료의 왜곡된 해석을 방지하고 눈가림을 극복할 수 있게 된다. 즉 통계적 문맹을 극복하여 각종 아이디어를 표나 그래프로 정직하게 묘사와 표현을 할 수 있고, 접하는 데이터와 그 분석결과에 대한 관계적 배경을 이해할 수 있어 올바른 해석을 할 수 있게 된다. 이를 통해 보다 발전되고 건강한 쪽으로 세계를 변화시킬 수 있는 잠재력과 능력을 겸비하게 되는데, 이러한 장점들이 통계 지식을 배워야 하고 통계교육을 해야 하는 필요성을 말해주고 있다.

1.2 통계교육 방법의 변화

우리는 어떻게(HOW) 통계를 가르치고 배워야 하는가?

다수의 학생들과 일반인들이 '통계'하면 어려운 과목이라는 이미지를 갖고 있다고 생각되는데, '왜(why)'라는 질문을 5번 정도 곰곰이 해보면 그 답이 보일 것이다. 지금까지 우리는 중·고등학교의 학교수학(School Mathematics)에서 통계와 확률 단원 내용 중에 주로 순열과 조합, 확률계산 등의 어려운 입시문제를 해결하기 위한 목적으로 학생들을 어렵게 만들고 있었다고 생각한다. 또한 일반인들은 기초통계학을 수학의 범주 속에서 배우고 개념적 이해가 덜된 상태에서 어설프게 자기분야의 통계처리 논문 등을 직접 해결해야 하는 중요한 과제 앞에 서게 되니 두려움이 생기고 자신감이 결여되었던 것에 그 원인이 있다고 생각된다. 그렇다면 우리는 '통계교육방법에 어떠한 변화를 꾀하고 실행해야 하는가'라는 물음에 답을 생각해 볼 수 있다.

첫째, 통계단원을 철저하게 귀납적인 방법으로 토론과 실험을 통하여 지도해야 한다.

통계와 자료분석은 발견의 여정이다. 또한 이것은 데이터와 수학적 모델 사이의 대화를 반복하는 것이다. 데이터에 관해 배우면서 모델을 개선하고 새로운 질문들을 또다시 만드는 것이다. 중·고등학교의 수학교사들은 통계와 확률 교육의 궁극적인 학습목표에 대하여 지금과는 다르게 생각해야 한다. 아마도 그동안에는 짧은 시간 내에 통계와 확률의 기본개념에 대한 결론을 축약하여 서둘러 지도하고 귀납적 성격이 강한 내용임에도 불구하고 이를 연역적인 수학을 지도할 때처럼 연역적으로 최종 결론만을 요약 지도함으로써 학생들이 이해하기 어려웠던 것이라고 생각이 든다.

통계와 자료분석을 귀납적이면서 더 구체적으로 실험과 경험을 강조하고, 반면에 조합론과 확률이론 교육은 수학과 같이 연역적으로 지도해야 한다고 생각한다. 그리고 교수학습방법에 있어서도 소집단 토론식과 활동 중심의 실험수업을 권장하는 등 다양한 교육방법의 조화와 균형을 도모해야 한다.

통계의 개념과 원리를 이해하기 위해서는 학생들은 구체적인 현실 자료를 직접 다루지 않으면 안 된다. 학생들이 현실 자료를 직접 다룸으로써 손 조작을 통한 경험을 통하여 자기 스스로 관심이 있는 문제에 창의적인 질문을 제기하고, 그 문제를 해결하기 위한 자료를 자기 나름대로 수집하여 정리하고 조직하며 가공할 수 있어야 한다. 그리고 결과를 요약정리하여 창의적으로 표현하고 의사결정 자료로 사용하는 훈련을 수업을 통하여 자연스럽게 연습해야 한다.

둘째, 통계학의 용어에 대한 개념과 원리를 정확하게 이해하도록 가르쳐야 한다.

통계학을 배운다는 것은 실제적으로 통계 분야에서 주로 사용되는 통계학의 새로운 용어(terminology)를 배우는 것과 같다. 우리가 매일 사회생활에서 사용하는 언어라 할지라도 그 단어가 통계학에서 어떻게 정의되고 사용되느냐에 따라 의미가 다를 수 있다. 그러므로 학생들은 통계학 분야에서 정확한 의사소통을 위하여 통계 용어를 정확하게 배워야 한다.

셋째, 통계학이 대상으로 하는 불확실성에 대한 접근방법의 이해를 포함한 다양한 자연현상과 변화무쌍한 사회적 현상에 대한 근본적인 수학적 모델링에 대한 깊은 이해를 지도해야 한다. 또한 실생활 속에서 통계의 활용을 통하여 패턴들을 발견하는 것을 연습할 수 있어야 한다.

넷째, 관심 주제에 대한 활동에 참여하여 통계의 개념적 이해와 함께 실질적인 데이터 분석에 대한 경험을 종이와 연필을 사용하는 것도 중요하지만 컴퓨터 등의 공학적 도구(technology)로 잘 알려진 통계분석 s/w패키지(SAS, SPSS, MATH LAB 등)의 소개와 활용도 가능하다.

1.3 통계학과 통계적 사고

1) 통계학이란 무엇을 대상(Objects)으로 연구하는 학문인가?

우리는 보통 통계학(statistics)이라고 하면 "수(number)를 다루는 것이 수학"인 것처럼 "데이터(data)를 다루는 것이 통계학"일 것이라고 간편하게 생각한다. 좀 더 형식적으로 설명하자면 "수학이란 패턴과 질서의 과학이다(Mathematics is science of pattern and order)."라고 정의할 수 있고, "통계학은 데이터의 과학이다(Statistics is science of data)."라고 말할 수 있다. 여기서 우리는 통계학이라는 산을 탐험하기 위해 우선 통계학의 대상은 무엇인지를 생각해 보자.

의학의 대상이 인간의 질병 치료라거나 생물학의 대상이 무생물이 아닌 생명체인 것처럼 구체적으로 그 학문의 연구 대상이 떠오른다. 그렇다면 진정 통계학은 관심 대상으로 하는 것이 무엇일까? 당신은 무엇이라고 생각하는가? 잘 안 떠오르는데......

> 통계학의 대상은 불확실성(uncertainty) 그 자체이다.

불확실성이 무엇인지 그 그림이 잘 떠오르지 않으니 더 난감할 수도 있지만, 늘 변하고 있는 여러 가지 자연현상과 사회현상 속에 숨어있어 안 보이는, 즉 알려져 있지 않은(unknown) 불확실성 혹은 다양성을 연구 대상으로 하는 것이다. 예를 들면 생을 걸고 창업을 하려고 하는데 그 사업의 시장이 있긴 있는가, 얼마나 큰가 등등은 불확실하고 알 수가 없다. 어느 지역의 시장선거에 출마하고자 하는데 그 지역의 민심이 어느 정도인지 불확실하다. 우리는 어떻게 이 특별한 관심분야의 불확실한 것을 잡아볼 수 있을까가 그 대상이 되는 것이다. 즉 의학통계, 농업통계, 경제통계, 생물통계, 인구통계, 경영통계 등등의 각 분야에 내재되어 있는 본질적인 불확실성과 다양성을 탐구하기 위하여 통계학이 각 영역에 공통적으로 감초처럼 등장하는 것이다.

그렇다면 우리는 특별한 관심분야의 이 불확실성, 변동성, 다양성들을 어떻게 통제하고 관찰하고 관리하면서 어떤 틀과 구조에 잡아넣을 수가 있을까를 궁리하게 된다. 궁극적으로 "궁하면 통한다"는 속담과 마찬가지로 우리 인류는 불굴의 인내와 창의와 용기와 과학정신으로 이 불확실성을 담으려는 수많은 노력의 결실로서 서기 1600년경부터 서서히 수학과 과학으로부터 독립하여 신생학문인 통계학을 탄생시키게 된다. 이 통계학을 배우고 활용함으로써 우리는 이제 우연인 듯이 보이는 다양성과 변동성 그리고 미래의 불확실성을 포함한 현실 상황 속에서 일생일대의 선택과 의사결정을 즉흥적이거나 직관적인 것을 넘어서서 보다 더 객관적으로 실행할 수 있게 되었다. 통계학에 대한 일반적인 정의를 내리면 다음과 같다.

> 통계학이란 관심분야의 현상에 대한 불확실성을 대상으로 하여 데이터를 수집하고 정리하여 이 불확실성과 변동성과 다양성에 대한 모델을 설정하고, 추론하거나 예측하고 의사결정을 하는 학문이다.

통계학의 위상은 수학의 일부분으로 확률론과 함께 인식이 되고 있기는 하지만 수학과 확률론과 과학의 입장이 융합되어 있는 특별한 영역의 학문이다. 관심이 있는 영역이나 집단에 대한 불확실성이라는 현상은 우리 주변에 늘 일어날 수 있는 다양성(variability)이거나 가능성(possibility)이거나 우연(chance)이거나 확률(probability)이거나 위험(risk)으로서의 의미를 함축하고 있기도 하다. 그렇기 때문에 관심 집단에 대한 여러 가지 불확실성에 대한 인식과 견해를 가질 수가 있다. 특히 통계학 공부를 위해서 확률과 확률분포 등을 배워야 하는 것은 확률실험을 통한 불확실한 현상을 통제하거나 관찰하는 적절한 연습을 할 수 있고, 불확실성과 다양성을 포함한 자연현상에 대한 과학적 접근과 유용한 수학적 모델링에 필수적이기 때문이다.

통계학에서 불확실성에 대한 접근은 그 관심분야의 수량화(Quantification)된 데이터가 필요하다. 이 데이터는 기록이 되고 또한 누적되어야 하며 기록되기 위해서는 측정이 되어야 하고 수량화가 이루어져야 한다. 이때 측정에는 각 측정의 단위(unit)가 필요하게 된다.

Data(Quant) ← Record ← Measurement ← Unit

통계학(statistics)의 어원은 역사적으로 보면 라틴어인 status에 있으며 18세기에 들어와 독일어인 statistik를 구체적으로 사용하였다고 한다. 그 어원의 의미로는 국가에 관련된 자료를 연구하는 학문(political arithmetic 정치산술)이라는 것이고 또 다른 하나는 어떤 상태(state)에 관한 양적인 자료를 다루는 학문이라는 뜻을 가지고 있다.

통계학을 기술통계학(descriptive statistics)과 추론통계학(inferential statistics)으로 분류하기도 한다. 기술통계학은 자료를 수집하고, 요약정리하여 그래픽과 표를 만들고 조직하고 표현하고 해석하는 것을 말한다. 이 내용은 초등학교와 중학교 수준에서 주로 다룬다. 추론통계학은 확률과 통계를 이용하여 추측이나 추론을 하는 영역으로, 고등학교나 대학에서 주로 다루게 된다.

통계학을 수리통계학과 응용통계학으로도 구분할 수 있는데 수리통계학은 확률론과 통계적 추론 등에서의 통계의 수학적 기본이론을 다루는 이론통계분야이고, 응용통계학은 수리통계에서 확립된 이론을 각 관심분야에 필요한 상태로 적용하는 방법론적 분야이다. 이 응용의 분야에는 표본조사론, 회귀분석, 분산분석, 범주형자료분석, 다변량분석, 시계열분석, 통계적 품질관리, 실험설계, BIG DATA 연구 등 여러 가지가 있다.

2) 통계적 사고(Statistical Thinking)란 무엇인가

우리는 통계학 학문에서 요구되는 사고방법으로서 "통계적 사고(statistical thinking)"를 특별히 생각할 필요가 있다. 왜냐하면 우리에게는 학생들과 일반인들에게 유용한 통계학을 가르치고 배우게 하는 것이 중요하고, 더 나아가 보다 통계학에 대한 근본적인 개념적 이해를 통한 건강한 통계적 사고방법의 훈련과 통계적 마인드(mind)의 형성이 통계교육 과정에서 절실하게 필요하기 때문이다. 그러면 통계학 고유의 사고방법은 무엇일까를 생각해 보자.

16~17세기에 들어와서 천문학자, 지리학자, 사회학자들에 의해 그들의 고유분야에서 관찰이 이루어지고 양적인 개념(quantitative concept)이 생겨나고 수량화의 혁신으로 데이터의 누적이 이루어지게 됨으로서 라이프니츠의 말처럼 "대체로 볼 때 그러하다"라는 관점에 대해 서서히 통계학이 지식의 한 종류로 인식되기 시작하였다.

우리는 대체로 지식을 얻는 데 두 가지 도구를 사용한다. 그 하나는 직접적으로 오감을 통한 경험적 인지에 의해 지식을 얻는 것이고, 다른 하나는 간접적인 추론과 증명에 의해 지식을 얻는 것이다. 후자인 추론에 의한 것은 대체로 연역적 방법과 귀납적 방법이 있다. 이들은 공히 어떤 전제로부터 시작하여 추론을 거쳐서 어떤 결론을 유도한다.

가) 연역적 사고

연역적 사고(deductive thinking)란 "순수수학이 연역적 논리를 바탕으로 한다"라고 버트란트 러셀이 말한 대로, 논리적 모순이 없이 연역적으로 논리에 의하여 모순이 없는 절대 결론을 유도하는 사고방법이다. 이때 얻어진 결론은 변경되지 않는다. 대부분의 수학적 사고가 이에 속한다.

연역적 논리에서는 결론이 전제로서 사용되며 그의 전제 하에 모순이거나 불일치하는 경우 결론을 부정하게 된다. 예를 들어 일상생활에서 기차가 30분 간격으로 출발한다면 우리는 이를 전제로 판단하고 행동할 것이다. 만약 시간이 되어도 기차가 안 온다면 우리는 당연히 어떤 사고가 났겠구나하고 생각하게 된다. 특히 순수수학은 연역적 추론을 바탕으로 구축되었다. 약속된 전제 하에 논리의 모순이 없이 전개해 나가는 것이다. 즉 연역에 의해 생성된 지식은 항진(tautological)이다. 2000여 년간 내려오는 유클리드 기하학이 대표적이다.

나) 귀납적 사고

귀납적 사고(inductive thinking)란 여러 가지 증거들을 수집한 연후에 이 관찰을 토대로 결론을 만들어가는 사고 방법이라고 할 수 있다. 즉 결론을 만들어 가는 과정 중에 있기 때문에 최종 결론은 어느 순간에도 변경될 수가 있다. 이는 대부분의 과학적 사고를 일컫는다.

귀납적 논리에서는 전제가 결론을 말해주는 것이 아니고, 이 전제들은 결론을 지지하고 이끌어내기 위해 제공되는 증거들로서 연역법과는 반대이다. 여기서 전제들이 충분하지 못할 수도 있지만 결론을 유도하는 데 필요하기도 하고 그렇지 않기도 한다. 일상생활에서 소위 상식 또는 경험해 본 결과 등으로 불리는 것이 귀납적 추론이다. 예를 들어 기차역에 가는데 경험적으로 1시간쯤 걸린다면 우리는 1시간 전에 미리 출발을 할 것이다. 이것이 귀납적 추론 방법으로 마음의 결정을 하게 되는 것이다. 다양한 상황에서 여러 번의 실행과 관찰 끝에 이를 바탕으로 얻게 되는 합리적인 추측을 말한다. 많은 분야에서의 "전문가 의견"은 거의 귀납적 추론을 말한다.

귀납법의 형태에는 두 가지를 생각할 수 있다. 하나는 일부분을 보고 전체에 관한 결론을 유도하는 것으로서 사전 인지나 가설이 없이 귀납적으로 추론하는 것이고, 다른 하나는 가설을 설정하고 증거를 찾아 나서는 형태를 취한다. 귀납법이 전자는 탐색과 발견의 도구로, 후자는 가설에 대한 통계적 검정(test)으로 사용된다.

귀납적 결론이 힘을 받는 경우는 오직 충분한 증거가 뒷받침될 때이다. 증거가 충분할 때는 언제든지 결론의 내용이 추가되거나 변경될 수가 있다. 연역법에서는 이미 전제가 참진이고 핵심사항이기 때문에 이것이 불가능하다.

다) 과학적 사고의 발전사

역사적으로 증명과 추론에서 연역과 귀납의 채택은 생각하는 힘이 있는 인류의 탄생과 그 시작을 함께 한다. 그러나 오랫동안 제도적으로 연구되어 온 것은 연역적 사고 체계이다. 이것은 고대 그리스의 철학자들인 피타고라스, 플라톤, 아리스토텔레스 등이 전통적으로 지식을 얻을 수 있는 수단으로서 개념과 자신의 믿음을 기초로 한 연역에 과도하게 무게중심을 두었던 영향이다. 오감에 의한 경험과 관찰로 얻어진 지식은 그 가치를 인정받지 못했다. 서양에서는 그리스의 연역적 사고와 기독교적 신성의 혼합된 전통이 중세까지도 이어진다. 14세기경에 이르러 유럽의 르네상스 이후에 인쇄술과 과학의 발명품들 덕분에 지식이 전파되고 측정된 데이터가 누적되면서 이러한 연역적 사고는 과학의 실험적 사고로 그 패러다임의 변화를 시작한다.

코페르니쿠스(1473~1543), 케플러(1571~1630), 갈릴레오(1564~1642) 등은 16~17세기에 걸쳐 천문학과 역학에서 결정적 발견을 하게 된다. 여기에 뉴턴(1642~1720)의 성취는 과학의 팡파르를 울리는 기폭제가 된다. 자연과 사회에 대한 이러한 새로운 인식과 지식은 자료를 수집하는 고집스런 인내와 구체적 사실로부터 법칙을 발견하고자 하는 인간의 굳건한 의지와 노력을 요구했다. 이 당시 망원경, 현미경, 온도계, 나침반 등과 같은 도구들을 발견하고 수량화의 혁신을 통하여 보다 유용한 관찰들과 측정 자료를 얻기가 쉽게 되었다. 이러한 사회적 변화는 새로운 과학적 발견에 실험적 방법과 귀납적 추론을 사용하지 않을 수 없게 하였다.

사이몬 스테빈(simon stevin, 1548~1620)은 네덜란드의 유명한 국가적 실용수학자이다. 그는 들판에서 바닷물을 퍼내어 땅을 건조시켜야 했던 네덜란드의 풍차를 수학적으로 연구하여 기존 풍차의 에너지 효율을 3배나 높임으로 수학과 에너지 공학을 연결시켰다. 그는 이것을 특허내고 이를 국가에서 지적재산으로 보호해주고 보상을 해줌으로써 에너지의 효율성과 변환에 대한 과학적 발명과 경제(돈)와 수학과의 관계가 시작되었다. 이것은 곧 에너지의 변환과 효율성이 큰 돈을 벌게 해주는 것을 최초로 보여준 사례이다. 이 사례는 누구에게나 자신의 아이디어로 수학과 에너지의 변환 관계의 창의적인 발명을 하고자 하는 강력한 동기유발이 되었다. 이후 영국과 유럽 등에서 증기기관차와 전기의 발명 등 과학과 기술의 혁신이 이어진다.

프란시스 베이컨(1561~1626)은 이 과학적 사고영역의 개척자로 언급된다. 그는 의심 없이 받아들이는 영역에 대하여 비판을 가하고 여러 자연현상 뒤에 숨어있는 인과법칙의 발견을 위한 귀납적 조사의 힘과 전망을 주장했다.

존 로크(1632~1704)는 지식에 경험적 접근을 시도한다. 그의 경험주의 철학의 핵심은 "모든 지식은 경험으로부터 나온다."라는 것이다. 이러한 관점은 귀납법의 중요성에 대한 일반 사람들의 인식의 거리를 좁히는 계기가 되었다. 그는 그의 책 "Essay Concerning Human Understanding (1690)"에서 귀납적 추론의 적용원리를 말하고 있으며 귀납적 결론을 이끌기 위한 모든 사용 가능한 유용한 정보를 취합할 필요성을 강조함으로써 통계적 마인드의 일반적인 핵심을 말해주고 있다.

일반적으로 우리는 알고 싶은 주제들이 있으면 자료를 수집한다. 이때 특별한 관심의 대상인 어떤 주변상황에 대한 추측이나 문제제기로서의 특별한 가설을 설정하게 된다. 그다음 새로운 가설이나 이론을 검정(test)하기를 원하고 이럴 경우 문제를 해결하거나 설정된 가설을 입증하기 위한 증거로서 자료인 데이터를 수집해야 한다. 그리고 수집된 데이터를 분석하여 결과를 요약한 다음 우리가 생각했던 가설이 합당한지 아닌지의 의사결정을 해야 한다. 또한 생각했던 이론이나 가설을 반성하여 개선해야 할지도 모른다. 이러한 일련의 과정들은 과학적 사고방법으로서 다음의 순서와 같이 4단계로 요약될 수 있다.

〈과학적 사고 방법〉

단계1: 이론이나 가설을 형식화하기
단계2: 이론과 가설의 검정을 위한 자료수집하기
단계3: 자료 분석과 요약하기
단계4: 결과의 해석과 의사결정하기

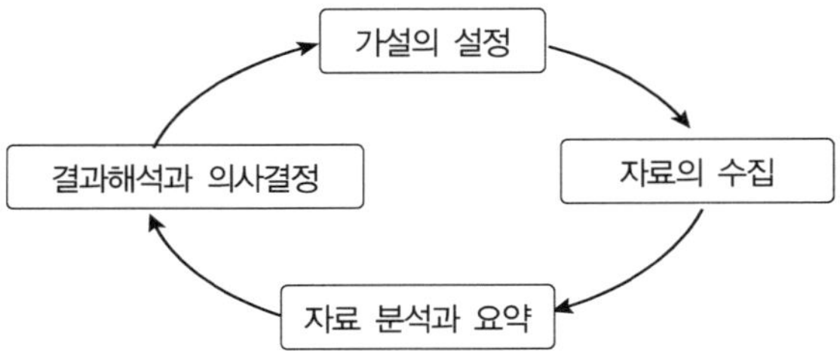

라) 통계적 사고

통계적 사고는 귀납적 논리를 바탕으로 한 귀납적 사고를 주로 하지만 연역적 논리를 바탕으로 한 연역적 사고를 동시에 행하는 특징이 있다. 통계학은 불확실성과 다양성과 변동성을 연구대상으로 하기 때문에 관심집단으로부터의 수집된 데이터로부터 증거(evidence)를 바탕으로 문제해결의 어떤 결론을 이끌어내는 귀납적 관점으로서의 지식이다. 하지만 동시에 실제로는 통계학 이론은 확률론과 수학을 바탕으로 하는 연역적 논리를 언제나 기초로 하고 있는 것이다.

예를 들면 수학과 언어 성적의 상관계수가 0.65라고 계산되었을 때는 이 두 능력간의 관계를 이 증거를 바탕으로 일반화하려는 논의와 노력을 하게 된다. 그러므로 어느 통계가 시야에 들어오면 우리는 공공연히 또는 암암리에 귀납적 사고의 어떤 형태와 내면에 연역적 사고의 틀을 취하고 있음을 발견하게 된다. 일반적으로 판단(judgement)을 위한 문제 해결 측면은 실험과 관찰들이 곧 증거가 되는 것이다. 이러한 증거는 인지적 세계의 측정에 관련되어 있기에 결론 또한 실세계와 관련되어 있다. 판단을 위한 귀납적 접근법은 대체로 통계적 방법을 따른다는 것이다.

결론적으로 "통계적 사고는 불확실성을 포함한 현상에 대한 인식의 방법으로서 주로 귀납적 사고를 이용한 과학적 사고이다"라고 말할 수 있다.

마) 통계적 사고로서의 모델적 인식방법

실생활의 현장문제의 답을 얻기 위한 통계적 아이디어의 접근은 실제적인 문제해결과정에서 매우 유용하다. 우리는 관심이 있지만 알려지지 않은(unknown) 불확실성을 포함한 현상에 대한 추측과 인식의 접근방법을 두 가지로 구분할 수 있다고 생각한다. 하나는 경험적(experience)으로 인식하는 방법이고, 다른 하나는 모델(model)로 인식하는 방법이다.

경험적 인식방법은 관심의 대상이 되는 불확실성을 포함한 현상에 대하여 관찰과 실험을 통한 경험의 누적을 통하여 자료를 수집하고 이를 정리하고 요약하는 것이다.

예를 들면 동전을 100번 던져서 앞면이 나오는 횟수를 수집한 자료를 요약하고 정리하여 히스토그램, 표, 그래프 혹은 차트로 표현함으로써 경험적으로 알아보는 것 등이다. 여기서 증거로서 중요한 것은 각기 관찰 가능한 특성의 한 영역이 잘 정의되어야 할 필요가 있다. 이러한 특성들은 1차원적이거나 다차원적이다. 또한 경험과 상식으로부터 특성치들의 부분집합은 도수분포에 의해 요약된 형태로 대체될 수도 있다.

모델적 인식방법은 불확실한 현상을 나의 관점(my point of view)으로 인식하고 말하되 의사소통이 가능한 수학적 모델로 표현하는 것이다. 이것은 자연현상의 탐구에 대한 모델구축 접근방법(model building approach)이라고도 볼 수 있다. 이것을 설명하기 위한 한 가지 예를 질문해 보자.

여기 서있는 김교수의 체적은 얼마일까?

몸무게가 아니라 체적(cm^3)이다. 좀 생각하기 어려운 문제인 듯하나, 체적을 구하자면 어떻게 측정하면 되는가?로 생각을 바꿀 수가 있겠다. 목욕탕에 들어가서 넘치는 물로 잴 수도 있겠고(EUREKA!), 석고를 떠서 그 부피 측정을 통하여 구할 수도 있으리라. 그밖에도......

그러나 우리는 다른 대안적인 생각을 해 보자. 만약 저기 서있는 김교수의 체적을 원기둥으로 본다면 그 부피의 계산은 아주 간단하다. 아니면 나는 원기둥이 아니라 직육면체로 보겠다 하면 그 또한 간단하게 (가로×세로×높이)로 체적의 참값을 추정할 수가 있다. 이것이 모델적 인식이다. 체적의 참값은 오직 신(God)만이 알고 있다. 하지만 우리는 그 동안 배운 수학 지식을 가지고 근삿값을 얻을 수 있는데, 여기서 중요한 사실은 관심대상의 불확실한 현상을 설명하려고, 우리가 배워서 알고 있는 모델(수식이나 도형)을 이용하면서 다른 사람과는 다르게 생각하고 차별화(make a difference)된 나의 관점(my point of view)으로 본다는 것이다. 이 때에 어떤 불확실한 현상에 대한 진정한 참 모델은 신만이 알고 있기 때문에 존재하지 않는다. 다만 여러 모델들 중에 가장 좋은 모델만이 살아남는 것이다. 즉 가장 효율적이고 간편하며 오차가 작고 현상을 그래도 잘 설명하고 있는 좋은 모델이 결국엔 주인이 될 것이다. 그렇기 때문에 지금은 이것이 좋은 모델이었지만 그보다 더 좋은 모델이 발견되는 경우 겸손하게 그 자리를 양보해야 될지도 모른다. 이러한 자신의 관점으로서의 모델구축을 통하여 불확실성을 가진 현상을 디자인하고 생각하고 인식하는 것이 모델적 인식이다.

우리가 더욱 주목해야 할 사항은 학생들이 어떤 불확실한 현상을 인식하는 방법으로서 모델 구축의 접근의 방법을 알고 적용할 수 있는 역량을 키워야 한다는 것이다. 교사는 학생들이 그동안 학교에서의 수학시간에 배운 각종 도형이나 수식들 그리고 확률이나 유용한 확률분포들이 불확실한 자연현상을 인식하는 유용하고도 좋은 모델이 될 수 있다는 것을 경험하게 해야 한다. 또한 모델적 인식의 접근방법의 개념을 이해하고, 이렇게 배운 지식들을 언제든지 꺼내 쓸 수 있는 창조적 사고능력을 함양하도록 학생들을 훈련해야 한다. 이렇게 되면 많은 실패 속에서 하나의 작은 성공의 경험은 어떠한 인센티브보다도 통계 지식 습득의 공부에 강력한 내적 동기유발이 될 것이다.

▲그림 1-1 What is the Your Point of view?

1.4 학교수학의 통계와 확률 교육 내용

우리는 무엇(WHAT)을 통계 교육내용(Contents)으로 가르쳐야 하는가?

대한민국 중등학교에서는 확률과 통계의 기본내용이 초등학교부터 고등학교까지의 학교수학의 교과 내용에 교육과정으로서 포함되어 있어 왔다. 미국에서는 1960년대에 수학과 교육과정에 통계가 도입되었으며, 1990년대 이후에는 학교수학에서 자료분석과 확률의 입문적 지식과 기술(knowledge and skills) 교육을 적극적으로 강조하고 있다(NCTM, 2000). 여기서는 한국과 미국의 학교수학에서의 통계와 확률 교육 내용에 대한 요목(Contents)을 비교해 보고자 한다.

1) 한국의 수학과 교육과정의 확률과 통계 영역의 교육내용

교육부는 수학교육과정(2011)의 부분수정 고시를 하였다(교육부, 2011. 8. 31). 부분수정 고시한 확률과 통계의 내용과 체계는 다음과 같다.

초등학교 수학과 교육내용은 '수와 연산', '도형', '측정', '규칙성"과 '확률과 통계'의 5개 영역으로 구성된다. '확률과 통계' 영역에서는 자료의 정리와 해석, 사건이 일어날 가능성을 다룬다. 중학교와 고등학교 수학과 교육내용은 '수와 연산', '문자와 식', '함수', '확률과 통계', '기하'의 5개 영역으로 구성된다. 중학교의 경우, '확률과 통계' 영역에서는 도수분포의 개념과 활용, 확률의 기본성질, 대푯값과 산포도를 다룬다.

확률과 통계의 내용체계(2011. 8. 31)

학교급	단원명	내용		
초등학교	확률과 통계	[1~2학년군] 분류하기, 표만들기, 그래프 그리기	[3~4학년군] 자료의 정리, 막대 그래프, 꺾은선 그래프	[5~6학년군] 가능성과 평균, 자료의 표현, 비율그래프(띠, 원그래프)
중학교	확률과 통계	[1~3학년군] 줄기와 잎그림, 도수분포표, 히스토그램, 도수분포다각형 도수분포표에서의 평균 상대도수의 분포	[1~3학년군] 경우의 수 확률의 뜻과 기본성질 확률의 계산	[1~3학년군] 중앙값, 최빈값, 평균 분산, 표준편차
고등학교	확률과 통계	<순열과 조합> 경우의 수, 순열과 조합, 분할, 이항정리 <확률> 확률의 뜻과 활용, 조건부확률 <통계> 확률분포와 통계적 추정		

고등학교의 경우, '확률과 통계'의 별도의 책으로 구성하고, '순열과 조합'영역에서는 경우의 수, 순열과 조합, 분할, 이항정리를 다루고, '확률'영역에서는 확률의 뜻과 활용, 조건부확률을 다루고, '통계'영역에서는 확률분포와 통계적 추정을 다룬다.

2) 확률과 통계 학습내용 성취기준

(1) 초등학교의 확률과 통계 학습내용 성취기준

[초등학교 1~2학년군]

• 분류하기

① 교실 및 생활주변에서 사물들을 정해진 기준 또는 자신이 정한 기준으로 분류하여 개수를 세어보고 기준에 따른 결과를 이야기 할 수 있다.

• 표 만들기

① 분류한 자료를 표로 나타내고, 표로 나타내면 편리한 점을 이야기 할 수 있다.

• 그래프 그리기

① 분류한 자료를 ○, ×, / 등을 이용하여 그래프로 나타내고, 그래프로 나타내면 편리한 점을 이야기 할 수 있다.

〈용어와 기호〉 표, 그래프

〈교수 · 학습상의 유의점〉

① 분류의 기준이 되는 특징은 분명하고 간단한 것으로 한다.

〈교수 · 학습상의 유의점〉

① 표 만들기와 그래프 그리기에서는 생활주변에 있는 자료들을 활용하되, 그 기준이 분명하고 간단한 것을 활용한다.

② 확률과 통계영역의 문제상황에서 적합한 문제해결전략을 지도하여 문제해결능력을 기르게 한다.

[초등학교 3~4학년군]

• 자료의 정리

① 실생활 자료를 수집, 분류, 정리하여 간단한 그림그래프로 나타내고, 표나 그래프가 자료의 특성을 알아보는데 편리함을 알 수 있다

• 막대그래프와 꺾은선그래프

① 실생활 자료를 수집하여 막대그래프로 나타낼 수 있다.

② 연속적인 변량에 대한 자료를 수집하여 꺾은선그래프로 나타낼 수 있다.

③ 여러 가지 자료를 찾아 목적에 맞는 그래프로 나타내고, 막대그래프와 꺾은선그래프의 특성을 비교할 수 있다.

〈용어와 기호〉 그림그래프, 막대그래프, 꺾은선그래프

〈교수·학습상의 유의점〉

① 확률과 통계영역의 문제상황에서 적합한 문제해결전략을 지도하고 문제해결 과정을 설명하게 하여, 문제해결능력 기르게 한다.

[초등학교 5~6학년군]

• 가능성과 평균

① 실생활 속에서 가능성을 수치로 나타내는 예를 알아보고, 사건이 일어날 가능성을 수로 표현할 수 있다.

② 평균의 의미를 알고, 주어진 자료의 평균을 구할 수 있으며, 이를 활용할 수 있다.

• 자료의 표현

① 실생활 자료를 그림그래프로 나타내고, 이를 활용할 수 있다.

② 실생활 자료를 수집하여 목적에 맞는 그래프로 나타내고, 자료의 특성을 설명할 수 있다.

• 비율그래프

① 주어진 자료를 띠그래프와 원그래프로 나타낼 수 있다.

② 비율그래프를 해석하고, 이를 설명할 수 있다.

〈용어와 기호〉 평균, 가능성, 띠그래프, 원그래프

〈교수·학습상의 유의점〉

① 사건이 일어날 가능성은 0, 1/4, 1/2, 3/4, 1 정도로 표현할 수 있게 한다.

② 원그래프를 그릴 때에는 눈금이 표시된 원을 사용하게 한다.

③ 비율그래프를 지도할 때에는 신문, 인터넷 등에 있는 표와 그래프를 소재로 활용할 수 있게 한다.

④ 확률과 통계영역의 문제상황에서 적합한 문제해결전략 비교하기, 주어진 문제에서 필요없는 정보나 부족한 정보 찾기, 조건을 바꾸어 새로운 문제 만들기, 문제해결 과정의 타당성 검토하기 등을 통해 문제해결능력 기르게 한다.

(2) 중학교의 확률과 통계 학습내용 성취기준

[중학교 1~3학년군]

• 도수분포와 그래프

① 줄기와 잎그림, 도수분포표, 히스토그램, 도수분포다각형을 이해하고 해석할 수 있다.

② 도수분포표로 주어진 자료의 평균을 구할 수 있다.

③ 상대도수를 구하며, 이를 그래프로 나타내고, 상대도수의 분포를 이해한다.

• 확률과 그 기본 성질

① 경우의 수를 구할 수 있다.

② 확률의 의미와 그 기본 성질을 이해한다.

③ 확률의 계산을 할 수 있다.

• 대푯값과 산포도

① 중앙값, 최빈값, 평균의 의미를 이해하고, 이를 구할 수 있다.

② 분산과 표준편차의 의미를 이해하고, 이를 구할 수 있다.

〈용어와 기호〉 변량, 줄기와 잎그림, 계급, 계급의 크기, 도수, 도수분포표, 계급값, 히스토그램, 도수분포다각형, 상대도수, 누적도수, 사건, 확률, 중앙값, 최빈값, 대푯값, 산포도, 편차, 분산, 표준편차

〈교수·학습상의 유의점〉

① 다양한 상황에서 자료를 수집하게 하고, 수집한 자료가 적절한지 판단하는 활동을 하게 한다.

② 다양한 상황에서 자료를 표나 그래프로 나타내고, 그 분포의 특성을 설명할 수 있게 한다.

③ 눈금 등을 잘못 사용하여 자료를 부정확하게 나타낸 표나 그래프에서 오류를 찾는 활동을 하게 한다.

④ 상대도수는 도수의 총합이 다른 두 집단의 분포를 비교하는 상황에서 다룬다.

⑤ 경우의 수는 두 경우의 수를 합하거나 곱하는 경우 정도로만 다룬다.

⑥ 확률은 실험이나 관찰 상황에서 구한 상대도수로서의 의미와 경우의 수의 비율로서의 의미를 연결하여 이해하게 한다.

⑦ 경우의 수의 비율로 확률을 다룰 때, 각 경우가 발생할 가능성이 동등하다는 것을 가정한다는 점에 유의한다.

⑧ 확률의 계산에서는 경우의 수를 활용하는 것을 다룬다.

⑨ 자료의 특성에 따라 적절한 대푯값을 선택하여 구할 수 있게 한다.

⑩ 공학적 도구를 활용하여, 표와 그래프를 그리고 대푯값과 산포도를 구할 수 있게 한다.

⑪ 경우의 수 용어는 교수·학습 상황에서 다루어질 수 있다.

(3) 고등학교의 확률과 통계 학습내용과 성취기준

가. 내용체계

영 역	내 용
<순열과 조합>	경우의 수, 순열과 조합, 분할, 이항정리
<확률>	확률의 뜻과 활용, 조건부확률
<통계>	확률분포와 통계적 추정

나. 영역 성취기준

(1) 순열과 조합의 수, 분할의 수를 구하고, 이항정리를 이해한다.

(2) 확률의 기본성질을 이해하고, 조건부 확률을 구할 수 있다.

(3) 확률분포의 성질을 이해하고 모평균과 모비율을 추정하여 그 결과를 해석할 수 있다.

다. 학습내용 성취기준

[순열과 조합]

• 경우의 수

① 합의 법칙, 곱의 법칙을 이해하고, 이를 이용하여 경우의 수를 구할 수 있다.

• 순열과 조합

① 순열의 뜻을 알고, 순열의 수를 구할 수 있다.

② 조합의 뜻을 알고, 조합의 수를 구할 수 있다.

③ 원순열, 중복순열, 같은 것이 있는 순열을 이해하고, 그 순열의 수를 구할 수 있다.

④ 중복조합을 이해하고, 그 조합의 수를 구할 수 있다.

• 분할

① 유한집합을 서로소인 몇 개의 집합의 합집합으로 나타낼 수 있는 방법의 수를 구할 수 있다.

② 자연수를 몇 개의 자연수의 합으로 나타낼 수 있는 방법의 수를 구할 수 있다.

• 이항정리

① 이항정리를 이해한다.

② 이항정리를 이용하여 여러 가지 문제를 해결할 수 있다.

〈용어와 기호〉 합의 법칙, 곱의 법칙, 순열, 계승, 조합, 원순열, 중복순열, 중복조합, 자연수의 분할, 집합의 분할, 이항정리, 이항계수, 파스칼의 삼각형, ${}_nP_r$, $n!$, ${}_nC_r$, ${}_n\Pi_r$, ${}_nH_r$, $S(n,k)$, $P(n,k)$

〈교수 · 학습상의 유의점〉

① 합의 법칙과 곱의 법칙은 구체적인 예를 통해 직접 나열해 보거나 수형도를 그려보는 등

의 활동을 통해 그 의미를 이해하고, 설명해 보게 한다.

② 경우의 수, 순열, 조합, 분할을 이용하여 실생활 문제를 해결해 봄으로써 그 유용성을 인식하게 한다.

③ 염주순열, 같은 것이 있는 원순열은 다루지 않는다.

④ 분할의 수를 구하는 식은 예를 통하여 이해하고, 설명해 보게 한다.

[확률]

• 확률의 뜻과 활용

① 통계적 확률과 수학적 확률의 의미를 이해한다.

② 확률의 기본 성질을 이해한다.

③ 확률의 덧셈정리를 이해하고, 이를 활용할 수 있다.

④ 여사건의 확률의 뜻을 알고, 이를 활용할 수 있다.

• 조건부확률

① 조건부확률의 뜻을 알고, 이를 구할 수 있다.

② 사건의 독립과 종속의 의미를 이해하고, 이를 설명할 수 있다.

③ 확률의 곱셈정리를 이해하고, 이를 활용할 수 있다.

〈용어와 기호〉 시행, 통계적 확률, 수학적확률, 여사건, 배반사건, 조건부확률, 종속, 독립, 독립시행, $P(A)$, $P(B|A)$

〈교수 · 학습상의 유의점〉

① 통계적 확률과 수학적 확률의 관계를 이해하게 한다.

② 독립시행의 확률은 통계영역의 이항분포와 함께 도입하여 다룰 수도 있다.

[통계]

• 확률분포

① 확률변수와 확률분포의 뜻을 안다.

② 이산확률변수의 기댓값(평균)과 표준편차를 구할 수 있다.

③ 이항분포의 뜻을 알고, 평균과 표준편차를 구할 수 있다.

④ 정규분포의 뜻을 알고, 그 성질을 이해한다.

• 통계적 추정

① 모집단과 표본의 뜻을 알고, 표본평균과 모평균의 관계를 이해한다.

② 모평균을 추정하고, 그 결과를 해석할 수 있다.

③ 표본비율과 모비율의 관계를 이해하여 모비율을 추정하고, 그 결과를 해석할 수 있다.

〈용어와 기호〉 확률변수, 이산확률변수, 확률질량함수, 확률분포, 연속확률변수, 확률밀도함수,

기댓값, 이항분포, 큰 수의 법칙, 정규분포, 표준화, 표준정규분포, 모집단, 표본, 전수조사, 표본조사, 임의추출, 모평균, 모분산, 모표준편차, 표본평균, 표본분산, 표본표준편차, 모비율, 표본비율, 추정, 신뢰도, 신뢰구간, $P(X=x)$, $E(X)$, $V(X)$, $\sigma(X)$, $B(n, p)$, $N(m, \sigma^2)$, $N(0,1)$, $\overline{X}$, S^2, S, $\hat{p}$

〈교수 · 학습상의 유의점〉

① 모집단과 표본은 실제적인 예를 통하여 이해하게 한다.

② 모평균 추정은 모집단의 분포가 정규분포인 경우만 다루고, 모비율 추정은 표본의 크기가 큰 경우만 다룬다.

③ 확률분포와 통계적 추정을 다룰 때에는 공학적 도구를 활용하여 실생활 자료를 처리해 보게 할 수 있다.

3) 미국의 NCTM의 자료분석과 확률의 교육내용

미국의 NCTM(미국수학교사협의회)은 2000년대의 미국의 학교수학교육의 발전을 기대하며 취학 전에서부터 12학년까지의 수학교육에 있어서의 질을 보장하고 목표를 제시하고 바람직한 변화를 촉진하고자 소위 "Standards 2000"인 "학교수학을 위한 원리와 규준(Principles and Standards for School Mathematics, 2000)"의 책자를 발간하였다. 이 내용에서 자료분석, 통계, 확률의 학습목표와 세부내용을 다음과 같이 말하고 있다.

수학교수 프로그램은 모든 학생들이 다음과 같은 것들을 할 수 있도록 자료분석, 통계, 그리고 확률에 관심을 기울여야 한다.
· 질문을 제기하고 그러한 질문에 답하기 위해 자료를 수집하고 조직하고 표현한다.
· 탐색적 자료분석(exploratory data analysis)의 다양한 방법을 사용해서 자료를 해석한다.
· 자료에 기초하여 추론, 예측, 주장을 해 보고 그것을 평가한다.
· 우연(chance)과 확률의 기본적인 개념을 이해하고 적용한다.

미국의 자료분석과 확률의 권장 내용체계

데이터분석과 확률의 이 교육 프로그램은 유치원부터 12학년까지의 모든 학생들이 각각의 단계에서 다음과 같은 것들을 할 수 있도록 해야 한다고 권장하고 있다.

[유치원과 2학년]

(1) 데이터에 대하여 설명될 수 있는 질문들을 공식화하기와 그들에 대한 대답을 하기 위하여

관련된 데이터를 모으고, 조직하고, 묘사하기
- 그들 자신과 그들 주변에 관하여 질문을 하고 데이터를 모으기
- 대상을 그들의 속성에 따라 정렬하고 분류하기와 대상들에 관하여 데이터를 조직하기
- 구체적인 대상들, 그림들과 그래프 등을 사용하여 데이터를 표현하기

(2) 데이터를 분석하기 위한 적절한 통계적 방법을 선택하고 사용하기
- 데이터가 보여주는 것을 결정하기 위하여 전체로서의 데이터집합과 데이터의 부분을 묘사하기

(3) 데이터를 기초로 한 추론들과 예측들을 개발하고 평가하기
- 발생 가능한 것과 발생가능성이 없는 것들로서 학생들의 경험에 관련된 사건들을 논의하기

[3~5학년]

(1) 데이터에 대하여 설명될 수 있는 질문들을 공식화하기와 그들에 대한 대답을 하기 위하여 관련된 데이터를 모으고, 조직하고, 묘사하기
- 어떤 질문에 대답하기 위하여 조사를 디자인하기와 데이터 수집방법이 데이터 집합의 성질에 어떻게 영향을 주는가를 고려하기
- 관찰과 여론조사와 실험 등을 사용하여 데이터를 수집하기
- 선그림, 막대그래프와 선그래프 등의 표와 그래프를 사용하여 데이터를 표현하기
- 범주형 데이터와 수치적 데이터의 표현에 대한 차이점을 인식하기

(2) 데이터를 분석하기 위한 적절한 통계적 방법을 선택하고 사용하기
- 데이터가 어떻게 분포되는가를 강조하는 관점에서 데이터 집합의 중요한 모습과 형태를 묘사하기와 관련된 데이터 집합을 서로 비교하기
- 중위수에 초점을 맞추어 중심의 척도를 사용하기와 데이터 집합에 관하여 나타낼 수 있는 것과 나타낼 수 없는 것을 이해하기
- 같은 데이터에 대한 다른 표현들을 비교하기와 각 표현이 어떻게 데이터의 중요한 모습을 잘 나타내는지를 평가하기

(3) 데이터를 기초로 한 추론들과 예측들을 개발하고 평가하기
- 데이터를 기초로 한 결론들과 예측들을 제안하고 정당화하기와 결론들과 예측들을 좀 더 조사하기 위한 연구를 디자인하기

(4) 확률의 기본 개념에 대한 이해와 응용하기
- 발생이 가능함(likely) 또는 발생가능성이 없음(unlikely)으로 사건들을 묘사하기와 확실함(certain), 동등하게 가능함(equally likely)과 불가능(impossible)의 단어를 사용하여

발생가능함에 대한 정도에 대하여 토론하기
- 간단한 실험과 예측에 대한 검정 결과에 대한 확률을 예측하기
- 한 사건의 발생가능성의 척도가 0과 1 사이의 수로 표현될 수 있는 것을 이해하기

[6~8학년]

(1) 데이터에 대하여 설명될 수 있는 질문들을 공식화하기와 그들에 대한 대답을 하기 위하여 관련된 데이터를 모으고, 조직하고, 묘사하기
- 두 모집단에 의하여 구별되어지는 특성들에 관한 것이거나 한 모집단 내에 다른 특성에 관한 질문을 공식화하고, 연구를 디자인하고, 데이터를 수집하기
- 히스토그램, 상자그림과 산점도 등을 포함하여 데이터의 적절한 그래픽 표현을 선택하고 창조하고 사용하기

(2) 데이터를 분석하기 위한 적절한 통계적 방법을 선택하고 사용하기
- 평균과 사분위내범위를 포함하여 중심과 산포의 척도를 발견하고 사용하고 해석하기
- 특별히 히스토그램, 줄기잎그림, 상자그림과 산점도 등에 대하여 데이터 집합과 그들의 그래픽 표현 사이의 대응을 논의하고 이해하기

(3) 데이터를 기초로 한 추론들과 예측들을 개발하고 평가하기
- 표본들이 얻어진 것을 가지고 모집단에 관한 추측을 만들기 위하여 두 개 또는 그 이상의 표본들 간의 차이점에 관한 관찰치들을 사용하기
- 데이터의 산점도(scatter diagram)를 바탕으로 표본의 두 특성들 간에 가능한 관련성에 관한 추측들을 만들기와 적절한 직선을 조정하여 만들기
- 새로운 질문들을 공식화하기 위하여 추측을 사용하기와 그들을 답하기 위한 새로운 연구를 계획하기

(4) 확률의 기본 개념에 대한 이해와 응용하기
- 여사건과 상호배반사건을 설명하기 위한 적절한 용어의 이해와 사용하기
- 실험과 시뮬레이션의 결과에 관하여 가설을 만들고 검정하기 위한 확률의 기본적인 이해와 비율의 사용하기
- 조직된 목록, 수형도와 면적모델들로서의 어느 한 가지 방법들을 사용하고, 단순복합사건들에 대한 확률을 계산하기

[9~12학년]

(1) 데이터에 대하여 설명될 수 있는 질문들을 공식화하기와 그들에 대한 대답을 하기 위하여 관련된 데이터를 모으고, 조직하고, 묘사하기

- 연구의 다양한 종류의 차이와 추론의 어떤 형태들이 각각 합리적으로 묘사할 수 있는 것을 이해하기
- 여론조사와 실험에서의 랜덤화의 역할을 포함하여 잘 디자인된 연구의 특성을 알기
- 측정데이터와 범주형 데이터, 일변수 데이터와 2변수 데이터, 그리고 항목의 변수의 의미를 이해하기
- 히스토그램, 상자그림과 산점도의 이해하기와 데이터의 묘사를 위해 그들을 사용하기
- 기초통계를 계산하기와 통계량과 모수의 구별을 이해하기

(2) 데이터를 분석하기 위한 적절한 통계적 방법을 선택하고 사용하기

- 일변수 측정데이터에 대하여 분포로 묘사할 수 있기와 그것의 모양을 그리기와 요약된 통계량을 선택하고 계산하기
- 2변수 측정데이터에 대하여 산포도로 묘사할 수 있기와 그것의 모양을 그리기와 공학적 도구를 사용하여 회귀계수, 회귀방정식과 상관계수를 결정하기
- 적어도 한 변수가 범주형일 때의 2변수에 대하여 묘사하고 토론하기
- 일변수 데이터의 선형변환이 어떻게 모양, 중심과 퍼짐 정도에 영향을 주는지 인식하기
- 2변수에서의 추세를 인식하기와 데이터에 대한 모델의 함수식을 발견하기와 그들이 모델링을 할 수 있도록 데이터를 변환하는 것을 확인하기

(3) 데이터를 기초로 한 추론들과 예측들을 개발하고 평가하기

- 알려진 모집단으로부터 표본 통계량의 변동성을 탐색하고 표본분포를 구성하기 위하여 시뮬레이션을 사용하기
- 표본통계량이 어떻게 모집단의 모수들의 값을 반영하는가와 정보의 추론을 위한 기본으로서 표본분포를 사용하는 것을 이해하기
- 연구의 계획과 데이터분석의 적절함과 결론의 타당성 등을 조사함으로써 데이터를 기초로 한 출판된 보고서를 평가하기
- 작업현장에서의 과정적 특성을 점검하기 위하여 기초적인 통계적 기술이 어떻게 사용되었는가를 이해하기

(4) 확률의 기본 개념에 대한 이해와 응용하기

- 표본공간과 확률분포, 그리고 표본공간의 구성과 표집분포(sampling distribution) 등을 이해하기
- 경험적 확률분포를 구축하기 위한 시뮬레이션을 사용하기
- 표본의 경우에서 확률변수의 기댓값을 계산하고 이해하기
- 조건부확률과 독립사건의 개념에 대한 이해하기
- 복합사건에 대한 확률을 어떻게 계산하는가를 이해하기

4) 미국의 AP-Statistics과정

미국의 통계학의 AP(Advanced Placement Program: AP-Statistics) 과정은 고등학생들이 이 과정을 이수했을 경우 대학에서 이수한 학점으로 인정해주는 제도이다. AP 통계학 프로그램은 대학의 한 학기 정도의 입문강좌의 성격으로서 해석학을 기본으로 하지 않는 통계학의 대학 코스 수준과 동등하게 완전한 공부를 하기를 원하는 고등학생들에게 통계학 코스의 교육과 시험을 제공하고 있다. 미국의 대부분의 단과대학과 대학교에서는 통계학과 또는 수학과에서 제공하고 있는 통계학 입문 코스를 사회과학, 보건과학과 비즈니스 학과의 경우 필수로 하고 있다. 그리고 과학, 엔지니어링과 수학 전공분야에서는 해석학을 기초로 한 상위 수준의 통계학을 배우고 있다. 성취수준이 높은 고등학생이 배우는 AP-Statistics 과정의 내용의 개요는 다음과 같다(www.collegeboard.com(2010)).

• AP 과정의 목적

통계학의 AP 코스의 목적은 데이터를 수집하고, 분석을 하고 데이터로부터 결론을 이끌어 내기 위한 주요 개념과 도구(tools)를 고등학생들에게 안내하기 위함이다. 학생들은 다음 4가지의 넓은 의미의 개념적 주제에 대하여 배우게 된다.

(1) 데이터 탐색(Exploring Data): 패턴들을 묘사하고 패턴들로부터의 출발
(2) 표집과 실험(Sampling and Experimentation): 연구를 계획하고 실행하기
(3) 패턴의 예측(Anticipating Patterns): 확률론과 시뮬레이션을 이용하여 랜덤현상을 탐색하기
(4) 통계적 추론(Statistical Inference): 모집단의 모수를 추정하기와 가설을 검정하기

• 대상

대상은 충분한 수학적 성숙과 양적 추론의 능력을 지니고, 대수학에서 2학년 코스를 성공적으로 배운 고등학생에게 제공되는 특별한 선택코스이다.

• 교육

이 코스를 교육하는 주요 구성요소는 학생들이 그들의 지식을 구성할 수 있도록 하는 개념중심의 교육과 평가의 부분으로서 테크놀로지, 과제와 실험 그리고 협동그룹의 문제해결과 쓰기 등을 포함해야 한다. AP 통계학을 가르치기 위한 이러한 접근은 학생들이 학교 밖의 세계와 다른 교과와의 연결성을 상호 배울 수 있도록 허락해야 한다.

• 코스의 주요내용의 개관

AP 통계학의 주제들은 크게 4가지 주요 테마들로 구성된다. 탐색적 자료분석(시험의 20~30%),

연구의 계획과 실행(시험의 10~15%), 확률(시험의 20~30%), 그리고 통계적 추론(시험의 30~40%)이다.

(1) 자료의 탐색: 패턴을 묘사(그래픽과 수치)하고 패턴으로부터 첫출발하기

자료의 탐색적 분석은 패턴을 연구하고 패턴으로부터 첫출발을 할 수 있도록 그래픽스와 수치적 기술을 사용하도록 한다.

A. 1변수 데이터의 분포들의 그래픽의 묘사를 실행하고 해석하기(dotplot, stemplot, histogram, cumulative frequency plot/center and spread, clusters and gaps, outliers and other unusual features, shape)

B. 1변수 데이터의 분포의 요약(measuring center, spread and position/median, mean, range, interquartile range, standard deviation, percentiles, z-scores, boxplots, the effect of changing units on summary measures)

C. 1변수 데이터의 분포의 비교(dotplots, back-to-back stemplots, parallel boxplots/comparing center and spread, comparing clusters and gaps, outliers and shapes)

D. 2변수 데이터의 탐색(scatterplots, correlation and linearity, least-squares regression line, outliers, transformations to achieve linearity)

E. 범주형 자료의 탐색(frequency tables and bar charts, marginal and joint frequencies for two-way tables, conditional relative frequencies)

(2) 표집(표본추출)과 실험: 연구를 계획하고 실행하기

자료는 명확한 정보가 얻어질 수 있도록 잘 개발된 계획에 의해 수집되어야 한다.

A. 자료수집방법들(census, sample survey, experiment, observational study)

B. 여론조사의 계획과 실행(well-designed and well-conducted survey, populations, samples, and random selection, bias, sampling methods/simple random sampling, stratified random sampling and cluster sampling)

C. 실험의 계획과 실행(well-designed and well-conducted experiment, treatments, control groups, experimental units, random assignments and replication, bias and confounding, placebo effect and blinding, completely randomized design, randomized block design, matched pairs design)

D. 관찰연구, 실험과 여론조사에서 얻을 수 있는 결과의 형태와 결과의 일반화하기

(3) 패턴의 예측: 확률과 시뮬레이션을 이용하여 랜덤현상을 탐색하기

확률은 자료의 분포가 주어진 모델 기초하에서 잘 보여줄 수 있는 것을 예측하는 데 사용되는

도구이다. 랜덤현상은 아무렇게나가 아니다. 오랜기간 동안의 변동에 대한 수학적 설명이다.

A. 확률: 오랜 기간의 상대도수로서의 확률을 포함한 확률의 해석(probability, long-run relative frequency, "law of large numbers" concept, addition and multiplication rule, conditional probability and independent, random variables, binomial and geometric distribution, expected value and standard deviation, linear transformation of a random variable)

B. 독립의 확률변수들의 결합(independence versus dependence)

C. 정규분포(정규분포의 성질, 표사용, 측정치에 대한 모델로서의 정규분포)

D. 표집분포(표본비율과 표본평균에 대한 각각의 표집분포, 중심극한정리(central limit theorem), 독립된 두 표본비율들(sample proportions)과 두 표본평균들(sample means)의 차에 관한 표집분포, 표집분포의 시뮬레이션, t 분포, 카이제곱분포)

(4) 통계적 추론: 모집단의 모수추정과 가설을 검정하기

통계적 추론은 적정한 모델의 선택을 유도한다.

A. 추정(점추정과 비율과 평균의 신뢰구간, 점추정치의 성질들(unbiasedness and variability), 두 비율 간의 차이에 대한 신뢰구간, 두 평균 간의 차이에 관한 신뢰구간, 회귀선의 기울기에 대한 신뢰구간)

B. 유의성검정(유의성검정의 논리, 귀무와 대안가설, p-값, 단측-양측검정, 제1, 2종의 오류, 검정력의 개념, 비율에 관한 검정, 평균에 대한 검정, t 검정, 카이제곱검정(적합성, 동질성, 독립성), 회귀선의 기울기에 대한 검정)

1.5 역사: 파스칼과 페르마의 확률론

우리의 생활 속에서 미래에 대한 가장 확실한 것은 죽음과 세금 그리고 불확실성(Uncertainty)의 존재라고 말할 수 있다. 우리는 결코 피할 수 없는 미래의 불확실성 때문에 희망과 두려움 속에 도전하며 운명적인 선택과 책임은 언제나 우리의 미래의 시간과 함께 할 것임을 알고 있다. 이러한 불확실성에 대한 긴장과 도전은 확률론의 발달과 함께 통계학의 개념적인 장벽을 긴 시간 속에서 하나하나 극복해 나가면서 신생 학문인 통계학의 생성과 발달에 결정적인 역할을 하게 된다. 드디어 우리는 1654년 이후로는 미래를 예측하는 데 더 이상 미신을 동원한다거나 어림짐작에 의존하지 않게 되는 지혜를 배우게 된다.

■ 확률론의 시작

1654년 도박에 취미가 많은 프랑스의 부자 세발리어 드메르(Chevalier De Mere)는 수학자인 친구 파스칼에게 게임문제를 제안한다. 이 문제는 두 명의 도박꾼에게 게임이 종료되기 전에 경기가 중단되었을 때 판돈을 어떻게 분배하느냐에 관한 것이었다. 이것은 게임의 중간에서 나머지 경기의 우세를 공정하게 점검하여 상금을 배분하면 되는 일이었다.

■ 파스칼과 페르마

파스칼(Pascal, 1623~1662)은 게임이 계속되었을 때 일어날 수 있는 모든 경우의 수를 생각하여 마지막 결과까지를 보았을 경우를 바탕으로 계산하였다. 그는 이 문제를 페르마(Fermat, 1601~1665)에게도 알려서 의견을 교환하고 함께 연구하게 되었다. 이 두 수학자는 각자 서로 다른 방법으로 같은 결론에 도달하였으며 이 문제를 해결하였다. 이들은 게임문제의 해를 보다 일반화시켰으며 이 일은 유럽의 과학자들에게 흥미를 불러일으켰으며 게임을 분석하는 데 여러 사람들이 도전을 하게 되는 촉매가 되었다.

카르다노(1501~1576)는 그의 책 《Liber de Ludo Aleae(Handbook on games of chance)》에서 '만약 한 사건이 일어날 가능성이 거의 같다고 한다면, 이것은 총경우의 수의 역수가 발생할 확률이다'라는 원리를 이미 한 세기 전에 알리고 있었다. 알려지지 않은(unknown) 어떤 일의 발생(하든가? 안하든가?)의 가능성에 대한 수치적 척도는 확률(probability)이라는 용어의 핵심개념이다. 그러나 이 책은 파스칼과 페르마가 드메르의 도박문제를 풀고 난 후 9년이 지날 때까지도 출판되지 않았다. 이 책에서 카르다노는 베르누이의 큰수의 법칙(Law of Large Numbers)과 관련된 다음과 같은 원리를 인식하고 있었다.

> "한 실험이나 게임에서 반복하여 n번 시행할 때 일어나는 가능성이 같다면(equally likely), 한 출현치가 발생할 가능성은 $\frac{1}{n}$에 가까울 것이다. 이 게임을 점점 더 시행한다면 그 결과는 이 비율에 더욱 가까워질 것이다."

상식적으로 주사위를 계속 던지면 보장하지는 못하지만 2의 눈이 나올 확률은 1/6이다. 즉 큰 수의 법칙은 우리가 100번, 1000번, 혹은 수만 번 던진다면 2의 눈이 나오는 경우의 비율은 거의 1/6에 가깝다는 것이다. 여기서 중요한 사실은 한 눈이 나오는 가능성이 같다는 가정이다. 만약 주사위가 찌그러져서 계속 3번이 자주 나타난다면 이 원리는 성립되지 않는다.

물리학자 호이겐스(Huygens)는 1657년에 《On Reasoning in a Dice Game》라는 책을 발간하였다. 그는 이 책에서 파스칼과 페르마의 생각을 보다 확장하였다. 그것은 기댓값에 대한 것이었다. 현대적 개념으로 상금에 확률을 곱하면 수학적 기대금액이 얻어지는 것이었다. 이러한 기댓값은 확률적 사고의 기초가 되었으며 도박이나 로또복권에 적용되고 있다.

■ 베르누이와 라플라스

자코브 베르누이(Jakob Bernoulli, 1654～1705)의 확률에 관한 저서 《추론의 예술(Ars Conjectandi)》이 1713년에 발간된다. 이 책에서 그는 이론적인 확률과 그것에 관련된 여러 가지 실제 상황들과의 관계를 실험한다. 여기에서 큰수의 법칙에 대한 카르다노의 생각을 예리하게 구체화시켰다. 그는 반복적인 실험이 어떤 공정한 방법으로 판명된 이론적인 확률 p를 가진다면, 이 공정한 확률 p의 어떤 오차범위 $\left|\frac{x}{n}-p\right|<\varepsilon$에 큰 수의 반복적인 시행의 총 출현치들의 비율 $\frac{x}{n}=\hat{p}$이 있을 것이라는 것을 주장하였다. 이 원리는 관찰 데이터가 실세계에서의 출현치들의 발생 확률로 사용될 수 있는 — 실제현상과 이론적 확률의 관계를 연결시키는 — 근거를 제시한 것이다. 우리가 정확성을 가지고 이것을 행하기를 원한다면 우리는 얼마나 많은 관찰치가 필요한지를 결정할 수가 있다.

라플라스(Laplace)는 18세기 말의 프랑스의 수학자로서 1774년과 1776년 사이에 여러 논문을 썼으며 특히 1809년에는 과학적 데이터 수집에서 확률의 분석으로 《analytical theory of probability》라는 책을 발간한다. 여기에서 그는 우리가 사회과학으로서 생각하는 것과 정치적인 것 등의 넓은 범위의 인간 행동에 대한 수학적 확률을 논의했다. 이 두 사람 베르누이와 라플라스 덕분에 오늘날의 교육, 경제, 의학 등의 분야에서 확률의 실제적인 응용이 시작되게 되었다.

■ 통계학의 개척자들

다음의 연표는 확률론과 통계학 역사의 발전에 공헌한 사람들로서 우리나라의 학교수학교육과정과 관련된 통계학자들을 중심으로 예시한 것이다. 보다 자세한 내용은 이 책의 각 장마다 후반부의 역사란에 소개하였다.

1600년		1700년		1800년		1900년		2000년

Fermat, Pierre de (1601~1665 프랑스)
Graunt, John (1620~1674 영국)
Pascal, Blaise (1623~1662 프랑스)
Bernoulli, Jacob (1654~1705 스위스)
Halley, Edmund (1656~1742 영국)
DeMoivre, Abraham (1667~1754 프랑스/영국)
Bayes, Thomas (1702~1761 영국)
Laplace, Pierre-simon (1749~1827 프랑스)
Legendre, Adrien-Marie (1752~1833 프랑스)
Gauss, Karl F. (1777~1855 독일)
Poisson, Simeon-Denis (1781~1840 프랑스)
Quetelet, Adolphe (1796~1874 벨기에)
Galton, Francis (1822~1911 영국)
Pearson, Karl (1857~1936 영국)
Gosset, William Sealy (1876~1937 영국)
Fisher, Ronald (1890~1962 영국)
Neyman(1894~1981 폴란드/미국)
Tukey, John (1915~미국)

▲그림 1-2 통계학의 개척자들의 연표

1.6 토론과 실험: 정직과 신뢰

소크라테스의 대화편을 기억하면서 우리는 앞으로 교사와 학생 간의 토론과 실험의 대화를 통해서 통계적 개념의 직관적 이미지를 만들어보려고 한다. 여기서 T(teacher)는 선생님을, S(student S1, S2)는 어떤 학생들을, 그리고 SA(student all)는 모든 학생들을 의미한다.

T 통계학 첫 시간인데 여러분은 무엇이 제일 궁금한지 누가 한번 말해보려무나.

S 선생님, 통계학을 배우게 되면 우리는 어떤 지혜를 얻을 수 있습니까?

T 너무 열린 질문이지만 이 강의를 열심히 따라오면 차차 알게 될 것이네. 우선 통계학과 데이터 공부에서 필요한 기본기(basic skill)는 무엇인지를 함께 생각해 보기로 하자.
우리가 알고 싶은 어떤 현상에 대한 정보를 얻기 위해서 자료를 수집하려면 관찰하고자 하는 데이터가 누적되어 있어야 한다. 대체적으로 데이터의 누적은 곧 "기록(record)"이 오랜 기간 계속되고 또한 보존되어 있는 것이다. 예를 들어 우리가 매일 매일 나의 방과 후 시간사용에 대한 기록을 남긴다면 6개월 후에 나의 생활에서 무엇인가를 발견하고 나의 시간관리 면에서 특별한 지혜가 얻어질 것이다. 역사라는 것도 우리 민초들의 삶의 기록을 바탕으로 하지 않니. 기록에는 인내와 끈기와 진정성이 절대적으로 필요하지. 여기서 과제를 하나 내겠다.

[과제 1–1] 여러분은 오늘부터 1개월간 자기가 방과 후 공부한 시간을 2시간 24분과 같이 분 단위로 매일 기록해서 그 데이터를 A4지 1매로 제출해 주기를 바란다.

S 아으... (첫 시간부터 숙제가 나오는군요...).

T 쓴 것이 약이지. 기록이 얼마나 어렵고 귀한 것인지를 알게 될 걸세. 자 계속하자.
일반적으로 누적된 기록이나 수집된 자료들을 적절한 방법으로 가공하면 아주 쓸모가 있는 정보가 얻어질 수 있다. 이것은 마치 한 가정의 주부가 배추와 고춧가루와 마늘 등 다양하게 시장을 보아 와서 이를 다듬고 가공하여 맛있는 김치를 담그는 일과 같다.
여기서 많은 자료를 요약하는 과정에서 정보의 손실(loss)이 필연적으로 수반된다. 이때 중요한 것은 정보의 손실을 최소화하는 것이다. 예를 들어 상세한 지도가 필요한 경우는 1 : 1 지도가 필요할 때도 있지만, 우리는 다소의 정보를 잃어버리더라도 축약된 지도가 필요한 경우가 더 많고 이것 또한 유용하여 굳이 1 : 1 지도를 그릴 필요 또한 없는 경우가 허다하다.

"통계그래픽은 예술과 과학이 의미 있게 결합되어 있는 하나의 작품인 것이다"라고 《양적 정보의 시각적 표현》을 저술한 예일대학의 터프트(E. Tufte, 1983) 교수가 말했듯이 자료를 요약 정리한 훌륭한 시각적 커뮤니케이션 작품은 훌륭한 글과도 같은 것이다. 이러한 관점에서 통계가 소비자에게 알고 싶은 정보를 효율적으로 요약하여 전달하고 이를 바탕으로 합리적인 판단을 내리게 도와주는 역할 또한 매우 중요하다 하겠다.

S 통계학을 토론수업으로 공부하는 데 어떤 기본기들이 필요한가요?

T 여러분이 수학을 연역적으로 공부하다가 귀납적인 통계학의 지식을 습득하는 것은 그다지 쉽지 않다. 그래서 통계학은 대화법을 통한 진지한 탐구적인 토론과 구체적인 관찰과 실증을 통한 실험을 거쳐서 실제적으로 지도되어야 한다.

S 토론과 실험을 통해 아하! ... 그래서 그랬구나 하고 우리들의 마음속에 기본적인 개념에 대한 직관적인 이해와 동의가 일어나야 하는 것이군요. 소크라테스와 플라톤의 대화처럼 말이죠. 그런데 대화나 토론이 말처럼 그렇게 쉽지는 않은 듯 한데요.

T 그렇지. 쉽지는 않지만 배우고 꾸준히 연습하면 나아진다. 내가 생각하기에는 토론수업에서는 다음과 같은 토론의 연습원리 4단계의 주안점을 숙지하고 있어야 한다.

첫째, 자기의 아이디어를 용기를 가지고 적극적으로 표현하는 연습을 해야 한다. 즉 다른 사람을 설득하기 위해서는 자기 의견과 관점을 분명하게 내놓아야 한다. 또한 주관적인 자기의 생각을 내놓아 다른 사람의 안목으로 점검받아야 한다.

둘째, 다른 사람의 의견이 나와 다르다는 것을 충분히 인정하는 연습을 해야 한다. 이것은 결코 쉬운 일이 아니다. 우리는 항상 상대방의 의견이 옳고 그름을 분별하기 전에 우선적으로 "상대방의 생각은 매우 중요하다"라는 것을 인정하고 경청해야 한다.

셋째, 토론 중에는 사랑 가운데 시간을 가지고 인내하는 연습을 해야 한다. 다른 의견이 나와서 서로 상충되고 갈등을 야기할 경우의 나의 관점과 다른 타인의 생각들 간의 논의는 전적으로 사랑과 신뢰 안에서 시간을 가지고 해야 하고 전체의 선한 목적을 우선적으로 생각하고 판을 깨는 일은 없어야 한다는 것을 주의해야 한다.

넷째, 얻어진 합리적인 결과에는 깨끗이 승복하는 연습을 해야 한다. 다시 말하면 불확실한 관심대상의 현상에 대하여 우리 각자가 자기의 관점인 서로 다른 모델(관점)을 표현했을 때 결국에는 어느 한 모델이 정확성과 단순성을 가진 좋은 모델로 판명이 될 것이다. 이때 우리는 매우 겸손해야 하는 것이다. 즉 자기의 모델이 좋은 모델이 아니라면 즉각 승복해야 하는 것이다. 승복하는 일이 결코 나의 자존심을 상하게 하는 일이 아님을 명심해라. 좋은 모델을 발견하면 자기가 고집하던 구 모델(지금까지 자기가 가지고 있던 관점이나 마음이나 생각)을 과감하게 교체해야 하는 것이다. 즉 폴 힐트(2001)의 말처럼 믿음을 고수하는 것도 중요하지만, 믿음을 개선해 나가는 것은 더욱 중요하다.

S 통계학에 입문하기 위한 기본적 마음가짐으로 또한 무엇이 중요한가요?

T 통계학에 있어서 제일 중요한 것으로서 기본적 마음가짐은 정직과 신뢰이다. 왜냐하면 원자료(raw data)가 거짓이라면, 아무리 성능이 좋은 슈퍼컴퓨터와 고급수준의 통계처리 분석기법을 동원하여 나이스(nice)한 결과를 얻는다 해도 그 결과는 여전히 거짓이기 때문이다. 이것은 말 그대로 돈과 시간을 완전히 낭비하고 마는 꼴이 되는 것이다. 정직한 사실(fact)이 가장 중요하다. 거짓 자료를 바탕으로 해서는 어떠한 합리적인 의사결정이나 훌륭한 대책은 결코 만들 수가 없는 것이다. 이미 시작부터 거짓인 것을 ... 어찌 하겠는가.

Garbage In Garbage Out(쓰레기를 넣으면, 쓰레기가 나온다).

그러므로 우리는 매 단계마다 언제나 정직한 쪽을 끊임없이 선택해야 하는 엄숙한 명령을 가지고 태어난 것이다.

미국의 조지메이슨 대학의 정치학자인 후쿠야마(1996)는 《신뢰(TRUST)》에서 "투명하지 않은 사회는 신뢰를 잃어버린 사회가 되어, 결코 건강한 사회가 될 수 없다."라고 말하고 있다. 즉 정직하지 않기 때문에 계약서의 페이지(page)가 두꺼워지고, 쓸데없는 사회적인 비용(cost)이 늘어나서 고비용 사회가 되며, 신뢰가 무너진 악한 사회가 된다는 것이다. "거짓이 난무하는 사회, 신뢰가 무너진 사회는 결단코 경쟁력이나 미래는 없다."라고 단언하고 있다. 그렇다면, 여러분은 어떻게 해야 하는가? 남의 탓만 하며 정직을 포기할 것인가? 여러분이 알다시피 외국의 선진국들은 대부분 신뢰사회이며 보다 투명하고 정직이 통하는 시스템을 가진 국가들이 아니던가.

통계를 잘 배워 옳게 사용하기 위해서는 우선 정직한 마음부터 가다듬는 것이 필수적인 것이다. 생명을 걸고 정직을 지키는 것만이 나 자신의 삶과 나의 가문과 우리 사회와 우리의 국가와 세계를 건강한 행복 속으로 안내하는 것이라는 것을 명심해야 한다.

[과제 1-2] "통계학과 정직, 그리고 나의 삶에 대하여"라는 제목으로 논술(글쓰기)을 1000자 정도 써서 제출하시오(A4지 1~2매).

연습문제_1 ▶ exercises

1. 통계학이란 무엇인지를 말하여라.

2. 통계학을 안다는 것이 무슨 의미인지를 말하시오.

3. 학교수학에서 통계교육의 위치와 목표에 대하여 말하여라.

4. 수학적 사고와 통계적 사고의 차이는 무엇인지를 말하여라.

5. 어떤 불확실한 현상의 인식에서 모델 구축 접근방법(model building approach)에 대하여 말하여라.

6. 토론수업과 토론문화에서 유념할 사항들을 말하여라.

[Tip] 위의 각 질문들에 대하여 이 통계교육의 책을 모두 공부한 후에 새롭게 다음 그림에 비추어 얼마나 나의 관점에 변화가 있었는지를 살펴보면 유익할 것이다.

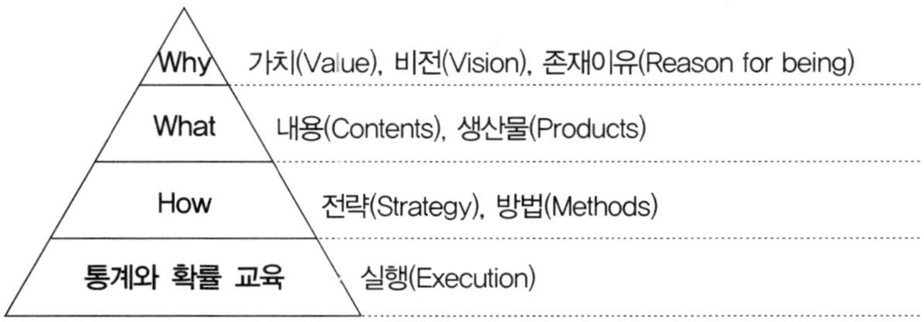

▲**그림 1-2** 통계와 확률 교육의 황금삼각형(Golden triangle)

2장

자료의 수집

2.1 측정과 수량화

1) 측정과 수량화의 의미

측정(measurement)이란 일정한 기준이나 규칙에 의하여 선택된 대상들의 속성을 관측하여 분류하거나 무엇인가를 재어서 수량으로 표현하는 수량화(quantification)를 의미한다. 다양한 측정의 노력을 통한 자연계 모든 것의 수량화혁명은 인류의 고대로부터 시작하여 중세를 거쳐 16세기에 서구 유럽의 과학과 기술을 혁신적으로 발전시키게 된다. 보이지 않는 시간이라는 것도 수량화된 값으로 표현함으로써 비로소 이것을 엄밀하고 정확하게 통계 데이터로 다룰 수가 있게 된다. 그러므로 통계에서 다룰 수 있게 하려면 반드시 다양하고 불확실한 질적인 대상일지라도 양적인 것으로 수량화해야 한다. 보다 정확하고 엄밀한 수량화를 위한 바람직한 측정의 특징은 어떤 것인지를 알아보자.

측정에 관한 보다 넓은 관점의 고려사항에 대하여 울프(Woolf, 1961)의 책에 실린 윌크스(Wilks)의 "Some Aspects of Quantification in Science"에서 말한 측정의 세 가지 요건은 다음과 같다.

① 객관적인 관측이 될 수 있도록 조작적으로 정의할 수 있을 것
(operationally definable process)
② 반복 관측해도 상당히 일치된 결과를 얻을 수 있을 것
(reproducibility of the outcome: reliability or the precision of the process)
③ 측정대상을 정확하고 명료하게 측정할 수 있을 것
(validity or the accuracy of the process)

여기서 "accuracy(정확도)"는 편향(bias)에 관련되고, "precision(정밀도)"은 분산이나 표준편차와 관련이 있다고 보면 된다(스타이글러, 통계학의 역사, 조재근 옮김, 한길사, p.101-102).

(1) 측정의 타당성

우리는 자료 수집을 위해 측정을 하기 전에 "측정된 자료가 연구목적에 적합한가?"라는 질문을 통하여 타당성(validity)을 고려하여야 한다. 측정의 타당성이란 측정된 자료가 연구의 목적에

알맞게 선택된 것이다라는 측정의 적합성에 관한 철학적인 측정 근거를 제시하는 것이다. 즉 측정척도가 측정하고자 하는 개념을 얼마나 정확하게 측정하고 있는지를 나타내는 것으로서 내용타당성(content validity), 예측타당성(predictive validity), 구성타당성(construct validity) 등으로 나누어 생각해 볼 수 있다. 이러한 측정의 타당성을 입증하기는 쉽지 않으나 여러 측정들이 서로 비교 가능해야하고 여러 정황을 근거로 합리적인 측정자료인가를 고려하면 된다. 예를 들어 학업능력이 학력고사라는 경험적 지표로 나타난다고는 하여도 이것이 학력을 모두 설명할 수는 없으므로 타당성이 인정될 수 있는지를 검증하면서 측정 자료로 사용하여야 될 것이다.

(2) 측정의 정확성

우리가 잘 측정한다 해도 정확한 측정은 매우 어렵다. 하지만 우리가 보다 나은 측정의 정확성(accuracy)을 얻기 위해서는 비편향성(unbiasedness)의 측면을 고려해야 한다. 즉 측정결과가 한 쪽으로 쏠려 편향되지 않도록 하여 측정의 정확성을 유지하기 위하여 비편향적이어야 한다. 바이어스(bias:편향)란 측정결과가 한 쪽으로 일관되게 제도적으로 기울어지는 구조적인 현상을 말한다. 예를 들어 경기예측지수를 조사하는데 비관적인 입장을 계속 고집하는 사람들은 언제든지 비관적 예측을 하려는 경향이 있다. 또한 우리의 경쟁력을 항상 과대평가를 하는 경우가 일관적으로 나타난다면 이런 것들을 편향되었다고 한다. 만약 어떤 변수의 참값을 구조적으로 과대언급이나 과소언급을 하지 않는다면 이 측정과정은 비편향성을 가지고 있다고 말한다.

(3) 측정의 신뢰성

측정결과는 신뢰성(reliability)이 있어야 한다. 신뢰성이란 동일한 것을 반복해서 측정할 때 측정결과들이 거의 같거나 동일할 때를 말한다. 예를 들면 어느 학생의 영어성적에 대하여 토익시험으로 반복 측정한 결과가 거의 동일하다면 그 토익시험은 신뢰성이 높다고 할 수 있다. 결론적으로 바람직하고 좋은 측정을 위해서는 측정의 비편향성과 신뢰성을 동시에 유지하도록 노력해야 한다.

2) 측정의 척도

관심이 있는 어떤 대상의 특성을 측정한다는 것은 그 대상의 특성을 수량화한다는 것을 의미한다. 자료수집과정에서 무엇을 측정해야 하는가가 결정되면 그 측정하는 척도에 따라 명목척도, 순서척도, 구간척도와 비율척도로 구분할 수 있다.

(1) 명목척도(nominal scale)

명목척도란 성별이나 직업별과 같이 측정값이 (남, 여) 또는 (교원, 회사원, 상인) 등의 이름으로 명명될 수 있는 자료로, 측정대상이나 개체가 어느 집단이나 범주(category)의 한 곳에 속하는지 구분하여 분류하는 경우에 사용되는 척도를 의미한다. 예를 들면 성별로 혈액형의 형태를 측정하여 각각의 범주를 교차표(cross table)로 나타낼 수 있다.

(2) 순서척도(ordinal scale)

순서척도란 개인의 소득을 (고소득, 중간소득, 저소득) 등과 같이 관심의 대상이나 사실에 대해 순서(order)만을 구분하여 측정된 자료로, 측정대상의 특성을 서열(rank)을 매겨 선택사항이 일정한 순서를 갖도록 하는 경우에 사용되는 척도를 의미한다. 예로서 상품에 대한 선호도 조사의 다음 항목과 같은 5지 척도를 들 수 있다.

① 아주 좋아한다. ② 좋아한다. ③ 그저 그렇다. ④ 싫다. ⑤ 아주 싫다.

(3) 구간척도(interval scale)

구간척도란 온도나 물가지수처럼 크고 작은 것을 구분할 뿐만 아니라 구체적인 구간을 정해 측정하는 것으로서 측정대상의 속성의 양을 측정하는 척도이다. 즉 측정결과가 실수(real number)값으로 표현되는 척도를 의미한다. 이때 해당 속성이 전혀 없는 상태인 절대영점(absolute zero)이 존재하지 않으며, 한 측정값을 다른 측정값으로 나눈 비율에는 아무런 의미가 없다. 즉 40도의 온도가 20도의 온도보다 두 배 뜨겁다고 말할 수 없다는 의미이다. 또한 (40도+20도=60도?)가 아니므로 구간척도의 자료는 덧셈을 할 수가 없다.

(4) 비율척도(ratio scale)

비율척도란 키, 몸무게, 상품가격 등과 같이 구체적인 크기를 측정할 수 있을 뿐만 아니라, 두 측정값의 비율이 의미를 갖는 척도를 의미한다. 즉 무게 20kg은 10kg의 두 배임을 알 수가 있고, 무게 0kg은 무게가 아무 것도 없음(無)을 의미한다. 즉 절대영점이 있으며 덧셈이 가능하다. 때로는 실제 관찰이나 측정을 할 경우에 어떤 대상을 구간척도나 비율척도로 측정을 할 수 있더라도 편의상 순서척도로 측정할 수도 있다.

3) 변수형태

변수(variable)란 측정 대상의 속성을 말한다. 이 변수에는 질적변수와 양적변수가 있다.

질적변수(qualitative variable)는 관측된 값이 문자로 표시되고, (남, 여)와 같이 몇 개의 범주나 서열 등으로 나타난다. 이 범주들의 평균은 의미가 없다. 예를 들어 질적변수인 (남, 여)를 (1, 2) 등의 숫자로 코딩하는 경우에도 이것 역시 질적변수이다. 즉 코딩된 숫자만으로 질적, 양적변수를 판단하면 안 된다.

양적변수(quantitative variable)는 무게(kg), 키(cm), 상품판매가격 등과 같이 양을 숫자로 표시하며 평균 등의 의미가 있다. 양적변수는 다시 이산변수(discrete variable)와 연속변수(continuous variable)로 구분된다. 이산변수는 '하루 동안 전화 온 횟수' 또는 '제품 한 상자 속에 들어있는 불량품의 수' 등과 같이 유한이거나 셀 수 있는 것들이다. 연속변수는 몸무게, 키 등과 같이 측정값을 셀 수가 없는 경우로서 관찰값이 실수값으로 표시가 가능한 경우를 말한다.

4) 실험과 관찰

대부분의 경우 의사결정의 질은 우리가 수집한 데이터의 질에 의존하게 된다. 자료수집 방법에는 이미 만들어져 있는 것을 관찰(observation)로써 찾아 모을 수도 있지만 우리 스스로 데이터를 계획적으로 직접 실험(experiment)을 통하여 생산할 필요가 있을 때도 있다. 실험은 적극적이고 의도적인 자료수집이라고 말한다면 관찰은 소극적인 자료수집방법이다. 실험은 계획적이고 치밀한 실험설계(experiment design)가 필수적이며 관찰은 독창적인 자료의 발굴과 세심한 관찰이 중요하다.

(1) 실험

실험이나 실험연구(experimental study)는 연구 대상에게 적극적인 처리를 실시한 후에 그 효과를 측정한 두 개 이상의 변수들의 반응관계를 알고자 하는 것이다. 실제적으로 다른 변수의 변화에 원인이 되는 것으로 생각되는 변수를 설명변수(explanatory variable 또는 독립변수)나 요인(factor)이라고 부르며 보통 X로 표시한다. 또한 설명변수에 의해 생산되는 변수를 반응변수(response variable 또는 종속변수)라 부르고 보통 Y로 나타낸다. 설명변수의 가능한 값들을 수준(levels)이라 부르며 이 요인들의 수준을 처리(treatments)라고 부른다. 하나 이상의 요인의 설명변수가 있을 경우에는 처리는 각 요인과 설명변수의 수준의 조합이 된다.

예 2-1 다이어트에 영향을 주는 주요인으로는 식사패턴과 운동량이라고 한다. 이 경우 각 요인의 수준이 각각 2(채식, 육식)와 3(상, 중, 하)수준이 되고 처리의 수는 그 조합으로 6가지가 됨을 알 수 있다. 여기서 연구자는 통제 가능한 설명변수의 각 수준을 의도대로 결정할 수가 있다.

		요인 2(운동량: 1일 30분이상 / 1주일)		
		상(5일 이상)	중(2~4일)	하(1일 이하)
요인 1 (식사패턴)	채식	처리1	처리2	처리3
	육식	처리4	처리5	처리6

랜덤화된 비교 실험은 실제적으로 처리가 행해지는 처리집단(treatment group)과 실제 처리를 받지 않도록 조절되는 통제집단(control group, 조절집단)으로 구분이 된다. 그리고 일반적인 실험설계를 위한 기본논리와 원리는 다음과 같은 것이 있다.

1. 랜덤화(randomization): 각 처리는 실험단위들에게 무작위로 할당 부과한다.
2. 반복화(replication): 가능하다면 각 처리에 적어도 2개 이상의 개체를 할당하여 반복실험을 한다. 반복이 없다면 순수변동과 측정오차를 평가할 수 없다.
3. 블록화(blocking): 실험단위가 동일하지 않은 경우 동질의 유사한 실험단위들을 블록으로 분류하여 각각의 블록에서 처리를 실행한다.
4. 통제(control): 비교설계를 사용하여 복합(confounding)변수의 효과를 통제 및 조절한다.
5. 눈가림(blinding): 가능하다면 통제집단에 눈가림처리를 한다.

(2) 관찰

관찰이나 관찰연구(observational study)에서는 일반적으로 어떤 요인이나 설명변수가 어떤 반응에 어떻게 원인이 되는가를 판단하기 위하여 수동적인 관측을 통한 결과에 관심을 둔다. 예를 들어 담배를 피느냐 안피느냐가 설명변수가 되고 폐암으로 죽었느냐 아니냐가 반응이 된다. 또한 일정 기간의 소주의 소비량을 관찰하여 호경기와 불경기의 패턴을 발견해 보려는 연구도 생각할 수가 있다. 이와 같은 경우 이미 관찰된 자료를 통해서 얻어진 한정된 정보를 이용할 수밖에 없으며 알고 싶어 하는 내용을 보다 세밀하게 볼 수 없을 수도 있다.

또한 관찰연구는 대체적인 추세(trend)파악 등의 나름대로 장점을 지니고 있으나 복합변수(confounding variable)를 통제나 조절을 할 수가 없어서 실험에 비해 충분한 효과를 얻지 못할 수도 있다. 관찰연구와 실험연구에서는 모두 기본적인 윤리수칙을 준수해야 한다. 그리고 가능하다면 관찰이나 실험의 설계는 단순함을 유지하는 것이 중요하다.

2.2 표본조사

우리는 보통 전체 집단에 관한 특성을 알기를 원한다. 이때 조사하는 방법으로 전수조사와 표본조사가 있다.

전수조사(census)는 전체집단을 하나의 표본으로 하여 조사하는 것을 말하며 센서스(총조사)라고도 한다. 센서스의 용어는 로마의 국세조사를 의미하는 라틴어인 censere에서 유래하였고, 근대적 센서스는 1787년 미국의 헌법제정이후 처음 시작되었다. 즉 센서스는 작은 집단에 대해서는 간단하지만 큰 집단은 경제적으로 너무 비용이 많이 들고 기간이 오래 걸린다. 우리나라에는 5년마다 실시하는 인구주택 총조사(센서스)가 있다. 예를 들어 전지의 수명에 관심이 있는 경우 전수조사를 한다는 것이 불가능할 수도 있다.

표본조사(survey)는 전체집단을 닮은 적절한 부분으로서 표본을 추출하여 관심사를 알아보는 조사방법으로서 표집조사(sampling survey)라고도 한다. 이 표본조사는 영국의 국왕 에드워드 1세가 1279년 견본화폐검사를 실시하면서 시작되었다고 한다.

표본조사에서 사용되는 용어로는 모집단과 표본 그리고 모수와 단위가 있다.

모집단(population): 관심의 대상인 개체나 대상으로 구성된 전체 집단
단위(unit) 또는 표집단위(sampling unit): 모집단을 구성하고 있는 개별적인 개체
모수(parameter): 모집단 특성을 말해주는 고정된 특성치(예: 모평균와 모분산)
표본(sample): 모집단의 일부분인 모집단의 부분집합
표집틀(sampling frame): 표집단위의 목록

우리는 표집틀에서 표본을 추출한다. 이상적인 표집틀은 모집단에 속하는 모든 단위들의 목록이어야 하지만 그러한 목록을 얻는다는 것은 사실상 매우 어렵다. 예를 들면 한 여론조사기관에서 우리나라 전 유권자 3200만에 대하여 내각제찬성에 대한 찬반의견을 조사하기 위하여 유권자 중 2500명을 뽑아 조사하였다고 할 때, 모집단은 전 유권자이고 단위는 유권자 개개인이다. 여기서 표집틀은 이들 2500명을 표집하고자 할 때 사용되는 구체적인 총유권자 명단이나 전화번호부 같은 것이 된다. 즉 표본은 2500명으로 뽑힌 유권자이며, 추정하고자 하는 모수는 내각제 찬성비율(모비율)이다.

모집단의 크기는 대문자 N으로 표기하고, 표본의 크기(sample size)는 모집단으로부터 뽑은

표본을 구성하는 개체의 수를 의미하며 소문자 n으로 표기한다. 모수는 고정된 상수값으로서 일반적으로 알려져 있지 않다. 모수의 예로는 모평균, 모비율과 모분산 등이 있고, 이에 대한 통계량의 예로는 표본평균, 표본비율과 표본분산 등이 있다. 우리는 표본으로부터 얻은 통계량의 값을 이용하여 알려지지 않은 모수를 추정하고자 한다. 모집단의 부분집합인 표본은 변동성과 대표성을 동시에 지니고 있다. 그러므로 좋은 표본이란 모집단의 구조나 특성을 잘 반영하는 즉 모집단을 가장 잘 닮은 축소판을 의미한다.

예비조사(pilot study)란 본 조사에 앞서서 연구의 핵심이나 문제점을 분명히 파악하기 위하여 현지에 나가 조사대상을 미리 조사하는 것을 의미한다. 이것은 연구의 요점을 재확인하고 연구가설을 세우고 구체적인 실마리를 잡기 위한 목적이 있다.

표본조사에는 기본적으로 다음과 같은 단계를 생각할 수가 있다.

① 조사방법의 결정(면접, 전화 등)
② 조사표의 설계
③ 표집계획과 표본의 결정
④ 데이터 수집, 집계와 분석
⑤ 보고서의 작성

좋은 연구는 많이 있으나 완벽한 연구라는 것은 없기 때문에 신문이나 방송 매체들이 보여주는 결과나 정보를 독자는 비평적으로 주의하여 받아들여야 한다. 다음은 새로운 보고서를 접하거나 여론조사 결과를 보도하는 경우에 포함되어야 할 사항으로 미국여론조사협회(AAPOR: American Association for Public Opinion Research)가 제시한 준용지침들이다.

① 조사를 주관한 기관은? 돈을 지원한 후원자는 누구인가?
② 조사대상은 누구인가? (목표 모집단은?)
③ 조사방식은? (면접조사, 전화조사, 우편조사, …)
④ 표본의 크기는? 표집방법은?
⑤ 표집오차는? (오차의 한계는?)
⑥ 실제 사용된 설문은?
⑦ 조사 시기는?
⑧ 결과해석의 근거는?

2.3 바이어스와 표집오차

1) 바이어스(bias, 편향)

바이어스(bias)란 어떤 판단에서 제도적으로 쏠림(systematic prejudice)이 있는 현상을 말하며 편향이라고도 부른다. 모집단의 모수에 대한 참값을 추정하는 데 있어서 구조적으로 어쩔 수 없이 다른 결과를 얻게 되어 있는 표집방법은 "바이어스가 있다" 또는 "편향되어 있다"라고 말하며, 현명한 소비자는 이러한 바이어스를 항상 점검하고 제시된 표집 결과보고서를 해석하는 데 주의를 해야 한다. 이러한 바이어스를 줄이거나 방지하여 보다 좋은 데이터를 얻기 위한 노력이 요구된다. 바이어스는 실험분야, 추정, 측정과 표집분야에서 생각할 수가 있다. 일반적으로 편의표본과 자원자 반응표본은 바이어스를 가지고 있다고 알려져 있다.

편의표본(convenience sample) 바이어스의 예를 들면, 채소장수가 한 트럭 가득 배추를 실었을 경우 우리는 표본을 뽑기가 편리하고 쉽다는 이유로 트럭 꼭대기 부근에서 주로 얻어진 몇 개의 배추를 표본으로 생각한다면 이것은 전체 트럭에 실린 배추를 대표하지 못한다. 트럭의 바닥에 있는 배추는 눌려서 썩고 있을지도 모르는 일이다. 이러한 종류의 편의표본은 전체를 실제보다 좋게 평가하는 경향이 있을 수 있다.

자원자 반응표본(voluntary response sample) 바이어스의 예를 들면, 어떤 인터넷 신문사의 홈페이지에 최근 이슈가 되는 주제에 대하여 여론조사를 할 경우가 많이 있다. 이러한 조사 결과는 전체시민의 의견이라기보다는 그 신문을 즐겨보는 사람들 또는 자원한 자들로서 보다 강한 의견을 갖는 사람들의 의견일 수 있다. 이것은 적극적으로 자원한 사람들의 의견을 반영한 결과이기 때문에 자원자 반응표본의 바이어스를 갖게 된다. 그래서 자원자의 반응은 전체 집단의 반응을 대표하는 것이 아닐 수도 있다는 것을 고려해야 한다.

2) 표집오차와 비표집오차

표본조사에서 모집단의 일부분만을 이용하여 모집단을 추론하기 때문에 발생하는 오차를 표집오차(sampling error)라 하고, 이 표집오차 이외에 설문지의 부정확한 내용표현, 조사원의 미숙함, 응답자의 불성실한 응답이나 무응답 등 조사과정에서 또는 집계과정에서 일어나는 오차를 비표집오차(nonsampling error)라 한다.

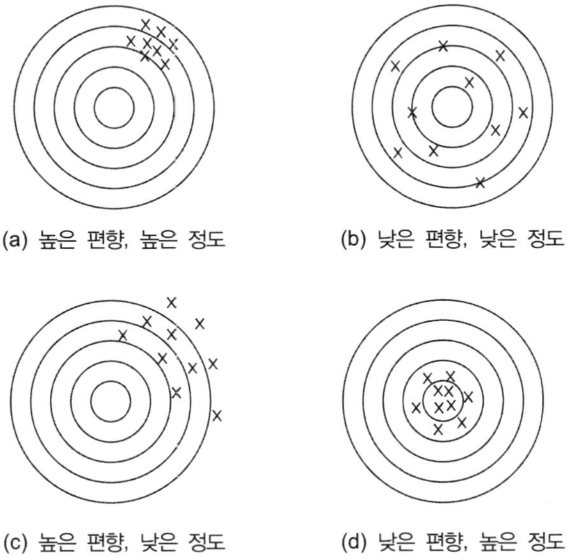

▲**그림 2-1** 표집에서의 바이어스(bias)와 정밀도(precision)

일반적으로 표본조사에서는 표집오차와 비표집오차가 함께 발생하며 전수조사에서는 비표집오차만이 발생한다. 표집에서 표본의 크기를 크게 하면 표집오차는 감소하지만 비표집오차는 증가하게 된다. 표본의 크기를 점점 증가시키면 전체오차는 감소하다가 어느 단계를 넘어서면 다양한 원인에 의한 비표집오차의 증가로 인하여 전체오차는 더 이상 줄어들지 않는다. 따라서 표본의 크기를 무작정 크게 한다고 해서 정확한 정보를 얻을 수 있다라고는 장담할 수 없다. 그러므로 적정한 표본의 크기가 중요하다. 또한 표집오차라는 용어는 표본추출오차, 표본오차, 최대허용오차 등으로 부르기도 한다. 표본의 크기를 결정하는 논리는 8장에서 다룬다.

2.4 표집방법

표본조사는 모집단을 가장 잘 닮은 표본을 추출(표집)하는 것이 생명이다. 그리고 표본조사가 과학적이고 합리적으로 행해지기 위해서는 표본을 어떤 방법으로 추출할 것인지 구체적인 표본추출방법인 표집방법에 기초한 표집설계(sampling design) 과정이 반드시 명시되어 있어야 한다. 일반적으로 표집에서는 앞에서 말한 바이어스(편향)를 줄이기 위해 모집단으로부터 추출되는 각 단위에 알려진 0이 아닌 확률을 부여하는 확률표집방법(probability sampling method)을 사용한다. 이 확률표집방법 중에 가장 간단하고 잘 알려진 형태가 단순랜덤표집법이다. 그 밖에 층화랜덤표집법, 계통표집법, 군집표집법, 다단계층화표집법, 포획-재포획표집법 등이 있다.

■ 단순랜덤표집법(simple random sampling)

단순랜덤표집법에서 요구되는 크기의 각 단위는 표본으로 추출되는 확률이 같게 된다. 즉 모집단의 크기가 N이고 그 중에서 크기가 n인 표본을 추출할 경우 각 원소에 $1, 2, 3, \cdots, N$까지의 번호를 주고 그 중에서 랜덤하게(임의로) 번호를 선택하여 그 번호에 해당하는 원소를 표본으로 추출하는 방법이다. 그러나 이 방법은 현실적으로 그리 간단하지가 않다. 모집단이 큰 경우 모든 단위의 목록을 얻는다는 것이 불가능할 수도 있다.

예를 들어 한 학년 $N=100$명의 학생 중에서 $n=5$명을 뽑을 경우 이 전체 학생들에게 일련번호를 부여하고 난 후에 난수표에서 아무 열이나 택하여 이용하거나, 안 보이는 자루 속에 번호를 넣고 임의로 꺼내는 방법을 이용하여 임의로 5개의 번호를 추출하여 그 번호와 일치한 학생들을 표본으로 구성하는 방법이다. 난수는 컴퓨터에서 난수생성기를 이용하여 난수(random number)를 얻을 수도 있다. 이 단순랜덤표집법은 객관적이고 편향되어 있지 않음을 알 수 있다.

[표 2-1] 난수표

98520	17767	14905	68607	22109	40558	60970	93433	50500	73998
11805	05431	39808	27732	50725	68248	29405	24201	52775	67851
83452	99634	06288	98083	13746	70078	18475	40610	68711	77817
88685	40200	86507	58401	36766	67951	90364	76493	29609	11062
99594	67348	87517	64969	91826	08928	93785	61368	23478	34113
65481	17674	17468	50950	58047	76974	73039	57186	40218	16544
80124	35635	17727	08015	45318	22374	21115	78253	14385	53763
74350	99817	77402	77214	43236	00210	45521	64237	96286	02655

■ 층화랜덤표집법(stratified random sampling)

때때로 모집단이 자연적으로 여러 하부집단으로 세분되는 경우가 있을 때 이것을 층(strata)이라고 부른다. 층화랜덤표집법이란 모집단이 상호배반적인 층(하부집단)으로 구성되어 있을 때 표본이 각 계층을 고르게 대표할 수 있도록 각 층에서 정해진 크기의 단위를 단순랜덤표집을 하는 방법이다. 즉 층화랜덤표집법이 효율적인 경우는 각 층의 내부에는 매우 유사한 동질적 특성을 유지하는 경우이다. 이때 각 층에 단위수가 비례로 할당되는 비례할당제가 있다.

예를 들어 회사원, 실업인, 전문직으로 구성된 모집단에서 평균임금에 관심이 있다면 모집단을 회사원, 실업인, 전문직인 사람들로 3개의 임금수준이 유사한 층을 구성하고 각 층에서 일정한 크기의 표본을 뽑아 전체 평균임금을 추정하는 방법이다. 이때 각 층으로부터 얻어진 평균은 가중평균을 사용하여 결합된다.

■ **계통표집법(systematic sampling)**

계통표집법이란 단순랜덤표집법의 변형으로 모집단이 N개의 원소로 구성되어 있고, 그 중에서 n개의 표본을 추출하고자 할 때, 모집단의 각 원소에 $1, 2, 3, \cdots, N$까지의 번호를 부여한 순서 리스트에서 처음 k번째 개체를 일정 간격으로 단위를 추출하는 방법이다.

예를 들어 하루에 $N = 40000$개의 TV를 생산하는 생산라인에서 $n = 100$개의 임의 표본을 추출하여 품질검사를 하려고 할 때 사용하면 편리하다. 즉 $k = N/n = 40000/100 = 400$개의 구간으로 나눈 후에 첫 구간에서 임의로 한 번호를 추출하고 그 번호를 기준으로 400개 간격을 일정하게 두고 계속하여 100개의 표본을 추출하여 표본을 구성하는 방법이다.

1, 2, ③, …, [400], 401, 402, (403), …, [800], …, 39601, 39602, (39603), …, [40000]

■ **군집표집법(cluster sampling)**

군집표집법이란 모집단의 단위들이 우선적으로 군집(cluster)에 의해 나뉘고, 이들 각 군집을 랜덤하게 선택하게 되며 그 군집에 속한 단위는 모두가 표본에 포함된다. 또한 각 군집 내부에서는 각 단위들에게 일련번호를 부여할 수 있는 경우에, 선택된 각 군집 내에서 표본을 랜덤하게 추출하는 방법이다. 이때 각 군집은 작은 모집단처럼 군집내에서 각 단위들이 이질적이다. 군집표집법은 비용과 시간이 절약된다는 장점이 있다.

예를 들어 아이들, 청소년, 성인여자, 성인남자의 TV시청습관을 조사한다고 할 때 한 가정에는 아이들, 여자들, 성인들이 섞여서 살고 있다. 이때 각 가정을 군집으로 사용하면 된다.

■ **다단계표집법(multistage sampling)**

대부분 국가적인 표본조사는 여러 가지 표집법을 조합하여 다단계로 사용한다. 예를 들어, 전국의 중학교의 수학 학력을 검사한다고 할 때 각 시도별 행정구역을 군집으로 하고 각 행정구역에서는 (도시, 농촌, 준도시)로 나누고 각 도시에서는 주소 명부를 보고 일정한 간격으로 선출한다면 이것이 다단계표집법이다. 다단계표집법의 장점은 완벽한 단위목록이 필요없다는 것이며, 비용과 시간을 절약하게 된다.

층화, 계통, 군집, 다단계표집방법들을 사용하여 얻은 표본은 엄밀히 말한다면 확률표본이지만 단순랜덤표본은 아니다.

■ 포획-재포획표집법(capture-recapture sampling)

포획-재포획표집법은 이동성 모집단(mobile population)인 경우에 모집단의 크기(총 개체수)를 추정하고자 할 때 이용되는 방법이다. 예를 들어 어느 지역에 서식하는 동물의 수를 추정하고자 하는 경우 우선 첫 단계로 크기 X인 표본을 선택하여 적당한 표식을 하여 되돌려 보낸 다음 두 번째 단계에서 일정한 시간이 지난 후에 크기 Y인 표본을 선택한다. 이를 비례식을 이용하여 모집단의 총수를 추정한다.

- **실험활동 2-1: 포획-재포획표집법의 실험**

  목적: 이동성 모집단의 특성을 알기 위한 포획-재포획 방법을 시행해 보고 참값과 추정값의 오차의 발생을 경험하게 한다.

  대상: 검은 자루 속의 바둑알 수 알아보기

  준비물: 바둑알이 같은 색으로 50개씩 들어있는 검은 자루와 매직펜을 학생수만큼 준비

  방법: 학생 각자는 바둑알의 일정한 개수에 표식을 하여 자루에 넣은 후, 다시 일정한 수를 표집하여 표식이 된 개체수를 세어서 비례식을 세워 자루 속의 총 바둑알 수를 추정해본다. 그리고 추정된 전체 개수와 원래의 전체 개수와의 오차를 확인해 본다. 시간이 허락한다면 이 실험을 반복 실시하여 오차의 발생을 경험하게 한다.

예 2-2 표식을 한 바둑알 수는 10개이고 자루에서 20개를 뽑았을 경우 표식을 한 바둑알이 5개였다면 자루 속의 총 바둑알 개수를 X라 할 때 다음의 비례식을 얻게 된다.

$$20 : 5 = X : 10$$

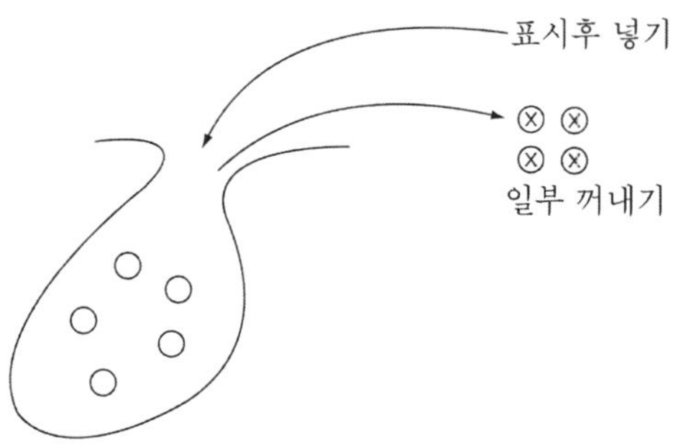

▲그림 2-2 포획-재포획 실험

- **실험활동 2-2: 표집 방법들(sampling methods)의 비교 실험**

목적: 이 연습 실험활동은 표본들과 선택편향을 가진 표본들, 단순랜덤표집법, 계통표집법과 층화표집법에 관한 평균추정에 관한 판단을 비교 탐구하는 활동이다.

대상: 서울시의 25개의 구의 면적(km^2)을 이용하여 각 표집방법의 특징을 비교하고 각각의 표집방법을 경험해보기로 한다.

준비물: 1. 서울시의 구의 면적 목록표 1(무순)과 면적목록표 2(면적 크기순)
2. 서울시 25개 구의 면적 지도
3. 쌀알 5개씩
4. 난수표

방법: 표본의 크기를 5개로 정하기로 하고, 서울시의 25개의 구 면적의 평균 면적을 추정하기 위하여 통계량은 표본평균(sample average)을 사용하기로 한다.

[표 2-2] 서울시의 25개 구의 면적(km^2)

(무순)

번호 지역(구)	면적
1 종로구	24
2 중구	10
3 용산구	22
4 성동구	17
5 광진구	17
6 동대문구	14
7 중랑구	18
8 성북구	25
9 강북구	24
10 도봉구	21
11 노원구	35
12 은평구	30
13 서대문구	17
14 마포구	24
15 양천구	17
16 강서구	41
17 구로구	20
18 금천구	13
19 영등포구	25
20 동작구	16
21 관악구	30
22 서초구	47
23 강남구	40
24 송파구	34
25 강동구	25
전체평균	24.25

(면적 크기순)

번호 지역(구)	면적
1 중구	10
2 금천구	13
3 동대문구	14
4 동작구	16
5 광진구	17
6 성동구	17
7 서대문구	17
8 양천구	17
9 중랑구	18
10 구로구	20
11 도봉구	21
12 용산구	22
13 마포구	24
14 종로구	24
15 강북구	24
16 성북구	25
17 영등포구	25
18 강동구	25
19 관악구	30
20 은평구	30
21 송파구	34
22 노원구	35
23 강남구	40
24 강서구	41
25 서초구	47
전체평균	24.25

▲그림 2-3 서울시의 구의 행정구역 지도

□ 판단표본(judgement sample): 서울시의 구 이름만을 보고 자신이 생각하기에 5개(sample size =5)의 구가 대표적일 것이라고 생각되는 것을 선택하여 이들 구의 면적을 다음 표에 기록하고 평균면적을 계산하시오.

	1	2	3	4	5	평균면적
구						
면적						

□ 표집에서의 편향(bias in sampling): 자신의 서울시의 지도 위에 쌀알을 5개 떨어뜨린다. 각 쌀알의 가장 많은 부분을 차지한 구를 표본으로 택한다.

	1	2	3	4	5	평균면적
구						
면적						

□ 단순랜덤표집법: 난수표를 사용하여 자신의 표본 목록 중에서 5개(sample size=5)의 구를 선택한다.

	1	2	3	4	5	평균면적
난수						
구						
면적						

□ 계통표집법: 25개의 구에서 우리는 5개를 선택하려 한다고 하자. 25/5=5이므로 우리는 각 목록이 5개의 구를 포함하도록 생각할 것이다. 우리는 각 목록으로부터 1개의 구의 번호(seed)를 선택할 것이다. 즉 5개의 구가 얻어질 때까지 매 5번째 간격으로 구를 선택한다. 우리 상황에서 우리는 25개를 가지고 있기 때문에 이 계획은 다소 수정될 수 있다. 난수표로 시드넘버(seed number)를 정하고 알파벳 리스트에서 5번째 되는 표본을 5개 뽑아서 기록해보자.

	1	2	3	4	5	평균면적
구						
면적						

□ 층화랜덤표집법(stratified random sampling): 구의 면적 순으로 정열한 표에서 적당한 몇 개의 동질층으로 층을 나누고 각 층에서 비례할당법을 이용하여 구의 수를 2～3개로 정한 다음 난수표를 사용하여 각 층으로부터 구를 뽑는다. 각 층에서 표집한 구의 면적을 토대로 각 평균면적을 구한 다음 전체 평균을 계산한다.

층	1	2	3	4	5	평균면적
구1						
구2						
구3						
평균						

□ 군집표집법(cluster sampling): 각 구의 면적은 각 구도심과 신도심에 따라 영향을 받을 수 있다고 생각한다. 예를 들어 강남이나 강북 또는 전형적으로 동서남북의 지역 군집(cluster) 등 크게 2～4개의 군집으로 나누어 보자.

	동	서	남	북	평균면적
시군1					
시군2					
평균					

□ 당신이 생각하기에 어떤 표집방법이 보다 좋은 방법이라고 생각하는가? 그 이유는 무엇이라고 생각하는가? 그 느낌과 소감을 말하시오.

2.5 역사: 그론트의 사망자표와 표집

통계로서의 수치데이터의 수집은 인류의 시작과 함께 가축의 마리 수나 식량공급이나 군사력 등에서 고대로부터 사용되어 왔다. 이러한 증거는 초기 인류문명의 살아있는 여러 가지 기록들에서 발견할 수가 있다. 정치 지도자들은 국가의 경영에서 전쟁과 식량과 조세 등의 국가의 여러 일들에 대한 예측과 준비를 위해 수치자료들을 사용해 왔다. 이러한 데이터의 수집은 정부가 있어 온 이래로 항상 존재해 왔다. 특히 표본조사로서의 표집(sampling)은 오랜 역사를 가지고 있다. 최초의 표본조사는 1279년경 영국에서의 견본화폐의 검사로 알려져 있다. 이 검사에서는 견본화폐의 은과 금의 함량기준이 일정한 편차 내에 있는가를 조사하여 진품으로 인정하였다고 한다.

16세기 이후에 몇 세기 동안 대를 잇는 여러 사람들의 창조적인 발상과 자료의 누적된 기록과 인내를 동반한 추적, 문제해결의 전략 등은 사람들이 어떻게 데이터를 분석하고 이해할 것인가에 대한 새로운 생각을 하게 만들었다. 그리고 18세기에 와서야 국가에 대한 과학적 연구로서의 필요와 새로운 발견들이 정부의 관심 있는 정치적인 데이터에 그 초점을 옮길 수 있도록 하였다. 이때부터 학문으로서의 통계학은 국가의 조세와 국방 등의 수치정보에 대한 표와 국가산술의 필요성에 의해 싹트기 시작하였다. 특히 사망자표의 기록과 분석, 도박, 천문학 등에 관한 특별한 관심에 의해 다양한 영역에서 그 영향을 받아 학문으로서 발전하기 시작하였다. 이들 중에 특히 영국의 그론트(Graunt)를 주목해 볼 수 있다.

그론트(Graunt, 1620～1674)는 잡화점의 주인이면서 매우 학구적인 사람으로 아침에 출근하기 전에 서재에 들러 책을 읽는 학구파였으며 사소한 일에도 관심이 많은 창의적인 사람이었다. 그는 1662년에 《사망자표를 통한 자연적 정치적 관찰(Natural and political observations made upon the Bills of Mortality)》이라는 책을 발간하면서 런던시의 출생자와 사망자의 제한된 표본을 활용하는 표본조사의 획기적인 첫 삽을 떴다. 그는 사망원인과 사망자수를 집계하여 발간하는 1604～1661년 사이의 런던시의 사망자표를 주목하였다. 아무도 이와 같은 긴 기간 동안의 데이터에 대해서 세심한 관찰과 실험 등의 관심을 보이지 않았다. 그러나 그는 20년간의 사망원인과 사망자수를 면밀히 조사하고, 사망자표에는 나타나지 않는 정보로서 사람의 평균수명의 패턴을 추정해보려고 시도하였다. 여자아이들이 남자아이들보다 적게 태어나지만 여자들이 남자들보다 오래 산다는 것을 발견하였다. 그는 각 나이에 대한 사망률을 보여주는 최초의 사망자표(Mortality table)를 만들게 된다. 100명이 탄생하여 6세가 되기까지 36명이 죽는다는 사실을 발견하고, 매년 죽는 비율도 거의 일정함을 발견하였다.

또한 그는 그의 친구인 페티(William Petty, 1623~1687)와 함께 타당한 사망자표를 근거로 한 부분적인 자료를 바탕으로 데이터 분석을 통하여 독창적인 방법으로 런던시의 총 인구수의 추정을 시도함으로써 정치산술(political arithmetic)의 분야에 초석을 놓았다. 이러한 내용은 그 이후에 헬리 혜성을 발견한 영국의 천문학자 헬리(Halley)에 의해 1693년경 정교하게 다듬어 진다. 이것이 사회보장보험에 사용하게 되는 생명표의 개발에 있어서 중요한 시발점이 된다. 그리고 나서 이러한 생명표의 아이디어를 정부와 보험회사들이 실제 업무에 사용하기까지는 한 세기가 더 지나가서야 이루어진다.

영국에서의 이러한 통계학의 태동은 자유로운 영혼의 소유자였던 영국왕 찰스 2세가 당시 막 조직된 영국왕립협회(Royal Society)의 활동을 장려하면서 시작되었고 그 자유를 얻는다. 이 시기는 신에 도전하여 실험과 관찰을 통한 새로운 과학적 지식의 발견과 발명이 이루어지기 시작한 르네상스의 사회적 배경과 함께 한 때이기도 하다(Bernstein, 1996).

Graunt의 사망자표(John Graunt's Mortality Table)

Vis. of 100 there dies		The next	3
The fourth	6	The second decade	15
within the first six years.	36	The next	2
The next	4	The third decade	09
The next ten years, or decade	24	The next	1

2.6 토론과 실험: 수량화 혁명

1) 수량화 혁명

데이터 처리를 하려면 보이는 것이든 안 보이는 것이든 우선 우리는 대상을 측정을 통해 수량화를 해야 이를 취급할 수 있다. 이 측정과 수량화에 대한 인류의 승리 역사를 잠시 탐험해 보자. 앨프리드 크로스비(Alfred Crosby, 2005)는 《수량화 혁명(The Measurement of Reality)》이라

는 그의 저서에서

> "당신이 생각하려고 하는 어떤 것을 그것을 정의하는데 필요한 최소한의 단위(unit)로 환원하라. 상파뉴 시장에서의 양모 가격의 기복이든 하늘에 있는 화성의 진로이든 그것을 종이 위에 아니면 마음속의 종이 위에라도 그려 보라. 그리고 실제로든 상상으로든 그것을 균등한 단위로 쪼개 보라. 그 분할된 단위가 몇 개인지를 헤아려 보면 그것을 측정할 수 있게 된다. 이런 방식을 사용하면 거의 모든 문제를 수량화하여 표현할 수 있다. ...... 설령 오차가 있다 손치더라도 수량화된 표현은 언어적 표현보다는 정확하고 또한 엄밀한 사고가 가능하다."

라고 하면서 특히 서구 유럽인들이 11세기에서 15세기에 이르기까지 측정을 통한 수량화와 시각화에 도전하여 질적(qualitative) 사고에서 수량적(quantitative) 사고로의 전환은 그야말로 과학과 기술의 혁신을 일으키게 되고 유럽 국가들의 비약적인 발전을 이룩하게 되었다고 설명한다.

프란시스 베이컨(1605)은 "자연의 상당부분은 수학의 도움과 개입이 없었다면 제대로 발견되거나 명석하게 입증될 수도 없고 또 충분히 솜씨 있게 활용될 수도 없다. 이렇게 수학의 도움을 받아 자연을 다루는 학문분야로는 원근법, 음악, 천문학, 우주론, 건축학, 기계공학 등이 있다."라고 말하고 있다.

또한 갈릴레오 역시 다음과 같은 유명한 문장으로 표현했다.

> "철학은 다른 곳에 있는 것이 아니라, 우주라는 이 거대한 책에 씌어져 있다. 그것은 우리 눈앞에 언제나 열려 있지만 우리가 먼저 거기에 씌어진 언어와 문자를 배우기 전에는 전혀 이해할 수 없다. 그 언어는 수학이다. 삼각형이나 원 같은 기하학적 도형들이 거기에 나오는 등장인물들인데, 그런 것들을 모른다면 인간은 책의 한 구절도 이해할 수 없을 것이고, 어두운 미궁에서 영원히 빠져나오지 못하게 될 것이다."

우리가 만물의 대자연에 대하여 거론하고 있는 것을 측정할 수 있고 숫자로 표시할 수 있을 때 즉 수량화하는 경우라야 그것에 관해 뭔가 알고 있다고 말할 수 있을 것이다. 그것을 측정할 수 없을 때, 그래서 그것을 숫자로 표시할 수 없을 때 여러분의 지식은 빈약하고 만족스럽지 못한 것이라고 할 수 있다.

사실 온도계가 발명되기 전에 뜨겁다든지 차갑다라는 인간의 오감의 영역인 열을 측정하는 것을 생각할 수 있는 사람이 몇이나 있었겠는가. 숫자를 만들고, 보이지 않는 시간을 수량화하여 아주 오랜 동안 시행착오 속에 시계를 만들고 달력을 수정해 오면서 인류는 자연계의 본질을 하나하나를 알아 왔다. 피타고라스의 수를 발견하고 케플러가 행성의 법칙을 계산해 내고 수많은 수학과 과학의 업적들을 인류는 그려 낸다.

지나가는 소리와 노래를 악보에 멈추게 하여 구전해 내려오다 사라져 가기만 하던 아름다운 노래를 오선지에 기록하여 수량화했을 때 그 혁신을 우리가 지금 누리고 있는 것이다. 이탈리아의 대표적인 수학자 파촐리가 산술과 기하학과 신성한 비례를 연구하고, 물물교환에서부터 시작하여 상인과 기업의 이익을 투명하게 수량화하는 복식부기 방법을 집대성하여 새벽을 어김없이 알리는 수탉처럼 바쁜 상인들뿐만 아니라 우리들의 사고의 족쇄를 풀어주고 개념돌파(conceptual breakthrough)를 하도록 해준다. 돈은 절대적으로 중간적이지 않다. 돈의 영향력은 대차대조표에서 웅변적으로 나타나게 된다. 시간이 돈으로 환산되는 경험을 하게 되고 수량화와 정확성은 점점 더 실재의 세계를 효율적으로 설명하고 있게 되는 이 사실만으로도 인간의 노력과 지력과 창의력의 결과로서 수량화의 기적은 칭찬할 만하다.

2) 모집단과 표본

통계학의 궁극적인 관심은 다양성과 불확실성을 지니고 있는 연구대상인 어떤 집단에 대한 특성연구에 있다. 실험의 관점에서 본다면 불확실성을 포함한 어떤 사실에 대한 확률현상을 이해하고 그 특성을 파악하는 것이라고 할 수 있다는 것이다. 여기서 특별히 강조하여야 하는 것은 통계학은 어느 개인, 개체에 대한 관심을 갖는 것이 아니라 어떤 집단의 "대체로 그러하다."라는 추세(trend)에 관심이 있다는 것이다. 한 번의 어떤 실험결과에 관심을 갖고 있는 것이 아니라 반복되는 실험에서의 다양한 결과에 대해서, 다른 말로 하면 반복되는 불확실한 현상 자체에 대하여 관심을 갖는다는 것이다. 이 점을 통계학을 공부하는 동안 틈틈이 스스로 확인해 보기 바란다.

이러한 관점에서 보면 지금까지 우리가 논의하여 온 것은 이들 불확실한 상황을 포함한 집단이나 확률현상을 나타내는 자료 수집을 어떻게 하고 그 결과를 어떻게 인식할 수 있는가?에 관한 논의였다고 말할 수 있겠다. 특정집단을 구체적으로 이해하고 파악하는 데에는 소위 통계조사라는 방법이 사용되고, 확률현상을 연구하는 데에는 확률실험 또는 비교실험 등의 방법을 사용하게 된다. 먼저 다음과 같은 예들을 소개하면서 다음의 토론을 살펴보자.

T "2014년 10월 1일 현재 20세 이상의 대한민국 국적을 갖고 있는 성인들은 현 정부의 경제정책을 지지하고 있는가?"라는 예를 생각해 보자. 20세 이상의 모든 국민들 집합 — 이것을 모집단이라고 한다. — 의 특성을 알고자 하는 것이다. 분명 이 집단에 있는 임의의 한 개체는 지지할 수도 있고 반대할 수도 있는 불확실성을 갖고 있다. 이때 개체를 바라보는 두 마음 즉 입장과 관점이 차이가 있게 마련이다. 다음 선거를 의식하고 있는 여당의 입장에서는 국민 모든 사람에게 관심이 있을 수밖에 없고 이것은 개개인에 대한 관심이지만 결국 집단에 대한 관심인 것이다. 이 관점과 입장과 생각의 차이를 어떻게 알아보겠는가?

우리가 주위에서 흔하게 볼 수 있는 통계조사를 하게 될 것이다. 2014년 현재 20세 이상이 2천만 명 정도이니까 가급적 많이 만나 봐야 하지 않겠는가? 어떤 학생이 여당의 입장에 있는 연구원이라고 생각하고 좋은 아이디어를 내놓아 보자. 먼저 몇 명이나 만나면 되겠다고 생각하는가?

SA (침묵.....) 많이요.

S1 10% 정도 만나면 어떨까요? 그러니까 2백만 명이요. 전화를 걸어서 물어보지요.

T 그러면 경비가 얼마나 들까? 전화 값이 대단할텐데. 100원씩만 잡아도 100×2백만=2억. 엄청나다. 또 한가지는 전화로 "당신 지금 정부의 정책을 지지하느냐?"고 물으면 똑바로 대답할 수 있을까?

SA 안해요. / 해요.

T 우선 한 가지씩 해야겠다. 몇 명쯤 만나면 좋겠는가?

S1 많이 만나면 좋겠지요. 하지만 결국 돈과 시간의 문제가 아니겠어요. 돈과 시간이 허락하는 범위에서 많이 만나지요.

T 명답이구나. 진리라고 하겠다. 그러면 거꾸로 돈과 시간이 별로 없다고 10명에게 물어보고 국민의 생각으로 받아들일 수 있겠는가?

SA (침묵)

T 그래서는 안 될 것 같다. 10여명의 조사결과를 가지고 2000만 명 국민전체의 의견으로 추측하여 무슨 결정을 한다면 대단히 위험하지 않겠느냐? 전체 국민의 의사와는 상당한 차이가 있을 수 있다는 것이지. 그렇다면 돈과 시간이 아무리 부족하다고 해도 최소한 조사해야 할 사람들의 수는 있을 것 같다. 하여간 조사할 인원수를 결정하는 데는 돈과 시간도 중요하지만 우선적으로 고려하여야 할 뭔가가 있다는 것을 추측할 수 있겠다.

S2 그렇다면 전체국민의 조사 결과와 차이가 작게 날 수 있도록 수를 정하지요.

T 그렇지. 그러나 이것이 그렇게 간단하지 않다. 예를 들어 우리 중에서 한번 실험을 해 보자. 『여러분 중에서 얼마나 나를 좋아하는지 알고 싶다.』 이것을 알기 위해 모든 학생들을 조사하여야겠지만 시간과 예산이 부족해서 — 조사에 응하는 학생에게 감사의 표시로 10,000원씩 준다고 가정하자. — 우리 반 50명 학생 중 5명을 뽑아서 쪽지를 나누어 주고 나를 좋아하는 사람은 L(like), 아닌 사람은 D(dislike)로 표시하도록 하자. 그리고 내가 진행을 하면 기분이 그러니까 (S5)군이 진행을 해주지 않겠니?

S5 5명을 어떻게 뽑지요?

T 이것 또 문제가 생기는 구나. 뭐 좋은 생각 없는가?

S2 오늘이 5일이니까 5번, 15번, 25번, 35번, 45번이 조사대상자가 되면 어떨까요?

S3 아니예요. 사다리로 정해요.

S1 각자 이름을 다 써서 이 상자에 넣고 흔들어서 (S5)가 뽑은 5명을 조사대상으로 해요.

T 모두 좋은 생각인데 어떻게 할까? 시간이 없으니까 오늘은 (S2) 의견대로 하는 것이 좋겠다. 제일 빨리 결정될 테니까.

(실험이 진행됨)

S5 선생님 L이 3명 D가 2명입니다.

T 다행이구나. 좋아하는 사람이 한 명도 없으면 어쩌나 은근히 걱정을 했는데. 자 그러면 $\frac{3}{5}$이 나를 좋아한다고 했는데 이 값은 우리 반 50명을 조사할 때 얻어진 결과와 가깝다고 할 수 있겠니?

S5 모르지요.

T 왜?

S5 우리 반 전체의 결과를 우리가 모르고 있는데 어떻게 우리가 조사한 비율 $\frac{3}{5}$이 전체비율과 가깝다고 할 수 있겠어요?

T 그렇구나. 그렇다면 5명을 조사해서 얻어지는 결과를 가지고는 우리 반이 나를 좋아하는 정도를 파악하기에는 아직 미흡한 상태구나. 이것이 바로 어려운 부분이다. 국가적인 문제로 돌아가서 아까 논의하던 그 "뭔가"를 다시 한번 생각해 보자. 10여명을 조사한 결과로 2000만 명의 뜻을 추측하기는 불안하고... 왜?

차이가 클 것 같다고 그랬지만 사실은 차이가 큰지 작은지는 아무도 알 수가 없는 것 아니겠니. 조금은 부족한 듯하지만 그냥 여기까지만 고민하기로 하고 이렇게 정리를 해 보자. 조사대상을 늘리면 늘릴수록 비록 돈과 시간은 많이 들겠지만 조사를 실시하는 당사자들의 마음이 편해지는 것은 사실이다. 그렇다면 최소한 몇 명이나 조사해야 마음이 편해진다는 말인가? 좋은 단어가 생각났다. 마음이 편하다는 말은 결국 조사결과에 대한 믿음이 가는 신뢰감 같은 것 아니겠니. 일단 조사대상의 크기를 결정하는 데 고려되는 그 "뭔가"를 "신뢰감"이라고 부르기로 하자.

이제 조사대상 인원수 문제는 그만하고 조사대상자를 어떻게 찾아내야 하는가? 하는 문제를 상의하자. 좀 전에 나에 대한 조사에서 좋은 아이디어가 이야기되었는데, 이 경우는 국가적인 문제니까 좀 더 거시적인 아이디어가 있어야 하지 않겠니?

S1 지난번에 어느 신문에서 보았는데 전국에서 골고루 조사하는 방법을 쓴 것 같습니다. 광역시별 또는 각 시도별로 나누어서 한다고 했습니다. 층화랜덤표집법이라고 했던 것 같습니다.

T S1군의 수준이 대단하다. 자네는 상당한 수준의 지식화된 사람이라고 할 수 있다. 층화랜덤표집법이 주로 사용되는 방법인데 여기서는 간단하게 설명하겠다. 전국규모의 조사에서

는 가장 중요한 것은 조사대상자가 전국적으로 골고루 뽑혀야 하는 것이지. 또한 이 문제에서는 연령층도 골고루 뽑혀야 하겠고 요즈음 같이 여성의 영향력이 많아지고 있는 시대에는 성별로도 고루 뽑혀야 하겠다. 하여튼 기본입장은 조사대상자들의 구성이 전국 20세 이상의 성인들의 구성과 지역, 연령, 성별 부분에서 가급적 유사한 모습을 지키려고 하는 것이다. 이렇게 지역별, 연령별, 성별로 구별하는 것을 층화한다고 하고, 이 층화된 각 층(strata)에서 미리 정하여진 사람 수만큼 임의로 뽑는 방식을 말한다.

S1 각 층에서 임의로 뽑는다는 것은 무슨 뜻입니까?

T "임의로"란 말은 영어로 랜덤(random)하게 또는 우리말로 "되는대로", "우연적으로"라는 말인데 이는 조사 수행자의 의견이 전혀 들어가지 않고 "객관적으로 뽑는다"라는 뜻이다. 조금 전에 우리가 했던 실험에서 S1군이 말한 것 같이 여러분 이름을 쓴 종이들을(같은 질의 같은 크기 종이) 상자에 넣고 흔들어서 뽑는 경우가 대표적인 임의 추출방식이다.

S2 선생님, 그러면 우리가 아까 했던 것 같이 5번, 15번, 25번, 35번, 45번을 뽑은 것은 임의로 뽑은 것이 아니네요.

T 아닐 수도 있지. 그런데 이 아이디어의 근본에는 오늘이 5일이라는 사실을 사용하였거든. 그러니까 0, 1, 2, ⋯, 9 중에서 하나를 임의로 뽑은 것으로 볼 수 있지. 그러나 후반부에서는 임의로 뽑은 것은 아니니까 완전한 단순랜덤표집은 아니고 이런 경우는 계통표집이라고 한다. 완전히 임의적이지는 않지만 시간이 짧게 걸리고 편리하지. 다시 층화랜덤표집으로 돌아가자. 결론적으로 말하면 세 개의 특성을 층으로 하여 각 층에서 보통 인구비례로 임의 추출을 한다고 하였다.

S2 그러면 층을 안 만들고 뽑는 것보다 무엇이 좋은가요?

T 조사비용이나 시간은 별로 좋아지지는 않지만 조사대상자가 한 쪽으로 몰릴 가능성은 적으니까 더욱 정밀한 결과를 얻을 수 있다고 볼 수 있지. 이제 정리해 보자. 20세 이상의 국민들의 지지정도를 알고자 하는 조사 실시자에게 관심이 되고 있는 20세 이상의 국민들의 집합이 바로 모집단이 되고 조사대상자로 선택되는 개체들의 집합을 표본이라고 한다. 이때 개체들의 수를 표본의 크기라고 한다. 지금까지 우리는 표본을 어떻게 추출하느냐에 대한 아이디어와 표본의 크기(sample size)를 결정하는 데에는 경비와 시간 그리고 신뢰감의 세 요소가 고려되어야 한다는 데에까지 토의가 되었다.

T 이번에는 확률실험에 대한 이야기를 조금 해 보자. 통계조사가 모집단에서 미리 고안된 설계에 따라서 표본을 뽑아서 모집단의 일부를 조사하는 것이라고 한다면 확률실험은 특별히 실험의 여러 가지 조건들을 통제하면서, 정하여진 횟수의 실험을 수행하여 얻어지는 관찰치들을 표본으로 구성한다. 다음의 예를 토의하면서 기본 개념을 얻어 보자.

"확률통계 과목을 토론식 수업방식으로 하는 것이 학생들의 학력향상에 도움이 되는가?

"라는 문제를 함께 생각해 보자. 먼저 도움이 된다고 생각하는 사람 손들어 보지. 50명 중에 20명이 도움이 되는 것으로 생각하고 있군. 그렇다면 어떤 방식으로 이 문제를 접근할 수 있을까? 누가 시작해 보겠어?

S1 우리 반은 현재 토론식으로 하고 있으니까 우리 반의 기말성적을 보면 알게 되지 않습니까?

T 그렇겠구나. 그런데 기말성적이 얼마나 높은 성적이 나와야 향상되었다고 결론을 내릴 수 있겠니?

S1 작년에 선생님이 가르치신 반의 성적과 비교하시면 되겠지요.

S2 안됩니다. 작년에 배운 선배들은 워낙 공부를 안 한 선배들이라 비교하나 마나입니다.

S1 (S2에게) 그것을 어떻게 알지.

S2 유명한 스토리인데.

T 중요한 지적이다. 토론식 수업방식의 효과에 관한 문제이기 때문에 비교될 두 반의 학생들의 수준은 두 반이 거의 비슷해야 하겠구나. 수준뿐이 아니라 학생들 IQ도 비슷하고 성실성도 비슷하고.

S2 맞습니다. 토론식 수업을 하고 자기가 공부 안 하면 비교가 안되지요.

T 그러면 학기초에 아주 신중하게 두 반을 우리가 만들어야 하겠구나. 정말 모든 면에서 비슷하게. 그러니까 전학년 성적이 좋은 사람의 비율도, 약간 게으른 사람의 비율도, 하여간 상당히 어렵겠지만, 비슷하게 만들었다고 하자. 그리고 한 반(A라고 하자)은 강의식으로, 다른 반(B라고 하자)은 토론식으로 한 학기를 하고 성적을 비교한다는 아이디어로 정리하면 되겠느냐? 거의 모두 찬성하는 것 같구나. 이 경우는 통계조사와는 달리 상당히 기술적인 조정(통제 control)이 필요한 것 같다. 두 반을 학기초에 모든 면에서 비슷하게 만든다는 것이 핵심인 듯한데 이것을 어떻게 실시할 수 있을까?

S3 비슷한 아이들을 하나씩 나누어 놓지요(짝짓기라고 한다).

T 비슷하다면 어떤 면에서 비슷한 것이지?

S3 아무래도 공부와 관련된 것이니까 지난 학기 성적에서 비슷한 학생들을 나누지요. 그러면 성실한 것도, IQ도 다 비슷비슷해지지 않겠어요.

S2 그래도 그 생각은 조금 불안합니다. 왜냐면 비슷하다고 결정하는 사람의 주관성이 개입하지 않겠습니까? 차라리 우리반과 옆반 학생들을 모두 모아놓고 이들에게 1부터 100번까지 번호를 쓴 쪽지를 조금 전에 배운 임의적으로 나누어주고 나서 짝수를 받은 학생들로 A반 홀수를 받은 학생들로 B반을 구성하면 어떨까요? 그러면 진짜 골고루 나누어지지 않을까요? (홀·짝 방법이라고 한다)

T 역시 멋진 생각들이 나오는구나. 두 사람 생각이 모두 잘 알려진 이론들이다. 이런 이론들을 "비교연구를 위한 실험계획"이라고 한다. 말 그대로 두 집단 — 여기서는 토론식 수

업을 받은 집단과 강의식 수업을 받은 집단 — 을 비교하려고 할 때 실험 후에 관찰될 자료로부터 조사하고자 하는 내용 — 여기서는 토론식 수업이 효과가 있는지 — 을 분명하고, 효과적으로 얻을 수 있도록 두 집단을 대표하는 표본을 구성하는 방법을 다루는 분야이다.

이번에는 실제로 우리 반 학생들을 신체적인 조건이 비슷한 두 그룹으로 나누는 실험을 한번 해 보자. 예를 든다면 달리기하는 특별한 기술의 효과를 조사하기 위한 표본을 구성한다고 생각하고 말이다. 아까 나왔던 두 의견대로 해 보자.

> (실험 1) 짝짓기, (실험 2) 홀·짝 :
> [두 실험의 결과 나타나는 두 집단의 유사성을 비교하는 토의를 해 본다.]

지금까지 우리는 모집단을 파악하기 위하여 또는 어떤 확률실험의 특성을 조사하기 위하여 표본을 얻는 방법, 표본의 크기 등에 대하여 생각을 해 보았다. 두 가지 모두 표본으로부터 얻는 자료의 해석에 결정적 영향을 줄 수 있다는 면에서 결코 간단한 문제가 아니라는 것을 알았다.

표본을 얻는 방법을 바르게 결정하기 위해서는 통계적인 이론도 중요하지만 조사하려고 하는 내용이 무엇이고, 모집단이 어떻게 구성되어 있는지 등에 대한 정보를 정확히 수집하고, 잘 이해해야 하는 것을 알았다. 표본의 크기를 결정하는 데는 한편으로는 돈과 시간이 투입된다는 면을 고려하면서 다른 한편으로는 조사결과가 갖는 신뢰성을 생각해야 하는 사실을 배웠다.

S2 선생님 저는 그래도 질문이 있어요. 우리 반에서 5명을 뽑는 예에서 말이지요, 어떤 방법으로 해서든지 5명이 뽑혔다고 해요. 그런데 그 아이들이 모두 선생님을 좋아하는 아이들만 뽑힐 수도 있지 않겠습니까? 그러면 이 표본도 우리 반의 진짜 생각과는 다른 그런 잘못된 정보를 주지 않겠어요. 도대체 표본을 뽑았을 때 이 표본이 잘 뽑혔는지, 잘못 뽑혔는지 어떻게 알지요.

T 지금부터는 표본을 어떻게 표현하는지에 대해서 이야기하려고 하였는데 그보다 먼저 S2군의 질문에 대해서 생각해 보도록 하자. 지금 말한 대로 (S1), (S2), (S3), (S4), (S5)군이 뽑혔다고 하자. 그리고 이들 5명이 나를 좋아하는 학생들로 알려져 있다고 하고 또 이들이 모두 좋아한다고 응답했다. 그래서 우리는 이것이 잘못된 정보일 것이라는 강한 생각과 함께, 그렇지만 이 자료를 증거로 해서 우리 반 학생들 대부분이 나를 좋아한다고 결론을 내려야 된다. 참 어려운 문제이다. 한 가지 예로 프로축구를 생각해 보자. 25승 3패인

A팀과 3승 25패인 B팀이 거액의 상금을 놓고 게임을 하기로 하였다. 팬들도 공식적으로 도박이 허용되어 대부분의 사람들이 A팀의 승리를 예상했다. 국내 TV방송이 모두 중계를 하는 그런 공개된 공식 게임이었는데 B팀이 2점차로 승리를 하여 거액의 상금을 타게 되었다고 하자. A팀 관계자와 팬들이 모두 들고 일어나서 게임을 다시 하여야 한다고 불평하기 시작했다. 급기야 일부 언론에서는 게임이 잘못되었다는 기사를 싣게 되었다. 여러분 같으면 어떻게 하겠는가? 이 결과를 승복하겠는가?

S2 승복해야지요. 게임은 게임이지요. 아무리 못하는 팀도 어쩌다가 잘할 수 있고 아무리 잘하는 팀도 못할 수 있지요. 어떤 해설자가 그러는데 공이 둥글기 때문이라고 합니다.

S3 그렇지만 혹시 게임 조작 같은 것이 있을 수 있지 않겠어요. 조사를 해 보아야지요.

T 두 사람 모두 일리 있는 이야기이다. 만약 A팀이 이겼다면 게임조작의심 같은 말들이 나왔겠니? 그런 이야기는 없었을 것이다. 결국 자기들의 예상과 다른 결과가 나오니까 이런 복잡한 말들이 나온 것 아니겠니? 자기 예상과 다르게 나타난 결과 앞에서 자기 생각(예상)이 결과보다 더 맞을 것이라는 고집 같은 것이 밑에 깔려있는 것이지. 결과가 예상과는 다르지만 이 결과를 사실 그대로 받아들이느냐 아니냐 하는 것은 결코 결과만을 보고 결정할 수 있는 것이 아니다. 앞에서 (S3)가 말한 대로 이 게임의 진행과정이 공정했는가? 하는, 다시 말하면 결과를 얻어내는 과정이 옳았느냐하는 것을 조사하여 이 과정이 옳다면 아무리 예상을 뒤엎은 결과라도 그것을 사실로서 받아들여야 하고 B팀이 상금을 받고 A팀에 승률을 높이 준 많은 사람들은 돈을 잃을 수밖에 없게 되지. 다시 돌아가서 우리 표본문제를 생각해 보면 마찬가지 결론을 얻게 되지. 표본을 뽑아서 현상이나 집단의 특성을 추측하려고 사람들 중 특히 이기적인 사람들이 표본 결과가 자기 뜻에 안 맞으면 표본을 다시 뽑든가 추가적으로 더 뽑던가 하는 방법으로 표본에서 얻는 결과를 자기 뜻에 맞게 만들려는 나쁜 시도를 하는 경우가 종종 있다. 이것을 조작이라고 하지. 결과만을 보고 그 사실을 받아들이고 안 하고는 잘못된 것이다. 어디까지나 그 결과를 얻을 때까지의 과정이 공정하였는가를 일단 주목하여야 한다. 그러니까 5명의 표본을 뽑는 문제에서는 이들 5명이 뽑히는 과정에 내 개인적인 뜻이 들어가 있었는지? 이들의 의견을 조사하는 조사문항이 분명하고 타당한 것이었는지? 이들이 자신들의 의견을 독립적으로 자유롭게 표현할 수 있었는지? 등을 조사해서 처음에 계획을 세운 대로 올바르게 되었다면 5명 모두가 나를 좋아한다고 응답한 결과는 사실로서 받아들여야 하는 것이다.

그러나 한 가지 언급할 것은 이 객관적 사실을 바탕으로 우리반 모든(대부분) 학생들이 나를 좋아한다고 결론을 내리는 것은 또한 별개의 문제이다. 이것은 유한한(지극히 일부의) 관찰(경험)을 바탕으로 얻은 객관적 사실로부터 관찰하지 아니한 많은 경우를 포함하고 있는 전체에 대하여 어떤 입장을 취하거나 어떤 결론을 내리게 되는 경우에 우리가 앞으로 신중히 토의를 해 나가야 할 문제이다. 이것을 추론의 문제라고 부른다. (S2)군 이해가 되는가? (S2)군 때문에 대단히 중요한 이야기를 하게 되어서 고맙네. "결과만을 보고 선택여부를 결정하는 것은 아니다."라는 이야기 속에는 인생을 살아가는 데 필요한 대단히 중요한 가르침이 포함되어 있다. 어떤 좋은 결과도 과정을 변명해 주지는 못하는 것이지. 살면서 우리는 우리가 기대했던 것과는 다른 결과를 자주 만나게 되고 그럴 때마다 안타까움과 좌절, 후회 등이 우리에게 오게 될 것이다.

나는 이 상황에서 우리가 주목할 것은 그 순간 자신을 아프게 만들고 있는 결과가 아니라 그 결과를 얻게 된 과정이라고 말하고 싶다. 과정에서 잘못된 것이 있다면 그 점을 진지하게 검토하면서 그 결과를 인정하는 것이고, 잘못된 것이 없다면 마음은 힘이 들지만 결과에 깨끗이 승복하는 것이 성공적인 인생을 사는 모습이라고 생각한다. 통계이야기가 인생이야기로 바뀌었구나. 여기에 대해서도 토론할 것이 많겠지만 다음 기회로 미루기로 하자.

[Tip] 대한민국의 인구추계

전국

나이(세)	남자(명)
95세이상	7,054
90 - 94	41,966
85 - 89	169,275
80 - 84	404,221
75 - 79	638,702
70 - 74	917,569
65 - 69	1,271,823
60 - 64	1,871,776
55 - 59	2,105,700
50 - 54	2,099,533
45 - 49	2,126,339
40 - 44	1,939,994
35 - 39	1,945,507
30 - 34	1,726,414
25 - 29	1,914,430
20 - 24	1,704,919
15 - 19	1,269,175
10 - 14	1,155,983
5 - 9	1,180,145
0 - 4	1,162,031

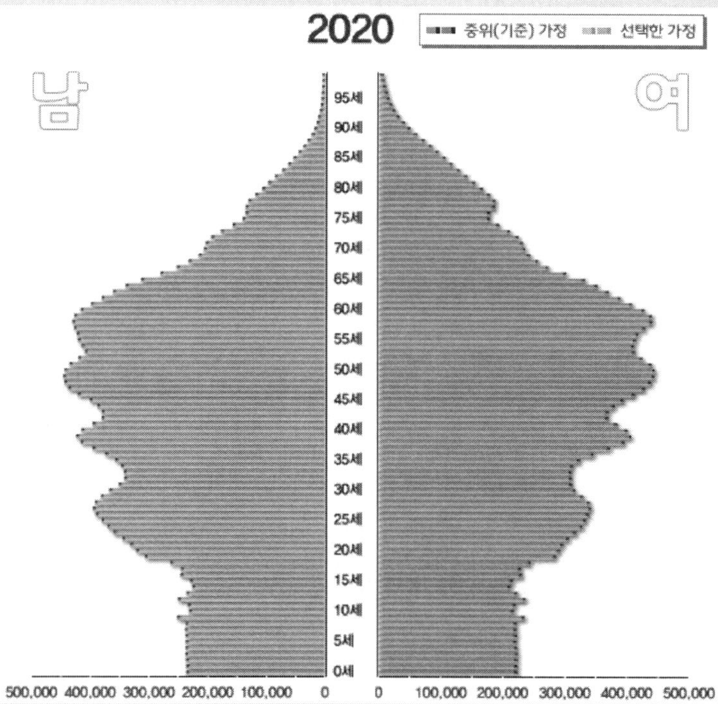

▸ 피라미드 도움말

나이(세)	여자(명)
95세이상	36,383
90 - 94	150,216
85 - 89	399,664
80 - 84	689,690
75 - 79	888,427
70 - 74	1,077,147
65 - 69	1,386,509
60 - 64	1,925,556
55 - 59	2,120,471
50 - 54	2,111,119
45 - 49	2,094,692
40 - 44	1,882,600
35 - 39	1,823,648
30 - 34	1,541,595
25 - 29	1,662,159
20 - 24	1,520,334
15 - 19	1,184,810
10 - 14	1,089,750
5 - 9	1,103,416
0 - 4	1,097,107

출처: 통계청의 KOSIS 국가통계포털 http://kosis.kr > 인구추계교실

연습문제_2 ▶ exercises

1. 다음 용어를 설명하여라.

(1) 비편향성 (2) 수량화 (3) 바이어스
(4) 층화랜덤표집방법 (5) 비표집오차 (6) 질적변수
(7) 양적변수 (8) 측정의 신뢰성 (9) 표집오차

2. 다음 설문지의 각 문항의 측정 척도는 무엇인지를 말하여라.

(1) 당신의 성별은?
① 남 ② 여
(2) 당신의 고향은?
① 충청도 ② 서울
③ 전라도 ④ 경상도
(3) 당신의 교육정도는?
① 중졸 ② 고졸
③ 대졸 ④ 대학원졸
(4) 귀하의 나이는? (세)
(5) 당신의 월 수입액은? (원)
(6) 대전 지역 거주자의 본적지 (광역시 또는 도)
(7) 1990년 이후의 서울 지역의 강우량
(8) 최근 5년간 물가지수
(9) 학생들의 수학참고서 보유 권수
(10) 학생들의 몸무게 조사
(11) 어떤 사무실의 하루 동안 전화 통화 수

3. 한 TV회사는 자기 회사제품에 대한 최근 판매실적이 타 회사의 실적에 비해 떨어지고 있는 데 관심을 가지고 소비자들의 만족도에 대한 조사를 실시하려고 한다. 이 전자회사의 관심의 대상이 되는 모집단은 무엇인가?

4. 어느 시의 시장선거에 앞서 A후보는 유권자 중 70%가 자신을 지지하고 있는 것으로 믿고 있다. 이를 확인하기 위하여 유권자 500명을 임의로 추출하여 조사해보니 지지율은 52%이었다. 여기서 모집단, 모수, 표본을 찾아라.

5. 목욕탕에 눈금이 매 5kg마다 그려진 눈금저울이 있다. 이것을 이용하여 몸무게를 계속 잰다고 할 때, 이 기계의 바이어스와 신뢰성에 대하여 말해 보시오.

6. 실험설계의 기본원리를 말해 보시오.

7. 현대자동차에서 생산되는 차인 소나타의 연비(km/l)를 조사하는 실험에서 모집단을 정의하고 적절한 표본조사방법을 말해 보시오.

3장

자료의 표현

3.1 자료의 그래프 표현과 시각화

자료분석의 결과로서 그래프로의 표현과 시각화로서의 요약은 데이터의 종류와 특성에 따라 여러 가지 창의적인 다양한 그래픽표현이 요구된다. 여기서는 수집된 각 데이터의 시각적(visual) 요약을 제공하는 여러 가지 유용한 그래프(graph)로의 표현과 요약방법을 배워보기로 한다.

1) 질적변수의 그래프

범주로 분류되는 어떤 속성을 나타내는 질적변수의 자료의 분포를 그래프로 표현하기 위해서는 보통 파이그림과 막대그래프를 사용한다.

(1) 파이그림

파이그림(pie chart, 또는 원그림)은 원 또는 파이가 전체 단위를 모두 나타내며, 각의 크기가 각 범주에 속하는 단위의 비율을 나타낸다. 이 파이그림은 범주의 수가 작을 경우, 간단하면서도 시각적으로 상대적인 비율을 표현하기가 쉬우며 유용하다.

예 3-1 대학에서의 어떤 강좌의 성적의 비율이

A=20%, B=40%, C=30% D 이하=10%인

파이그림은 오른쪽과 같다.

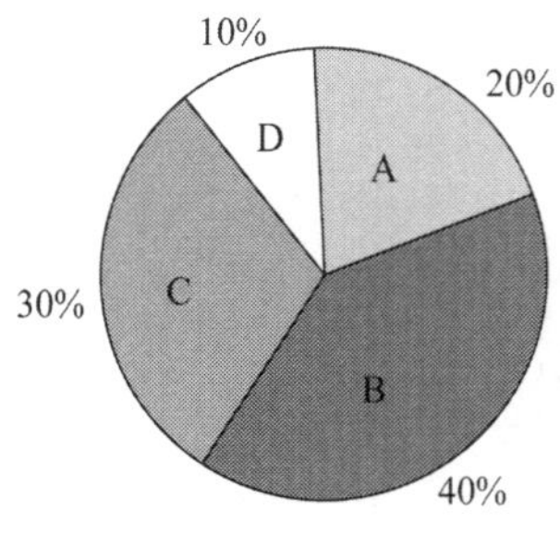

▲그림 3-1 성적의 파이그림

(2) 막대그래프

막대그래프(bar graphs)는 각 범주를 한 축에 나타내고, 각 범주에 속하는 단위의 비율이나 도수를 막대의 높이로 표현한다. 이때 각 범주의 막대의 폭은 의미가 없으므로 폭의 크기는 같아야 한다. 그래야 막대의 높이로 상대적 비교를 할 수 있다.

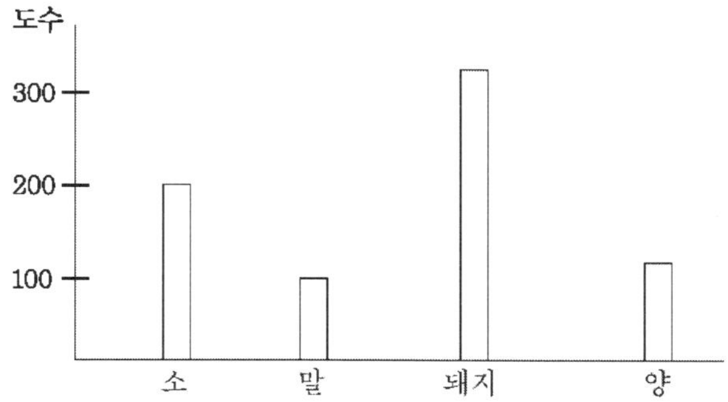

▲그림 3-2 가축의 막대그래프

(3) 도수표

도수분포표(frequency tables or contingency tables or cross tables, 분할표)는 변수가 2개 이상인 범주의 질적변수의 자료의 요약을 표로 나타낼 수 있다. 이 도수표의 열과 행의 각 셀(cell)에는 각각의 범주에 속하는 개체의 수가 표현된다.

		1주일 운동량			
		상(4일 이상)	중(3~2일)	하(1~0일)	
성별	남	23	15	10	
	여	12	20	20	
marginal		35%	35 %	30%	100%

이 도수표에서는 각각의 변수에 대한 주변분포(marginal distribution)를 얻을 수 있다. 여기서는 열과 행의 각 변수의 비율을 각각 구할 수가 있다. 또한 2×3 도수표에서는 각각의 열이 주어진 후에 행의 조건부분포(conditional distribution)를 구할 수 있다.

		1주일 운동량		
		상(4일 이상)	중(2~3일)	하(0~1일)
성별	남	23(67%)	15(38%)	10(33%)
	여	12(33%)	20(62%)	20(67%)
conditional		100%	100%	100%

2) 양적변수의 그래프

실수로 측정되는 양적변수자료의 분포를 표현하기 위한 그래프는 도수그림(frequency plots)과 줄기잎그림(stem-and-leaf plots)과 히스토그램(histogram)이 있다. 여기에 양적변수의 자료가 시간에 관련되어 얻어지면 이것은 시간그림(time plots)으로 표현할 수 있다. 양적변수자료의 그림은 그리면서 분포의 전체적인 모양(패턴)을 파악할 수 있는 경우가 많다.

대칭형(symmetric): 중심값을 주위로 좌우 대칭인 형태의 분포형태

일봉형(unimodal): 봉우리가 하나인 분포형태

쌍봉형(bimodal): 봉우리가 2개인 분포형태

균등형(uniform): 같은 도수를 갖는 평평한 모양의 분포형태

기울형(skewed): 한쪽으로 꼬리가 길게 기울어진 분포형태

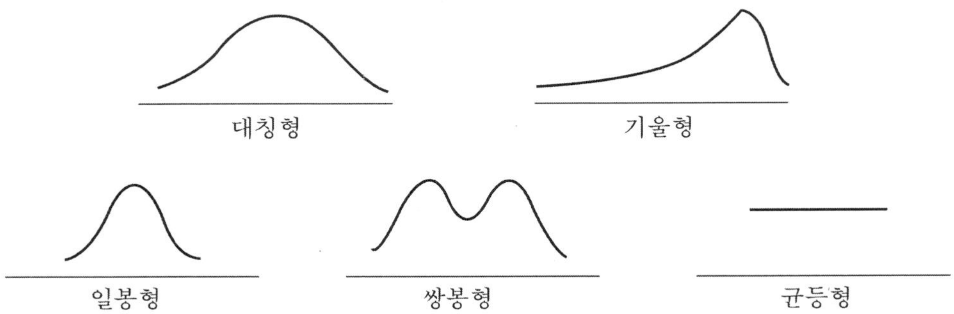

▲그림 3-3 그래프의 모양

(1) 도수그림

도수그림은 실직선 위에 자료에 대한 분포를 빠르게 나타내는 그림이다. 일반적으로 수평선에 자료의 최솟값에서부터 최댓값까지의 척도를 그리고 그 위에 각 개체의 도수를 ×로 표시한다.

예 3-2 어느 학급의 학생 11명의 각각의 형제자매의 수를 조사한 결과의 도수그림이다.

1, 2, 2, 3, 2, 3, 2, 2, 2, 1, 7

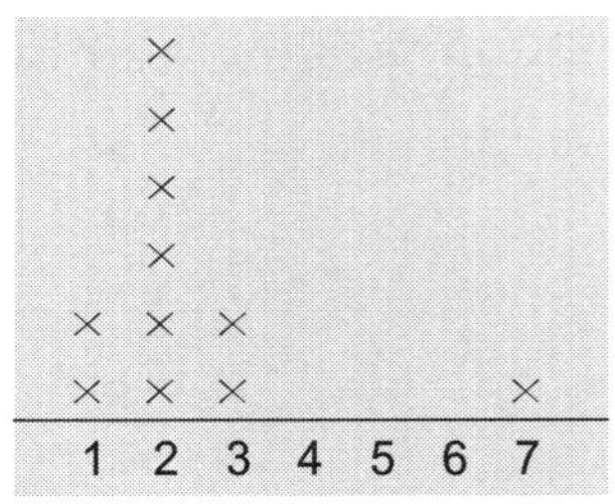

▲그림 3-4 점그림(dot plot)

(2) 줄기잎그림

줄기잎그림(stem-and-leaf plot)은 줄기그림(stem plot)으로 불리기도 하는데, 이것은 미국 프링스턴 대학교의 통계학 교수인 투키(Tukey, 1977)에 의해 탐색적 자료분석(EDA: Exploratory Data Analysis)의 한 방법으로 개발되었다. 이것은 적은 개체 수의 수치자료의 분포특징을 간략

하게 묘사하는 데 사용되는 유용하고 편리한 그래픽방법으로서 히스토그램(histogram)의 내용과 아주 유사하다. 특히 이것은 분포의 특징과 군집(cluster)의 파악이 쉬우며 자료요약에 따른 정보의 손실이 없는 것이 장점이다.

예 3-3 다음 [표 3-2]에서와 같이 2-4반 학급의 5월 모의고사 수학 성적이 얻어졌다. 이 자료에 대한 줄기그림의 작성방법은 다음과 같은 절차를 밟는다.

[표 3-2] 5월 모의고사로 측정된 수학점수

68	77	80	67	53	36	61	64	52	44	56	43	74	57	37	61
70	59	61	67	68	62	68	52	80	47	64	53	78	67	52	43
38	51	77	57	61	67	68	75	48	42	57	57	56	63		

가) 측정된 자료의 최댓값과 최솟값을 발견하고 보통 10진수를 사용하여 적절하게 줄기를 정하고 잎으로 분리한다. 위의 수학점수들은 36에서 80점 사이의 자연수로 구성되어 있음을 알 수 있다. 그리고 첫째 줄의 4개의 점수 값을 읽어보면 68 77 80 67이다.

		줄기	잎
68	=	6×10	+ 8
77	=	7×10	+ 7
80	=	8×10	+ 0
67	=	6×10	+ 7

나) 세로줄을 긋고 왼쪽에 줄기를 기록한 다음 세로줄 오른쪽에 잎의 값을 기입한다.

3	
4	
5	
6	8 7
7	7
8	0

다) 일단 기입한 후에 잎을 순서대로 다시 정렬(sorting)할 수도 있다. 필요에 의해 왼쪽에는 도수와 누적도수를 기록할 수도 있다. 그리고 하단에 자료를 읽는 한 예를 표시한다.

[표 3-3] 수학성적의 줄기그림

3	3	3	678
9	6	4	437382
22	13	5	3267923217776
(16)	16	6	7814117828471783
8	6	7	740875
2	2	8	00
	46		

*3 | 6 = 36점

줄기그림의 역할을 하는 전통적인 방법은 히스토그램이다. 이 히스토그램과의 비교를 통한 줄기그림의 특징을 살펴보면 다음과 같다.

1. 전체적인 모양은 히스토그램과 유사하다. 어느 것이나 그 구간의 도수를 나타내 준다.
2. 줄기그림은 정보의 손실(loss)이 없다. 반면에 히스토그램에서는 그 구간에서의 도수의 크기만을 보여줌으로써 자료를 요약하는 과정에서 각 개체의 구체적인 값을 잃어버리는 정보의 손실이 발생한다는 것을 알 수 있다.
3. 줄기그림인 경우 줄기의 수를 줄이거나 늘이는 데에 원래 작성된 표를 이용할 수 있으나 히스토그램에서는 다시 원자료에 의존하여 도수분포표를 새로 만들 수밖에 없다.
4. 히스토그램에서는 계급이 등구간일 필요는 없지만, 줄기그림에서는 줄기가 1, 2, 5의 10^d (d는 정수) 등이어야 한다.
5. 줄기그림에서는 대량의 자료를 취급하기가 어렵다.

특히 대비되는 두 범주의 자료분포를 동시에 비교하는 경우 줄기의 양쪽에 두 개의 세로줄을 긋고 잎을 그려주는 좌우줄기그림(back-to-back stem-and-leaf plot)이 편리하다.

예 3-4 어느 마을의 20세 이상의 남녀 나이에 관한 줄기그림

여자	(10세)	남자
253	2	678
31	3	678
1196	4	437382245
52213	5	3267923217776
7923261	6	781411
865352	7	740
5342	8	

*3 | 2 | 6은 23세와 26세를 의미함

(3) 히스토그램과 도수분포표

히스토그램(histogram)은 연속변수의 자료를 요약하는 데 이용되며, 만들어진 도수분포표의 내용을 직사각형의 기둥들을 연결하여 표현한 그래프로 자료의 분포를 시각적으로 확인하기가 쉽다. 히스토그램을 그리기 위해서는 우선적으로 자료에 대한 도수분포표가 필요하다.

도수분포표(frequency table)는 양적변수 자료를 적절한 계급의 수를 정하여 각각의 계급구간(class interval 계급의 폭)으로 나눈 후에 이 각 구간에 속한 도수를 나타낸 표이다. 이때 각 계급의 중앙값을 계급값[(계급의 하한값 + 계급의 상한값)/2]이라고 부른다. 일반적으로 도수분포표의 작성방법은 다음과 같다.

1. 최대, 최솟값을 찾아서 자료의 범위를 적절하게 5～20개의 소구간인 계급으로 나눈다.
2. 구간의 경계에는 관측값이 없어야 하며 계급구간이 반드시 등구간일 필요는 없다.
3. 각 계급에 포함되는 관찰치의 개수인 도수를 계산한다.

예 3-5 다음과 같은 100명의 수학성적이 있다.

35	32	31	30	25	41	7	17	18	20	8	9	13	14	62	63	63	65	67	66
69	75	15	15	22	23	24	33	34	35	35	36	37	26	27	39	39	38	29	29
27	45	46	47	45	81	80	79	80	81	82	81	43	44	49	48	47	49	44	42
49	50	50	51	52	53	52	49	48	49	54	53	56	56	59	59	60	61	76	77
78	79	80	82	83	84	86	86	85	83	80	77	75	76	77	60	82	89	92	93

이 자료를 바탕으로 도수분포표를 작성하면 다음과 같다.

[표 3-4] 시험성적의 도수분포표

계급	도수	누적도수	상대도수	상대누적도수	상대도수밀도	구간경계선
5-20	10	10	0.10	0.10	0.10/15=0.007	4.5-20.5
21-40	22	32	0.22	0.32	0.22/19=0.011	20.5-40.5
41-55	24	56	0.24	0.56	0.24/14=0.017	40.5-55.5
56-87	40	96	0.40	0.96	0.40/31=0.013	55.5-87.5
88-95	4	100	0.04	1.00	0.04/ 7=0.006	87.5-95.5

히스토그램을 그리는 경우 보통 초·중등학교에서는 편의상 계급구간을 등간격으로 하여 높이를 나타내는 y축이 도수나 상대도수를 나타내야 하지만, [표 3-4]에서와 같이 등구간일 필요는 없다. 일반적으로 고등학교 이상에서는 구간이 등구간이 아닌 경우로 생각을 확장하여 y축을 상대도수밀도로 할 것을 권한다. 각각의 상대도수밀도는 각각의 상대도수를 그 계급구간의 폭으로

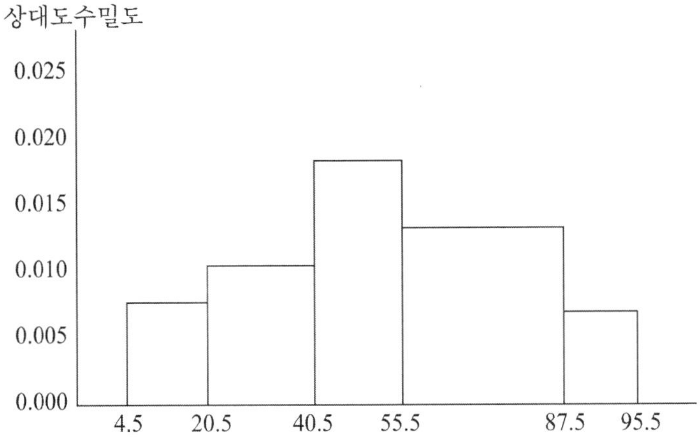

▲그림 3-5 히스토그램

나눈 것이다. 즉

$$\text{각각의 } \textbf{상대도수밀도} = \frac{\textbf{각 계급의 상대도수}}{\textbf{그 계급의 폭}}$$

이다. 위 식과 히스토그램에서

$$\text{각 } \textbf{직사각형의 면적} = \textbf{그 계급의 상대도수밀도} \times \textbf{그 계급의 폭}$$

이 되어 각각의 직사각형의 면적은 각 계급의 상대도수를 의미하며 또한 각 계급에서의 확률을 의미한다. 즉 이 직사각형들의 총면적은 상대도수들의 합을 의미하며 또한 직사각형들의 총면적이 1이 됨을 알 수 있다.

[표 3-1]의 도수분포표를 [그림 3-5]에 y축을 상대도수밀도로 하여 히스토그램을 그렸다. 제일 먼저 크게 다른 것은 [표 3-1]의 도수나 상대도수는 네 번째 계급인 (56-87)에서 가장 큰 값을 갖지만 상대도수밀도로 그린 [그림 3-2]에서는 세 번째 계급인 (41-55)에서 가장 높은 기둥이 나타났다. 따라서 만약 y축이 무엇인지를 모르고 일반적으로 도수나 상대도수로만 생각하는 사람들에게는 다소의 혼란을 줄 수도 있게 된다.

여기서 주목할 사실은 y축이 상대도수일 때는 높이만이 상대적인 의미를 갖는 것이고, y축이 상대도수밀도일 때에는 높이가 아니라 각각의 직사각형 기둥의 면적이 상대도수를 나타내고 또한 확률을 의미한다는 것이다. 그러므로 y축이 상대도수밀도인 경우 직사각형 기둥들의 넓이의 합은 상대도수의 합이 되므로 1이 된다. 이 현실적인 히스토그램의 외곽선을 부드러운 곡선으로 이상화하여 추상화한 모델이 곧 확률밀도함수이다. 자세한 것은 5장에서 다룬다.

히스토그램을 그려보는 이유 중에서 자료의 분포특성을 발견하는 관점으로 중요한 것은 "봉우리가 1개"인가와 "좌우 대칭성"이 있는가를 점검하는 일이다. 분포의 대칭성과 봉우리가 1개라는 것은 히스토그램으로부터 얻을 수 있는 정보 중 가장 중요하고 의미 있는 정보이다. 왜냐하면 이것은 자료의 분포를 이해하고 파악하는 데 유익한 것이기도 하고, 후에 자료가 정규분포곡선의 가정을 만족하는가를 확인하는 과정이 필요한 경우가 대부분이기 때문에 히스토그램을 그려본 뒤에는 반드시 대칭성(또는 어느 한쪽으로 기울어짐)과 봉우리의 개수가 몇 개인가에 대해서 우선적으로 판단하는 것을 습관화하는 것이 필요하다.

(4) 시간그림

시간그림(time plots)은 시계열그림(time series plot)이라고도 하며 자료가 시간상에서 얻어졌을 경우 각각의 시간에 대응하는 자료를 그림으로 나타낸 그래프이다. [예 3-6]

▲그림 3-6 최근 10년 동안의 삼성전자 주식 시세(2002~2013년)

시간그림에서는 시간이 지나면서 그래프가 변화하는 추세(trend)나 일정한 패턴, 증가, 감소, 변동폭과 계절적 반복효과(seasonal variation) 등을 볼 수가 있다. 일반적으로 X축에 시간을 놓는다.

예 3-6 1992~2012년 사이의 출생자수(통계청 제공)

우리나라는 1992년도에는 73만 3000명이 태어났으나 2002년에는 49만 4600명이 출생함으로써 10년 사이에 무려 약 24만 명이나 줄어들어 매년 출생자 수의 급격한 감소를 보여주고 있다.

[표 3-5] 대한민국의 년도별 출생자 수

년도	출생자 수(명)	년도	출생자 수(명)
1992	733,525	2003	490,543
1993	718,983	2004	472,761
1994	724,035	2005	435,031
1995	716,993	2006	448,153
1996	692,495	2007	493,189
1997	675,227	2008	465,892
1998	640,126	2009	444,849
1999	616,322	2010	470,171
2000	636,780	2011	471,265
2001	557,228	2012	484,550
2002	494,625		

(출처: 통계청, 인구동향조사 자료)

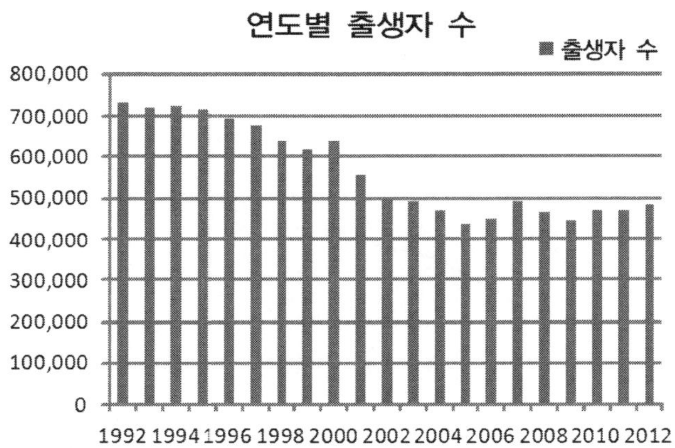

▲그림 3-7 년도별 출생자 수(1992~2012)

(5) 산점도

산점도(scatter diagram)는 두 개의 양적변수 (X, Y)에 대하여 관찰된 n개의 개체로부터 얻은 관찰값 (x_i, y_i)을 평면에 좌표점으로 나타내는 그림이다. 이것은 탐색적 자료분석의 기본 단계에서 필요한 두 변수의 기하학적 관계를 유추할 수 있는 중요한 시각적 표현의 그래프이다.

예 3-7 다음은 벌목한 나무의 길이(X)와 무게(Y)를 측정한 것이다.

[표 3-6] 나무의 길이(cm)와 무게(kg)

X	Y	X	Y
132	19	115	19
140	27	66	14
115	20	80	13
76	16	112	21
48	11	129	18
68	10	125	19
127	24	59	13
150	26	86	16
137	23	127	23
115	22	64	13
130	18	76	15

$n = 22$

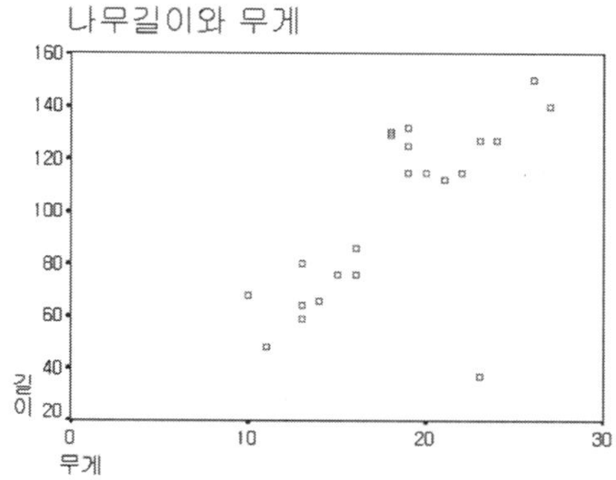

▲**그림 3-8** 나무의 길이와 무게

일반적으로 그림이나 그래프를 작성하는 경우의 규칙은 다음과 같다.

1. 그림의 적절한 제목을 정한다.
2. 자료의 출처와 표본의 크기와 수집방법을 포함한다.
3. 각 축의 이름을 확인한다.
4. 각 축의 출발점이 0인지 확인한다.
5. 각 축의 척도와 변수의 단위를 점검한다.

(6) 도수분포다각형과 누적도수분포다각형

도수분포다각형이란 히스토그램에서 계급의 중앙값들을 x좌표로, 각 계급에 해당되는 도수나 도수밀도를 y좌표로 하여 점을 찍어서 이어나간 그림을 말한다.

누적도수분포다각형은 오자이브(ogive)라고도 부르는데 이것은 구간경계선 중 상한을 x좌표로 하여 각 계급에 대응하는 누적도수를 점 찍어 이어나간 것이다.

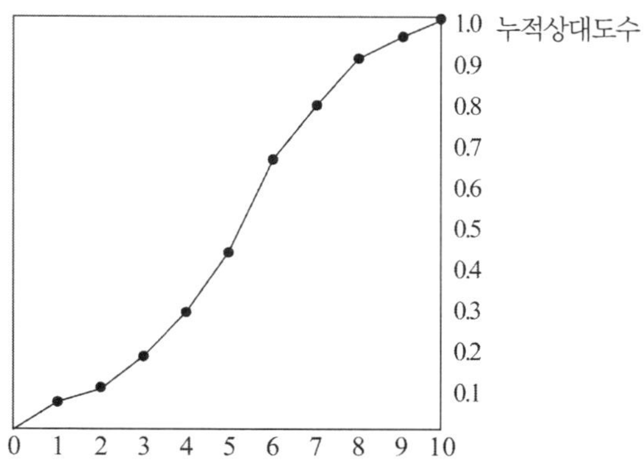

▲**그림 3-9** 누적분포다각형

3.2 자료의 수치 요약

수집된 자료의 특성을 하나의 수치(value)로 요약 표현하는 방법의 하나는 주어진 자료의 중심적 경향을 나타내는 대푯값으로서 평균(mean), 중위수(median)와 최빈값(mode)이 있다. 예를 들면 30명으로 구성된 한 학급의 수학성적의 특징을 하나의 수치인 평균 85점으로 요약하여 나타낸다는 것이다. 다른 하나는 자료들이 얼마나 흩어져 있는가의 산포의 정도를 하나의 수치로 나타내는 산포도로서 범위, 사분위범위와 분산과 표준편차 등이 있다.

1) 중심적 경향을 나타내는 대푯값

(1) 평균(mean)

평균이란 모든 관측치를 합한 값을 관측치의 총도수로 나눈 값으로서 양적변수 자료의 중심을 측정하는 대표적인 수치이다. 이 평균에는 산술평균, 기하평균, 조화평균, 가중평균, 절사평균 등이 있다. 우리는 보통 산술평균을 평균이라 부르고 이를 사용한다. 이들 각각에 대한 설명은 다음과 같다.

■ **산술평균(평균)**

산술평균(Arithmetic mean)은 자료의 관측치들을 $x_1, x_2, \cdots, x_n$으로 표현할 때

$$\text{산술평균} \quad \bar{x} = \frac{1}{n}\sum_{i=1}^{n} x_i$$

으로 나타낸다. 산술평균은 일종의 무게중심으로도 볼 수 있다. 따라서 각각의 관측치에서 평균을 뺀 편차들의 합은 0이 된다.

$$\sum_{i=1}^{n}(x_i - \bar{x}) = 0$$

산술평균은 자료의 분포가 좌우 대칭이고 이상치(outlier)가 없는 경우에 가장 적절한 중심 경향을 보여주는 수치이다.

■ 기하평균

기하평균(Geometric mean)은 어떤 시점을 기준으로 측정값이 시간에 따라 변하거나, 어떤 비율로 변화할 때 사용하는 평균이다. 즉 인구의 변동률이나 물가 상승률과 같은 비율의 대푯값으로 기하평균을 택하는 것이 적당한 경우가 많다.

$$\text{기하평균} \ \ G = \sqrt[n]{x_1 x_2 \cdots x_n} = \sqrt[n]{\Pi_{i=1}^{n} x_i}$$

예 3-8 n년에 걸쳐 인구가 차례로 $x_0, x_1, x_2, \cdots, x_n$명이라면, 매년 인구의 증가율은

$$r_1 = x_1/x_0,\ r_2 = x_2/x_1,\ \cdots,\ r_n = x_n/x_{n-1}$$

이고, n년 동안의 인구증가율은 x_n/x_0이다. 그런데

$$\frac{x_n}{x_0} = \frac{x_1}{x_0}\frac{x_2}{x_1}\cdots\frac{x_n}{x_{n-1}} = r_1 r_2 \cdots r_n$$

이므로 연평균 인구 증가율을 r라 하면 $r^n = r_1 r_2 \cdots r_n$이고

$$r = \sqrt[n]{r_1 r_2 \cdots r_n}$$

즉 n년 간의 평균 인구 증가율은 매년 인구 증가율의 기하평균과 같음을 알 수 있다.

■ 조화평균

조화평균(Harmonic mean)은 각 구간의 거리가 일정한 경우의 평균속도에서 전구간에서의 평균속도를 구한다든가 각 지불금액이 일정한 경우의 평균가격 등을 얻는 경우 등에 사용하면 적당하다. 조화평균의 정의는 관측된 값들을 $x_1, x_2, \cdots, x_n$으로 표현할 때 각 자료의 역수의 평균의 역수로서 다음과 같다.

$$\text{조화평균} \ \ H = \frac{n}{1/x_1 + 1/x_2 + \cdots + 1/x_n} = \frac{n}{\sum_{i=1}^{n}(1/x_i)}$$

예 3-9 각 구간의 평균속도를 v_i, 각 구간의 소요시간을 t_i라고 하면

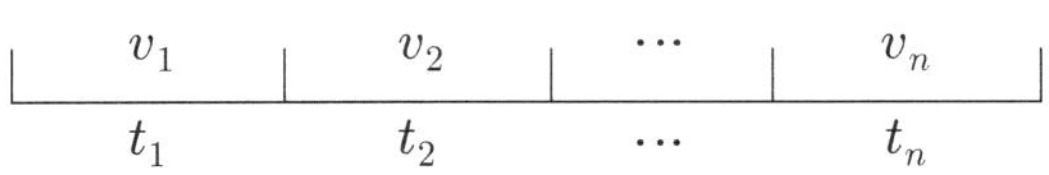

$$\text{평균속도} = \frac{\text{총거리}}{\text{총시간}} = \frac{\sum_{i=1}^{n} v_i t_i}{\sum_{i=1}^{n} t_i}$$

각 구간의 거리가 모든 i에 대하여 일정하다면 $v_i t_i = c$이므로

$$\text{평균속도} = \frac{\sum_{i=1}^{n} v_i t_i}{\sum_{i=1}^{n} t_i} = \frac{\sum_{i=1}^{n} c}{\sum_{i=1}^{n} c/v_i} = \frac{n \cdot c}{c\sum_{i=1}^{n} 1/v_i} = \frac{n}{\sum_{i=1}^{n} 1/v_i}$$

즉 전 구간에서의 평균속도는 각 구간의 평균속도의 조화평균임을 알 수 있다.

산술평균(A), 기하평균(G), 조화평균(H) 간의 대소관계는 다음과 같이 $A \geq G \geq H$이다.

$$\frac{a+b}{2} \geq \sqrt{ab} \geq \frac{2ab}{a+b} = \frac{2}{\frac{1}{a}+\frac{1}{b}} \quad (a=b\text{일 때 등식이 성립한다})$$

예 3-10 두 양수 a, b의 산술평균과 기하평균과 조화평균의 대소관계를 시각적으로 증명하시오.

$$\frac{(a+b)}{2} \geq \sqrt{ab} \geq \frac{2}{\frac{1}{a}+\frac{1}{b}}$$

증명 반원과 직각삼각형의 도형을 이용하여 이 부등식의 증명을 해 보도록 하자. 원의 중심이 O이고 지름이 MN인 반원을 그림과 같이 그린다. 원주상의 임의 점을 P라고 하고 점 P, R에서의 수선의 발을 각각 Q, O라고 하면 $\overline{MQ} = a$, $\overline{QN} = b$일 때,
삼각형 MPN은 직각삼각형이다. 그러면 현이 원의 지름과 수직 관계에서

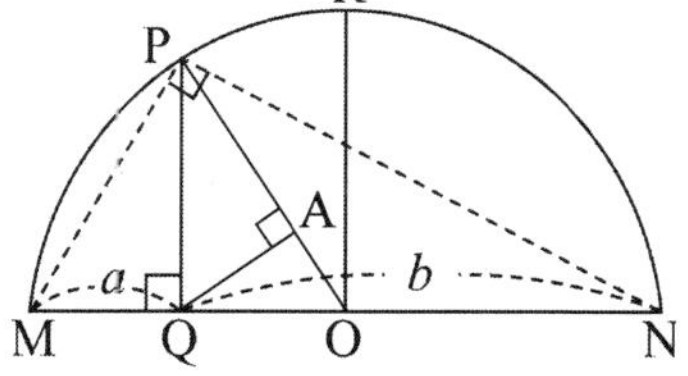

▲그림 3-10

$$\overline{PQ}^2 = \overline{MQ} \cdot \overline{QN} = ab\text{이므로, } \overline{OR} = \frac{a+b}{2},\ \overline{PQ} = \sqrt{ab}$$

이고, 반원에서는 반지름이 가장 크므로 $\overline{OR} \geq \overline{PQ}$ 임을 알 수 있다. 따라서

$$\frac{a+b}{2} \geq \sqrt{ab}$$

또한, Q에서 $\overline{OP}$ 의 수선의 발을 A라 하면, $\triangle PQO$와 $\triangle PQA$는 서로 닮음이므로
$\overline{QA} = \dfrac{2}{\frac{1}{a}+\frac{1}{b}}$ 이다.

특히 산술평균과 기하평균에 대한 앞에서의 부등식은 최대, 최소문제에 자주 사용이 되고 있다. 세 양수 a, b, c에 대한 산술평균과 기하평균의 부등식은 다음과 같이 일반화할 수 있다.

$$\frac{a+b+c}{3} \geq \sqrt[3]{abc} \quad (a=b=c\text{일 때 등식이 성립})$$

증명 세 양수 a, b, c에 대하여 각각의 세제곱근을 x, y, z라 하면

$$\begin{aligned}\frac{a+b+c}{3} - \sqrt[3]{abc} &= \frac{x^3+y^3+z^3}{3} - xyz = \frac{1}{3}(x^3+y^3+z^3-3xyz) \\ &= \frac{1}{6}(x+y+z)((x-y)^2+(y-z)^2+(z-x)^2) \geq 0\end{aligned}$$

그러므로

$$\frac{(a+b+c)}{3} \geq \sqrt[3]{abc}$$

등호는 $a=b=c$일 경우에 성립한다.

■ 가중평균

가중평균(Weighted mean)은 각 측정값에 일정한 가중치를 곱하여 평균을 구하는 것이다. 관측치들 $x_1, x_2, \cdots, x_n$의 가중치를 각각 $w_1, w_2, \cdots, w_n$라고 하면 관찰치에 가중치를 곱한 다음 평균을 구한 가중평균은

$$\text{가중평균 } wM = \frac{w_1x_1 + w_2x_2 + \cdots + w_nx_n}{w_1 + w_2 + \cdots + w_n} = \frac{\sum_{i=1}^{n} w_ix_i}{\sum_{i=1}^{n} w_i}$$

으로 나타낸다. 예를 들면 각 교과의 성적인 (수 우 미 양 가)의 평점에 관한 평균을 이수 단위수를 가중치로 하여 구하는 것이다.

■ 절사평균

절사평균(Trimmed mean)은 평균의 단점을 보완하기 위하여 자료를 서열순서대로 나열한 후 양끝의 일정한 개수를 잘라내서 제외시킨 후 나머지를 가지고 평균을 구하는 방법이다. 이 절사평균은 올림픽 체조경기, 피겨스케이팅 등 여러 명의 심판이나 연구결과의 여러 명의 심사위원들의 심사에서 편파적인 판정을 방지하기 위하여 자주 사용된다.

예 3-11 올림픽 체조경기에서 8명의 심판이 한 선수에 대하여 판정한 결과가 다음과 같을 때 이 자료의 평균과 절사평균을 구하여라.

9.0 9.5 9.1 7.4 10.0 8.1 9.6 9.0

$\text{평균} = (9.0 + 9.5 + 9.1 + 7.4 + 10.0 + 8.1 + 9.6 + 9.0)/8 = 8.962$
$\text{절사평균} = (9.0 + 9.5 + 9.1 + 8.1 + 9.6 + 9.0)/6 = 9.05$

이 자료에서는 절사평균이 평균보다 자료의 대표성을 잘 나타내고 있다고 볼 수 있다.

(2) 중위수(median)

중위수는 관측값을 크기 순으로 나열한 후 자료의 한가운데에 위치하는 값을 의미한다. 이것은 자료의 중앙에 있는 관측값(중앙값)이다. 즉 관찰값의 50%가 좌측에 나머지 50%가 우측에 존재한다. 자료의 수가 n개일 때 n이 홀수이면 $[(n+1)/2]$번째 값을, n이 짝수이면 $[n/2]$번째와 $[(n/2)+1]$번째 값의 평균을 중위수로 정의한다.

중위수와 평균의 중요한 차이점은 평균은 이상치(outlier)에 영향을 받을 수 있으나 중위수는 극단적인 값인 이상치가 있어도 이것의 영향을 받지 않는다는 것이다.

일반적으로 평균은 좌우 대칭인 분포를 갖는 자료에서 중심을 측정하는 특성치인 반면 중위수는 자료의 분포가 한쪽으로 편중되어 있는 경우에 중심을 측정하는 특성치로 사용된다. 실제로 어느 도시의 인구의 연령구조와 노령화 정도를 나타낼 때 중위연령(중위수 나이)을 사용한다.

예 3-12 임의로 추출한 학생 5명의 체중이 45kg, 58kg, 60kg, 67kg, 120kg이라면 평균은 70kg이고 중위수는 60kg이다. 이때 평균 70kg이 관찰 자료를 대표할 수 있을지 의심이 든다. 단 한 명의 상당히 큰 값 때문에 평균이 크게 증가되어 있음을 알 수 있다. 이러한 경우 중위수가 평균값보다 더 의미가 있다.

예 3-13 각 나라의 나이의 비교는 중위연령(median age)을 사용한다. 다음은 G20 국가 중 주요 7개국 중위 연령을 나타낸 표이다. 우리나라가 미국보다 빠르게 노령화 사회로 진입하고 있음을 추정해 볼 수 있다.

[표 3-7] 나라별 나이비교

(2004년과 2010년 기준)

국가	중위연령 (2004년)	중위연령 (2010년)
일본	42.3	48.9
독일	41.7	43.7
영국	36.3	40.5
미국	35.3	36.8
호주	34.3	37.5
한국	33.7	37.9
중국	31.8	35.2

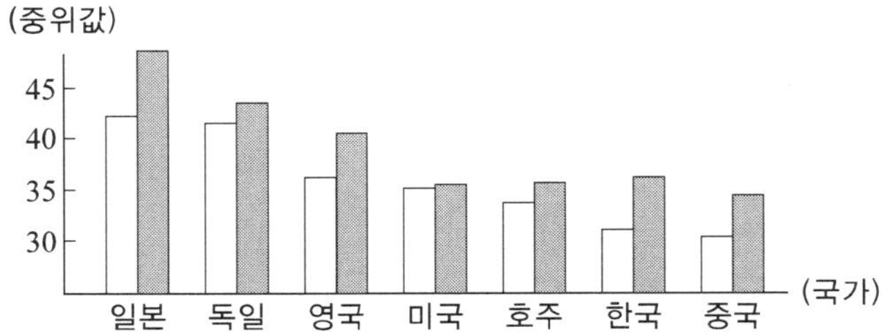

▲**그림 3-11** 국가별 나이(중위연령, 2004, 2010년)

(3) 최빈값(mode)

최빈값은 관측된 자료 중 가장 관측도수가 많은 값으로 정의한다. 또한 막대그래프나 히스토그램에서도 도수가 가장 많은 구간의 중앙값을 최빈값으로 한다. 이러한 최빈값은 옷의 치수를 측정하는 경우라든가 시장에서 가장 많이 팔리는 음료수의 종류를 파악하는 것과 같은 조사에서 관측도수가 가장 많은 관찰치에 관심을 두는 경우 이용한다. 이것은 양적으로 측정된 자료나 질적으로 측정된 자료 모두에 사용 가능하다.

2) 흩어진 정도를 나타내는 산포도

자료의 분포특성을 살피는 경우에 대푯값만으로는 그 분포의 형태를 가늠하기가 어렵다. 자료의 중심성(centered)을 나타내는 평균과 중위수와는 별도로 자료의 흩어진 정도(a measure of spread)를 재는 척도가 필요하다. 흩어진 자료의 산포도를 나타내는 수치들은 범위와 분산 그리고 표준편차, 사분위범위 등이 있다.

(1) 범위

범위(range)는 n개의 자료 $x_1, x_2, \cdots, x_n$ 중 가장 큰 값($x_{(n)}$)과 가장 작은 값($x_{(1)}$)의 차이를 말하는데 이것은 산포도를 재는 가장 간단한 방법이다.

$$R = x_{(n)} - x_{(1)}$$

(2) 사분위범위(interquartile range, IQR)

사분위수(quartiles)는 우선 중위수(Q_2)를 구하고, 이것의 1/2값만큼의 아래와 위로서 제1사분위수 Q_1과 제3사분위수 Q_3가 얻어진다. 전체자료를 4등분한 수를 사분위수라 부른다.

사분위범위(interquartile range, IQR)는 자료의 중간 50%의 범위를 말해주는 것으로

$$\text{IQR} = Q_3 - Q_1$$

을 의미하며 이것은 자료의 흩어진 정도를 말할 때 자주 사용된다.

백분위수(percentile)는 전체 자료의 위치를 %(백분율, 0～100%)로 나타낸 것이다. 즉 제3사분위수는 75 백분위수(75th percentile)이다.

(3) 분산과 표준편차

분산(variance)은 평균으로부터 관찰치가 흩어져 있는 정도를 말하는 것으로 자료의 산포도를 재는 중요한 척도이다. 분산은 각 자료의 값과 평균과의 거리인 편차 $(x_i - \overline{x})$를 제곱하여 합을 구한 후 이를 자료의 총수로 나눈 값이다. 따라서 분산이 작으면 평균 주위에 자료들이 모여 있는 것이고 분산이 크다는 것은 상대적으로 각 자료들이 평균으로부터 멀리 흩어져 있음을 나타내주고 있는 것이다.

자료의 총 개체수가 N인 모집단의 모든 개체들을 나타내는 경우와 모집단에서 추출한 표본의

크기 n인 표본인 경우에 각각의 모분산과 표본분산을 계산하는 공식이 다음과 같이 약간의 차이가 있다.

단위가 $x_1, x_2, \cdots, x_N$ 으로 모집단의 크기가 N인 모집단의 개체들의 분산인 모분산 σ^2은

$$\sigma^2 = \frac{\sum_{i=1}^{N}(x_i - \mu)^2}{N}$$

이고, 단위가 $x_1, x_2, \cdots, x_n$으로 표본의 크기가 n인 경우 표본평균이 $\overline{x}(=\frac{\sum_{i=1}^{n} x_i}{n})$일 때의 표본분산 S^2은 다음과 같다.

$$S^2 = \frac{\sum_{i=1}^{n}(x_i - \overline{x})^2}{n-1}$$

여기서 분자를 n 대신 $n-1$로 나누는 이유는 자유도라는 개념을 도입하기 때문이다. 이에 대한 설명으로는 다음 절에 있는 자유도의 의미를 탐구해 보자.

표준편차(standard deviation: SD)는 분산의 양의 제곱근이다. 실제적으로 분산의 제곱근인 표준편차를 사용하는 이유는 계산할 때에 편차를 제곱하게 된 값을 원 자료의 척도로 되돌리고자 하는 데 있다. 예를 들어 관측치의 측정단위가 cm(길이)인 경우 그 분산은 cm^2(면적)이 되기 때문에, 원 자료의 척도로 환원하기 위한 양의 제곱근의 수치인 표준편차를 이용하는 것이 합리적임을 알 수 있다.

표준편차에는 모분산의 양의 제곱근인 모표준편차와 표본분산의 양의 제곱근인 표본표준편차가 있다.

$$\text{모표준편차 } \sigma = \sqrt{\sigma^2}, \quad \text{표본표준편차 } s = \sqrt{s^2}$$

(4) 상자그림

줄기잎그림은 각 자료를 나타내지만, 때때로 각각의 구조와는 달리 전체적인 자료의 이미지를 얻고자 할 때가 있다. 이러한 목적을 위하여 개발된 것이 상자그림(box plot)이다.

상자그림은 [그림 3-12]와 같이 x축을 따라 상자를 길게 그린 그림이다. 이 상자그림의 아이디어는 자료의 50%를 중점적으로 표현하기 위한 상자를 그림으로써 자료의 주요 위치를 파악하려는 것이다. 이 상자그림에는 5가지 수치(최솟값, Q_1, 중위수, Q_3, 최댓값)를 포함하고 있다. 여기서 필요한 5가지 수치는 줄기그림에서 간단하게 얻어질 수 있는 값들이다.

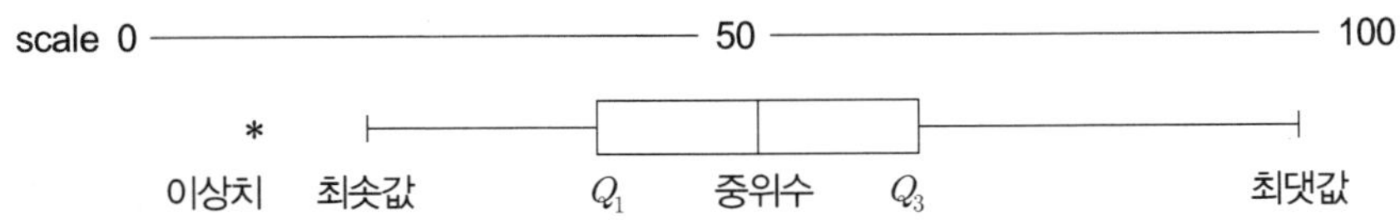

▲그림 3-12 상자그림

특별히 개선된 상자그림(modified box plot)에서는 $1.5\times$IQR을 구하여, 관찰값이 $Q_1-(1.5\times$ IQR)보다 작거나, $Q_3+(1.5\times$IQR)보다 크다면 이것은 잠재적 이상치(potential outliers)로 간주하고 *표시를 하여 나타내기도 한다. 또한 중위수로부터 제1, 제3사분위수까지의 거리를 통해 분포의 기울어짐(skewness)은 알 수가 있으나 분포의 봉우리의 수는 알기 어렵다. 그리고 여러 집단의 분포를 동시에 비교할 필요가 있을 경우 상자그림이 많은 것을 설명해준다.

예 3-14 어느 중학교의 2학년 3개 학급의 중간고사 수학성적을 학급 간에 비교하고 싶다고 할 때 다음 [그림 3-13]처럼 각 학급 간의 전체적인 비교를 할 수 있다.

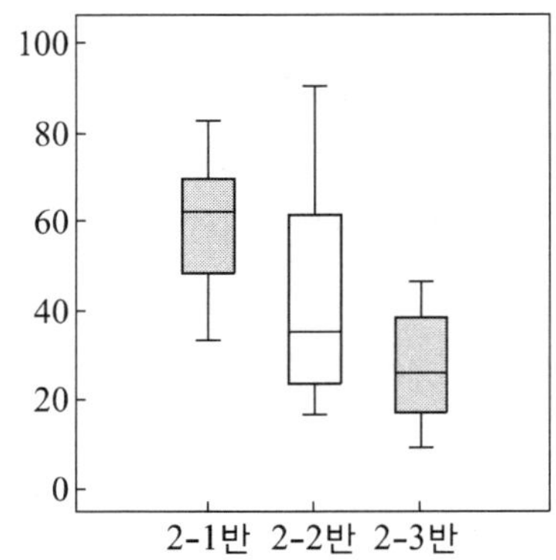

▲그림 3-13 3개 학급의 수학성적

3) 자유도

자유도(degree of freedom)란 표본분산을 구하는 공식에서 분모에 n 대신에 $n-1$(관찰도수 -1)을 쓰는데, 이것을 자유도라고 부르며 이 자유도의 개념은 다음과 같이 직관적으로 설명될 수 있다. 추가로 다음 8장의 추정 단원에서 자세히 그 이유를 알게 된다. 자유도는 글자 그대로 자유로운 정도로서, 자료 중에서 서로 의존하지 않고 자유롭게 관찰될 수 있는 관측치들의 개수를 의미한다. 예를 들면

6, 5, 4, 5

4개의 관측치들의 자유도는 얼마인가? 각 관찰값들은 자유롭게 관측될 수 있어서 자유도는 4이다. 그러나 4개의 관찰치의 평균을 계산해 본다면 5이다. 이 평균이 먼저 얻어지고 난 이후에 우연히 한 수를 잃어버렸다고 하자.

6, 5, □, 1

과연 □에는 자유롭게 아무 수나 관측되어 얻어질 수가 있겠는가! 평균값이 5로 알려진 다음에는 꼼짝없이 □에는 8만이 올 수 있다. 결국 마지막 한 데이터는 평균이 먼저 고정됨으로 인하여 임의의 값으로 관측될 수 있는 자유를 잃어버리게 되는 것이다.

이 아이디어를 표본분산을 구하는 공식에 적용하여 보자. 표본으로부터 얻은 자료에는 n개의 수치가 있다. 이들 n개는 상호관계 없이 자유롭게 얻어진 값들이다. 그러나 표본분산을 계산하기 위해서는 1차적으로 자료가 흩어진 정도를 재기 위한 기준이 되는 평균이 우선 필요한데 이 평균을 n개의 값들을 이용하여 먼저 구하게 된다. 따라서 구체적인 이 평균치가 고정된 후에야 n개의 관찰치들의 분산이 구해지는 것이기 때문에 진정 분산을 일으킬 수 있는 자유를 가진 개체수인 자유도는 [관찰도수 -1]인 $n-1$이 된다.

3.3 역사: 투키의 탐색적 자료분석과 통계그래픽스

20세기에 들어와 인간 생활의 모든 면에 통계적 기술의 응용이 도입되었다. 정치적으로는 여론조사가, 제조업에서는 품질관리가, 교육분야에서는 표준화된 시험들이 시행되는 등 여러 가지로 우리의 일상과 통계가 만나게 되었다. 그리고 컴퓨터의 발달로 방대한 빅 데이터(Big Data)를 다룰 수 있게 되었으며, 이것은 통계적 이론과 실제가 만날 수 있는 계기를 마련하였다. 특히 미국의 통계학자이며 순수 수학자인 투키(John Tukey, 1915~2000)는 그의 독창적인 아이디어로 소위 탐색적 자료분석(Exploratory Data Analysis, EDA, 1977)의 방법들을 개발했다. 이 책에서 데이터를 분석하는 여러 기법을 제안하고 있으며 그들 중에 요즈음 널리 사용되는 줄기잎그림(stem-and-leaf) 등이 있다.

예일대학의 에드워드 터프트(Edward Tufte, 1983) 교수는 "**통계그래픽스**(statistical graphics)는 예술과 과학이 의미 있게 결합되어 있는 하나의 작품이다"라고 말하면서 《양적 정보의 시각

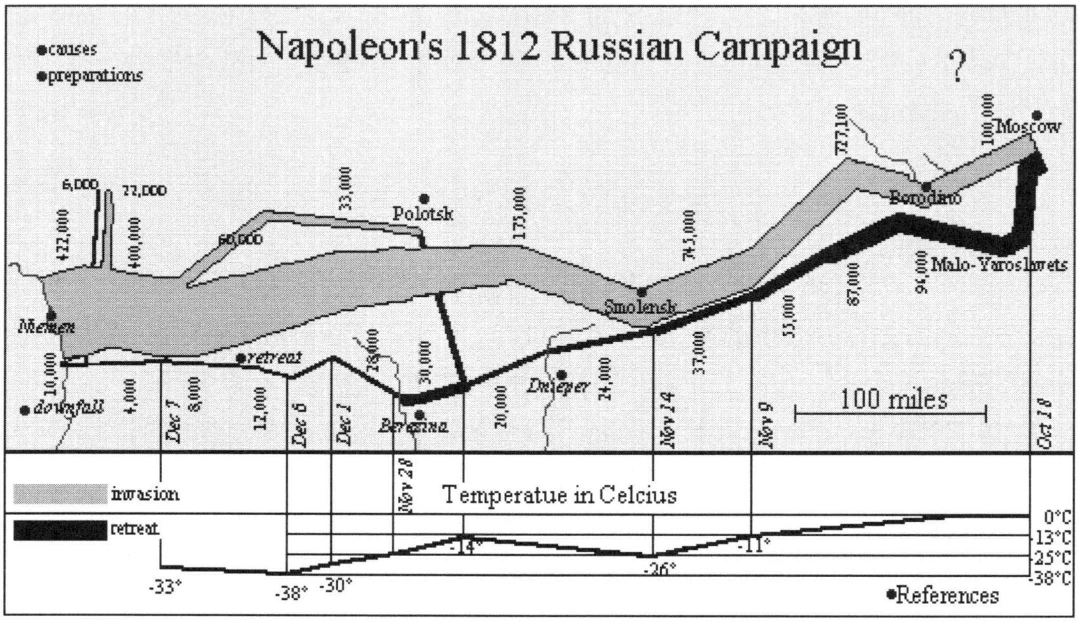

C.J. Minard's Map. The terrible fate of Napoleon's Russian campaign of 1812 is shown in this classic picture, by Charles Joseph Minard (1781~1870).

적 표현(visual representation of quantitative information)》에서 각종 통계그래픽스의 유용함을 제시해 주고 있다. 즉 원자료를 요약·정리한 훌륭한 시각적 커뮤니케이션 작품은 훌륭한 글과 같다는 것이다.

다음의 예는 프랑스의 엔지니어인 미나드(Charles Joseph Minard, 1781～1870)가 1812년 나폴레옹 군대의 러시아 원정길에서의 처절한 운명적 전쟁을 정리한 그래픽스이다.

1861년 제작된 이 지도와 시간의 자료의 결합은 역사가의 펜을 부정하는 듯한 신랄한 웅변으로 1812년의 나폴레옹의 러시아원정으로 생명을 잃은 군사들의 고통을 묘사하고 있다.

지도 왼쪽의 나이만 강가의 폴란드-러시아국경에서 1812년 6월에 출발한 군대(422,000명)의 수는 각 지도에서 밴드의 폭으로 나타내었다. 9월에 모스코바에 도착한 군대는 약탈당함과 탈영으로 100,000명으로 줄었다. 모스코바로부터의 퇴각은 진한 선으로 하단의 밴드로 그려지고 온도와 날짜가 연결되어 있다. 러시아에서의 행군은 얼음이 얼고 혹독한 차가운 날씨를 만났다. 그래프가 보여주듯이 폴란드에 마지막 비참하게 되돌아 온 군대는 겨우 10,000명이었다. Minard's Map은 6가지 변수(군인수, 2차원 표면, 군대의 진로방향, 모스크바로부터 퇴각시의 날짜와 온도)로 다양하게 풍부한 스토리를 말해주고 있다. 이 그림은 통계그래픽스의 최고걸작이라고 할 수 있다(Tufte, 1983, p.40).

데이터 그래픽스는 측정된 양을 점, 선, 좌표시스템, 수, 기호, 단어, 음영과 색의 결합을 수단으로 하여 시각적으로 표현하는 것이다. 잘 디자인된 데이터 그래픽스는 항상 간단하고 동시에 가장 강력하다. 주제가 선명하게 드러난 통계그래픽스는 독자들을 명쾌하고 합리적인 발견의 기쁨으로 감명을 받게 한다. 터프트(Tufte, 2002, p.13)는 그래픽스의 우수성(Graphical Excellence)을 다음과 같이 설명하며 우리가 관심있는 데이터를 통계그래픽스를 이용하여 창조적으로 표현할 것을 주문하고 있다.

통계그래픽스의 우수성은 명쾌함, 정확성과 효율성을 전달하는 복합적 아이디어들로 구성한다. 그래픽 표현은 다음 사항들을 나타내 주어야 한다.

- 데이터를 보여 주어야 한다.
- 그래픽 생산의 기술이나 디자인이나 방법론보다는 관찰자가 실체에 관하여 생각하도록 유도해야 한다.
- 데이터가 말하려 하는 것의 왜곡을 피해야 한다.
- 작은 공간에 많은 데이터를 표현해야 한다.
- 많은 데이터를 논리에 맞게 만들어야 한다.
- 데이터의 다른 부분을 비교하도록 하는 안목을 키우도록 해야 한다.
- 광범위한 관찰로부터 좋은 구조를 상세한 수준까지 데이터를 드러내야 한다(reveal).
- 합리적이고 명백한 목적을 유지해야 한다.
- 데이터 집합의 통계적·수사적 묘사가 집약되어야 한다.

또한 그는 그래픽의 우수성의 원리를 다음과 같이 강조하고 있다.

- 그래픽의 우수성은 관심 있는 데이터의 잘 디자인된 표현이다.
- 통계그래픽스의 우수성은 명쾌함, 정확성과 효율성을 전달하는 복합적 아이디어들의 구성이다.
- 통계그래픽스의 우수성은 독자에게 가장 작은 공간에 가장 적은 잉크로 짧은 시간에 많은 아이디어들을 제공하는 것이다.
- 통계그래픽스의 탁월함(excellence)은 대부분 언제나 그 다양함에 있다.
- 그리고 그래픽의 탁월함은 데이터에 대한 진실을 말할 것을 요구한다.

3.4 토론과 실험: 줄기잎그림과 얼굴그림

1) 줄기잎그림의 실험

어느 고등학교의 2학년 6개 학급 중 한 학급을 선정하였다. 이 학급 학생들의 생년월일을 얻은 자료를 사용하여 직접 줄기잎그림을 그리는 논의를 해 보도록 하자.

[표 3-8] 2-4반 학생들의 생년월일

1/11	2/22	1/21	1/25	2/26	3/23	4/30	4/27	12/04
11/29	11/10	11/16	10/26	7/15	7/7	7/17	6/25	6/11
5/06	8/3	8/23	11/26	11/15	4/10	5/28	5/27	2/12
2/26	2/28	4/21	1/27	2/20	9/16	2/27	9/25	9/23
10/1	10/9	10/24	8/22	9/29	9/20	9/27	12/23	9/12

우리는 이미 수학 성적 자료를 이용하여 줄기잎그림을 그리는 방법을 숙지하였다. 그러면 위 [표 3-8]과 같은 구체적인 어느 학급의 생년월일 같은 자료를 어떻게 요약할 것인가라는 새로운 문제상황에 접하게 된다.

T 위 자료로 줄기잎그림을 그리려고 한다. 먼저 누가 무엇을 줄기와 잎으로 정할 것인지 얘기해 줄 수 있겠니?

SA (침묵......)

S1 전 시간에 선생님께서 말씀하신 구간의 폭을 어떻게 해야 할지를 모르겠습니다. 10단위가 아니잖습니까?

S2 선생님, 단순하게 월을 줄기로 정하고, 날짜를 잎으로 정하면 어떻겠습니까?

S1 그러면 잎이 두 자리 숫자가 되는데요. 그래도 됩니까?

T (S1)군의 고민을 알겠다. 전 시간에는 십의 자리수를 줄기로 일의 자리수를 잎으로 하였는데 여기서는 그런 개념으로 할 수가 없어서 그랬구나. 나는 자네의 의견이 좋다고 생각한다. 두 자리 수를 사용하여 도수의 비교를 할 수 있도록 하고 날짜 사이에 콤마를 하도록 하자.

4	1	12, 21, 25, 27
7	2	22, 26, 12, 26, 28, 20, 27
1	3	23
4	4	30, 27, 10, 21
3	5	06, 28, 27
2	6	25, 11
3	7	15, 07, 17
3	8	03, 23, 22
7	9	16, 25, 23, 29, 20, 27, 12
4	10	26, 01, 09, 24
5	11	29, 10, 16, 26, 15
2	12	04, 23
45		

*3 | 23은 3월 23일을 의미함

▲**그림 3-14** 생년월일의 줄기잎그림

[표 3-8]의 관찰값을 토대로 우리 반의 생년월일에 대한 분포를 줄기와 잎그림인 [그림 3-14]로 나타내었다. 히스토그램과는 달리 각 학생의 생일 날짜가 나타나고 있어서 정보 손실 없이 매우 생생하게 자료를 요약한 특징이 있다. 누가 이 그림을 보고 재미있는 특징을 이야기할 수 있겠느냐?

S1 어느 신문에선가 3월에 생일이 일반적으로 많다고 읽은 적이 있는데 우리 반에는 한 명뿐이 없는 것이 특징인데요. 반대로 2월생이 제일 많은데요.

S2 선생님 제 생각에는 이 그림의 각 줄기에 있는 잎들을 정렬하면 좋을 것 같습니다. 우리 반 친구들의 상당수가 매월 하순에 생일이 있는 것 같습니다.

SA 아하 정말 그렇구나...

T 좋은 관찰이구나. 이거야말로 히스토그램으로 만들었으면 못 찾아 낼 뻔 했겠구나. 또 다른 특이한 점은 없느냐?

S3 역시 2월생과 9월생이 많은 것 같습니다. 3월에는 한 명이고 2월에는 그것도 20일 이후에 저렇게 많을 수가.....

T 내가 자료를 잘못 뽑았는지 모르겠구나. 그러나 하여튼 내가 가지고 있는 자료는 이와 같구나. 나도 나중에 확인해 보마. 혹시 그 당시에는 학교에 빨리 입학하려고 출생신고 날짜를 앞당겨 기록한 사람들이 있을지도 모르지. 그럴 리는 없겠지만.

S2 선생님 그러면 저 그림도 대칭적이라고 할 수 있을까요. 제가 보기에는 대칭적인 듯합니다. 그런데 특이한 것은 대칭축의 부분이 쏙 들어간 대칭이고 뾰족하게 올라간 부분이 하

나가 아니고 둘이라는 것이 전에 대칭성을 배울 때와는 조금 다른 것 같습니다.

T (S2)군의 관찰 역시 아주 중요한 점을 지적했다. 통상 집단이 분포하면 가운데가 삐죽 올라가고 좌우가 대칭인 것으로 생각하는 경향이 남녀노소 불문하고 있는데 사실은 그렇지 않아. 이와 같이 다양한 모습을 하고 있거든. 아주 좋은 지적이었다. 그래 대단히 활발한 토론이었다. 사실 수학기호 하나 없이 집단에 대한 상당한 정보를 얻을 수 있었다.

SA 그런데, 선생님 참 지난번 과제로 줄기잎그림을 그렸으나 저의 그림은 아무런 특징이 안 보이는데 어떻게 하죠?

T 자네는 매우 실망한 듯 말하는구나. 질문 잘했다. 그 자료에 대한 답은 그래

"아무 특징이 없는 것이 특징이다."

그래 됐냐.

SA 와하하...

T 그래서 우리는 주어진 자료에 대하여 아무런 선입견 없이, 있는 그대로를 분석하여 그 자료의 전체적인 느낌(feeling)이나 분포나 패턴을 파악하는 것이 무엇보다도 중요하며 이런 것이 탐색적 자료분석이다. 이제부터는 어떤 집단의 자료를 얻거나 다수의 관찰치를 획득하였을 때는 어떻게 표현하는 것이 좋을 지에 대하여 창의적으로 생각하기 바란다. 지금부터는 여러분들이 그렇게 익숙하지 않은 표현 방법들을 소개하는 시간을 갖도록 하겠다.

2) 별그림(star plot)의 실험

보통 우리는 변수를 1, 2개 취급하였으나, 별그림은 여러 개의 변수를 함께 취급하여 각 개체의 특징을 비교하는 방법이다. 그리는 방법은 우선 변수의 개수만큼 직교좌표축을 바탕으로 축을 그리고, 전체자료에서 최대, 최솟값을 비교하여 축의 눈금을 적절하게 결정한다. 그리고 각 변수의 값을 점을 찍은 후에 서로 선으로 연결하여 그림을 그린다. 예를 들어 다음 [표 3-9]와 같은 2명의 중간고사 성적이 개인별로 얻어진 결과를 별그림으로 그려 보자. 이 경우에는 넓게 퍼져 있을수록 전반적으로 우수한 학생임을 표현하게 된다.

[표 3-9] 개인별 중간고사성적

학생	국	영	수	과	사	음	미	체
1	수	우	가	미	양	우	수	수
2	미	미	양	양	수	우	가	양

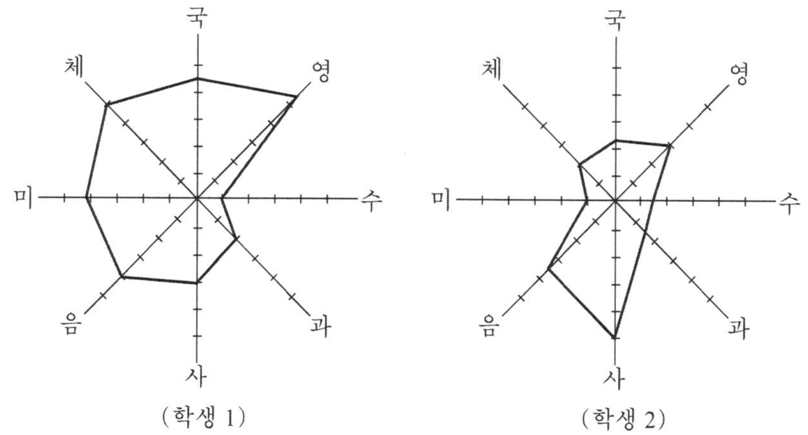

▲그림 3-15 두 학생 성적의 별그림

위 [그림 3-15]에서 1번 학생의 전체적 성적을 알 수 있으며 수학이 매우 저조함을 볼 수 있다. 학생들로 하여금 여러 변수로 관찰된 자료의 분석 실험을 하게 할 때 유용하다.

3) 얼굴그림(face plot)의 실험

중·고등학교의 학교수학에서 통계의 그래픽 지도내용으로는 대체로 1차원이나 2차원의 자료에 대한 요약을 다루어 왔다. 그러나 오늘날에는 정보를 처리하고자 하는 요구가 크게 일어나고 있으며, 다차원의 자료를 2차원으로 축약하여 묘사하는 방법은 없을까 하는 궁리를 하게 된다.

얼굴 그림은 다차원의 자료를 2차원의 얼굴 모습에 표현하는 방법이다. 문득 이런 자료분석을 하려면 컴퓨터를 사용하여야겠다는 생각이 들지도 모르나, 얼마든지 손으로 손쉽게 나타낼 수가 있다.

이 얼굴 그림을 고안한 사람은 러시아의 체르노프(chernoff. H)이고, 그가 이 그림을 고안하게 된 동기는 "인간의 마음에 대한 표현은 사람의 얼굴을 접했을 때에 최대한 발휘된다."라는 신념에 근거한 것이라고 한다.

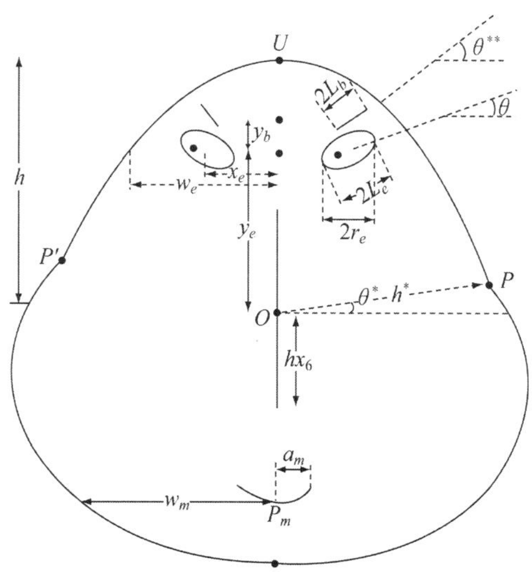

▲그림 3-16 Chernoff의 얼굴(얼굴그림은 n개의 변수를 사람의 얼굴의 눈, 코, 입 등의 위치, 길이, 크기, 경사도 등으로 표현하고 있다.)

다음 얼굴들은 체르노프의 프로야구의 피쳐

의 성적 기록을 나타낸 것이다. 단 이 그래프는 [그림 3-16]을 기초로 하여 컴퓨터로 그려진 것이다.

▲그림 3-17 프로야구 선수의 성적

얼굴 그림을 그리는 데는 특별한 약속은 없고 각 용도에 따라 자유로운 발상으로 그릴 수 있다는 것이다. 또한 자연스럽게 다차원의 자료가 2차원의 얼굴 그림으로 자연스럽게 표현되어 있으며 그 얼굴들로부터 전체적인 인상이 받아들여지는 느낌을 가질 수 있다. 나름대로 이 얼굴그림의 장점을 서술해 본다면

1) 얼굴의 연속적인 변화를 통하여 자료의 특성을 나타낼 수 있다.
2) 다차원의 자료를 1, 2차원으로 차원축소를 할 수 있다.
3) 시각적으로 강렬한 인상을 줄 수 있다.
4) 유사한 얼굴끼리의 군집을 만들 수도 있다.

앞의 얼굴 그림을 보면서 현재 우리의 학교수학의 통계그래픽에 대한 지금까지의 지도는 조금은 고정적이 아니었던가 하는 생각이 든다. 자료의 요약과 정리의 지도에서 부여된 그래프의 역할을 고려해 본다면, 그래프의 본질은 자신의 의도를 소비자에게 효과적으로 전달하고 상대방이 알고 싶은 정보를 얻도록 도와주는 도구로 생각할 수 있다. 이러한 측면을 주목한다면 실제 통계 수업 시간에 정말 여러 가지의 그래프가 지도되는 것도 좋은 일이라 생각된다. 다음의 [그림 3-18]은 [표 3-10]에 제시된 어느 중학교의 10명의 학생에 대한 학기말 성적(수, 우, 미, 양, 가)을 바탕으로 얼굴그림을 표현한 결과물이다.

[표 3-10] 학기말 성적표

학생	A	B	C	D	E	F	G	H	I	J
수학	수	수	미	우	가	미	양	우	양	가
음악	수	가	미	우	양	양	수	우	미	가
미술	수	미	가	양	우	우	양	수	미	가

(수학=눈, 음악=입, 미술=눈썹)

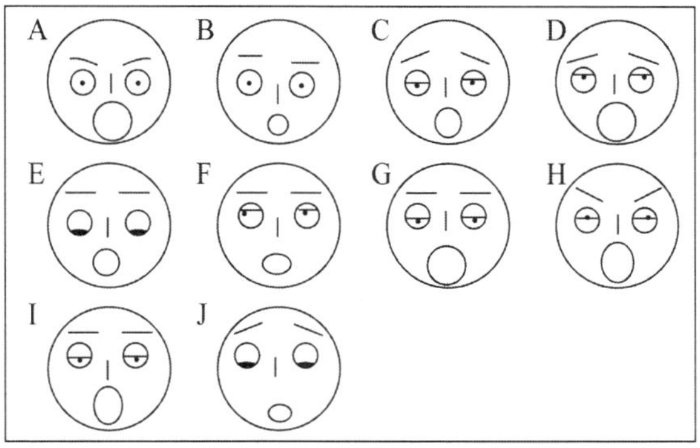

▲그림 3-18 학기말 성적의 얼굴그림

이상과 같이 얼굴그림은 각 학생의 전체 성적에 대한 얼굴 인상을 대응시키고 있어서 너무 재미있다. 즉 노래를 잘하는 사람은 입이 커다랗고, 수학을 잘하면 두 눈이 또랑또랑하고, 수학을 못하면 졸린 눈을 하고 있는 것을 볼 수가 있으며, 성적이 우수한 학생들의 얼굴형을 따라 군집으로 분류할 수도 있다.

실제로 수업시간에 얼굴그림의 지도에서 학생들의 발상을 제한시키면 효과가 줄어들 수밖에 없다. 여기서의 강조점은 자기의 표현을 자기 마음대로 마음껏 할 수 있는 기회를 학생들에게 제공하고, 집단적으로 충분히 토의하고 이 그래프를 통하여 서로의 친구들과 분석하고자 하는 자료에 대한 의사소통과 다른 학생의 표현을 비교하여 자기와의 다름을 인정하면서 여러 장점을 마음에 새기도록 하면 유익할 것이다. 미술적 디자인 감각이 통계에도 쓰인다니 놀랍다.

• **실험활동 3-1:** 다음 자료는 어느 학급의 성적의 일부이다 이를 이용하여 얼굴그림을 그리고 간단히 이 분석결과의 느낌을 말하시오.

no	name	math	english	music	science	no	name	math	english	music	science
1	kim	수	우	우	수	11	goh	양	우	수	양
2	son	수	수	우	수	12	song	가	우	우	미
3	lee	수	우	미	우	13	bong	양	수	수	양
4	park	미	수	우	가	14	eun	미	수	우	가
5	kang	가	우	우	양	15	chae	미	우	미	양
6	pee	양	우	양	미	16	nam	미	우	가	양
7	yoo	가	미	미	미	17	choo	양	가	양	가
8	min	수	수	가	수	18	gil	양	미	양	가
9	choi	수	우	양	수	19	ahn	양	미	미	미
10	bok	미	수	수	가	20	noh	미	양	양	가

연습문제_3 ▶ exercises

1. 다음 용어를 설명하여라.

(1) 대푯값　(2) 중위수　(3) 분산　(4) 표준편차
(5) IQR　(6) 사분위수　(7) 백분위수　(8) 상자그림

2. 학생 36명의 키를 측정한 결과가 다음과 같았다.

167	166	159	178	176	169	163	166	181
182	172	156	171	186	170	168	154	172
174	160	162	161	175	147	162	172	165
178	170	169	183	149	168	178	171	164

(1) 계급의 수를 5개로 하여 도수분포표를 작성하여라.
(2) 위의 도수분포표를 가지고 히스토그램을 그려라.

3. 위 [문제 2]의 자료를 가지고 줄기잎그림을 그리고 히스토그램과 비교하여라.

4. 다음 10개의 측정값으로 평균, 중위수, 사분위수를 구하여라.

42, 20, 36, 32, 21, 22, 39, 40, 12, 19

5. 변량 $x_1, x_2, \cdots, x_n$에 대해 $D = \sum_{i=1}^{n}(x_i - c)^2$을 정의할 때, D의 값을 최소로 하는 c의 값을 구하여라(힌트: 미분을 사용).

6. 다음은 철쭉 꽃잎의 길이(단위: cm)를 측정한 것이다. 줄기그림을 그리고 분포의 특징을 말하여라.

10.0	10.0	6.1	10.5	6.0	7.5	11.4	9.4	12.5	14.4
6.3	7.3	11.5	11.0	7.2	5.5	12.5	8.5	11.7	12.2
7.7	8.5	10.8	11.3	6.9	9.4	6.6	13.5	8.1	10.5

7. 다음 자료의 개선된 상자그림을 그려라.

62	65	66	67	62	61	60	62	62	58	63	64	69	68	70	65	67	42	89	71	68

8. 다음 히스토그램의 자료를 상자그림으로 묘사한 경우 적당한 것은?

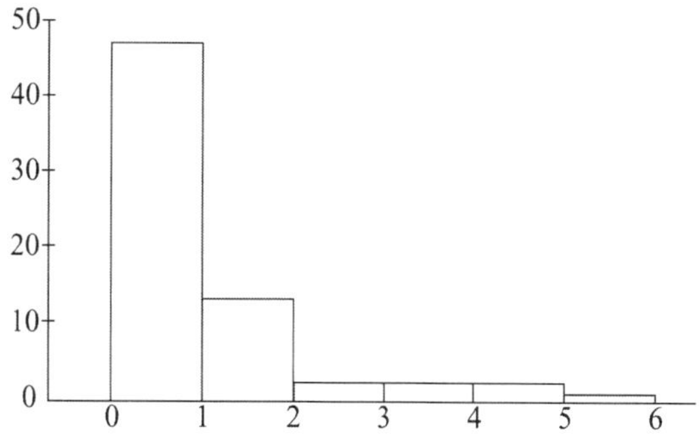

▲그림 3-19

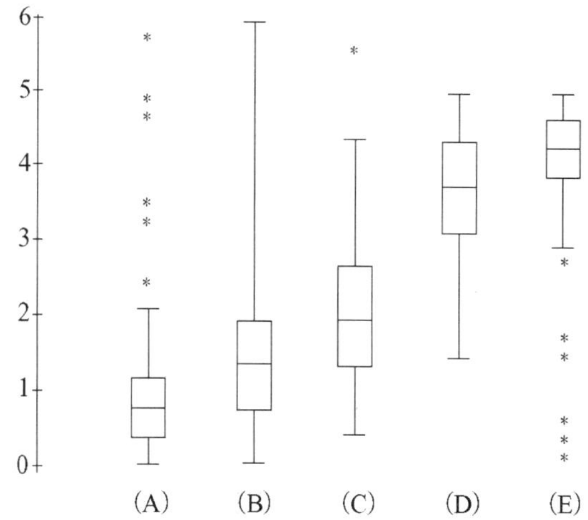

▲그림 3-20

9. 네 양수의 산술평균과 기하평균의 대소관계를 증명하여라($a>0,\ b>0,\ c>0,\ d>0$).

$$\frac{(a+b+c+d)}{4} \geq \sqrt[4]{abcd}$$

임용고사 기출문제

1. 교사 A는 부등식 $(a+b)/2 \geq \sqrt{ab}$ $(a>0,\ b>0)$을 지도할 때 다음과 같은 그림을 그렸다. 이 그림이 어떻게 위의 부등식을 나타내고 있는지를 설명하시오(단, 그림에서 점 O는 원의 중심이다).(2003년)

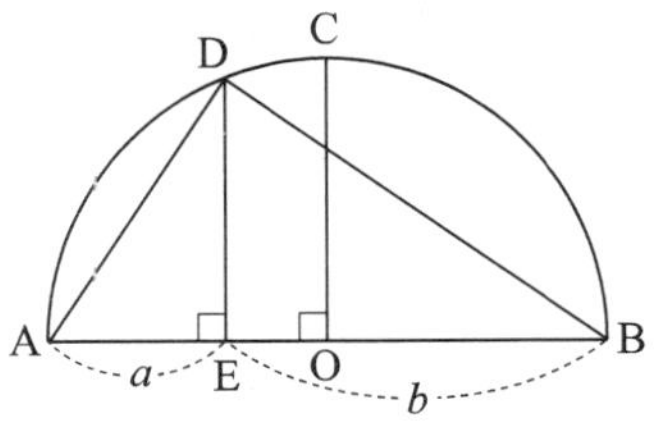

2. 제7차 수학과 교육과정의 7-나 단계에서 상대도수에 관한 내용이 다뤄지고 있다. 상대도수의 개념을 처음 지도할 때와 '도수의 합이 다른 두 집단의 분포에 대하여 알아 본다'를 지도할 때, 적합한 문제 상황의 구체적인 예를 각각 하나씩 제시하시오.(2004년)

임용고사 기출문제 정답

1. 본문 74~75쪽 참조 **2.** 본문 67쪽 참조, 생략

4장

확률

4.1 확률실험, 표본공간과 사건

우리의 주변 환경과 미래는 불확실한 상태의 연속이다. 이러한 불확실한 자연현상들에 대하여 객관적인 논리와 실험을 바탕으로 그 원인과 결과의 보편적인 특성들을 발견하고 규명해 보려는 적절한 모델을 찾아가는 것이 과학(science)의 목표라고 할 수 있다.

확률(probability)은 어떤 현상의 불확실성(uncertainty)의 척도나 우연(chance)의 발생 가능성을 수량화한 것을 의미한다. 자연과 사회현상 속에서 불확실성을 측정하고 설명하려는 방법과 법칙을 연구하는 학문이 확률론(probability theory)이다.

확률(probability)의 어원은 라틴어의 [시험해보다, 증명하다, 승인하다]라는 의미의 probare와 할 수 있다라는 의미의 ilis를 합한 말이다. 확률이라는 용어는 16세기경의 호기심 많은 의사이며 도박꾼인 카르다노(cardano, 1597～1620)의 “운에 맡기고 하는 승부”라는 논문저서에서 주로 가능성(chance, 우연)이라는 단어의 의미로 사용되기 시작하였다. 그리고 오늘날 확률을 분수로 표시하는 전통적인 형식은 그가 처음 정의한 것이다. 또한 도박에 대한 일상어로서의 확률이 “임의의”라는 의미를 갖게 되는 랜덤(random)이라는 단어와의 결합이 이루어지게 되는 것은 카르다노의 책 발간 이후에 100년이나 지난 후의 먼 일이다.

우리가 일상적인 문제들을 통계문제의 범주로 취급할 수 있는 것은, 관심대상의 임의의 구체적인 현상에서 불확실성을 발견하였거나 그 현상을 랜덤현상으로 가정하여 접근할 수 있는 것들이다. 이때 랜덤현상은 발생가능성과 함께 유사한 조건 하에서 반복이 가능한 현상을 가리킨다. 이때 결과들(outcomes)이 모두 나타날 수 있는 어떤 실험을 통계적 확률실험 또는 간단히 확률실험이라고 부른다. 그러나 불확실성을 갖는 다양한 임의의 실험이 모두 확률실험이 되는 것은 아니다.

확률실험(probability experiment)이란 다음 조건 4가지를 만족하는 실험을 말한다.

① 나타날 수 있는 가능한 모든 결과들을 미리 예상할 수 있다.
② 나타난 결과를 실행 전에는 알 수 없다.
③ 예측할 수 있는 장기 모델(model)이 존재한다.
④ 실험이 동일한 조건에서 반복될 수 있어야 한다.

위의 확률실험의 제한 조건이 있기 때문에 중등학교 수학교과서에 실리는 확률실험의 예가 주사위던지기, 동전던지기, 카드게임 등으로 한정되어 등장하는 것이다.

일반적으로 학생들은 주사위실험을 반복하면서 나타나는 현상을 통하여 랜덤현상과 확률실험의 특징들을 직접 경험하게 된다. 이때 우리가 알아야하는 기본적인 용어는 표본공간과 사건이다.

표본공간(sample space)이란 랜덤현상을 가지는 확률실험에서 "예상되는 가능한 모든 결과(outcomes)들의 전체 모임"을 말한다.

사건(event)이란 표본공간의 한 부분집합을 말한다. 특별히 표본공간의 한 가지 원소로만 구성된 사건을 근원사건이라고 한다. 표본공간이 구성되면 그의 부분집합인 사건에 확률이 할당된다. 표본공간은 보통 S로 표시하고 사건은 대문자 A, B, C ⋯ 등으로 나타낸다. 표본공간은 집합의 크기에 따라 유한표본공간과 무한표본공간으로, 원소가 이산형인지 연속형인지에 따라 각각 이산표본공간, 연속표본공간으로 부른다. 예를 들면 주사위를 던지는 실험에서는 예상되는 모든 가능한 결과들의 전체 모임인 $S=\{1, 2, 3, 4, 5, 6\}$이 표본공간이고, 짝수만 나타나는 사건은 $B=\{2, 4, 6\}$이다.

특히 주어진 확률실험에서 어떤 사건 A가 일어날 확률을 $P(A)$라 할 때 표본공간 S에서

$$P(A)=\frac{n(A)}{n(S)}$$

로 주어지는 경우의 확률실험을 등확률모델(equal probability model)이라고 부른다.

4.2 경우의 수, 순열과 조합

등확률모델 하에서 이산형 유한표본공간의 경우 어느 사건의 확률을 구하기 위해서는 사건의 크기 즉 그 사건이 일어나는 모든 경우의 수를 계산해야 한다. 일반적으로 어떤 상황의 가능한 모든 경우의 수를 중복 없이 또한 빠뜨리지 않고 모두 계산한다는 일은 말처럼 간단하지가 않다. 이처럼 복잡한 경우의 수를 계산하는 효율적인 방법을 연구하는 학문이 조합론(combinatorics)이다.

여기서는 표본공간이 유한인 확률실험에서 나타나는 경우의 수를 구하는 기본원리인 덧셈법칙, 곱셈법칙과 이들을 공식화한 순열과 조합, 분할과 배치방법 등을 알아보자.

1) 경우의 수

(1) 덧셈법칙

서로 배반이고 크기가 각각 $n(A_i)$인 사건 $A_i(i=1, 2, \cdots k)$에서의 각 사건의 합집합 $A_1 \cup A_2 \cup \cdots \cup A_k$의 크기는 다음과 같다.

$$n(A_1)+n(A_2)+\cdots+n(A_k)$$

(2) 곱셈법칙

i번째 단계의 경우의 수가 $n(A_i)$인 사건 $A_i(i=1, 2, \cdots k)$에서 그 전 단계에서의 결과에 관계없이 순서가 있는 k개의 단계로 이루어진 실험에서 동시에 일어나는 경우의 수는 다음과 같이 곱으로 나타낼 수 있다.

$$n(A_1) \cdot n(A_2) \cdot \cdots \cdot n(A_k)$$

예 4-1 12의 약수의 개수를 구하기 위해 우선 12를 소인수분해하면 $12=2\times2\times3$이다. 2^2의 약수는 1, 2, 4이고 3의 약수는 1, 3이므로 12의 약수의 개수는 결국 소인수의 지수에 1씩을 더한 후 곱을 한 $(2+1)\times(1+1)=3\times2=6$개이다.

2) 순열(permutation)

(1) 순열

순열이란 서로 다른 n개의 사물 중에서 r개를 선택하여 순서를 고려해 나열하는 방법을 말한다. 정의는 다음 식으로 나타낸다.

$${}_nP_r = n(n-1)(n-2)\cdots(n-r+1) = \frac{n!}{(n-r)!}$$

특히 n개를 모두 나열하는 경우의 수는($r=n$인 경우)

$${}_nP_n = n(n-1)(n-2)\cdots 3 \cdot 2 \cdot 1 = n!$$

이고 기호 $n!$을 n계승(factorial)이라고 부른다. 그리고 0의 계승은 $0!=1$로 정의한다.

예 4-2 10개국의 나라에서 1명씩 파견하여 구성된 어느 단체에서 회장, 부회장, 총무를 임명하고자 한다. 몇 가지 방법이 있겠는가?

풀이 회장단의 구성은 3명을 뽑아 일렬로 배열하는 방법을 의미하므로 각각 뽑힐 가지 수는 다음과 같다.

회장	부회장	총무
10명 가능	9명 가능	8명 가능

따라서 ${}_{10}P_3 = 10 \times 9 \times 8 = 720$

(2) 중복순열

중복순열(repeated permutation)은 n개의 서로 다른 사물 중에서 r개의 중복 선택을 허락하여 순서를 고려해 나열하는 방법의 수를 말하고 다음 식으로 정의한다.

$${}_n\Pi_r = n^r$$

예 4-3 서로 다른 과일 5개를 3개의 접시에 담는 방법(한 접시에 얼마든지 담을 수 있을 때)의 수는 중복순열을 의미하므로

$${}_3\Pi_5 = 3^5$$

(3) 같은 것이 있는 순열

n개 중에 서로 같은 것이 $n_1, n_2, \cdots n_k$개씩 있을 때($n = n_1 + n_2 + \cdots + n_k$) 이 n개를 한 줄로 배열하는 경우의 수는 다음과 같다.

$$\frac{n!}{n_1! \cdots n_k!}$$

예 4-4 국어 3권, 수학 2권, 영어 4권인 총 9권을 일렬로 배열하는 방법의 수는

$$\frac{9!}{3!\,2!\,4!} = 630$$

가지이다.

3) 조합(combination)

(1) 조합

조합이란 n개의 서로 다른 사물 중에서 r개를 선택하여 순서를 고려하지 않고 나열하는 방법의 수를 말한다. 정의는 다음 식으로 나타낸다. 기호로는 ${}_nC_r$ 또는 $\binom{n}{r}$로 표현한다.

$${}_nC_r = \binom{n}{r} = \frac{{}_nP_r}{r!} = \frac{n!}{r!(n-r)!} = \binom{n}{n-r}$$

특히 ${}_nC_0$, ${}_nC_n$은 모두 1이다.

예 4-5 주식 종목 A, B, C, D, E 중에서 3가지를 임의로 선정하는 방법은 얼마인가.

풀이 ${}_5C_3 = \binom{5}{3} = \frac{5\times4\times3}{3\times2\times1} = 10$

예 4-6 방정식 $x+y+z=5$에서 양의 정수해는 몇 개인가?

풀이 정수해는 해의 순서쌍을 (x, y, z)라고 하고 우변의 5는 $1+1+1+1+1=5$가 되므로 이 등식에서 +부호를 임의로 2개를 선택하는 방법과 같다. 그러므로 해는 $\binom{4}{2}=6$이다.

(2) 중복조합

n개의 서로 다른 사물 중에서 r개의 중복선택을 허락하여 순서를 고려하지 않고 나열하는 방법의 수를 중복조합(repeated combination)이라고 하고 다음 식으로 정의한다.

$$\binom{n+r-1}{r}$$

예 4-7 서로 같은 과일 6개를 서로 다른 아이 4명에게 나누어 주는 방법은, 서로 다른 4명의 사람을 중복을 허락하여 6번까지 택할 수 있는 중복조합을 의미하므로

$$\binom{4+6-1}{6} = 84$$

예 4-8 오른쪽 숫자들의 파스칼 삼각형의 원리의 의미는

			1			
		1		1		
	1		2		1	
1		3		3		1

$$\binom{n-1}{r-1}+\binom{n-1}{r}=\binom{n}{r}$$

인 파스칼의 방정식(pascal's equation)으로 설명이 가능하다.

4) 이항정리

임의의 음이 아닌 정수 n에 대하여 다음 등식이 성립한다.

$$(a+b)^n=\sum_{k=1}^{n}\binom{n}{k}a^k b^{n-k}$$

이 등식을 이항공식(binomial formula) 또는 이항전개라고 하며 $\binom{n}{k}$를 이항계수라고 부른다.

예 4-9 $(x+y)^3$을 전개하시오.

$$\begin{aligned}(x+y)^3&=\binom{3}{0}x^0y^3+\binom{3}{1}x^1y^2+\binom{3}{2}x^2y^1+\binom{3}{3}x^3y^0\\&=y^3+3xy^2+3x^2y+x^3\end{aligned}$$

특히 이항공식을 일반화하여 항이 k개인 경우로 확장하면 다음의 다항계수가 얻어진다.

$$\binom{n}{r_1, r_2, \cdots, r_k}=\frac{n!}{r_1!\cdot r_2!\cdot\ \cdots\ \cdot r_k!}$$

그리고 임의의 자연수 n에 대하여

$$(a_1+a_2+\cdots+a_k)^n\ =\ \sum_{n=r_1+r_2+\cdots+r_k}\binom{n}{r_1, r_2, \cdots, r_k}a_1^{r_1}\cdot a_2^{r_2}\cdot\ \cdots\ \cdot a_k^{r_k}$$

인 다항공식(multinomial formula)을 얻는다.

예 4-10 주사위를 10번 던지는 실험에서 주사위 눈이 각각 몇 번 씩 나오는지를 알아본다면 이것은 항이 $k=6$개인 경우가 된다. 1, 2, $\cdots$의 각각의 눈이 $r_1, r_2, \cdots$번 나오는 경우의 수를 알아보자. $(r_1+r_2+\cdots+r_6=10)$

우선 1의 눈이 r_1번, 1 이외의 눈이 $(10-r_1)$번 나오는 경우의 수는 $\binom{10}{r_1}$이다. 다시 1 이외의 눈이 나오는 $(10-r_1)$번 가운데에서 2의 눈이 r_2번 나오고 2 이외의 눈이 $10-r_1-r_2$번 나오는 경우의 수는 $\binom{10-r_1}{r_2}$이다. 그러므로 10번 중에서 1의 눈이 r_1, 2의 눈이 r_2, 1 또는 이외의 눈이 $10-r_1-r_2$번 나오는 경우의 수는 곱셈법칙에 의해 $\binom{10}{r_1}\times\binom{10-r_1}{r_2}$이다. 이런 과정을 계속하면

$$\binom{10}{r_1}\binom{10-r_1}{r_2}\binom{10-r_1-r_2\cdots-r_5}{r_6}=\frac{10!}{r_1!\cdots r_6!}$$

예 4-11 12명의 학생을 2명은 스포츠카에, 5명은 미니밴에, 5명은 버스에 태우려고 한다. 몇 가지 방법이 있겠는가?

$$\binom{12}{2,\ 5,\ 5}=\frac{12!}{2!\,5!\,5!}$$

예 4-12 두 집합 $A=\{4, 5, 6\}$, $B=\{a, b, c, d, e\}$에 대하여 함수 $f: A\to B$가 있다. 함수의 개수는 몇 개인가?

풀이 함수의 개수는 A의 3개의 각 원소에 5개의 B의 원소가 대응하므로 $5^3=125$이다.

5) 배치방법

서로 다른 n개의 항아리에 k개의 사과를 넣는 방법의 수를 계산하는 방법에 대하여 생각해 보자.

(1) 구별할 수 없는 k개의 공을 한 항아리에 두 개 이상을 넣을 수 없을 때의 공을 넣는 방법의 수는 $\binom{n}{k}$이다.

이것은 한 항아리에 두 개 이상의 공이 들어갈 수는 없으므로 n개의 항아리에서 k개의 항아리를 선택하는 것과 같으므로 $\binom{n}{k}$이다.

(2) 구별이 가능한 k개의 공을 한 항아리에 두 개 이상을 넣을 수 없을 때의 공을 넣는 방법의 수는 ${}_nP_k$이다.

이것은 n개의 항아리에서 k개의 항아리를 선택하고 난 후에 다시 k개의 항아리를 배열하는 방법과 같으므로 $\binom{n}{k}k! = {}_nP_k$이다.

(3) 구별이 가능한 k개의 공을 한 항아리에 얼마든지 넣을 수 있을 때의 공을 넣는 방법의 수는 n^k이다.

이것은 각각의 공을 항아리에 넣는 방법은 중복을 허용하므로 n가지이다. 그러므로 곱의 법칙에 의하여 구하는 경우의 수는 n^k이다.

예 4-13 구별할 수 없는 k개의 공을 n개의 칸에 한 개씩만 들어가도록 임의로 배치할 때 특정한 한 칸에 공이 없을 확률을 구하여라.

$$\frac{\binom{n-1}{k}}{\binom{n}{k}} = 1 - \frac{k}{n}$$

(4) 구별할 수 없는 k개의 공을 n명에게 나누어 주는 방법: i번째 학생에게 a_i개를 주기로 한다면, 총 경우의 수는 $a_1 + a_2 + \cdots + a_n = k$를 만족하는 유한수열 $a_1, a_2, \cdots, a_n$의 전체 개수와 같다. 즉 k개의 물건을 n명에게 나누어 주는 모든 경우의 집합은 다음과 같다.

$$A_{kn} = \left\{ a \mid a : \{1, 2, 3, \cdots, n\} \rightarrow \{0, 1, 2, \cdots, k\},\ \sum_{i=1}^{n} a_i = k \right\}$$

(i) 어떤 학생에게도 최소한 1개 이상의 공을 준다는 제한조건이 있는 경우: 먼저 k개의 공을 일렬로 늘어놓아 공들 사이에 $k-1$개의 틈을 만들고, 이 틈들 중에서 $n-1$개의 분할점을 찾는 경우와 같다.

$k-1$개의 틈

k개의 공　● / ● / ● / ● / …… ● / ● / ●

그러므로 구하는 경우의 수는 다음과 같다.

$$\binom{k-1}{k-n} = \binom{k-1}{n-1}$$

예 4-14 7개의 공을 4명에게 나누어 주는 방법(최소한 1개씩은 배당함)은 다음 식을

$$x_1 + x_2 + x_3 + x_4 = 7,\ \ x_i > 0,\ \ i = 1, 2, 3, 4.$$

만족하는 양의 정수값 벡터$(x_1, x_2, \cdots, x_4)$의 개수를 구하는 것과 같고, $\binom{7-1}{4-1} = 20$이다.

(ii) 제한조건이 없는 경우(어떤 학생에게는 공을 주지 않을 수도 있음):
먼저 $n+k$개의 공을 일렬로 늘어놓아 공들 사이의 $n+k-1$의 틈을 만들고, 이들 틈에서 $n-1$개의 틈(분할점)을 찾는 경우와 같다(다음 그림의 ○이 할당되는 경우는 공을 못 받음).

$n+k-1$개의 틈

$n+k$개의 공 ● / ○ / ○ / ● / ● / ● / …… ● / ○ / ●

$$\binom{n+k-1}{k} = \binom{n+k-1}{n-1}$$

예 4-15 똑같은 사과 6개를 3명에게 나누어 주는 방법은 몇 가지가 있는가?(어떤 사람은 못 받을 수도 있다.) 이것은 다음

$$x_1 + x_2 + x_3 = 6,\ \ x_i \geq 0,\ \ i = 1,2,3.$$

을 만족하는 음이 아닌 정수값 벡터(x_1, x_2, x_3)의 개수를 구하는 것과 같으므로

$$\binom{3+6-1}{6} = \binom{3+6-1}{3-1} = 28$$

예 4-16 $(x+y+z)^5$을 전개했을 때 서로 다른 항의 개수는

$$\binom{3+5-1}{5} = \binom{3+5-1}{3-1} = 21$$

4.3 확률의 정의와 확률의 계산

1) 확률의 정의

확률의 직관과 수학적 개념의 형성은 1654년에 파스칼과 페르마의 서신왕래를 통한 도박게임의 문제해결을 시작으로 탄생하였다(1장 토론 참고). 150여년 후에 이것을 보다 더 수학적으로 다듬은 사람은 프랑스의 수학자 라플라스(1749~1827)이다. 그는 1812년에 "확률의 해석적 이론"이라는 저서에서 등확률 개념을 가지고 고전적 확률 혹은 수학적 확률을 정의하였다. 그러나 확률의 의미나 정의를 한마디로 말하기는 쉽지 않았다. 그래서 1930년에 러시아의 수학자 콜모고로프(1903~1987)는 수학자들과 힘을 합쳐 확률의 정의를 형식적으로 체계화하여 공리적 확률을 정의하고 완성하게 된다. 이 절에서는 확률의 정의하는 방법에 따라 통계적 확률, 수학적 확률, 주관적 확률, 기하학적 확률, 공리적 확률에 대하여 알아보자.

(1) 통계적 확률

우리가 동전을 하나 던진다고 할 때, 앞면이 나올 확률이 1/2이라고 하는 이유는 무엇일까? 또한 그것의 의미는 무엇일까? 우리가 이 동전을 20번 던진다면 정확히 앞면이 10번 나올까? 이 결과는 보장할 수가 없다. 단지 매우 많이 던진다면 우리는 앞면이 나올 결과가 1/2일 것이라고 기대하는 것이다. 이처럼 암암리에 기대하게 되는 확률의 개념은 오랜 기간동안 많은 사건의 발생한 비율로서 즉 상대도수로 해석하는 것을 기초로 하고 있다. 이것이 통계적 확률이다.

학교수학에서 학생들에게 처음 확률을 도입하는 경우에는 오랜 기간동안의 관찰결과의 상대도수의 접근으로 설명하는 것이 보다 바람직하다. 유사한 조건 아래 반복이 가능한 상황에서 우리 각자의 누적된 "**대체로 그러하다**"라는 일정한 가능성의 상대도수적 경험을, 확률의 의미로서 생각하기 시작하는 것이 개념적으로 자연스럽기 때문이다. 동전을 계속 던지는 실험결과를 가지고 앞면이 나온 비율이 1/2에 점차 접근하는 경험을 바탕으로 상대도수의 수렴값인 1/2을 앞면이 나올 경험적 확률로 사용하겠다는 것을 의미한다.

- **실험과제:** 각자 동전을 200회 던져서 앞면이 나온 횟수를 다음시간까지 제출하시오.

일반적으로 동일한 확률실험을 무한히 반복할 때 총 시행횟수에 대한 한 사건의 크기(발생횟수)의 비율 즉 상대도수의 극한값을 통계적 확률(경험적 확률)이라고 한다. 즉 N을 총 시행횟수라 하고 $n(A)$를 N회 시행했을 때 사건 A가 출현한 횟수라고 하면 통계적 확률은 다음과 같다.

$$P(A) = \lim_{N \to \infty} \frac{n(A)}{N}$$

이러한 상대도수적 접근의 확률개념은 실생활속의 수많은 경험의 결과를 바탕으로 얻어질 수 있으며 가장 많이 사용되는 확률개념이다. 하지만 현실적으로 실험을 무한히 반복할 수도 없고 반복시행이라는 것을 가정하지만 수렴여부를 입증할 수도 없어 이론적으로는 다소 한계가 있다.

다음 예의 그림은 케릭(Kerrick)이 동전던지기를 1000번 시행하여 그 던진 횟수에 대한 앞면이 나온 비율을 기록한 것이다. 그 시행횟수가 증가할수록 앞면이 나오는 상대도수가 0.5에 수렴하여 근사하는 것을 볼 수가 있다.

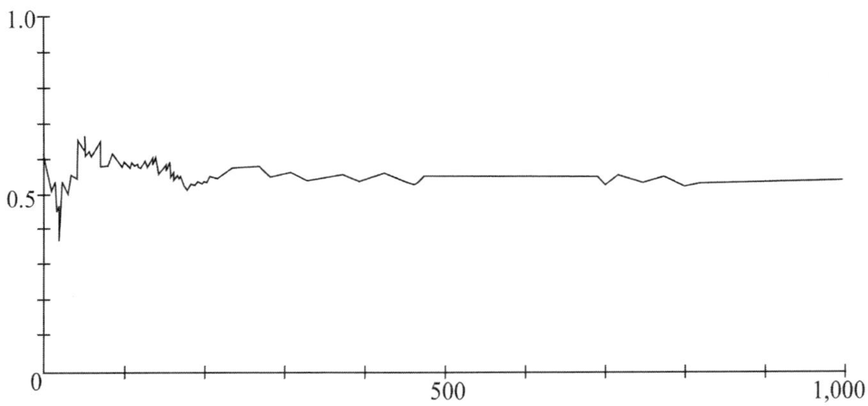

▲그림 4-1 Kerrick의 동전던지기의 앞면의 상대도수

(2) 수학적 확률

라플라스(Laplace)는 모든 근원사건이 일어날 가능성이 같은 정도($1/n$)로 기대되어진다는 가정 하에 다음과 같이 확률을 정의하였다.

표본공간 S가 유한집합인 경우 각각의 근원사건이 일어날 가능성이 같은 정도일 때, 사건 A가 일어날 확률은 다음과 같다.

$$P(A) = \frac{n(A)}{n(S)}$$

여기서 $n(A)$, $n(S)$는 각각 사건 A의 크기와 표본공간 S의 크기 즉 원소의 개수를 나타낸다. 이 확률은 등확률모델(equal probability model)을 의미하는데, 이 등확률모델에서는 표본공간의

근원사건 ω에 대한 확률이

$$P(\omega) = \frac{1}{n(S)}$$

으로서 모두 같은 정도로 발생이 기대된다는 것을 의미한다. 즉 등확률모델이라 함은 실험의 가능한 결과가 유한개이고 나타난 하나의 결과가 발생할 가능성이 동일하게(equally likely) 주어지는 현상을 모델화한 것이다. 이 등확률모델은 현실적으로 가장 중요하고 기본적인 확률모델이며 이것을 수학적 확률(또는 고전적 확률: classical probability)이라고 부른다. 앞으로 특별한 가정이 없는 한 확률은 등확률모델을 가정하여 사용하기로 한다. 이를 분명히 하기 위해 임의로, 랜덤하게, 무작위로 등의 말을 사용하게 된다. 그리고 어느 문장에서 "공정한" 주사위라 하면 이것은 등확률모델에서의 수학적 확률을 사용하겠다라는 것을 의미한다. 그러나 이 정의는 근원사건이 유한개인 경우만 적용가능하며 실제로 일어나는 사회현상이나 자연현상은 같은 정도로 발생하지 않는 경우도 많기 때문에 실제 상황에 이 등확률의 개념을 일괄적으로 도입하는 것은 현실적인 어려움이 따른다는 문제점이 있다.

(3) 주관적 확률

보통 확률이라고 하면 객관적인 수학적 확률을 생각하지만 예를 들어 어느 환자를 보고 한 의사가 치료될 확률이 80%라고 말했다 해도 본인은 치료될 확률이 50% 정도라고 생각할 수가 있다. 이와 같이 관찰자가 가지고 있는 정보, 지식이나 경험 등에 의해 신이 존재할 확률처럼 어떤 사건의 가능성을 주관적 입장(subjective view)에 따라 주관적인 믿음의 정도를 의미하는 확률을 개인적 또는 주관적 확률이라고 한다.

(4) 기하학적 확률

기하학적 확률은 각종 도형이나 입체에서 넓이, 길이, 부피 등의 측정이 가능한 표본공간에서 흥미롭게 생각해 볼 수 있다. 일반적으로 기하학적 확률에서 표본공간 S는 기하학적으로 연속인 전체 영역이고 사건 A는 그 부분적인 영역으로 그 정의는 다음과 같다.

$$P(A) = \frac{\text{영역 } A\text{의 크기}}{\text{전체영역 } S\text{의 크기}}$$

기하학적 확률의 대표적인 예로 프랑스의 수학자인 뷰퐁(Buffon, 1707～1788)이 제안한 다음의 바늘문제가 있다.

예 4-17 뷰퐁의 바늘문제

두 평행선의 간격이 a인 종이 위에 길이가 l인 바늘$(a > l)$을 던졌을 때 바늘이 한 평행선 위에 걸쳐서 교차하고 있을 확률을 구하여라.

풀이 바늘의 중심에서 가까운 평행선까지의 거리를 x라고 하고 바늘과 변이 이루는 각을 θ라고 하면 표본공간의 영역 S는

$$S = [(x, \theta) | 0 \le x \le \frac{a}{2},\ 0 \le \theta \le \pi]$$

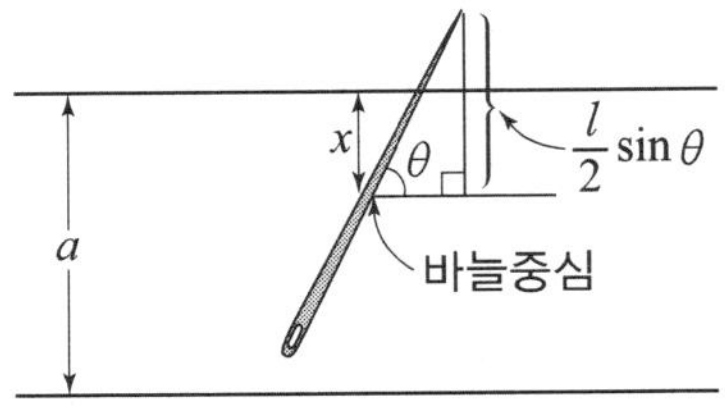

▲그림 4-2

여기서 바늘중심에서 한 평행선까지의 거리 x가 $x < \frac{l}{2}\sin\theta$이면 바늘이 한 평행선과 만나게 되므로

$$A = [(x, \theta) \mid x < \frac{l}{2}\sin\theta]$$

이다. 구하는 기하학적 확률은

$$P(A) = \frac{\text{영역 } A\text{의 크기}}{\text{전체영역 } S\text{의 크기}} = \frac{\int_0^{\pi} \frac{l}{2}\sin\theta d\theta}{\frac{\pi a}{2}} = \frac{2l}{\pi a}$$

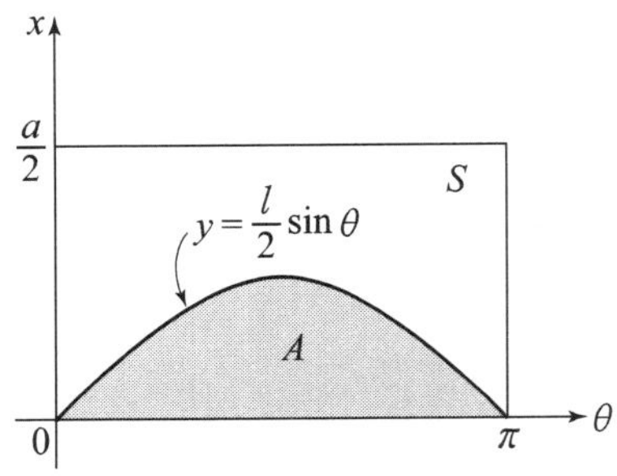

▲그림 4-3

(5) 공리적 확률

공리적 확률(axiomatic probability)은 20세기 초에 여러 수학자들이 논의 끝에 확률이 갖추어야 할 필수적인 성질들을 최소한으로 택하여 공리로 만든 것이다. 이때 중심적인 인물이었던 러시아의 수학자 콜모고로프(Kolmogorov)가 1910년에 체계적으로 정리하여 완성한 확률의 공리는 다음과 같다.

[확률의 공리]

표본공간 S에서의 임의의 사건 A에 대하여 다음 세 공리를 만족할 때, $P(A)$를 사건 A의 확률이라고 한다.

(1) $0 \le P(A) \le 1$

(2) $P(S) = 1$

(3) 서로 배반인 사건 $A_1, A_2, \cdots$에 대하여

$$P(A_1 \cup A_2 \cup \cdots) = P(A_1) + P(A_2) + \cdots$$

위의 공리적 확률의 세 번째 성질에 포함되어 있는 가법성은 수학적으로 확률이 측도임을 의미한다. 어떤 면에서는 확률은 가법성을 갖는 '넓이' '질량' '무게' 등의 측도와 유사한 것으로 간주된다. 이 공리는 확률의 고전적 관점과 통계적 관점 그리고 주관적 관점에서의 확률측도의 본질을 형식적으로 명확하게 기술해주고 있다.

특히 이 공리의 (3)번은 공리적 확률의 핵심 성질로서 무한표본공간의 무한개의 사건들의 연산에 관하여 성립하며 이 성질로 말미암아 확률은 다양성을 가질 수 있게 되었고 불확실성 내에 존재하는 여러 법칙들을 증명할 수 있게 되었다. 이때부터 확률론은 비약적인 발전을 거듭하게 되었다.

2) 확률의 계산

사건은 표본공간의 부분집합이므로 집합이론에서 이용되는 합집합, 교집합, 여집합의 개념을 표본공간과 사건에도 그대로 적용시킬 수 있다. 즉 표본공간 S에 대한 두 사건 A, B가 있을 때 $A \cap B$, $A \cup B$, A^c 등은 A, B의 곱사건, 합사건, 여사건 등으로 부르며 특히 $A \cap B = \phi$일 경우 두 사건 A와 B는 동시에는 발생할 수 없는 사건으로 서로 배반사건(mutually exclusive events or disjoint)이라고 정의한다. 즉 공리적 확률의 기본성질과 집합이론을 결합하면 다음과 같은 확률의 계산 법칙과 성질들이 얻어진다.

1) $A \subset B$이면 $P(A) \le P(B)$
2) $P(A \cup B) = P(A) + P(B) - P(A \cap B)$
3) $P(A^c) = 1 - P(A)$
4) $P(\cup A_i) \le \sum P(A_i)$

증명 1) 사건 B는 $B = A \cup (B \cap A^c)$이고, A와 $B \cap A^c$는 서로배반이므로

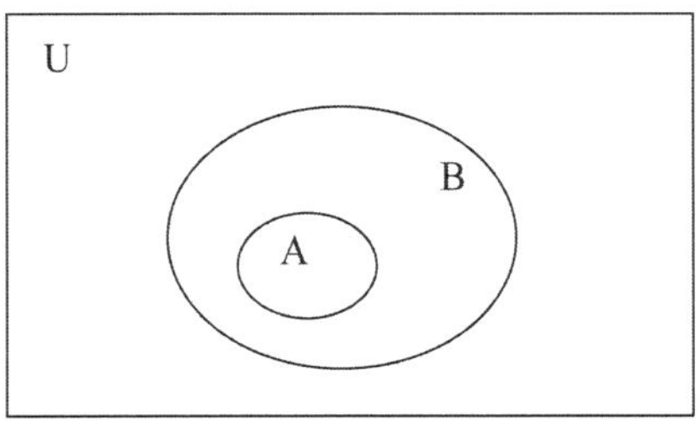

▲그림 4-4 $B = A \cup (B \cap A^c)$

$$P(B) = P(A) + P(B \cap A^c)$$

이다. 여기서 $P(B \cap A^c) \geq 0$이므로 $P(B) - P(A) \geq 0$이다. 즉

$$P(A) \leq P(B).$$

2) 사건 A는 $A = (A \cap B^c) \cup (A \cap B)$이고, $(A \cap B^c)$와 $(A \cap B)$는 서로배반이며

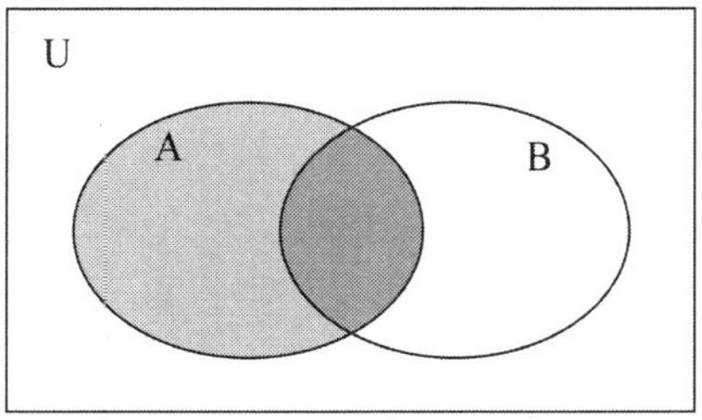

▲그림 4-5 $A = (A \cap B^c) \cup (A \cap B)$

$$P(A) = P((A \cap B^c) \cup (A \cap B)) = P(A \cap B^c) + P(A \cap B)$$
$$P(B) = P((B \cap A^c) \cup (B \cap A)) = P(B \cap A^c) + P(A \cap B)$$

이다. 이 두 식의 양변을 각각 더하면

$$\begin{aligned} & P(A) + P(B) \\ &= [P(A \cap B^c) + P(B \cap A^c) + P(A \cap B)] + P(A \cap B) \\ &= P(A \cup B) + P(A \cap B) \end{aligned}$$

이다. 그러므로

$$P(A \cup B) = P(A) + P(B) - P(A \cap B).$$

3) $P(S) = P(A \cup A^c) = 1$이므로 $P(A \cup A^c) = P(A) + P(A^c) = 1$이다. 따라서

$$P(A^c) = 1 - P(A)$$

4.4 조건부확률과 베이즈 정리

1) 조건부확률(conditional probability)

확률실험에서 유용한 정보가 있다면 주어진 정보를 이용하여 확률을 계산하는 것이 보다 합리적일 것이다. 예를 들어, 남자 60명, 여자 40명인 학급에서 안경을 끼고 있는 학생은 남자가 10, 여자가 30명이라고 하자.

[표 4-1] 학생 100명의 안경 착용 분포

	안경 착용	안경 안 씀	합계
남	10	50	60
여	30	10	40
합계	40	60	100

만약 임의로 한 명의 대표를 선출한다고 할 때 그 뽑힌 대표가 안경을 착용하고 있을 확률은 $40/100 = 2/5$이다. 그러나 선택된 학생이 여학생이라는 사실을 사전에 알고 있었다면 이 대표가 안경을 끼고 있을 확률은 $30/40 = 3/4$이라고 하는 것이 합리적이다. 이것은 실제적으로 작아진 표본공간에서의 확률을 새롭게 구한 의미가 되는 것을 알 수 있다. 어떤 사건 B가 이미 발생했다는 사전 정보가 있을 경우 임의의 사건 A의 확률을 계산하는 방법을 생각해 보자.

조건부확률(conditional probability)이란 사건 B가 주어졌을 때 사건 A의 조건부확률로서 다음과 같이 정의한다.

$$P(A|B) = \frac{P(A \cap B)}{P(B)}, \quad \text{단 } P(B) > 0$$

위의 정의에서 다음과 같은 확률의 곱셈법칙이 성립한다.

$$P(A \cap B) = P(A|B)P(B) = P(B|A)P(A)$$

이것을 세 사건 A_1, A_2, A_3에 적용하면 $P(A_1 \cap A_2) > 0$인 경우

$$P(A_1 \cap A_2 \cap A_3) = P(A_3|A_2 \cap A_1)P(A_2 \cap A_1) = P(A_3|A_2 \cap A_1)P(A_2|A_1)P(A_1)$$

이고, 일반적으로 n개의 사건 $A_i(i = 1, 2, \cdots, n)$에 대하여는 다음과 같다.

$$P(A_1 \cap A_2 \cap \cdots \cap A_n) = P(A_n|A_{n-1} \cap \cdots \cap A_1) \cdots P(A_3|A_2 \cap A_1)P(A_2|A_1)P(A_1)$$

2) 확률적 독립성

어떤 두 사건이 서로 독립(independent event)이라는 것을 아주 단순한 경우를 제외하고는 독립을 입증하거나 직관적으로 설명하기는 대단히 어렵다. 그러면 왜 독립을 가정하는가? 그 이유는 두 사건이 독립이라고 가정을 하게 되면 여러 현상에 대한 모델링 과정에서 계산이나 논리 전개상에 편리한 점이 많다.

예를 들면 대형 마켓에서 계산대 카운터의 개수를 몇 개 설치할 것인가를 고려한다고 할 때, 한 사람의 계산요원이 1시간당 서비스하는 손님의 수와 하루 내방하는 총 손님의 수를 고려하여 정하게 될 것이다. 그런데 이때 한 계산요원이 자기 계산대 앞에 손님이 길게 늘어서 있으면 당연히 평소보다 최대한 빨리 많은 손님을 처리할 것이다. 즉 서비스 속도는 대기 손님의 수에 영향을 민감하게 받게 될 것이다. 그러나 여기서

계산요원의 서비스 속도는 길게 늘어선 손님의 수와는 서로 독립이다.

라는 가정을 하지 않는다면, 적정한 계산대의 설치 대수에 대한 예측과 의사결정을 할 수 없게 됨을 짐작할 수 있다. 그래서 어떤 사건들이 서로 독립이다, 아니다를 증명할 수는 없다 할지라도, 독립이라는 가정이 때로는 꼭 필요한 것이다.

두 사건 A, B는 다음 조건 중 어느 하나를 만족하면 서로 확률적으로 독립(independent)이라고 정의한다.

(1) $P(A \cap B) = P(A) \cdot P(B)$

(2) $P(A|B) = P(A)$

(3) $P(B|A) = P(B)$

그렇지 않은 경우 두 사건 A, B는 종속(dependent)이라고 한다. 사실 위의 3가지 조건은 서로 같은 의미를 가지는 조건으로서 표현만 다를 뿐이다.

조건 (1)의 의미는 두 사건 A, B의 교집합의 확률이 각 사건의 확률의 곱과 같을 때에 한하여 두 사건 A, B가 서로 독립이다라는 것이다.

조건 (2)의 의미는 사건 B가 주어졌을 때 사건 A의 조건부확률은 사건 A의 확률과 같음을 의미한다. 즉 사건 A의 확률은 사건 B가 주어지건 안 주어지건 간에 영향을 받지 않는다는 의미이다.

예 4-18 현장답사 팀은 여학생 60명, 남학생 40명으로 구성되어 있고, 이 팀에서 안경을 끼고 있는 여학생은 24명, 남학생은 16명이었다. 이때 안경을 끼고 있다는 사건과 남학생일 사건은 서로 독립임을 보여라.

풀이 사건 $A=\{\text{안경을 쓴 학생}\}$, $B=\{\text{남학생}\}$이라고 하면

$$P(A)=\frac{24+16}{100}=0.4,$$
$$P(A|B)=\frac{P(A\cap B)}{P(B)}=\frac{16/100}{40/100}=0.4$$

$P(A)=P(A|B)$이므로 사건 A와 B는 서로 독립이다.

두 사건이 서로 배반(mutually exclusive)이라는 조건과 두 사건이 서로 독립(mutually independent)이라는 조건의 관계는 무엇인가. 이 두 내용은 서로 관련이 없는 별개의 개념이다. 즉 두 사건 A, B가 서로 배반이라는 조건은 $A\cap B=\phi$의 관계를 의미하므로 집합상의 문제이고, 두 사건이 서로 독립이라는 조건은 확률의 곱에 관한 등식 $P(A\cap B)=P(A)\cdot P(B)$이 성립하느냐 그렇지 않느냐에 대한 문제이다. 예를 들어 두 사건이 배반이라면 $P(A\cap B)=P(\phi)=0$이므로, 각각 $P(A)$ 또는 $P(B)$가 0이 아닌 한, 두 사건이 동시에 배반이거나 독립인 조건을 만족할 수는 없다. 즉 두 사건이 서로 배반이라 해서 두 사건이 서로 독립이라는 것을 의미하는 것이 아니라는 것이다.

예 4-19 사건 A, B가 서로 독립이면 A와 B^c, A^c와 B, A^c와 B^c도 각각 독립이다.

증명 두 사건 A와 B^c가 독립임을 증명하자.

$A=(A\cap B^c)\cup(A\cap B)$, $(A\cap B^c)\cap(A\cap B)=\phi$이고, $P(A\cap B)=P(A)P(B)$이므로

$$\begin{aligned}P(A\cap B^c)&=P(A)-P(A\cap B))\\&=P(A)-P(A)P(B)\\&=P(A)(1-P(B))\\&=P(A)P(B^c)\end{aligned}$$

따라서 A와 B^c는 서로 독립이다. 같은 방법으로 A^c와 B, A^c와 B^c도 독립임을 보일 수 있다.

3) 베이즈 정리

(1) 표본공간의 분할(partition)

조건부확률에 대한 또 다른 정리를 유도하기 위해 표본공간의 분할을 생각해 보자. 표본공간을 n개로 쪼개는 사건 $A_1, A_2, \cdots, A_n$이 다음을 만족하는 것을 표본공간의 분할(partition)이라고 한다.

① $A_i \cap A_j = \phi,\ i \neq j$

② $A_1 \cup A_2 \cup A_3 \cup \cdots\cdots \cup A_n = S$

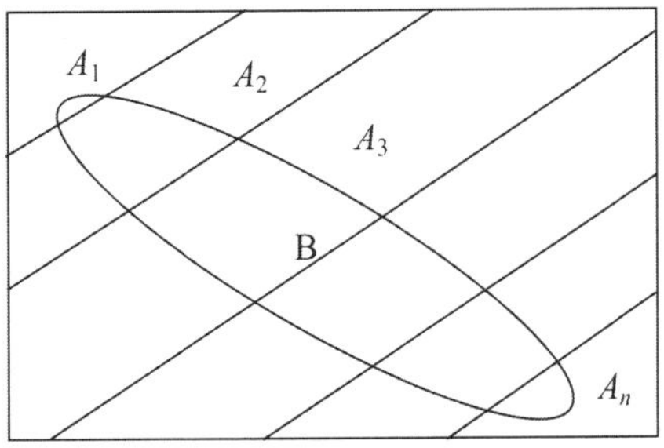

▲그림 4-6 표본공간의 분할

(2) 전확률법칙(the Law of Total probability)

표본공간 S가 서로 배반인 사건 $A_1, A_2, \cdots, A_n$에 의하여 분할되어 있을 때 임의의 사건 B의 확률은 다음과 같다.

$$P(B) = \sum_{i=1}^{n} P(B \cap A_i) = \sum_{i=1}^{n} P(B \mid A_i) \cdot P(A_i)$$

사실 전확률법칙은 임의의 사건 B의 확률을 n개의 조건부확률에 의하여 계산하는 방법을 제공해 주고 있는데 실제로 의사결정의 문제에서 그 활용도가 매우 높은 중요한 개념이다.

(3) 베이즈정리(Bayes theorem)

표본공간 S를 사건 $A_1, A_2, \cdots, A_n$으로 분할(partition)하고 전확률법칙을 이용하면 사건 B가 일어났을 때 사건 A_k가 일어날 확률은 다음과 같다.

$$P(A_k \mid B) = \frac{P(B \cap A_k)}{P(B)} = \frac{P(B \mid A_k) \cdot P(A_k)}{\sum_{i=1}^{n} P(B \mid A_i) \cdot P(A_i)}$$

위의 베이즈정리에서 사건 $A_1, A_2, \cdots, A_n$을 n가지의 원인이라고 한다면, $P(A_k)$는 k번째 원인의 가능성으로서 B가 관측되기 전의 확률을 의미하는 것으로 사전확률(prior)이라 부른다. $P(A_k \mid B)$는 B가 관측된 후에 원인 A_k가 발생할 가능성인 후천적인 확률로서 사후확률(posterior)이라고 한다.

예 4-20 한 공장에서 A_1, A_2, A_3 세 사람이 같은 종류의 제품을 만든다고 할 때 각각 생산하는 양은 총 생산량의 25%, 35%, 40%를 점하고 있다고 하자. 그런데 막 출고된 제품에서 불량이 생겼다고 하여 반품되었을 때 그 제품을 A_1이 생산하였을 확률은 얼마인가를 알고 싶은 경우이다. 만약 과거의 경험으로 불량품을 만드는 불량률이 세 사람 각각 5%, 4%, 2%로 알려져 있다면, 반품된 불량품을 A_1이 생산하였을 확률은 얼마인가?

풀이 생산 공장 A_1, A_2, A_3은 생산품의 표본공간의 분할이므로,

$$P(A_1) = 0.25,\ P(A_2) = 0.35,\ P(A_3) = 0.40$$

으로 불량품일 사건을 B라 하면,

$$P(B \mid A_1) = 0.05,\ P(B \mid A_2) = 0.04,\ P(B \mid A_3) = 0.02$$

이 된다. 반품된 불량품을 A_1이 생산하였을 확률은

$$\begin{aligned} P(A_1 \mid B) = \frac{P(A_1 \cap B)}{P(B)} &= \frac{P(B \mid A_1) \cdot P(A_1)}{\sum_{i=1}^{3} P(B \mid A_i) \cdot P(A_i)} \\ &= \frac{0.25 \times 0.05}{0.25 \times 0.05 + 0.35 \times 0.04 + 0.40 \times 0.02} = 0.362 \end{aligned}$$

4.5 역사: 베르누이와 큰수의 법칙

야곱 베르누이(Jacob Bernoulli, 1654~1705)는 스위스의 수학자 가문에서 태어난다. 그는 Newton과 동시대를 살았다. 통계와 확률에 관한 최초의 의미있는 책인 《추론의 예술(Ars Conjectandi)》을 그의 조카 니콜라우스가 그가 죽은 후 1713년에 발간한다. 이 책에서 베르누이는 순열과 조합이론을 확장한다. 그는 확률이 0.99에 관하여 거의 확실한(morally certain)이라는 용어를 사용하였다. 그 당시 학자들은 확률이 과학적 관찰에 적용될 수 있다는 것을 맛보기 시작했다. 확률이 관찰한 횟수와 관계가 있을지 모른다고 생각을 하고 있었다. 1703년에 베르누이는 라이프니쯔로부터 편지를 받는다.

자연은 사건의 반복으로 패턴을 보여준다. 그러나 대체로 볼 때 그러하다.

즉 몇 번의 표본관찰로는 자연의 패턴을 알기에는 너무 부족하다는 것을 시사한다. 그러나 베르누이는 관찰 횟수와 확률 간의 관계의 연구를 계속한다. 이러한 생각의 누적을 20여 년 계속한 끝에 "관찰치의 개수가 증가할수록 성공의 상대적 수는 어느 구간 안에 있을 것이다. 확률이 거의 1인 상태로"라는 **큰수의 법칙**(The Law of Large Numbers)을 발표한다. 이것은 처음으로 확률과 정보의 질 사이의 연결고리를 만드는 계기가 된다. 이것은 관찰치가 많아질수록 모르는 양의 추정을 보다 정확하게 할 수가 있다는 믿음을 보여준다. 관련이 있는 과거의 사건들의 연속은 완전한 정보, 독립적인 시행, 양적인 평가를 통하여 미래의 결과에 대한 확률을 표현하는 강력한 도구를 제공해 준다.

그러나 이 큰수의 법칙은 수렴의 법칙과는 다소 다르다. 우리가 연속되는 실패(손실)에 빠져 있어도 그것에서 벗어나게 해주겠다고 약속할 수는 없다는 것이다. 승패가 반반으로 수렴하는 것은 아니라는 것이다. 즉 계속해서 던지는 동전실험에서 큰수의 법칙은 던지는 횟수가 증가한다고 하여 결과의 평균이 1/2에 접근한다고 말하는 것이 아니라 관찰횟수가 증가할수록 관찰된 평균과 참평균 사이의 차이가 오차 ϵ보다 작게 되는 확률이 증가한다는 것이다.

$$\lim_{n \to \infty} Pr\left(\left| \frac{x}{n} - p \right| < \epsilon \right) = 1$$

다시 말하여 이것은 동전을 무한히 던진다고 해서 오차가 없어지는 것은 아니라는 것이다. 또한 오차가 무시할 만큼 작아진다는 의미도 아니다. 단지 참평균과 관찰결과의 오차가 어느 고정된 값인 ϵ 범위 내에 들어올 확률이 1에 가까워진다는 것을 말해주고 있는 것이다.

그는 이것을 증명하기 위하여 3000개의 흰 구슬과 2000개의 검은 구슬을 채운 항아리를 가지고, 일단 흑백 비율은 모른다고 가정하고 반복추출로서 그 색의 비율이 3 : 2라는 강한 믿음을 줄 수 있다면 된다는 생각을 했다. 그는 실제로 참비율과 관찰결과의 차이가 0.02 이내에 머문다는 것에 대하여, 동전을 25,550번을 뽑아본 후에야, 이때부터 강한 믿음이 생긴다는 것을 보여 주었다. 이 큰수의 법칙은 미래의 불확실성에 대한 측정을 해보려는 첫 시도이며 경험적으로 측정된 수치가 진짜 수치에 근접할 확률을 계산해 보는 처음의 시도가 되는 것이다. 부분이 전체와는 다르듯이 확률이란 믿음의 정도를 말하는 것이며 절대적인 믿음과는 다르다는 것이다.

4.6 토론과 실험: 표본공간과 조건부확률

1) 표본공간과 사건

T 오늘의 첫 번째 토론은 "인생의 기로에서"라는 부제목을 붙이고 시작하도록 하겠다. 앞장에서는 불확실성을 포함한 어떤 상황에서 경험한 자료를 이용하여 그림으로 또는 숫자로 불확실성의 상황을 이해하고 파악하는 방법과 기술들을 배웠다. 이것을 불확실성을 경험으로 이해해 보는 방식이었다라고 표현한다면 이 절에서는 불확실성을 이론적으로 이해해 보는 방법을 토론하려고 한다.

예컨대 주사위가 하나 있다. 주사위를 던져서 출현하는 눈의 수는 불확실성을 포함한 상황이다. 이 상황의 경험적 인식은 무수히 던져 보는 것이다. 그래서 1, 2, 3,⋯, 6 등이 다양하게 출현하는 것을 몸으로 파악하는 것이다. 반면 이 상황을 이론적으로 접근하는 기본 자세는 먼저 불확실성의 실체를 무엇이 나타날지 모르는 상태로 이해하는 것이다. 우리는 종종 "너 무엇을 전공하려고 하니?" 하는 질문을 받으면 많은 학생들이 "몰라"라고 답하는 것을 본다. 또는 "너 몇 살쯤 결혼하려고 하니?" 하면 역시 "내가 어떻게 아니" 하는 대답이 일반적이다. 고민에 빠진 대부분의 사람들 역시 "어떻게 해야 할지 모르겠어" 하며 한탄을 한다.

"모른다", "어찌 할 바를 모른다" 등의 발언을 통계학적인 안목으로 가만히 들여다보면 이면에 불확실성이 개입되어 있음을 발견할 수 있게 된다. 이렇게 대답하게 되는 대부분의 경우는 선택할 수 있는 길은 많은 반면 마땅히 확실하게 택할 길이 없는 상황에 있을 때이다. 이런 상황은 무엇이 나올지 모르면서 주사위를 던지는 어느 도박사의 심정과 같은 것이라고 할 수 있다. 도박사에게는 눈의 수가 숫자가 아니라 자신의 돈이 왔다 갔다 하는 상황이기 때문에 단순히 수학시간의 주사위 문제가 아닌 것이고 이는 어느 한 사람과의 결혼 여부를 놓고 고민하는 어느 젊은이의 마음과 같은 것이다. 너무 서론이 길게 된 것 같다. (S1)군이 먼저 시작을 좀 해줘야겠다. 자네는 최근에 불확실한 상황에 놓여 있을 때가 있었는가? 있었다면 한번 소개해 주면 좋겠다.

S1 예, 지금도 가장 큰 걱정이 진로와 장래 직업에 관한 문제입니다. 적성검사를 했는데도 이과, 문과 구별이 안 되고 그렇다고 하고 싶은 일이 확실하게 있는 것도 아니라서 걱정을 하고 있습니다.

T　그래, 그럼 어떻게 걱정을 하고 있느냐? 선진국인 미국에는 35,000개의 직업이 있고, 통계청의 직업종류의 발표에 의하면 대한민국에는 11,000개의 직업이 있다는데.

S1　이것 저것 알아보고 있어요. 신문도 보고 인터넷도 찾아보고 있어요.

T　내가 중요한 것을 하나 가르쳐 주지. 먼저 연필과 종이를 준비해라. 그리고 조용히 그 동안 네가 이것저것 뒤져보면서 너의 진로가 될 수 있다고 생각되는 것을 쭉 한번 써 보아라. 네가 할 수 있고 없고를 떠나서 말이야. 지금 한번 불러보지.

S1　예. 교사, 의사, 법관, 외교관, 경영관리자, 금융인, 공무원.

T　이것들이 전부냐? 여기 저기 많이 찾아보았다면서.

S1　더 있는데 지금 기억이 안 나는데요.

T　그렇지. 그러니까 이럴 때는 그냥 생각만 하고, 걱정만 하면 안 돼. 연필과 종이를 들고 가능한 모든 길을 열거해 보는 거야. 너의 능력과 관계없이 말이야. 그럼 일단 열거한 것만 (S1)군 앞에 있는 가능한 진로들이라고 가정하고 아래와 같이 집합으로 표시해 놓자.

$$S=\{\text{교사, 의사, 법관, 외교관, 경영관리자, 금융인, 공무원}\}$$

(S1)군, 그렇다면 이 중에서 지금 현재 특별히 관심이 있는 것이 어떤 것이냐?

S1　교사와 의사인데요.

T　그래, 그럼 교사와 의사는 따로 이렇게 떼어서 역시 집합으로 표시해 놓자.

$$E=\{\text{교사, 의사}\}$$

이제는 (S1)군이 스스로 자신이 지금 갖고 있는 지적, 신체적, 경제적 능력 등을 고려하면서 집합 S에 있는 각 직업에 대해서 그 가능성을 심각하게 조사해 보아라. 그리고 꼭 기록을 해 놓는 것이지. 이제 (S1)군의 고민이 상당히 구체적으로 칠판 위에 나타난 것 같다. 내가 여기에서 강조하고 싶은 것은 S와 E로 표시한 집합이다.

불확실한 상황에서 제일 먼저 해야 할 일은 그 상황에서 일어날 수 있는 모든 가능성을 열거해 놓는 것이다. 이것을 확률론이라는 학문에서는 표본공간(Sample space)이라고 하는 것이지. 학문적 용어일 뿐이지 사실은 불확실한 상황에 놓인 모든 사람이 머리 속에서 헤아리는 것을 의미하는 아주 기본적이고 자연스러운 개념이다.

주사위를 던져서 출현하는 눈의 수를 관찰하려는 실험이 있다. 실험자는 자연스럽게 가능한 결과들이 무엇인지를 먼저 기술해 놓는다.

$$S=\{1, 2, 3, 4, 5, 6\}$$

이것을 표본공간이라고 한다. (S2)군, 저쪽을 보게. 저쪽에 걸어가시는 노인이 보이지?

S2　예.

T 자네는 저 노인이 자녀를 몇이나 두셨을 것 같나?

S2 그것을 제가 어떻게 알아요.

T 답답하군. 아직도 모른다고만 하니. 나는 이런 대답을 기대하는데. "0에서 100 사이의 음이 아닌 정수 중에 하나입니다."

S3 선생님, 100명이 더 될 수도 있지 않습니까?

T 그럴 수도 있겠구나. 진짜 그럴 수 있나? 하지만 아무도 그럴 수 없다고 할 수는 없을 테니까. 그렇다면 이렇게 무한 집합으로 표시하자.

$$S = \{0, 1, 2, \cdots\}$$

(S3)군의 말대로 임의의 한 기혼 성인의 자녀의 수는 성인에 따라 자녀의 수가 다 같지가 않으니까 불확실성을 갖고 있는 상황이고 따라서 표본공간 S로 표현이 되었다.

앞으로 통계시간에는 모른다는 말은 가급적 조심해라. 이번에는 표본공간에서 특별히 관심이 있는 것을 따로 빼내어 놓는 개념을 하나 배우자. (S1)군이 의사와 교사를 특별히 떼어놓은 경우 이것을 사건이라고 부른다. 다른 예로 주사위를 던지는 경우, 특별히 짝수가 나오는 것을 관심 갖고 있는 경우에는 표본공간의 부분집합, 짝수$= \{2, 4, 6\}$으로 표시한다.

임의의 성인의 자녀의 수도 표본공간은 음이 아닌 정수로 구성된 무한 집합이지만 특별히 자녀가 한 명 이하인 데 더 관심이 있다면 사건 E는 $\{0, 1\}$로 표시된다.

S2 선생님, 그렇지만 저 노인의 자녀가 0명일 수도 또 1명일 수도 100명일 수도 있겠지만 그 가능성이 다 똑같지는 않다고 생각합니다. 제 생각에는, 물론 저도 모르지만, 15명 이하라고 생각이 돼요. 요새 15명보다 더 많은 자녀를 갖은 분은 없을 거예요. 선생님같이 그냥 표본공간으로만 표시하면 이런 현실적인 견해는 표현이 안 되지 않습니까?

T 아주 좋은 생각이다. 표본공간이나 사건만으로는 우리 앞에 있는 불확실성이 완전히 표현이 안 되는구나.

그럼 (S2)군, 어떻게 좀 더 주관적으로 개인적인 생각을 피력해 보지 그래. 여기서 바로 확률개념이 나오는 것이지.

S2 먼저 저 노인을 그냥 임의의 한 기혼 성인으로 보겠습니다. 그러면 저 분이 자녀가 없을 확률은 0.1, 1명 있을 확률은 0.2, 2명 있을 확률은 0.2, 3명 있을 확률은 0.3, 4명 있을 확률은 0.1, 5명 있을 확률은 0.09, 6명 있을 확률은 0.001, 7명 있을 확률은 0.001, ⋯ 15명 있을 확률은 0.001로 생각하겠습니다.

T (S2)군이 자연스럽게 확률이라는 단어를 정의하면서 사용했구나. (S2)군에 의해서 파악된 임의의 한 기혼 성인이 갖는 자녀의 수라는 불확실성은 표본공간 $S = \{0, 1, 2, \cdots 15\}$와

표본공간 내 각 원소들에게 할당된 확률로서 표현이 되었다.

이와 같이 우리는 우리 앞에 있는 불확실성을 포함한 상황을 반복적으로 경험하여서 관찰된 자료를 통하여 표현할 수 있고 또 한가지는 지금까지 논의한 바와 같이 표본공간과 확률로서 표현할 수가 있음을 알았다.

표본 공간 S가 {0, 1, 2, 7, 9, 10}이고 0일 확률이 0.1, 1일 확률이 0.1, 2일 확률이 0.1, 7일 확률이 0.3, 9일 확률이 0.1, 10일 확률이 0.2인 불확실성의 상황이 파악이 되겠느냐?

S1 안 되는데요. 확률의 합이 1이 안 되고 0.9입니다. 확률이 정의되려면 합이 1이어야 한다고 이론시간에 배웠는데요.

T 아이고, 내가 실수를 했구나. 10일 확률을 0.3으로 바꾸자. 그러면 되겠느냐?

S1 예. 관찰 가능한 값이 0, 1, 2, 7, 9, 10 중의 하나인데, 0, 1, 2, 9는 모두 0.1로, 관찰될 가능성이 같고 7과 10이 나올 확률이 0.3으로 상대적으로 다른 값보다 잘 나타나는 상황입니다.

T 잘 이해가 된 것 같다. 다시 한번 강조하지만 앞으로 "모른다", "어찌 할 바를 모르겠다"고 하지 말고 표본공간과 확률로서 자신 앞에 있는 불확실성을 표현해 나가길 권한다. 공연히 고민에 빠져 이리저리 방황을 하지 말고 말이야. 특별히 인생의 기로에서는 더욱 그리해야 한다.

2) 조건부확률

T 이번에는 좀 가벼운 실험을 해 보도록 하자. 여기 1, 2, 3, 4월의 화투 4장이 있다. 잠깐 화투의 '월'을 모르는 학생 혹시 있나? 앞에 앉은 학생 (S1), (S2), (S3), (S4)군이 앞으로 나오면 좋겠다. 내가 게임을 한 가지 제안해 보겠다. (S1)군부터 이 네 장의 화투 중에 한 장씩 임의로 뽑도록 하자. 그래서 1월을 뽑은 사람이 다른 사람들에게 오늘 저녁을 사주기로 하는 게임인데 동의하겠는가?

SA 예.

T 그러면 다른 학생들은 모두 참관인이 되는 것이다. 먼저 참관인에게 한 가지 묻자. 누가 여기 (S2)군이 오늘 저녁을 사게 될 확률을 말해 줄 수 있겠느냐?

S5 $\frac{1}{4}$이지요. 4명 중에 한 명이 사는 것인데요.

T 그렇다면 다시 물어보자. 이제 (S1)군부터 한 장씩 뽑기로 한다. 4장 중에 한 장 뽑아라. 그런데 무엇이 뽑혔는지 다른 사람들이 다 뽑을 때까지는 보지 말아라.

S1 예.

T　　자, 지금 (S1)군이 잘 뒤섞은 4장 중에서 한 장을 뽑았다. (S5)군, (S1)군이 저녁 살 확률은 얼마인가?

S5　　네 장 중에 한 장을 뽑았으니까 $\frac{1}{4}$입니다.

T　　좋다. 그러면 이번에는 (S2)군이 뽑는다. (S2)군은 세 장 중에 하나를 뽑게 되겠구나. 자, 한 장을 뽑아라. ((S2)군이 뽑는다.) (S5)군, (S2)군이 저녁을 살 확률은 얼마라고 생각되느냐?

S5　　세 장 중에 한 장을 뽑았으니까 $\frac{1}{3}$이지요...... 아니요. $\frac{1}{4}$입니다.

T　　왜 $\frac{1}{4}$이 되지? (S2)군은 세 장 중에 한 장을 뽑는데.

S5　　제가 말을 잘못했어요. 만약 (S1)군이 뽑은 것이 1월이 아니라면 세 장 중에 한 장을 뽑는 것이니까 $\frac{1}{3}$이라고 할 수 있지만 만약 (S1)군이 뽑은 것이 1월이라면 (S2)군은 세 장 중에 1월을 뽑을 수가 없으니까 확률이 0이 되지요.

T　　그러면 $\frac{1}{3}$이거나 0이거나 그렇다는 것이냐?

S5　　아니요. 그렇지는 않은데요.

S1　　선생님, 우리가 배운 개념을 이용해서 해 보면 될 것 같은데요. A를 (S1)군이 1월을 뽑는 사건이라고 하고 B를 (S2)군이 1월을 뽑는 사건이라고 하면 $P(A)=\frac{1}{4}$이 되고 사건 B가 일어나려면 반드시 사건 A가 안 일어난 후에만 가능한 것이니까

$$P(B)=P(B\cap A^c)$$

가 됩니다. 따라서 $P(B)=\frac{3}{4}\cdot\frac{1}{3}=\frac{1}{4}$이 됩니다. 여기서 A^c는 A가 일어나지 않는 사건입니다.

T　　말로는 이해가 되는데 왜 $P(B)$를 계산하는데 $\frac{3}{4}$과 $\frac{1}{3}$을 곱했느냐? $\frac{3}{4}$은 사건 A가 일어나지 않을 확률이고 $\frac{1}{3}$은 사건 A가 일어나지 않을 때 사건 B가 일어날 확률인 것 같은데 왜 곱하지?

S2　　사건 A가 일어나지 않았을 때 사건 B가 일어날 확률이 바로 조건부 확률 $P(B|A^c)$ 아닌가요?

T　　이제야 나오는구나. 그러니까 다음 식이 성립하는 것이지.

$$P(B)=P(B\cap A^c)=P(B|A^c)P(A^c)$$

머리가 아픈 사람들이 생겼을지도 모르겠다. 계속해 보자. 이제 (S3)군 여기 두 장의 화투

중에서 하나를 뽑아 주겠니? ((S3)군이 뽑는다.) (S5)군 여기 (S3)군이 저녁 살 확률은 얼마가 되느냐?

S5 $\frac{1}{4}$이요. 똑같은 이유가 되겠네요.

S6 선생님, $\frac{1}{2}$입니다.

T 아니 (S6)군 자네가 갑자기 왜 이러는가?

S6 선생님 확실히 $\frac{1}{2}$입니다. 왜냐면요 (S1)군, (S2)군이 반칙을 했어요. 자기가 뽑은 화투 패를 살짝 보고 살짝 미소를 흘렸습니다. 그러니까 지금 (S3)군은 1월이 포함된 화투 2장 중 하나에서 뽑은 것이 확실하거든요.

T 그랬구나. (S6)군은 정말 정보사냥꾼이구나. 아주 좋은 상황이 연출되었다. 지금 (S3)군이 뽑은 화투가 무엇일까? 라는 불확실성은 우리들 대부분에게는 표본공간 S가 $\{1, 2, 3, 4\}$이고 각각의 근원사건의 확률이 1/4로 인식되어 있었는데 (S6)군은 우리들이 모르는 정보를 먼저 얻어내고 우리 모두 앞에 놓여 있는 불확실성의 상황을 우리와는 달리 표본공간 S를 1과, 1이 아닌 어떤 값의 두 원소로 구성된 집합으로, 그리고 각각의 확률을 1/2로 인식하였다. 바로 정보의 추가 현상이 미치는 영향을 계량적으로 나타내는 데 조건부확률이 사용되는 중요한 예이다.

S5 그것이 왜 중요하지요?

T 좋은 질문이다. 내가 중요하다고 해서 여러분도 다 중요하게 느끼는 것은 아니니까. 예를 들자면 (S5)군, (S6)군 두 사람이 모두 식당경영자라고 하고 이 자리에서 손님을 유치하고 있다고 보자. (S5)군은 네 명이 모두 뽑을 때까지 계속해서 네 명 중 누가 저녁을 사게 되는 사람인지를 모르고 네 명 모두에게 세일즈를 하고 있을 때 (S6)군은 (S3)군이 뽑으려는 순간 (S3)군과 (S4)군이 저녁을 살 확률이 1/4에서 1/2로 높아진 것을 알고 이 두 사람에게 세일즈를 하지 않겠느냐? 어떤 사람이 우세하겠느냐 세일즈에서?
정보화 사회에서 정보의 수집에 많은 투자를 하는 이유 중에 하나는 우리 앞에 있는 불확실성에 대한 인식을 새롭게 해 나가고자 하는 것이다. 이 과정에서 조건부확률은 대단히 중요한 역할을 하게 되지. 베이즈정리에 대하여도 이와 같은 관점에서 예제들을 음미해 보기 바란다.

3) 확률과 인간의 마음

대부분 사람들은 입사원서를 내거나 대학지원을 하거나 등의 어떤 선택과 결정에 대하여 일반적으로 확률이 높은 쪽에 당연한 선택을 하고, 발생할 확률이 매우 작다면 관심을 두지 않는다.

그런데 자기가 번개 맞을 일은 거의 발생하지 않고 확률이 매우 낮은데도 불구하고 번개를 무서워한다. 이것을 보면 사람의 마음이 객관적인 확률의 이치를 따르는 것만은 아니다. 왜 그럴까. 그 이유는 만에 하나 번개를 맞았을 때 내가 까맣게 탈 수 있다는 주관적인 엄청난 공포감으로 인하여 마음이 지배되기 때문임을 알 수 있다.

흔히들 로토(Lotto) 복권 한 장을 사가지고 이것이 당첨될 확률은 얼마냐고 물으면, “1/2이다.”라고 말해도 맞는 말이고, “ 약 8백만분의 1이다.”라고 말해도 답이다. 상대적으로 둘 다 옳기 때문이다. 왜 이런 일이 벌어지는가? 묻는 그 상황이나 문맥이 중요한 것이다. 그러므로 상황에 따른 상대적인 의미를 생각하여 항상 용어의 사용에 주의를 기울여야 한다.

또 다른 하나는 로토 복권의 당첨확률이 약 800만분의 1로서 당첨될 확률은 거의 0이다. 당첨이 안 되는 것이 당연하다. 그러나 확률이 거의 0인데도 이 복권에 승부를 건다. 이것은 확률과는 관련이 적고 인간의 탐욕과 관련이 있다고 할 수 있다. 그러나 한편으로 성공확률이 거의 작음에도 벤쳐의 창업 투자자로서 이러한 불확실성에 도전하는 기개와 얼마간의 리스크를 감당(risk taking)하는 젊음의 용기는 우리 인류의 발전에 꼭 필요한 것이다.

연습문제_4

exercises

1. 6개의 숫자카드 1, 2, 2, 4, 5, 5를 일렬로 배열하여 4자리 숫자를 만들었을 때 작은 수로부터 30번째 나타나는 수는 얼마인가?

2. 두 사람이 각자 하나씩 주사위를 던진다고 한다. 두 사람이 같은 숫자를 얻을 확률은?

3. 똑같은 능력을 가진 10사람이 어느 대학의 입학시험을 치른다고 한다. 이 대학에서 7명의 신입생을 뽑을 때 각 수험생이 합격할 확률은?

4. 두 개의 주사위를 던져 나온 두 눈의 합을 X라 하자. X의 표본공간 S를 구성하여라.

5. 어느 한 도시의 가구 중 50%가 C신문을 구독하며 그 중 40%가 D신문을 구독한다고 한다. 또한, 전체의 50%가 D신문을 구독한다고 한다. 한 가구를 랜덤하게 뽑았을 때 그 가구가 C 또는 D신문 중 적어도 하나를 구독할 확률을 구하여라.

6. 3개의 주사위를 던질 때 눈의 합이 4 또는 6이 될 확률을 구하여라.

7. 병아리의 성별을 정확하게 감별하는 확률이 95/100인 3명의 감별사가 한 병아리에 대해 모두 잘못 판정할 확률을 구하여라.

8. 한 개의 공정한 동전을 계속해서 5회 던졌다. 이때 적어도 한번은 뒷면이 나올 확률을 구하여라.

9. $P(A)=0.5, P(B)=0.3, P(A|B)=0.7$일 때 $P(B|A)$의 값을 구하여라.

10. 두 사건 A, B가 배반 사건이면 $P(A|B)=0$임을 보여라.

11. 사건 A, B가 서로 독립이면 다음 두 사건들도 독립임을 보여라.

(1) A^c와 B　　　　(2) A^c와 B^c

12. 두 사건 A와 B에 대하여

$$P(A\cap B)=2P(A\cap B^c),\ \ P(A^c\cap B)=\frac{1}{6}$$

일 때 $P(A)$를 구하여라.

13. 30명의 클래스에서 성적을 A는 6명, B는 10명, C는 9명, D는 2명, F는 3명을 주려고 한다. 몇 가지 방법이 있는가?

14. $(x+y)^6$과 $(x+y+z)^3$을 각각 전개하여라.

15. 다음을 증명하여라.

(1) $\binom{n}{k-1}=\binom{n+1}{k}-\binom{n}{k}$을 이용하여 $\sum_{r=0}^{m}\binom{r+k}{k}=\binom{m+k+1}{k+1}$

(2) $\binom{n-1}{k-1}+\binom{n-1}{k}=\binom{n}{k}$

(3) $\binom{2n}{n}=\sum_{k=0}^{n}\binom{n}{k}^2$ (※ $(1+x)^n=\binom{n}{o}+\binom{n}{1}x+\binom{n}{2}x^2+\cdots+\binom{n}{n}x^n$을 이용)

(4) $\sum_{k=0}^{n}\binom{n}{k}=2^n$

(5) $\sum_{k=1}^{n}k\binom{n}{k}=n\,2^{n-1}$

(6) $\sum_{k=0}^{n}(-1)^k\binom{n}{k}=0$

(7) $\sum_{k=1}^{n}k^2\binom{n}{k}=n(n+1)\,2^{n-2}$

(8) $\binom{n+m}{k}=\sum_{i=0}^{k}\binom{n}{i}\binom{m}{k-i}$

16. 자연수 N을 소인수분해 하였더니 $N=p^a q^b$ (p, q는 서로 다른 소수)의 모양이었다. 이 자연수 N의 모든 약수의 개수를 구하여라.

17. 부등식 $2 < \left(1+\dfrac{1}{n}\right)^n < 3$ (단, $n \geq 2$)을 증명하여라.

임용고사 기출문제

1. 1에서 5까지의 번호가 붙여진 학생 5명이 1번부터 번호순으로 세워져 있다. 이 중에서 2명의 학생을 뽑아 서로의 위치를 바꾸어 넣는 시행을 2회 반복하였을 때 첫 번째 학생이 1번일 확률을 구하여라. (1995년)

2. 5개의 숫자 1, 2, 3, 4, 5를 일렬로 나열할 때 첫 번째에 1이, 4번째에 4가 놓여 있지 않을 확률을 구하시오. (1996년)

3. 다음 조건을 만족하는 정수해$(x,\ y,\ z)$는 모두 몇 개인지 구하시오. (1999년)

$$x+y-z=10,\ x>0,\ y>2,\ z>3$$

4. 어떤 반에서 방학 후 여행에 대하여 설문조사를 하였다. 강원도에 다녀온 학생이 전체의 2/5, 제주도를 다녀온 학생이 전체의 1/4이었다. 강원도를 다녀오지 않은 학생을 임의로 뽑았을 때, 이 학생이 제주도를 다녀오지 않을 조건부확률을 구하시오(단, 강원도를 다녀올 사건과 제주도를 다녀올 사건은 서로 독립이다.). (2000년)

5. 크기가 100kb, 150kb, 200kb, 250kb, 300kb인 5개의 파일을 용량이 각각 1440kb인 같은 색의 구별이 안 되는 3장의 플로피 디스켓에 저장하려고 한다. 디스켓 3장 모두를 사용하여 5개의 파일을 저장하는 방법의 수를 구하시오(단, 디스켓에 저장하는 파일의 순서는 생각하지 않는다). (2002년)

6. 어떤 회사에서는 3대의 기계 A, B, C로 같은 빵을 만들고 있다. 3대의 기계는 각각 총생산량의 20%, 30%, 50%를 생산하고 있으며, 생산품의 불량률은 각각 0.5%, 1%, 2%이다. 생산된 빵을 임의로 한 개 택하여 검사하였을 때, 그것이 불량품이었다고 하자. 이 불량품이 기계 A 또는 BF에서 생산되었을 확률을 구하시오. (2003년)

7. 같은 종류의 물건 k개를 n명의 학생에게 나누어 주는 방법을 $f(k,\ n)$이라 하자. (2004년)

(1) $f(6,\ 3)$의 값을 구하시오.

(2) 모든 자연수에 대하여 다음 등식이 성립함을 수학적 귀납법을 사용하여 증명하시오.

$$f(1,\ n)+f(2,\ n)+f(3,\ n)\cdots+f(k,\ n)=f(k,\ n+1)-1$$

8. A 고등학교에는 체조선수가 5명 있다. 어떤 체조 선수권 대회에 출전하기위해서는 학교에서 실시하는 두 번의 자격테스트를 통과해야하는데 1차 테스트를 통과한 사람만이 2차 테스트에 도전할 수 있다고 한다. 1차, 2차 테스트를 통과한 선수들의 집합을 각각 $S,\ T$라고 할 때 두 집합 $S,\ T$가 구성될 수 있는 방법의 수는?(단, 각 테스트에 통과한 선수가 한 명도 없을 수 있다.) (2009년)

9. 오른쪽 그림은 집과 학교 사이의 도로를 나타낸 것이다. 굵은 선은 대로를, 가는 선은 소로를 나타낸다. 직선도로를 따라갈 때 한 교차로와 다음 교차로 사이를 구간이라고 하자. 집에서 출발하여 각 교차로에서 동쪽 또는 북쪽 방향만 택하여 학교까지 갈 때 대로를 두 구간만 지나는 경로의 개수는? (2009년)

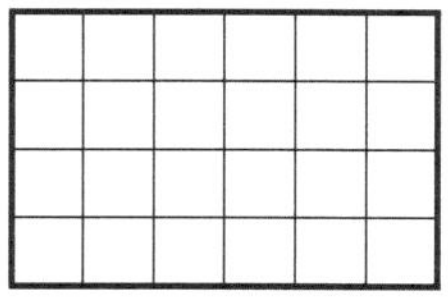

10. 다섯 마리의 물고기 A, B, C, D, E가 있다. A는 B를, B는 C를, C는 D를, D는 E와 A를 잡아먹는다. 잡아먹히는 물고기가 생기지 않도록 5마리의 물고기를 서로 다른 모양의 어항 4개에 넣는 방법의 수는? (단, 빈 어항이 남아 있어도 된다.) (2009년)

11. 어느 회사에서 신입사원을 채용하려 한다. 면접위원 A, B, C, D는 응시자의 면접점수표에 각각 점수를 1점에서 6점까지 줄 수 있다고 한다. 면접점수의 합이 14점이 되는 면접 점수표의 가짓수는 몇 개인가? (2011년)

12. 상자 A에 빨간공 2개와 흰 공 3개가 들어 있고, 상자 B에는 빨간공 2개와 흰 공 m개가 들어 있다. 상자 A가 선택될 확률이 1/3이고 B가 선택될 확률이 2/3이다. 두 상자 A, B 중 하나를 선택하여 rm 상자에서 임의로 추출한 1개의 공이 흰 공일 때, 이 흰 공이 상자 A에서 추출되었을 조건부 확률이 2/7이다. m 값은? (2012년)

13. 연속확률변수 X의 확률밀도함수 $f(x)$가

$$f(x)=\frac{2}{3}x,\ (1<x<2)$$

이다. 확률변수 $Y=\frac{2}{X}$에 대하여 Y의 기댓값 $E(Y)$의 값은? (2013년)

14. A, B, C, D, E 다섯 종류의 과자가 있다. 이 중에서 A 과자를 4개 이상 포함하지 않도록 과자 12개를 택하는 경우의 수는? (단, 각 종류의 과자는 12개 이상씩 있다.) (2013년)

임용고사 기출문제 정답

1. $\frac{3}{10}$ **2.** $\frac{13}{20}$ **3.** 45 **4.** $\frac{3}{4}$ **5.** 25 **6.** $\frac{2}{7}$ **7.** 28 **8.** 3^5
9. 60 **10.** 228 **11.** 146 **12.** 6 **13.** $\frac{4}{3}$ **14.** 1325

Teaching Statistics and Probability

5장

확률변수

5.1 확률변수

1) 확률변수

확률변수(random variable)란 표본공간이 S인 확률실험에서 S의 각 원소 s에 대해 오직 하나의 실수값 $X(s)=x$를 부여하는 함수 X를 말한다. 일반적으로 확률변수는 대문자 X, Y, Z 등으로 나타내고 이들 변수가 취하는 실수값은 소문자 x, y, z 등으로 표기한다.

예 5-1 동전을 2개를 던지는 확률실험에서 표본공간은 다음과 같다.

$$S=\{HH, HT, TH, TT\}$$

이 실험에서 각각의 원소들이 나타날 확률은 1/4이며, 확률변수 X를 "앞면이 나오는 개수"라고 정의하면 X의 가능한 값은 $\{0, 1, 2\}$이다. 즉 $X(HH)=2$, $X(HT)=1$, $X(TH)=1$, $X(TT)=0$이다.

확률변수를 함수개념으로 설명해 보면, 확률변수란 "정의역을 표본공간으로 하고 공변역이 실수인 함수이다"라고 할 수 있으며,

$$X : S \to R$$

으로 나타낼 수 있다. 위의 [예 5-1]을 그림으로 나타내면 다음과 같다.

확률변수 X

S 표본공간	→	R 실수공간
$\{HH\}$		2
$\{HT\}$		1
$\{TH\}$		1
$\{TT\}$		0

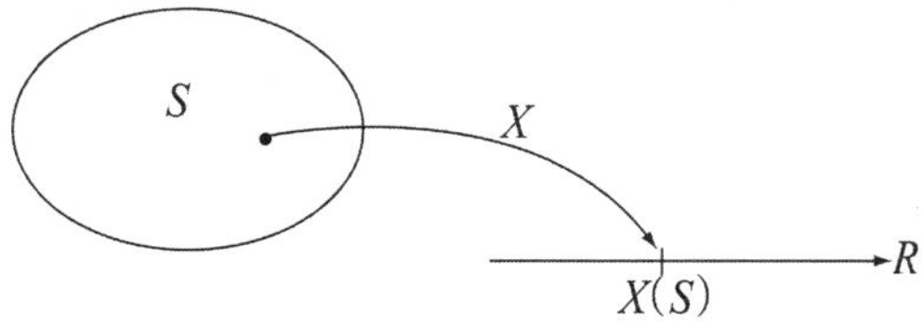

▲그림 5-1 함수로서의 확률변수 X

확률변수는 이산확률변수(discrete random variable)와 연속확률변수(continuous random variable)로 구분할 수 있다. 이산확률변수는 표본공간에서 정의된 확률변수 X가 취할 수 있는

모든 값이 유한개이거나 가산의 무한개(countably infinite)일 경우의 확률변수 X를 말한다. 예를 들면 어느 사무실에 한 시간 동안 걸려오는 전화 통화 수, 동전 3개를 던졌을 때의 나타나는 앞면의 수 등이다.

연속확률변수는 확률변수 X가 구간의 값이거나 비가산의 무한개(uncountably infinite)의 실수값을 갖는 확률변수를 말한다. 예를 들면 전구의 수명, 라디오 생산라인의 불량률, 직장에 출근에 소요되는 시간 등이 있다.

확률변수는 실험의 결과값을 실수에 대응시키는 함수이고, 확률함수는 확률변수에 대하여 정의된 실수를 $[0, 1]$ 사이의 확률에 대응시키는 함수이다. 확률함수에는 다음과 같은 확률질량함수와 확률밀도함수가 있다. 이에 대하여 알아보자.

2) 확률질량함수(probability mass function)

이산확률변수 X가 취할 수 있는 어떤 실수값 x에 대하여 확률을 대응시켜주는 함수를 X의 확률질량함수(probability mass function)라고 부르고, $P(X=x)$ 또는 $f(x)$로 표기한다. 이러한 확률함수를 표(table), 그림(figure)과 식(formula)으로 나타낼 수 있다. 이들의 관계를 그림으로 표현하면 다음과 같다.

확률변수 X		확률함수 $f(x)$
S →	R →	$P(X=x)$
표본공간	실수공간	확률 [0, 1]
$\{HH\}$	2	$P(X=2)=1/4$
$\{HT\}, \{TH\}$	1	$P(X=1)=2/4$
$\{TT\}$	0	$P(X=0)=1/4$

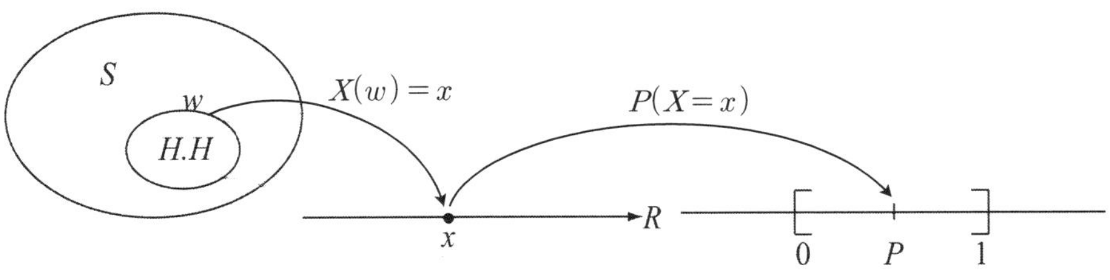

▲그림 5-2 확률변수 X와 확률함수의 관계

이산확률변수 X의 가능한 값을 $x_1, x_2, \cdots, x_n$이라 하고, 각 이산점 $X=x_i$의 확률은

$$P(X=x_i)=p_i, \quad i=1, 2, \cdots, n$$

으로 나타내고 확률질량함수의 조건과 확률분포표는 다음과 같다.

• 확률질량함수의 조건

1. $0 \le p_i \le 1,\ i=1, 2, \cdots, n$　　　2. $\sum_{i=1}^{n} p_i = 1$

[표 5-2] X의 확률분포표

$X=x$	x_1 x_2 x_3 $\cdots$ x_n	합
$p(X=x)$	p_1 p_2 p_3 $\cdots$ p_n	1

예 5-2 공정한 동전을 3개 던지는 실험에서 확률변수 X를 "앞면의 개수"라고 정의하고 X의 확률분포를 구하여라.

풀이 동전 3개의 던지는 실험에서의 표본공간 S는 다음과 같다.

$$S = \{HHH, HHT, HTH, THH, HTT, THT, TTH, TTT\}$$

(1) 확률분포표

[표 5-1] X의 확률분포표

$X=x$	0	1	2	3	합
확률 $P(X=x)$	1/8	3/8	3/8	1/8	1

(2) 확률질량함수 $P(X=x)$의 식

$$P(X=x) = \begin{cases} P(X=0) = 1/8 \\ P(X=0) = 1/8 \\ P(X=0) = 1/8 \\ P(X=0) = 1/8 \end{cases}$$

(3) 확률분포 그림

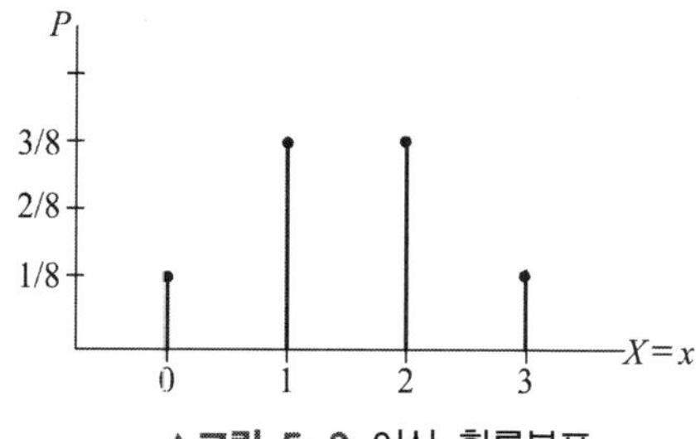

▲그림 5-3 이산 확률분포

5.2 확률밀도함수와 히스토그램의 모델링

1) 히스토그램의 모델링

다음의 예는 학생 100명의 등교시간의 자료이다. 히스토그램에서는 일상적으로 y축이 도수나 상대도수를 나타내지만, 여기서는 척도를 변환하여 y축을 상대도수밀도(=상대도수/각 계급의 폭)로 나타내었다.

[표 5-3] 등교소요시간의 도수분포표

등교 소요시간	도수	상대도수	상대도수밀도
10분 이상 20분 미만	6	6/100=0.06	(6/100) / 10 = 12/2000
20분 이상 40분 미만	40	40/100=0.40	(40/100) / 20 = 40/2000
40분 이상 45분 미만	26	26/100=0.26	(26/100) / 5 =104/2000
45분 이상 50분 미만	18	18/100=0.18	(18/100) / 5 = 72/2000
50분 이상 60분 미만	6	6/100=0.06	(6/100) / 10 = 12/2000
합계	100	1.0	

위의 표에서 Y축이 상대도수밀도일 경우의 히스토그램을 그려보면 [그림 5-4]와 같다. 그런데 여기서 y축의 상대도수밀도는 각각의 상대도수를 그 계급의 폭으로 나눈 값이다. 그러므로

직사각형 기둥의 면적 = 상대도수밀도(높이)×계급의 폭(밑변) = 상대도수

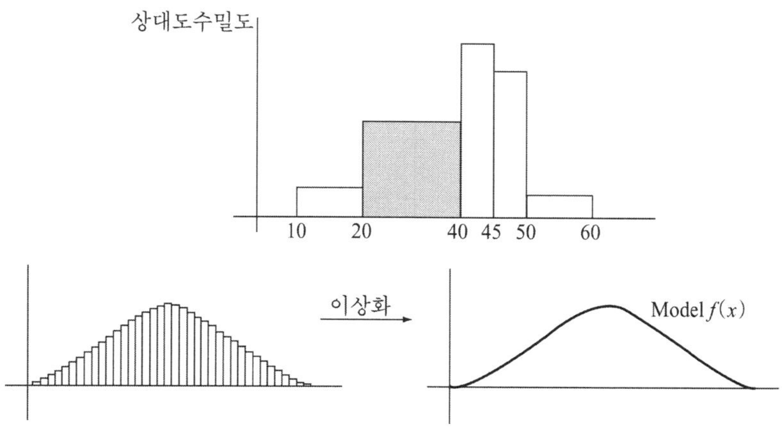

▲**그림 5-4** 히스토그램을 추상화한 모델링

가 되어 직사각형 면적이 상대도수의 의미(확률)를 갖는다. 이 경우는 직사각형 기둥의 높이는 의미가 없고 직사각형 기둥의 면적이 상대도수 즉 확률을 의미하기 때문에 이들 기둥의 면적의 총합이 1이 되는 것은 당연하다.

이 데이터를 근거로 임의의 시간대의 확률을 구한다는 것은 매우 어렵다. 그렇다면 어떻게 해야 하나. 이때가 모델링을 생각할 대이다. 관찰도수를 충분히 늘리고 히스토그램의 계급구간을 아주 잘게 쪼갠다면 [그림 5-4]와 같이 히스토그램을 근사적으로 이상화시킨 부드러운 곡선을 모델(model)로 정하여 **밀도곡선**(density curve) 또는 밀도함수(density function)라고 부르는 함수의 그래프가 된다. 이 함수는 Y축을 상대도수밀도로 표현하였기 때문에 특별히 **확률밀도함수**(pdf: probability density function)라고 부르는 것임을 알 수 있다.

연속확률변수의 확률밀도함수가 현실적인 히스토그램을 근사적으로 추상화한 모델로부터 탄생하였기에, 확률밀도함수로부터 확률을 구하려면 X 값에 대한 Y 값의 대응으로 확률을 얻는 것이 아니라, X 값의 구간에 대한 적분을 통하여 곡선 아래의 면적을 구하는 것이 확률을 구하는 자연스런 방법임을 깨닫게 된다. 그리고 상대도수의 합이 1이므로 확률밀도함수 곡선의 아래 면적의 합이 1이 되어야 함의 이유를 알 수가 있다. 연속변수의 확률밀도함수에 대한 개념적 이해를 위해서는 히스토그램에서 출발한 수학적 모델링 교육(mathematical model building approach method)의 중요성이 여기에 있는 것이다(김응환(1996)).

예 5-3 100일 동안 전지의 수명을 조사한 결과 오른쪽과 같은 히스토그램을 얻었다고 한다. 이 자료를 바탕으로 전지 수명곡선에 대한 확률모델로서 적절한 모델은 어느 것인가?

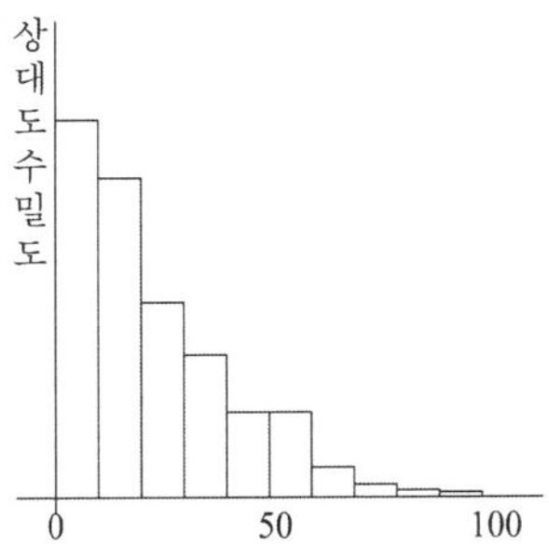

히스토그램

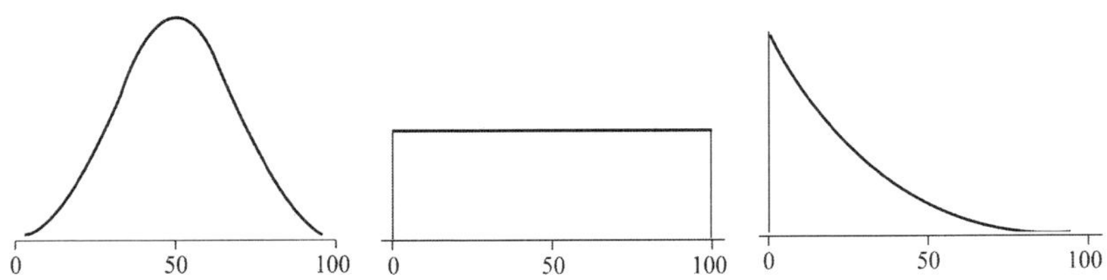

(a) 정규분포 (b) $y=c$ (c) $y=e^x$

▲그림 5-5

풀이 전지 수명에 대한 밀도곡선을 추상화한 모델로서는 (c)번이 적당하다.

2) 확률밀도함수(probability density function)

연속확률변수의 확률분포인 확률밀도함수에서는 연속확률변수 X가 어떤 구간에 속할 확률이 면적으로 대응된다. 즉 확률밀도함수가 취하는 확률은 0과 1 사이의 값이며, 곡선 아래의 전체면적은 1이다. 확률밀도함수의 조건은 다음과 같다.

• 확률밀도함수의 조건

1. $f(x) \geq 0$
2. $\int_{-\infty}^{\infty} f(x)dx = 1$
3. $P(a \leq X \leq b) = \int_{a}^{b} f(x)dx$

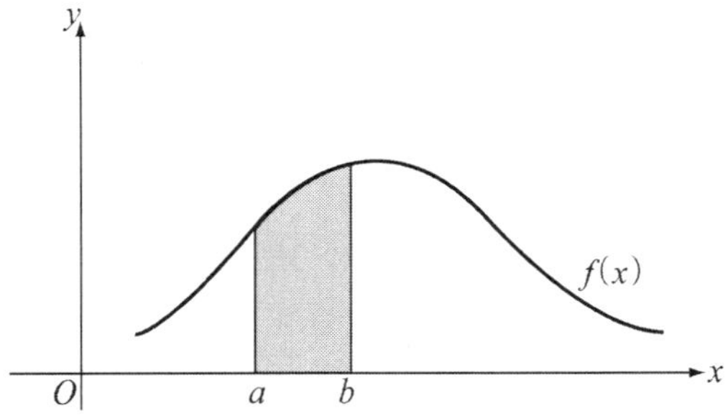

▲그림 5-6 연속확률변수의 확률계산

예 5-4 확률변수 X가 다음과 같은 확률밀도함수를 가질 때 상수 c를 구하여라.

$$f(x) = cx, \quad 0 \leq x \leq 3$$

풀이 적분구간에서의 면적은

$$\int_{-\infty}^{\infty} f(x)dx = \int_{0}^{3} f(x)dx = \int_{0}^{3} cx\, dx = \left[\frac{1}{2}cx^2\right]_0^3 = 1$$

이어야 하므로 $c = 2/9$임을 알 수 있다.

3) 분포함수

분포함수(distribution function)란 확률함수에서 특정값 이하의 모든 실수값에 대한 누적된 확률을 나타내는 함수를 말한다. 이 분포함수를 기호 $F(x)$로 표시하고 누적분포함수(cumulative distribution function)라고도 부르며 다음과 같이 정의한다.

$$\text{이산확률변수인 경우: } F(x) = P(X \le x) = \sum_{x_i \le x} P(X = x_i) = \sum_{y \le x} f(y)$$

$$\text{연속확률변수인 경우: } F(x) = P(X \le x) = \int_{-\infty}^{x} f(t)\,dt$$

예 5-5 이산확률변수 X가 n개의 이산점 $x_1 < x_2 < \cdots < x_n$에서 0이 아닌 확률을 가질 때 이산확률변수 X의 분포함수는 다음과 같은 성질이 있음을 확인할 수 있다.

1. $x < x_1$일 때, $F(x) = 0$
2. $x \ge x_1$일 때, $F(x) = \sum_{x_i \le x} p_i$
3. $x \ge x_n$일 때, $F(x) = \sum_{x_i \le x} p_i = 1$
4. $F(x)$는 확률변수 $X = x_i$에서 $P(X = x_i) = p_i$만큼씩 도약하는 계단함수(step function)이다.

예 5-6 공정한 동전 3개를 던지는 확률실험에서 확률변수 X를 앞면의 개수라고 정의하면 다음과 같은 확률분포표와 분포함수가 얻어진다.

X	확률	x	누적확률 $F(x) = P(X \le x)$
		$x < 0$	0
0	1/8	$0 \le x < 1$	1/8
1	3/8	$1 \le x < 2$	4/8
2	3/8	$2 \le x < 3$	7/8
3	1/8	$3 \le x$	1

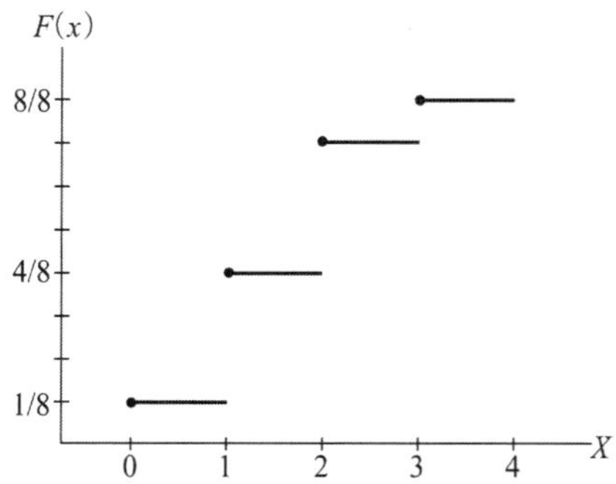

▲그림 5-7 이산확률변수 X의 분포함수

이산확률변수 X가 이산점 $x_1 < x_2 < \cdots < x_n$에서 0이 아닌 확률을 가질 때 이산확률변수의 분포함수로부터 다음과 같이 확률밀도함수를 구할 수 있다.

$$\begin{aligned} f(x) &= \sum_{x_i \le x} P(X = x_i) - \sum_{x_i < x} P(X = x_i) \\ &= F(x) - F(x-) \end{aligned}$$

여기서 $F(x-)$는 점 $X = x$에서 $F(x)$의 좌극한을 의미한다.

예 5-7 이산확률변수 X의 분포함수가 다음과 같을 때, 확률밀도함수를 구하여라.

$$F(x) = 1 - \left(\frac{1}{2}\right)^{x+1}, \quad x = 0, 1, 2, \cdots$$

풀이

$$\begin{aligned} f(x) &= F(x) - F(x-) \\ &= \left[1 - \left(\frac{1}{2}\right)^{x+1}\right] - \left[1 - \left(\frac{1}{2}\right)^{x}\right] \\ &= \left(\frac{1}{2}\right)^{x+1}, \quad x = 0, 1, 2, \cdots \end{aligned}$$

연속확률변수에 대하여, 확률밀도함수인 피적분함수 $f(x)$는 $f(x) \ge 0$이므로 분포함수 $F(x)$는 감소하지 않는 연속함수(nondecreasing function)이다. 또한 분포함수가 확률밀도함수의 적분에 의하여 정의되므로 확률밀도함수와 분포함수의 관계는 다음과 같다.

$$F(x) = P(X \le x) = \int_{-\infty}^{x} f(t)dt$$

$$f(x) = \frac{dF(x)}{dx}$$

연속확률변수 X의 확률밀도함수를 $f(x)$라고 할 때 확률변수 X의 분포함수 $F(x)$는 다음과 같은 성질을 가진다.

1. $F(x) = \int_{-\infty}^{x} f(t)dt$
2. $F(-\infty) = \int_{-\infty}^{\infty} f(t)dt = 0$
3. $F(\infty) = \int_{-\infty}^{\infty} f(t)dt = 1$

또한, 확률변수 X가 어떤 구간 (a, b)에 속한 확률을 분포함수 $F(x)$로 나타내면 다음과 같다.

$$P(a \le x \le b) = F(b) - F(a)$$

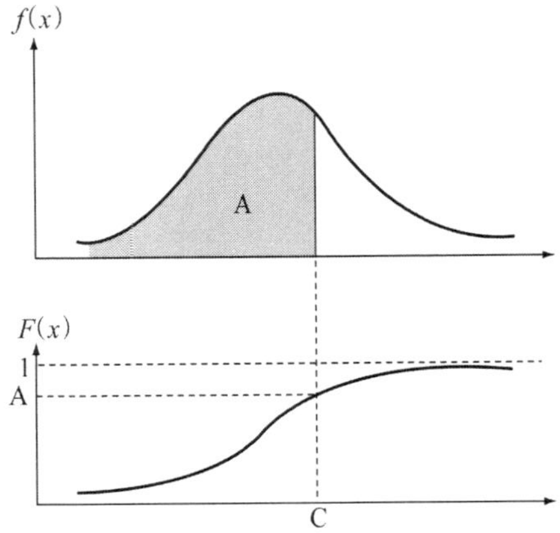

▲그림 5-8 연속확률변수 X의 확률밀도함수 $f(x)$와 분포함수 $F(x)$의 관계

예 5-8 확률변수 X의 확률밀도함수가

$$f(x) = \begin{cases} e^{-x}, & x \ge 0 \\ 0, & \text{그 밖에서} \end{cases}$$

일 때 분포함수를 구하고 그래프를 그려라.

풀이 $F(x) = \int_{-\infty}^{x} f(t)dt = \int_{0}^{x} f(t)dt$

$= \int_{0}^{x} e^{-t}\, dt = [-e^{-x}]_0^x$

$= 1 - e^{-x}$

5.3 확률변수의 기댓값과 분산

1) 확률변수의 기댓값(expected value)

도수분포표에서 총 도수가 N인 이산형 자료에서의 평균을 구하는 공식은 다음과 같다.

$$\frac{1}{N}\sum x_i f_i = \sum x_i \left(\frac{f_i}{N}\right)$$

여기서 f_i는 i-번째 계급의 도수이고, x_i는 그 계급의 중앙값이다. 즉 평균은 각각의 관찰값 x_i에 상대도수($\frac{f_i}{N}$)를 곱하여 얻어진 것이다.

확률변수에 대한 기댓값(평균)도 같은 방법으로 정의된다. 즉 상대도수 대신에 상대도수의 극한으로서의 확률로 대체하여 다음과 같이 정의한다. 이 기댓값은 확률분포에서의 무게중심 개념을 가지고 있으며, 확률변수 X의 기댓값을 기호 $E(X)$ 또는 μ로 나타낸다.

(1) 이산확률변수인 경우

이산확률변수 X가 취하는 값이 $x_1, x_2, \cdots, x_n$이고 $P(X=x_i)=p_i$, $i=1, 2, \cdots, n$일 때 X의 기댓값 $E(X)$는 다음과 같다.

$$E(X) = \sum_{i=1}^{n} x_i p_i$$

여기서 확률 p_i는 상대도수 (f_i/N)에 대응하는 이론적인 값으로 이해할 수 있다.

예 5-9 공정한 주사위를 던져서 나타나는 눈의 결과를 확률변수 X라 하면 그 기댓값은 다음과 같다.

풀이 $f(1)=f(2)=f(3)=f(4)=f(5)=f(6)=\frac{1}{6}$이므로

$$E(X) = \sum_{x=1}^{6}\left(x \times \frac{1}{6}\right) = 3.5$$

예 5-10 이산확률변수 X가 확률밀도함수

$$f(x) = \frac{1}{x(x+1)}, \quad x = 1, 2, 3, \cdots$$

일 때 $\sum_{x=1}^{\infty} \frac{1}{x(x+1)} = 1$이므로 확률밀도함수이지만, 기댓값을 구하면

$$E(X) = \sum_{x=1}^{\infty} x\left(\frac{1}{x(x+1)}\right) = \sum_{x=1}^{\infty} \frac{1}{(x+1)} = \infty$$

이므로 기댓값은 발산하여 존재하지 않는다. 즉 기댓값은 모든 확률밀도함수에서 존재하는 것은 아니다.

(2) 연속확률변수인 경우

연속확률변수 X의 확률밀도함수를 $f(x)$라고 할 때 X의 기댓값 $E(X)$는 다음과 같다.

$$E(X) = \int_{-\infty}^{\infty} x\, f(x) dx$$

예 5-11 도시락을 주문해서 도착할 때까지 걸리는 시간이 보통 20분 이내로 어느 시간이나 같은 가능성을 갖는다고 하자. 그러면 확률변수 X를 "도시락이 도착하는 데 걸리는 시간"이라고 하면 확률변수 X는 0과 20 사이에서 균등한 분포를 가진다고 할 수 있고 확률밀도함수는 다음과 같다. 기댓값을 구하여라.

$$f(x) = \begin{cases} 1/20, & 0 \le x \le 20 \\ 0\ , & \text{그밖에서} \end{cases}$$

풀이 $E(X) = \int_{-\infty}^{\infty} x\, f(x)\, dx = \int_{0}^{20} x \cdot \frac{1}{20} dx = 10$

여기서 두 개의 확률변수 X, Y의 선형결합형태로 나타난 새로운 확률변수의 기댓값을 생각해 보자. a, b를 상수라고 할 때 기댓값은 다음과 같은 성질을 갖는다.

(1) $E(a) = a$

(2) $E(aX + b) = aE(X) + b$

(3) $E(aX + bY) = aE(X) + bE(Y)$

2) 확률변수 X의 함수의 기댓값

확률변수 X의 함수 $g(X)$도 확률변수가 되며, 이것의 기댓값도 앞에서와 동일한 방법으로 구해진다. 확률함수 $f(x)$를 갖는 확률변수 X의 함수 $g(X)$의 기댓값은 다음과 같다.

$$\text{이산확률변수일 때 } E[g(X)] = \sum_{i=1}^{n} g(x_i)f(x_i),$$

$$\text{연속확률변수일 때 } E[g(X)] = \int_{-\infty}^{\infty} g(x)f(x)dx$$

여기서 주목할 것은 확률변수 X에 대응되는 확률은 $f(x)$로 고정된 것이므로 함수 $g(X)$의 형태와 관계없이 확률변수 X의 확률밀도함수 $f(x)$를 곱한다는 사실을 주의하여야 한다.

예 5-12 다음과 같은 확률밀도함수를 가지는 함수 $g(X) = X^2$의 기댓값을 구하여라.

$$f(x) = \begin{cases} 2(1-x), & 0 \le x \le 1 \\ 0 & , \text{ 그밖에서} \end{cases}$$

풀이 $E[g(X)] = \int g(x)f(x)dx = \int_0^1 x^2 \cdot 2(1-x)dx = 1/6$

3) 확률변수의 분산(variance)

확률변수 X의 분산 $V(X)$는 $(X-\mu)^2$의 기댓값으로서 다음과 같이 정의한다.

$$V(X) = E(X-\mu)^2 = \begin{cases} \sum_{i=1}^{n} (x_i - \mu)^2 P(X = x_i), & \text{이산확률변수일 때} \\ \int_{-\infty}^{\infty} (x-\mu)^2 f(x)dx, & \text{연속확률변수일 때} \end{cases}$$

여기서 분산은 다음과 같이 간편 공식을 이용하면 편리하다.

$$\begin{aligned} V(X) = E(X-\mu)^2 &= E(X^2 - 2\mu X + \mu^2) \\ &= E(X^2) - 2\mu E(X) + \mu^2 \\ &= E(X^2) - 2\mu \cdot \mu + \mu^2 = E(X^2) - \mu^2 \\ &= E(X^2) - (E(X))^2 \end{aligned}$$

또한 $E(X^2)$의 계산은,

$$E(X^2)=\begin{cases}\sum_{i=1}^{n} x_i^2 p_i\,, & \text{이산확률변수일 때}\\ \int_{-\infty}^{\infty} x^2 f(x)dx, & \text{연속확률변수일 때}\end{cases}$$

여기서 a, b를 상수라고 할 때 분산은 다음과 같은 성질을 갖는다.

(1) $V(aX+b)=a^2 V(X)$

(2) $V(aX_1+bX_2)=a^2 V(X_1)+b^2 V(X_2)$, 단 X_1과 X_2는 독립이다.

예 5-13 확률변수 X의 확률밀도함수가 $f(x)=2x$, $0<x<1$일 때 기댓값과 분산을 구하여라.

풀이 $E(X)=\int_0^1 x\cdot 2xdx=\frac{2}{3}$, $E(X^2)=\int_0^1 x^2\cdot 2xdx=\frac{1}{2}$

이므로 $V(X)=E(X^2)-[E(X)]^2=\frac{1}{2}-\left(\frac{2}{3}\right)^2=\frac{1}{18}$

4) 체비세프 부등식

확률분포의 모양과 관계없이 다소 넓게 확률의 상한을 제시해주는 부등식이 다음의 체비세프 부등식이다.

확률변수 X의 평균 $\mu=E(X)$, 분산 $\sigma^2=V(X)$일 때, 임의의 $\epsilon>0$에 대하여 다음 식이 성립한다.

$$P\{|X-\mu|>\epsilon\}\le\frac{V(X)}{\epsilon^2}$$

증명
$$\begin{aligned}P\{|X-\mu|>\epsilon\}&=\int_{-\infty}^{\mu-\epsilon} f(x)dx+\int_{\mu+\epsilon}^{\infty} f(x)dx\\&=\frac{1}{\epsilon^2}\left[\int_{-\infty}^{\mu-\epsilon}\epsilon^2 f(x)dx+\int_{\mu+\epsilon}^{\infty}\epsilon^2 f(x)dx\right]\\&\le\frac{1}{\epsilon^2}\left[\int_{-\infty}^{\mu-\epsilon}(x-\mu)^2 f(x)dx+\int_{\mu+\epsilon}^{\infty}(x-\mu)^2 f(x)dx\right]\\&\le\frac{1}{\epsilon^2}\int_{-\infty}^{\infty}(x-\mu)^2 f(x)dx\\&=\frac{V(X)}{\epsilon^2}\end{aligned}$$

5.4 적률생성함수(moment generation function)

확률변수 X에 대하여 $t=0$의 근방에서$(t\to 0)$ $M(t)=E(e^{tX})$가 존재할 때에 이것을 t의 함수로서 적률생성함수라고 부르고 다음과 같이 정의한다.

$$M(t)=E(e^{tX})=\begin{cases}\sum e^{tx}P(X=x), & \text{이산확률변수일 때}\\ \int_{-\infty}^{\infty} e^{tx}f(x)dx, & \text{연속확률 변수일 때}\end{cases}$$

급수 전개에 의하여

$$e^x=\sum_{i=0}^{\infty}\frac{x^i}{i!}=\lim_{n\to\infty}\left(1+\frac{x}{n}\right)^n$$

이고

$$e^{tX}=1+\frac{tX}{1!}+\frac{(tX)^2}{2!}+\cdots+\frac{(tX)^n}{n!}+\cdots$$

이므로 적률생성함수는 다음과 같다.

$$M(t)=E(e^{tX})=E\left(1+\frac{tX}{1!}+\frac{(tX)^2}{2!}+\cdots+\frac{(tX)^n}{n!}+\cdots\right)$$

이 적률생성함수를 t에 관하여 미분을 계속하면

$$M'(t)=E(X+tX^2+\cdots),\ \ M''(t)=E(X^2+tX^3+\cdots),\ \cdots$$

이고, $t=0$일 때 $M'(0)=E(X)$, $M''(0)=E(X^2)$, $\cdots$, $M^{(n)}(0)=E[X^n]$이다.

따라서 X의 적률생성함수 $M(t)$만 얻어지면 확률변수 X의 모든 적률(moment)이 구해질 수 있고 확률변수 X의 기댓값과 분산을 다음과 같이 편리하게 구할 수 있다.

$$E(X)=M'(0),\ \ E(X^2)=M''(0),$$
$$V(X)=E(X^2)-[E(X)]^2=M''(0)-[M'(0)]^2$$

어떤 적률생성함수에 대응하는 밀도함수는 유일하게 하나만 존재한다는 것이 알려져 있다. 따라서 두 확률변수의 적률생성함수가 서로 같다면 두 확률변수의 확률밀도함수도 같다.

예 5-14 이산형 확률변수 X의 분포가 다음과 같다. 적률생성함수와 이를 이용하여 확률변수 X의 평균과 분산을 구하여라.

x	0	1	2	3
$f(x)$	1/6	1/3	1/3	1/6

풀이 이산형 확률변수의 적률생성함수의 정의에 따라

$$M(t) = E(e^{tX}) = \sum_x e^{tx} \cdot f(x) = \frac{1}{6}e^0 + \frac{1}{3}e^t + \frac{1}{3}e^{2t} + \frac{1}{6}e^{3t}$$

이고, 따라서

$$E(X) = M'(t)|_{t=0} = \frac{1}{3} + \frac{2}{3} + \frac{1}{2} = \frac{3}{2}$$

$$E(X^2) = M''(t)|_{t=0} = \frac{1}{3} + \frac{4}{3} + \frac{3}{2} = \frac{19}{6}$$

$$V(X) = E(X^2) - [E(X)]^2 = M''(0) - [M'(0)]^2 = \frac{11}{12}$$

예 5-15 확률변수 X의 확률밀도함수가

$$f(x) = \begin{cases} e^{-x}, & x \geq 0 \\ 0, & \text{그 밖에서} \end{cases}$$

일 때 적률생성함수를 이용하여 평균과 분산을 구하여라.

풀이 $M(t) = E(e^{tX}) = \int_0^\infty e^{tx} \cdot e^{-x} dx = \int_0^\infty e^{(t-1)x} dx$

$$= \left[\frac{e^{(t-1)x}}{t-1} \right]_0^\infty = \frac{1}{1-t}, \quad t < 1$$

이고

$$M'(t) = \frac{1}{(t-1)^2}, \quad M''(t) = \frac{-2}{(t-1)^3}$$

이므로

$$E(X) = M'(0) = 1,$$

$$V(X) = E(X^2) - [E(X)]^2 = M''(0) - [M'(0)]^2 = 1$$

예 5-16 정규분포 $N(\mu,\ \sigma^2)$의 적률생성함수와 평균과 분산을 구해 보자.

$$\begin{aligned} M(t) = E(e^{tx}) &= \int_{-\infty}^{\infty} e^{tx} f(x)dx \\ &= \int_{-\infty}^{\infty} e^{tx} \frac{1}{\sigma\sqrt{2\pi}} e^{-\frac{1}{2}\left(\frac{x-\mu}{\sigma}\right)^2} dx \\ &= \int_{-\infty}^{\infty} \frac{1}{\sigma\sqrt{2\pi}} e^{\left(tx - \frac{1}{2}\left(\frac{x-\mu}{\sigma}\right)^2\right)} dx \end{aligned}$$

여기서 변수변환을 다음과 같이 하면

$$\begin{aligned} tx - \frac{1}{2}\left(\frac{x-\mu}{\sigma}\right)^2 &= \mu t + t(x-\mu) - \frac{1}{2}\left(\frac{x-\mu}{\sigma}\right)^2 \\ &= \left(\mu t + \frac{\sigma^2 t^2}{2}\right) - \frac{1}{2\sigma^2}[x-(\mu+\sigma^2 t)]^2 \end{aligned}$$

이고, $y = \dfrac{x-(\mu+\sigma^2 t)}{\sigma}$ 라면 $dy = \dfrac{1}{\sigma}dx$ 이므로

$$\begin{aligned} &= e^{\mu t + \frac{\sigma^2 t^2}{2}} \int_{-\infty}^{\infty} \frac{1}{\sigma\sqrt{2\pi}} e^{-\frac{1}{2}\left(\frac{x-(\mu+\sigma^2 t)}{\sigma}\right)^2} dx \\ &= e^{\mu t + \frac{\sigma^2 t^2}{2}} \frac{1}{\sigma\sqrt{2\pi}} \int_{-\infty}^{\infty} e^{-\frac{y^2}{2}} \sigma\, dy \\ &= e^{\mu t + \frac{\sigma^2 t^2}{2}} \end{aligned}$$

$$M'(t) = (\mu + \sigma^2 t)e^{\mu t + \frac{\sigma^2 t^2}{2}}$$

$$M''(t) = \{\sigma^2 + (\mu + \sigma^2 t)\}e^{\mu t + \frac{\sigma^2 t^2}{2}}$$

이므로 $E[X] = M'(0) = \mu$

$V[X] = M''(0) - [E[X]]^2 = \sigma^2$

5.5 두 확률변수의 결합확률밀도함수

지금까지는 하나의 확률변수를 생각하여 평면상에 나타나는 확률함수를 고려하였다. 그러나 실험의 결과로 나타나는 변수가 2개 이상인 경우 이들 변수들을 서로 연관지어서 결합된 형태로 생각해야 합리적이다. 이 두 확률변수를 동시에 고려한 확률밀도함수를 결합확률밀도함수(jpdf: joint probability density funtion)라고 하며 공간상에 그 함수를 나타내고자 한다.

예를 들어 매출액을 분석하고자 하는 경우 광고가 매출액에 영향을 준다면 이들 두 변수를 동시에 결합적으로 고려해야 할 것이다. 이 결합확률의 개념은 교집합의 확률과 기본적으로 동일한 개념이다. 이는 두 사건이 동시에 발생할 확률을 의미한다.

1) 결합확률함수

(1) 이산확률변수인 경우

확률변수 X가 가능한 이산점의 값이 $x_1, x_2, \cdots, x_n$이고, 확률변수 Y가 가능한 이산점의 값이 $y_1, y_2, \cdots, y_m$이라면, 두 확률변수 X, Y의 결합확률분포는 다음과 같다.

$$P(X=x_i,\ Y=y_j)=p_{ij},\quad i=1,2,\cdots,n,\quad j=1,2,\cdots,m$$

여기서 함수 $P(X=x,\ Y=y)$를 결합확률질량함수(joint probability mass function)라고 정의하며 모든 (i, j)에 대하여 다음과 같은 성질을 가진다.

$$p_{ij}\geq 0\text{이고,}\quad \sum_{i=1}^{n}\sum_{j=1}^{m}p_{ij}=1$$

(2) 연속확률변수인 경우

두 연속확률변수 X, Y의 결합확률밀도함수(joint probability density function)를 $f(x, y)$라고 할 때 모든 (x, y)에 대하여 다음과 같은 성질을 가진다.

$$f(x,y)\leq 0\text{이고,}\quad \int_{-\infty}^{\infty}\int_{-\infty}^{\infty}f(x,y)\,dxdy=1$$

예 5-17 동전 3개를 던지는 확률실험의 경우에 확률변수 X를 앞면의 개수라고 하고 또 다른 확률변수 Y를

$$Y = \begin{cases} 1, & \text{첫째 동전이 앞면인 경우} \\ 0, & \text{첫째 동전이 뒷면인 경우} \end{cases}$$

라고 정의한다. 이 실험의 결과를 요약 정리하면 다음과 같다.

동전을 세 번 {○, ○, ○} 던지므로 모든 가능한 실험결과의 수는 8가지로

{HHH, HHT, HTH, THH, HTT, THT, TTH, TTT}

이다. 그리고 X, Y는 다음 3가지의 확률분포표를 얻는다. 이때 다음 [표 5-4]의 두 확률변수의 결합확률분포로부터 각각의 확률변수에 대한 분포를 구할 수 있는데, 다음의 [표 5-5], [표 5-6]처럼 각각의 확률변수에 대한 분포를 주변확률분포(marginal probability distribution)라고 부른다.

[표 5-4] (X, Y)의 결합확률분포

$Y=y$ \ $X=x$	0	1	2	3	
0	$\frac{1}{8}$	$\frac{2}{8}$	$\frac{1}{8}$	0	$\frac{1}{2}$
1	0	$\frac{1}{8}$	$\frac{2}{8}$	$\frac{1}{8}$	$\frac{1}{2}$
	$\frac{1}{8}$	$\frac{3}{8}$	$\frac{3}{8}$	$\frac{1}{8}$	1

[표 5-5] X의 주변확률분포

$X=x$	0	1	2	3	
P	$\frac{1}{8}$	$\frac{3}{8}$	$\frac{3}{8}$	$\frac{1}{8}$	1

[표 5-6] Y의 주변확률분포

$Y=y$	P
0	$\frac{1}{2}$
1	$\frac{1}{2}$
	1

두 확률변수 X, Y의 주변확률분포는 다음과 같이 정의한다.

(1) 이산확률변수인 경우 두 확률변수 X, Y의 결합확률분포의 주변확률분포

$$P(X=x_i,\ Y=y_j)=p_{ij},\quad i=1,2,\cdots,n,\quad j=1,2,\cdots,m$$

$$X\text{의 주변확률분포}\quad f_1(x)=P(X=x_i)=\sum_{j=1}^{m}p_{ij}$$

$$Y\text{의 주변확률분포}\quad f_2(y)=P(Y=y_j)=\sum_{i=1}^{n}p_{ij}$$

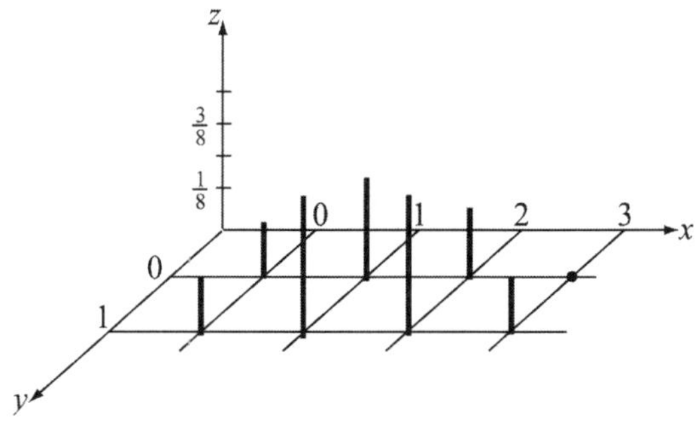

▲그림 5-9 이산확률변수의 결합확률질량함수

(2) 연속확률변수인 경우 두 확률변수 X, Y의 결합확률밀도함수의 주변확률분포

$$X\text{의 주변확률분포}\quad f_1(x)=\int_{-\infty}^{\infty}f(x,\ y)dy$$

$$Y\text{의 주변확률분포}\quad f_2(y)=\int_{-\infty}^{\infty}f(x,\ y)dx$$

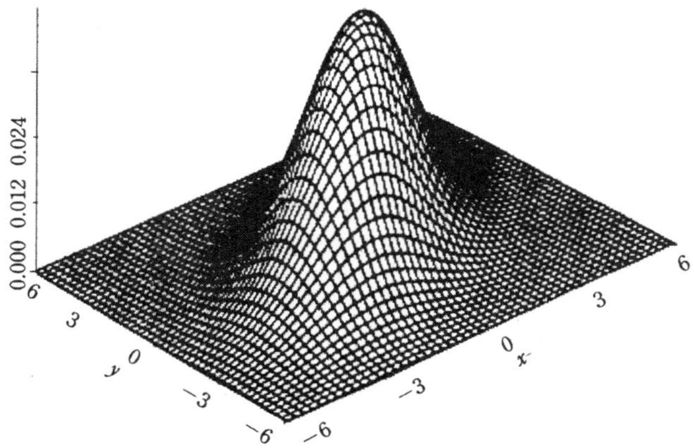

▲그림 5-10 연속확률변수의 결합확률밀도함수

예 5-18 확률변수 X, Y의 결합확률밀도함수가 다음과 같을 때,

$$f(x,\ y) = \begin{cases} kx^2y, & 0 \le x \le 1,\ 0 \le y \le 1 \\ 0, & \text{그 밖에서} \end{cases}$$

k값을 구하여라.

예 5-19 결합확률밀도함수가 다음과 같을 때 X, Y의 주변밀도함수를 구하여라.

$$f(x,y) = \begin{cases} \dfrac{8}{81}xy, & 0 < x < y < 3 \\ 0, & \text{그 밖에서} \end{cases}$$

풀이 이 경우의 적분영역은 다음 [그림 5-11]의 빗금친 삼각형의 내부이다.

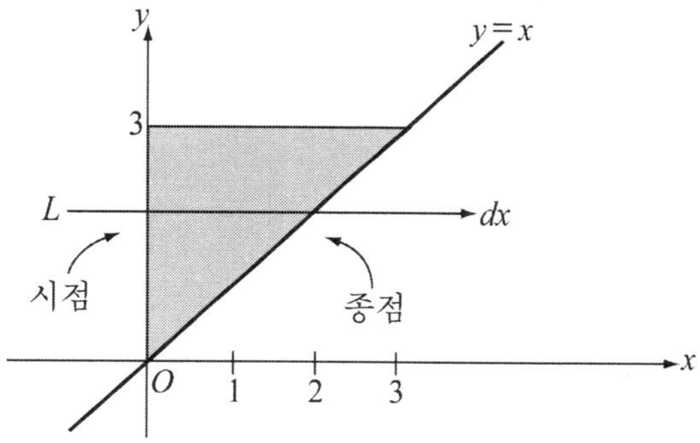

▲그림 5-11 적분영역

이때 적분구간을 정하는 것이 중요한데 dx에 대한 적분인 경우는 x축과 평행한 선분을 긋고 작은 값에서 큰 값 쪽으로 방향을 정하여 영역에 들어가기 시작하는 점을 영역의 시점으로 정하고 영역을 벗어나는 점을 종점으로 정하면 편리하다. y 값의 적분구간에 대해서도 같은 방법으로 하면 된다.

$$f_1(x) = \int_{-\infty}^{\infty} f(x,\ y)\,dy = \int_x^3 \frac{8}{81}xy\,dy = \left[\frac{4}{81}xy^2\right]_x^3 = \frac{4}{9}x - \frac{4}{81}x^3,\ (0 < x < 3)$$

$$f_2(y) = \int_{-\infty}^{\infty} f(x,\ y)\,dx = \int_0^y \frac{8}{81}xy\,dx = \left[\frac{4}{81}x^2y\right]_0^y = \frac{4}{81}y^3,\ (0 < y < 3)$$

일반적으로 확률변수 $X_1, X_2, \cdots, X_n$의 결합확률밀도함수 $f(x_1,\ x_2, \cdots,\ x_n)$으로부터의 X_1의 주변확률밀도함수 $f_1(x_1)$은 다음과 같다.

$$f_1(x_1) = \int \cdots \int f(x_1,\ x_2, \cdots,\ x_n)\,dx_2 \cdots dx_n$$

예 5-20 다음의 결합확률밀도함수에 대한 X, Y의 주변확률밀도함수를 구하여라.

$$f(x, y) = xye^{-(x+y)} \quad x > 0, y > 0$$

풀이 $f_1(x) = \int_0^{\infty} xye^{-(x+y)}dy = xe^{-x}, \quad x > 0$

$f_2(y) = \int_0^{\infty} xye^{-(x+y)}dx = ye^{-y}, \quad y > 0$

예 5-21 두 확률변수 X, Y의 결합확률밀도함수가 다음과 같을 때 $P(X < Y)$를 구하여라.

$$f(x, y) = 2e^{-(x+2y)}, \quad x \geq 0, \quad y \geq 0$$

풀이 $P(X < Y) = \int_0^{\infty}\int_0^{y} 2e^{-(x+2y)}dx\,dy = 2e^{-2y}[-e^{x}]_0^y dy = \frac{1}{3}$

2) 두 확률변수 간의 독립성

두 확률변수 X, Y의 결합확률분포가 각각의 확률변수에 대한 주변분포의 곱으로 나타낼 수 있을 때 확률적으로 서로 독립이라고 한다.

(1) 이산확률변수인 경우

두 이산확률변수 X, Y의 결합확률분포를 $P(X = x,\ Y = y)$라 하고, X, Y의 주변확률분포함수를 $P(X = x)$, $P(Y = y)$라고 하면,

$$f(x, y) = P(X = x,\ Y = y) = P(X = x) \cdot P(Y = y) = f_1(x)f_2(y)$$

일 때에 두 확률변수는 서로 독립이다.

예 5-22 두 이산확률변수 X, Y의 결합확률질량함수가 다음과 같다.

$$f(x, y) = \frac{xy^2}{30}, \quad x = 1, 2, 3, \quad y = 1, 2.$$

두 확률변수 X, Y가 서로 독립임을 보여라.

풀이 주변확률질량함수를 구하면 다음과 같다.

$$f_1(x) = \sum_{y=1}^{2} \frac{xy^2}{30} = \frac{x}{6},\ \ x = 1,\ 2,\ 3,$$

$$f_2(y) = \sum_{x=1}^{3} \frac{xy^2}{30} = \frac{y^2}{5},\ \ y = 1,\ 2.$$

그런데, $f(x,\ y) = f_1(x)f_2(y)$이므로 두 확률변수 $X,\ Y$는 서로 독립이다.

[표 5-7] $(X,\ Y)$의 결합확률분포

Y \ X	1	2	3	
1	1/30	2/30	3/30	6/30
2	4/30	8/30	12/30	24/30
	5/30	10/30	15/30	1

(2) 연속확률변수인 경우

두 확률변수 $X,\ Y$의 결합확률밀도함수를 $f(x,\ y)$라고 할 때, $X,\ Y$의 주변확률분포를 $f_1(x)$, $f_2(y)$라고 하면,

$$f(x,\ y) = f_1(x) \cdot f_2(y)$$

일 때 두 확률변수는 서로 독립이다.

예 5-23 두 확률변수 $X,\ Y$의 결합확률밀도함수가

$$f(x,y) = \begin{cases} e^{-(x+y)}, & x \ge 0,\ y \ge 0 \\ 0, & \text{그 밖에서} \end{cases}$$

일 때 두 확률변수 $X,\ Y$가 서로 독립임을 보여라.

풀이 두 확률변수 $X,\ Y$의 주변확률밀도함수가 각각

$$f_1(x) = \int_0^{\infty} e^{-(x+y)}dy = e^{-x},\quad f_2(y) = \int_0^{\infty} e^{-(x+y)}dx = e^{-y}$$

이므로

$$f(x,\ y) = e^{-(x+y)} = e^{-x} \cdot e^{-y} = f_1(x)f_2(y)$$

임을 알 수 있다. 그러므로 두 변수는 서로 독립이다.

3) 두 확률변수의 기댓값과 분산

두 확률변수 X, Y의 결합확률밀도함수를 $f(x, y)$라 하고 X, Y의 주변확률분포를 $f(x)$, $f(y)$라고 할 때 기댓값 $E(X)$, $E(Y)$를 구해 보자.

(1) X의 기댓값

$$\begin{aligned} E(X) &= \int_{-\infty}^{\infty} x f_1(x)dx \\ &= \int_{-\infty}^{\infty} x \int_{-\infty}^{\infty} f(x, y)\,dy\,dx \\ &= \int_{-\infty}^{\infty}\int_{-\infty}^{\infty} x f(x, y)\,dy\,dx \end{aligned}$$

(2) Y의 기댓값

$$\begin{aligned} E(Y) &= \int_{-\infty}^{\infty} y f_2(y)dy \\ &= \int_{-\infty}^{\infty} y \int_{-\infty}^{\infty} f(x, y)\,dx\,dy \\ &= \int_{-\infty}^{\infty}\int_{-\infty}^{\infty} y f(x, y)\,dx\,dy \end{aligned}$$

예 5-24 결합확률밀도함수가 다음과 같을 때 기댓값 $E(X)$, $E(Y)$를 구하여라.

$$f(x, y) = \begin{cases} 2, & 0 < x < y,\ 0 < y < 1 \\ 0, & \text{그 밖에서} \end{cases}$$

풀이 $E(X) = \int_{-\infty}^{\infty} x f_1(x)dx = \int_0^1 x \int_x^1 2dy\,dx$

$$= \int_0^1 [x(2-2x)]\,dx = \frac{1}{3}$$

$E(Y) = \int_{-\infty}^{\infty} y f_2(y)dy = \int_0^1 y \int_0^y 2dx\,dy$

$$= \int_0^1 [2y^2]\,dy = \frac{2}{3}$$

4) 기댓값의 성질

> 두 확률변수 X, Y가 서로 독립이면 다음 정리가 성립한다.
> $$E(XY) = E(X)E(Y)$$

증명 두 확률변수가 독립이므로 결합확률밀도함수

$$f(x, y) = f_1(x) f_2(y)$$

이다. 그러므로

$$\begin{aligned} E(XY) &= \int_{-\infty}^{\infty}\int_{-\infty}^{\infty} xyf(x, y)dx\,dy \\ &= \int_{-\infty}^{\infty}\int_{-\infty}^{\infty} xyf_1(x) f_2(y)dx\,dy \\ &= \int_{-\infty}^{\infty} xf_1(x)dx \int_{-\infty}^{\infty} yf_2(y)\,dy \\ &= E(X)E(Y) \end{aligned}$$

예 5-25 다음 결합확률밀도함수에서 $E(XY)$를 구하고 X와 Y가 독립이 아님을 보여라.

$$f(x, y) = \begin{cases} 2, & 0 < x < y,\ 0 < y < 1 \\ 0, & \text{그 밖에서} \end{cases}$$

풀이 $$\begin{aligned} E(XY) &= \int_{-\infty}^{\infty}\int_{-\infty}^{\infty} xyf(x, y)dxdy \\ &= \int_0^1\int_0^y xy \cdot 2dxdy \\ &= \int_0^1 [x^2y]_0^y dy \\ &= \left[\frac{1}{4}y^4\right]_0^1 = \frac{1}{4} \end{aligned}$$

그런데 앞의 예에서 $E(X)E(Y) = \frac{1}{3} \cdot \frac{2}{3} = \frac{2}{9}$이므로 $E(XY) \neq E(X)E(Y)$임을 알 수 있다. 즉 독립이 아니다.

5) 분산의 성질

> 두 확률변수 X, Y가 서로 독립이면 다음 정리가 성립한다.
> $$V(X+Y) = V(X) + V(Y)$$

증명 $V(X+Y) = E[(X+Y) - E(X+Y)]^2$

$$= E[(X-E(X)) + (Y-E(Y))]^2$$
$$= E[(X-E(X))]^2 + E[(Y-E(Y))]^2 + 2E[(X-E(X))(Y-E(Y))]$$
$$= V(X) + V(Y) + 2Cov(X, Y)$$

여기서 두 확률변수 X, Y가 서로 독립이므로 공분산

$$Cov(X, Y) = E[(X-E(X))(Y-E(Y))] = E(XY) - E(X)E(Y) = 0$$

이고, 따라서 다음이 성립한다.

$$V(X+Y) = V(X) + V(Y)$$

6) 조건부 확률밀도함수

두 이산확률변수 X, Y의 결합확률분포를 $f(x, y) = P(X=x,\ Y=y)$라 하고, X, Y의 주변확률분포함수를

$$f_1(x) = P(X=x), \quad f_2(y) = P(Y=y)$$

라고 하면, Y의 값이 주어졌다는 조건하에 X가 실수값 x를 취하게 될 조건부확률밀도함수는 다음과 같다.

$$f(x \mid y) = P(X=x \mid Y=y) = \frac{P(X=x,\ Y=y)}{P(Y=y)} = \frac{f(x, y)}{f_{2(y)}}$$

이 정의는 연속확률변수에서도 그대로 사용된다.

예 5-26 두 확률변수 X, Y의 결합확률분포가 다음과 같을 때 조건부밀도함수 $f(x \mid y)$를 구하여라.

$$f(x, y) = 2, \quad x+y \le 1, \quad x \ge 0, \quad y \ge 0$$

풀이 우선 x의 범위가 $0 \le x \le 1-y$이고, y의 주변밀도함수와 조건부확률밀도함수는 각각 다음과 같다.

$$f_2(y) = \int_{-\infty}^{\infty} f(x,\ y)dx = \int_0^{1-y} 2dx = 2(1-y),\quad 0 \le y \le 1$$

이므로 $[0,\ 1]$ 사이에 있고 임의의 y에 대하여

$$f(x \mid y) = \frac{f(x,\ y)}{f_2(y)} = \frac{2}{2(1-y)} = \frac{1}{1-y},\quad 0 \le x \le 1-y$$

7) 조건부기댓값과 조건부분산

두 확률변수 $X,\ Y$의 결합확률분포가 $f(x,\ y)$이고 조건부밀도함수가 $f(y \mid x) = \dfrac{f(x,\ y)}{f_1(x)}$일 때 X가 x로 주어진 Y의 조건부기댓값은 다음과 같이 정의한다.

$$E[Y \mid X = x] = \int_{-\infty}^{\infty} yf(y \mid x)dy$$

조건부분포가 이산형일 경우에는 다음과 같이 정의한다.

$$E[Y \mid X = x] = \sum_y yf(y \mid x)$$

특히 확률변수 Y의 함수인 $g(Y)$의 조건부기댓값은 다음과 같다.

$$E[g(Y) \mid X = x] = \int_{-\infty}^{\infty} g(y)f(y \mid x)dy$$

두 확률변수 $X,\ Y$가 서로 독립인 경우에는 다음과 같다.

$$E[Y \mid X = x] = E(Y)$$

예 5-27 두 확률변수 $X,\ Y$의 결합확률분포가 다음과 같고 X가 주어졌을 때의 Y의 조건부기댓값 $E[Y \mid X = x]$를 구하여라.

$$f(x,\ y) = 2,\quad x + y \le 1,\quad x \ge 0,\quad y \ge 0$$

풀이 우선 y의 범위가 $0 \le y \le 1-x$이고, x의 주변밀도함수는

$$f_2(x) = \int_{-\infty}^{\infty} f(x,\ y)dy = \int_0^{1-x} 2dy = 2(1-x),\quad 0 \le x \le 1$$

이므로 조건부밀도함수는 다음과 같다.

$$f(y\,|\,x)=\frac{f(x,\,y)}{f_1(x)}=\frac{2}{2(1-x)}=\frac{1}{1-x},\quad 0\le y\le 1-x$$

따라서

$$E[Y\,|\,X=x]=\int_0^{1-x} yf(y\,|\,x)\,dy$$
$$=\int_0^{1-x} y\left(\frac{1}{1-x}\right)dy=\frac{1-x}{2},\quad 0\le x<1$$

조건부기댓값에서와 같이 두 확률변수 X, Y의 조건부분산(conditional variance)은 조건부분포의 분산으로 다음과 같이 정의한다.

$$V[Y\,|\,X=x]=E(Y^2\,|\,X=x)-[E(Y\,|\,X=x)]^2$$

예 5-28 두 확률변수 X, Y의 결합확률분포가 다음과 같고 Y가 주어졌을 때의 X의 조건부분산 $V[X\,|\,Y=y]$을 구하여라.

$$f(x,\,y)=2,\quad 0<x<y\le 1$$

풀이 우선 x의 범위가 $0\le x\le y$이고, y의 주변밀도함수는

$$f_2(y)=\int_{-\infty}^{\infty} f(x,\,y)\,dx=\int_0^y 2dx=2y,\quad 0\le y\le 1$$

이므로 조건부밀도함수는 다음과 같다.

$$f(x\,|\,y)=\frac{f(x,y)}{f_2(y)}=\frac{2}{2y}=\frac{1}{y},\quad 0<x<y$$

따라서

$$E[X\,|\,Y=y]=\int_0^y xf(x\,|\,y)dx=\int_0^y x\frac{1}{y}dx=\frac{y}{2}$$
$$V[X\,|\,Y=y]=\int_0^y\left(x-\frac{y}{2}\right)^2\left(\frac{1}{y}\right)dx=\frac{y^2}{12},\quad 0\le x<1$$

5.6 통계적 관계의 접근

관계(relation)란 말은 불교에서는 인연이라는 말로도 표현되고 수많은 인간사의 어떤 관계들이 우연인지 필연인지를 생각하게 한다. 사랑하는 사람을 만나게 된 것이 전생에 인연인지, 이산화탄소의 증가가 지구온난화의 주원인인지, 백해무익인 흡연이 폐암과 동맥경화와 수명단축에 주요 요인인지... 등등의 관계를 숙고하게 된다. 그러면 통계학적 관점에서는 다양하고 불확실한 제 현상들에 대한 통계적 관계(statistical relation)를 어떻게 접근하고 있을까를 탐색해 보자. 이 절에서는 서로 관련성이 있는 두 변수가 구간 혹은 비율척도로서 연속형 자료로 측정되었다면 이 변수 사이의 관계의 정도와 방향에 관한 정보를 그림과 수치로 재는 측도 등으로서의 산점도, 공분산과 상관계수에 대하여 알아본다.

1) 산점도(scatter diagram)

산점도란 두 변수 간의 자료를 2차원 평면에 점으로 표시한 그림이다. 산점도는 수치로서는 파악하지 못하는 자료의 분포나 특징있는 패턴, 전체 자료들의 분포에 대한 곡선형이나 직선의 선형성, 이상치들의 위치와 군집형성 정도를 발견할 수가 있다. 예를 들어 사람들의 몸무게와 키 사이의 관련성과 같은 것이다. 즉 키가 클수록 대체로 몸무게가 많이 나간다는 사실을 시각적 이미지로서 알 수 있어 이것은 양의 연관성이 있다고 할 수 있다.

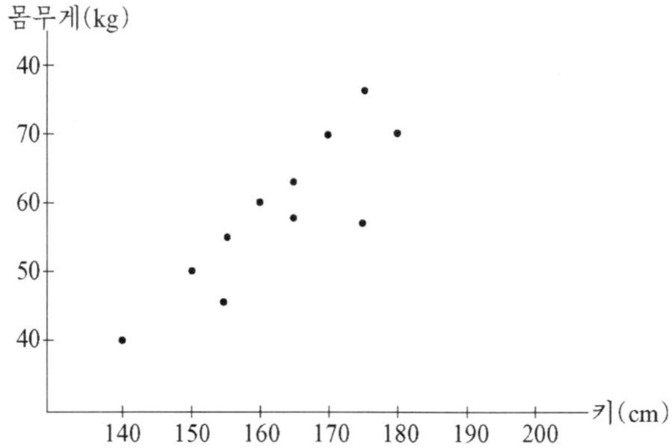

▲그림 5-12 산점도

2) 공분산

두 확률변수 $X,\ Y$의 n개의 관찰값 $(x_i,\ y_i)$에 대하여 두 변수 $(X,\ Y)$가 동시에 함께 변화하는 정도를 나타내는 표본공분산(covariance)은 기호로 $Cov(X,\ Y)$로 나타내고, 다음과 같이 정의한다.

$$\begin{aligned} Cov(X, Y) &= E[(X-\mu_x)(Y-\mu_y)] \\ &= E(XY) - E(X)E(Y) \end{aligned}$$

위의 공분산의 정의에서 $(X_i-\mu_x)(Y_i-\mu_y)$의 의미는 두 변수 $X,\ Y$에서 각각의 평균을 뺀 값의 곱을 나타내므로 각각의 평균 $\mu_x,\ \mu_y$을 기준으로 1사분면과 3사분면에 관찰값이 있는 경우에는 그 부호가 양(+)으로 나타난다. 그러므로 대부분의 관찰값이 1사분면과 3사분면에 위치하게 되면 공분산의 부호가 양(+)으로서 대체로 양의 상관관계가 있음을 짐작할 수가 있다.

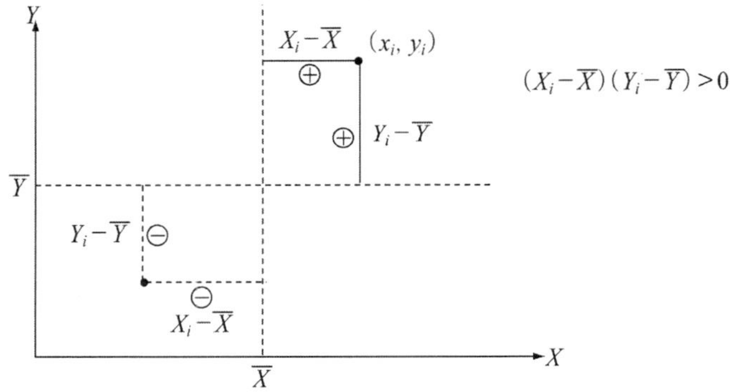

▲그림 5-13 상관계수와 부호의 의미

3) 상관계수

두 변수의 연관성인 상관관계는 여러 가지 측도로써 표현될 수 있는데 그 하나로 피어슨 상관계수(correlation coefficient)가 있다. 상관관계의 아이디어는 150여년 전 유전학자 골턴(Galton, 1822~1911)이 처음 생각의 발상을 내놓고 그의 수제자 피어슨(Pearson)이 수학공식으로 완성한 것으로 오늘날까지 유용하게 사용되고 있다. 이 피어슨 상관계수 $\rho = r_{xy}$는 두 변수 사이의 공분산과 각 변수의 분산을 사용하여 다음과 같이 정의된다.

$$Corr(X, Y) = \frac{Cov(X, Y)}{\sqrt{V(X)}\ \sqrt{V(Y)}} = \rho$$

이 피어슨 상관계수 ρ는 두 확률변수의 공분산을 각 확률변수의 표준편차의 곱으로 나눈 값으로 표준화되었기 때문에 항상 $-1 \le \rho \le 1$을 만족한다. 그리고 부호는 두 변수 간의 대체적인 증감관계의 관련성의 방향을 나타내고 그 절댓값의 크기는 두 변수 간의 선형적인 집중성의 경향 정도를 나타내준다. 즉 두 변수 사이의 상관계수가 양($\rho > 0$)이라는 의미는 X의 평균값보다 큰 값은 Y의 평균값보다 큰 값과 대체로 대응되어 있고 또 반대로 X가 평균보다 작은 값을 갖는 개체들의 Y의 값은 Y의 평균보다 작은 경향이 대체로 많다는 것으로 양의 상관관계가 있음을 의미한다.

$\rho=1$과 $\rho=-1$은 두 변수 사이에 완전한 직선의 선형관계가 있음을 의미한다. 즉 상관계수는 두 변수의 일반적인 연관성을 측정하기보다는 선형관계의 정도를 측정하는 것이다.

$\rho=0$인 경우는 두 변수가 아무런 선형관계가 없음을 나타낸다. 여기서 주의해야 할 것은 $\rho=0$이라고 해서 변수 X와 Y로 표현되고 있는 두 개의 특성이 서로 관계가 없다는 것이 아니고 선형관계는 없다는 뜻이다.

그리고 상관계수의 값이 작더라도 변수 간의 연관성이 없다고 성급한 결론을 내리지 말고 우선 산점도를 그려서 두 변수 간에 군집성이나 직선관계 혹은 곡선관계 등을 직접 눈으로 확인한 후 선형관계가 있을 경우에 한하여 상관계수를 구하고 이용하는 것이 중요하고도 필요하다.

실제적으로 피어슨 상관계수(correlation coefficient)가 정확하게 사용되려면 두 개의 양적변수가 모두 정규분포를 따른다는 가정이 있어야 하는데 이 정규성이 가정되지 않는다면 대안으로 스피어만(Spearman) 상관계수를 이용하면 된다. 특히 질적변수와 질적변수 간의 관계의 강도를 나타내는 것으로는 카이제곱값이 있다.

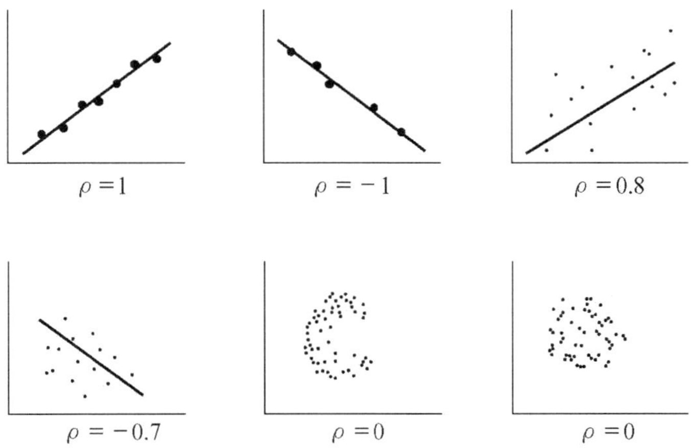

▲그림 5-14 산점도와 상관계수

4) 인과성의 문제

특히 상관분석에서 주의해야 할 사항은 상관관계는 두 변수 간의 원인과 결과의 인과관계를 나타내는 것이 아니다. 이것은 어디까지나 선형관계의 정도를 나타내는 계수라는 것이다. 두 변수 X, Y에서 X가 원인변수(설명변수, 독립변수) 역할을 하고 그로 인한 결과변수로서의 Y는 반응변수(종속변수)의 변화를 야기하는 인과성을 입증하는 것은 상관계수와는 별개의 문제이다. 즉 강력한 상관관계가 있을 경우 이를 근거로 인과성을 추론하는 것은 조심해야 하는 것이다.

5) 회귀분석

두 변수의 자료에서 독립변수 X의 변화에 의한 반응변수 Y에 관한 구체적인 반응의 변화를 직선적인 함수관계($Y = \beta_0 + \beta_1 X + \epsilon$)로 요약할 수가 있는데 이것은 12장의 회귀분석(linear regression)에서 다루기로 한다.

5.7 역사: 골턴과 상관관계의 개념

골턴(Galton, 1822～1911)은 의사인 할아버지와 은행가인 아버지를 둔 부유한 영국의 귀족가문에서 태어났고 자기가 좋아하는 일을 할 수 있었던 용기 있는 사람이었다. 그는 그의 삼촌인 진화론의 창시자 찰스 다윈(Charles Darwin)과 벨지움의 퀘틀렛의 영향을 많이 받는다.

그는 호기심과 측정에 관한 한 못 말리는 열정과 기다림을 가진 사람이다. 그는 무엇이든지 측정하여 그것의 특징을 나타내 보려고 노력했다. 아버지의 권유로 의과대학에 다니다 대학을 중퇴하고 다윈의 갈라파고스 항해에 고무되어 아프리카여행을 2차례 한 다음 1853년에 발간하여 베스트셀러가 된 아프리카 탐험기 《Tropical South Africa》를 발표하면서 유럽에서 과학적 명성을 얻게 된다. 이 공로로 그는 영국 왕립지리학회에 회원이 되고 상을 받게 된다(Tankard, 1984, The Statitical Pioneers).

골턴은 무엇인가를 세고, 측정하는 데 매우 관심이 많았다. 그는 유럽의 각 도시를 여행하는 동안 그 도시의 여성들 중 미인의 수를 세어서 분석하여 유럽의 "beauty map"을 그려서, 런던이 가장 미인이 많은 도시라고 발표하기도 하였다. 또한 그는 통계학의 유명한 저널인 〈biometrica〉

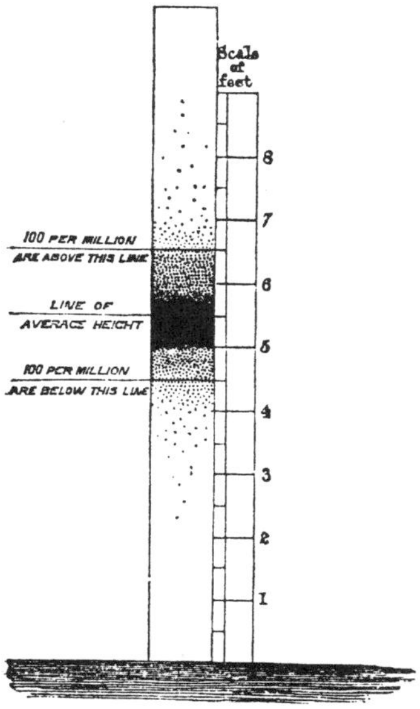

▲그림 5-15 사람의 키의 dot diagram(Aalton, 1869, p.28)

▲그림 5-16 Galton의 Board(일명 Quincunx)

를 창간하였다. 그리고 기상학에도 조예가 깊어 날씨데이터를 수집하고 보다 좋은 날씨지도를 만들어서 최초로 런던타임즈에 실었다. 그는 자료의 요약을 한 그래프를 자주 그렸으며, 어느 동네의 사람들의 키를 재어서 점으로 표시한 dot diagram([그림 5-15])을 최초로 그렸다. 이것은 기술통계학의 문을 여는 대사건이었다. 그는 머리에 떠오르는 생각이나 사회적인 통념에 대하여 자기의 독창적인 관점을 실험을 통해 입증하려고 무던히 애를 쓴 창조적인 과학자였다. 그리고 정규분포가 측정치의 자료 집단의 어디에서나 발견되는 사실에 매료되었으며, 1874년경 평균 주변에 대칭적 모양을 띠는 정규곡선 모양을 만들어내는 실험장치인 Galton Board([그림 5-16]: 일명 Quincunx)라는 기구를 선보이기도 했다. 그는 이 장치를 가지고 정규분포를 따르는 자료를 다시 혼합하면 다시 정규분포가 됨을 확인시켜주었다.

그의 다양한 경력 가운데 다윈의 선택적 번식(selective breeding)의 "종의 기원"은 그에게 유전학에 관한 관심을 촉발한다. 유전연구에서는 지능, 눈 색깔, 체형, 행동 등과 같은 주요 특질의 세대 간 전달관계를 연구하고 있었다. 특히 그는 다윈 가문을 포함한 귀족 가문에서 재능과 탁월함이 세대 간 가계를 따라 유전된다는 것을 실증하기 위하여 많은 증거를 수집하고 이 주요한 연구결과를 재미있는 책인 《유전적 천재(Hereditary Genius, 1869)》에 요약해 놓았다. 그는 1883년 우생학(eugenics)이라는 이름으로 연구의 이름을 짓고 좋은 사회인 유토피아를 건설하고자 하였다. 여기서 우생학이란 한 종족의 태생적인 형질을 개선하고 최고 수준으로 발달시키는 데 영향을 주는 것들을 연구하는 학문이다. 이 우생학은 골턴과 그의 수제자 피어슨 그리고 20세기의 피셔 등의 걸출한 영국의 통계학자들을 연결하는 특별한 화두이기도 했다.

그는 부모의 키와 자식의 키를 비교 조사한 결과 부모의 키가 크면 자식의 키가 크다는 관계가 있음을 발견하고 유전성의 중요한 역할을 알았다. 더 나아가 부모의 표준편차보다 자식대의 키의 표준편차가 줄어드는 것을 발견하고 키가 큰 부모들의 자식들은 사람의 평균키를 향해 부모보다 작은 아이들이 탄생하는 경향이 있다는 것을 발견하였다. 이를 확인하기 위해 완두콩을 경작하여 부모콩과 자식콩의 크기를 조사해 본 결과 같은 결과를 얻었다. 자식대의 콩은 표준편차가 줄어드는 것을 또다시 확인하게 된다. 골턴의 완두콩은 그에게 생명체는 그 종의 평균값을 향해서 회귀한다는 **"평균으로의 회귀"**라는 대명제의 발견에 이르게 한다. 이것은 산이 있으면 골이 있고, 호경기가 있으면 불경기가 있음을 미루어 알고, 오르막이 있으면 내리막이 있음을 생각하게 했다. 골턴은 〈Co-relation and the measurement chiefly from anthropometric data〉라는 논문에서 상관관계(correlation)의 용어를 처음 사용한다. 두 변수의 양적 데이터를 한 그래프에 그려서 이 데이터들을 적합시키고자 선을 그려보는 창조적 과정에서 상관개념과 회귀의 직관을 최초로 얻게 된다. 이 상관관계의 개념을 그의 수제자이면서 골턴의 전기작가이자 수학자인 칼 피어슨(Karl Pearson)이 수학적으로 계산을 완료하여 오늘날까지 유용하게 사용하고 있는 피어슨 상관계수가 얻어지게 된다(번스타인, 1998).

중간부모의 신장(인치)															성인 자손의 총수	중간 부모의 총수	중위수
	<61.7	62.2	63.2	64.2	65.2	66.2	67.2	68.2	69.2	70.2	71.2	72.2	73.7	>75.7			
>73.0	-	-	-	-	-	-	-	-	-	-	-	1	3	-	4	5	-
72.5	-	-	-	-	-	-	-	1	2	1	2	7	2	4	19	6	72.2
71.5	-	-	-	-	1	3	4	3	5	10	4	9	2	2	43	11	69.9
70.5	1	-	1	-	1	1	3	12	18	14	7	4	3	3	68	22	69.5
69.5	-	-	1	16	4	17	27	20	33	25	20	11	4	5	183	41	68.9
68.5	1	-	7	11	16	25	31	34	48	21	18	4	3	-	219	49	68.2
67.5	-	3	5	14	15	36	38	28	38	129	11	4	-	-	211	33	67.6
66.5	-	3	3	5	2	17	17	14	13	4	-	-	-	-	78	20	67.2
65.5	1	-	9	5	7	11	11	7	7	5	2	1	-	-	66	12	66.7
64.5	1	1	4	4	1	5	5	-	2	-	-	-	-	-	23	5	65.8
<64.0	1	-	2	4	1	2	2	1	1	-	-	-	-	-	14	1	-
총수	5	7	21	59	48	117	138	120	167	99	64	41	17	14	928	205	-
중간값	-	-	66.3	67.8	67.9	67.7	67.9	68.3	68.5	69.0	70.0	-	-	-	-	-	-

(골턴의 1886년 발표, (신장 유전에서 평균으로의 회귀)에서 발췌)

▲그림 5-17

5.8 토론과 실험: 확률변수와 확률모델

지금까지 논의된 확률변수와 확률질량함수, 확률밀도함수를 배운 이유를 심도 있게 토의하는 시간을 반드시 가질 것을 권한다. 그렇지 않으면 학생들은 앞으로 배우게 되는 내용을 급수나 미적분 연습문제 풀이 정도로만 받아들이게 된다. 설령 대부분의 연습문제를 잘 해결한다고 해도 확률적 또는 통계적 사고방식을 갖기가 결코 쉽지가 않다.

더욱 문제가 되는 것은, 이러한 불완전한 인식이 대학에서 배우는 거의 모든 분야의 연구방법론에서 통계관련 과목에 대한 태도에 결정적 영향을 미치기 때문에 학생 개개인 특히 상당한 연구역량을 갖고 있는 학생들에게는 타격이 더 크다고 본다. 이것은 현재의 여러 분야에서 적지 않은 전문가들이 통계학이 굉장히 어려웠던 과목으로 기억하고 있으며 현재에도 많은 어려움을 갖고 있는 것을 보면 쉽게 알 수 있다.

T 지금까지 확률변수(X)와 확률질량(밀도)함수 $f(x)$를 배웠다. 이것을 우리 주변의 어디에서 또는 언제 실제적으로 사용할 수 있겠는가?

SA 1) ...... (침묵이 흐르게 됨)

2) 주사위를 던질 때 사용합니다.

T 주사위를 던질 때 어떻게 사용이 되는가?

SA (침묵)

(많은 경우 – 대학 통계학 강의 시간에서도 – 학생들은 이러한 질문에 상당히 곤혹스러워 하게 된다.)

T 바꿔서 좀 더 쉽게 묻자. 어떤 한 화가가 화붓과 좋은 물감 그리고 도화지를 준비하고 원근법 등 그림 그리는 기술을 배웠다. 이 화가는 왜 이렇게 준비하고 배웠겠는가? 무엇이 그로 돈과 수고를 지불하게 하였겠는가?

SA 그림을 그리기 위해서입니다.

T 그렇다. 화가는 그림을 그릴 때 사용할 것이다. 이 화가에게는 첫째 그려야 할 어떤 대상이 있었을 것이다. 그것은 앞산일 수도 있고 자기가 사랑하는 멋진 사람일 수도 있을 것이다. 자기 마음속에 있는 그 어떤 것, 바로 그것을 그려서 표현하려는 마음이 그로 하여금 이런 도구들을 준비하고 또 도구를 사용하는 방법들을 배우는 데 수고를 아끼지 않도록 했을 것이다. 다시 내가 한 질문으로 돌아가서, 확률변수, 확률질량함수를 왜 배웠는가?

SA (침묵)

T 그릴 것, 나타낼 것이 전혀 없는 사람이 화구를 사고 미술학원에 등록한 후 괴로워하는 모습을 보는 것 같구나.

다시 한번 우리 앞에 있는 문제로 돌아가자. 화가가 그리고자 하는 사랑하는 사람의 모습을 그의 마음에 갖고 있듯이 지금 우리 앞에는 호기심, 두려움, 긴장감 등을 만들어내는 불확실성을 내포하고 있는 여러 현상이 있다.

- 지하도 입구를 막 벗어나는 계단 옆에서 2억의 금액이 걸려있는 500원짜리 복권 개봉 직전.
- 7차례의 격돌을 앞에 두고 있는 한국시리즈의 승자를 예측하는 즐거운 호기심.
- 내일 더 싸질지도 모르는 외환의 금일 구매 결정 여부.
- 부도가 날 수 있는 A라는 회사에 대출을 해 주어야 할지를 판단해야 하는 어느 은행원의 고민.
- 재발의 가능성을 배제할 수 없는 암 수술을 받게 되는 환자의 회복가능성을 묻는 질문 앞에서 조심스럽게 답변해야 하는 어느 의사.
- 정교한 계측기구를 납품하는 제조업자가 납품가격을 고려할 때, 계약서에 제품의 오차범위에 대한 신뢰구간을 어떻게 보증해 주어야 하는지를 결정해야 하는 중소기업자.
- 국회의원 선거를 앞둔 후보가 자신이 하고 있는 유세방법의 효과를 분석하여 유세방향을 조정을 하려는 후보.
- 상품진열대 구성에서 갓난아이 기저귀 진열대 앞에 맥주를 진열해 놓을 경우 맥주 판매량이 증가할 것인가를 결정하는 매장책임자.

화가에게 그리고자 하는 대상이 있기에 그가 준비를 하였듯이 여러분에게는 이해하고 표현하고 그리고 분석해야 할 위와 같은 대상이 있다는 것이다. 바로 이러한 불확실성을 포함하고 있는 대상들을 이해하고 표현하기 위하여 대문자로 표시되는 확률변수 X, 확률(밀도)함수 $f(x)$의 개념을 배웠다. 자, 그럼 누가
"확률변수 X로 정의된 어떤 확률현상(불확실성)이 확률질량함수 $f_1(x)$를

$$f_1(1)=\frac{1}{6},\ f_1(2)=\frac{1}{6},\ f_1(3)=\frac{1}{6},\ f_1(4)=\frac{1}{6},\ f_1(5)=\frac{1}{6},\ f_1(6)=\frac{1}{6}$$

으로 갖는다."라고 표현된 확률현상을 설명할 수 있겠는가? 아주 쉽게 설명해 보면 좋겠다.

SA (침묵)……

T 사과를 그려놓은 그림을 보고 무엇을 그린 그림이냐는 질문을 받으면 아마 자존심이 상해서 아무도 대답을 안 하리라 생각한다. 그러나 피카소가 그린 난해한 추상화를 하나 보여주며 피카소는 무엇을 그렸을까 하고 묻는다면 정말 몰라서 대답을 안 할 것이다. 전자는 구체적이고 우리가 사는 3차원 공간에서 쉽게 경험된 개체이나 후자는 피카소의 마음속에서 재창조된 어떤 것이기 때문에 여간해서 제3자가 알 수는 없을 것 같다.

자, 그렇다면 학생들은 위의 확률변수와 확률함수가 어떤 추상적인 것을 표현했다고 생각되는가?

S1 아니요. 불확실성을 표현한 것입니다.

(웃음이 터진다.)

T 왜 웃는가? 정확한 대답이다. 불확실성을 표현한 것이다. 대답한 학생은 정말 용감하다. 불확실성을 좀 더 구체적으로 생각해 보자. 뭐가 불확실한가 말해 줄 수 있는가?

S1 X값이 1이 될지 2가 될지… 6이 될지가 불확실합니다.

T 그렇다. 그 현상이 구체적으로 무엇인지를 모르겠다만 이 현상에서 무엇인가가 1, 2, 3, 4, 5, 6 중 하나의 값을 갖는다는 불확실성이 있다는 뜻이구나. 기타 다른 정보는 없느냐?

S2 그런데 그것들이 모두 같은 확률을 갖고 있습니다.

T 같은 확률을 갖는다… 그렇지

$$f_1(1)=\cdots=f_1(6)=\frac{1}{6}$$

이니까 그렇겠구나. 그런데 같은 확률을 갖는다는 말은 좀 이론적인 말이구나. 뭐 다른 쉬운 표현이 없을까?

S3 이 현상을 여러 번 관찰하면 1, 2, 3, 4, 5, 6이 똑같이 나타난다는 뜻입니다.

T 아까보다는 조금 쉬운 표현인 것 같다. 그럼 몇 번이나 관찰하면 그렇다는 뜻이냐?

S3 (머뭇거리면서) 한 100번쯤요.

T 100번? 그러면 문제가 생기는데… 100번이면 1, 2, 3, 4, 5, 6이 모두 똑같이 나오기는 어려운데…

S2 똑같다는 말을 비슷하게라고 하셔야지요.

T 그래? 그럼 비슷하게로 해석해도 되겠냐? 좋아 100번 정도 관찰할 때 1에서 6까지 6개의 숫자가 비슷하게 나타나는 현상의 표현으로 정리해 보자. 혹시 다른 의견이 있는 사람 없는가?

S1 선생님, 비슷한 것은 얼마나 비슷해야 하나요?

T　정말 어려운 질문이구나. 누구 대답할 학생있는가?

S2　너무 따지는 것 같아요. 그냥 16, 17번 정도씩 섞여서 나온 것으로 보면 되지요.

T　그래? (S2)군 말대로 너무 따지는지도 모르겠구나. 그렇지만 한가지만 더 묻자. (S2)군, 만약 확률변수 X의 확률질량함수가 다음과 같이 $f_2(x)$가 되면 어떤 현상이 표현되겠니?

$$f_2(1)=\frac{1}{7},\ f_2(2)=\frac{1}{7},\ f_2(3)=\frac{1}{6},\ f_2(4)=\frac{1}{6},\ f_2(5)=\frac{1}{6},\ f_2(6)=\frac{3}{14}$$

S2　(생각하다가) 100번 중에 3, 4, 5가 17번, 1과 2가 15번, 6이 19번 나오는 그런 불확실성을 나타냅니다.

T　따지는 것을 참고 대답해줘서 고맙다.

S1　선생님 지금 (S2)가 대답한 것은 사실 1, 2, 3, 4, 5, 6이 모두 비슷하게 나온 것 아닙니까?

SA　(수군대며) 그게 그거네요.

T　허긴 1, 2, 3, 4, 5, 6이 거의 비슷하게 나왔다고 볼 수 있겠구나.

SA　(시끄럽게) 뭐가 뭔지 모르겠네요.

T　그렇구나. 하여간 우리는 확률변수와 확률질량함수가 어떤 불확실성을 표현한다는 사실은 확실히 하였는데 그 현상을 명쾌히 경험적으로는 설명할 수가 없다. 동일한 현상을 여러 번 또는 여러 개체를 관찰하면 1, 2, ⋯, 6이 비슷하게 나타나는 상황을 경험적으로 인식하는 데에서는 "여러 번"을 몇 번정도로, 또 "비슷하게"라는 것을 어떻게 받아들이는 가는 주관적일 수밖에 없게 된다. 이 경우에는 확률함수 $f_1(x)$와 $f_2(x)$가 상당히 비슷하니까 이들 확률변수와 확률질량함수로 표현된 상황이 잘 구별이 되지 않았다.

S1　잠깐만요 선생님, 그러면 X와 $f_1(x)$가 주어지면 어떤 현상 — 불확실성이 포함된 현상을 대략적으로는 그릴 수 있을 것 같은데 거꾸로 어떤 현상이 있을 때 — 예를 들자면 어떤 농구선수가 자유투를 성공시킬지 못 시킬지의 상황을 나타내는 확률질량함수는 어떻게 알 수 있나요?

S2　맞아요. 선생님, 아까 선생님은 X가 1, 2, 3, ⋯, 6이 나올 확률이 모두 $\frac{1}{6}$인 줄 어떻게 아셨지요?

S3　선생님, 지난번 시험에 난 문제 중에서
'공정한 주사위를 두 번 던져서 앞면이 두 번 나올 확률을 구하라?'고 하는 문제 있지요? 거기서 선생님께서는 어떻게 주사위가 공정한 줄 아시지요? 한쪽 모서리나 꼭짓점이 조금이라도(머리카락만큼) 부서졌을 수도 있지 않아요. 그러니까 1이 나올 확률은 $\frac{99}{600}$ 정도 말이지요.

S2 맞아요. 저는 왜 아들 낳을 확률을 $\frac{1}{2}$이라고 하는지? 어떻게 그것을 알았는지 궁금해요. 우리 집은 아들만 다섯인데.

T 내가 기다리던 질문이 나왔구나.
"누가 이 주사위를 공정하다고 하더냐?"
좋은 질문이다. 일찍이 시험장에서 물어 볼만한 문제구나. (S2)군, 자네는 어떻게 아들을 낳을 확률이 $\frac{1}{2}$인줄 알게 되었는가? 아직 결혼도 안 했는데...

S2 그냥요. 에... 생물 시간에요.

T 정말? 생물선생님께 여쭤봐야겠군. 1 : 2 : 1인가 Mendel의 법칙이? Mendel은 어떻게 이것을 알았을까? 점점 궁금한 것이 많아지는구나. 여하튼 오늘의 토론은 우리한테 평소에는 생각하지 못했던 것들을 물어보게 하는구나. 이야기 같지만 재미있게 이런 생각을 한 번 해 보자. 누가 빨리 선생님의 체적을 추측할 수 있겠냐?

S5 70kg이요.

SA (웃음) 체중이 아니라 체적이야

S5 체적이요?

T 그래, 누가 빨리 추측해 보지 그래.

SA (침묵) (수군수군)

T 포기하지 말고 나를 이리저리 뜯어보지 그래. 요사이 나오는 컴퓨터는 CT사진에 있는 간의 그림을 보고 간의 부피를 추측하는 정도인데...

S2 0.18㎥입니다.

SA (탄성)

S3 0.16㎥입니다.

SA (다시 탄성)

T 역시 이 반에는 용감한 사람들이 많구나. 자 누가 맞을까? (S2)군이 맞다고 생각하는 사람 손들어 보자.

SA (몇 명이 손을 들까 말까 한다.)

T 그럼 (S3)가 맞다고 생각하는 사람 손들어 보자.

S4 잠깐요 선생님, 이것은 맞고 틀리고의 문제가 아닌 것 같습니다. 사실 둘 다 선생님의 진짜 체적은 아닐 것입니다.

T 그래? 하긴 둘 다 추측이니까. 그래 좋아 말을 바꾸자. (S3)가 더 정확할 것이라고 생각하는 사람 손들어 봐.

SA (다시 주저한다.)

S4 선생님, 더 정확한지를 단순히 숫자만 갖고 어떻게 알지요? 우리는 선생님의 진짜 체적을 모르는데요. 두 사람이 왜 그런 값을 얻었는지 설명을 들어봐야 되겠는데요.

T 다른 친구들은 어떻게 생각하는가? 들어보니 (S4)의 말이 맞는 것 같구나. 다른 의견이 없으면, (S4)의 말대로 (S2)와 (S3)는 각자 자기가 그런 값을 얻게 된 과정을 좀 설명해 보지.

S2 네, 저는 선생님을 직육면체로 생각했어요. 높이는 선생님 키로 180cm, 가로는 어깨 넓이로 50cm, 세로는 가슴 두께라 생각하고 20cm로 생각했지요.

SA (와글와글)

S3 저도요 (S2)와 비슷한데 선생님의 몸통은 직육면체로 보고 머리부분은 원통으로 보았지요.

직육면체: 150cm×50cm×20cm=.15

원통: 10cm^2×3.14×30cm=.01

그래서 .16이라고 생각했어요.

T 그랬구나. 자 그러면 누가 더 정확하다고 생각하느냐 (S4)가 대답해 보지.

S4 (S3)가 더 정확할 것 같네요.

T 나도 그런 것 같구나. 그러면 (S2)의 생각이 (S3)보다 조금 잘못되었다고 할 수 있을까? 다른 말로 하면 (S2)와 같이 나를 직육면체로 보는 것이 잘못된 것이라고 할 수 있겠는가?

S2 선생님, 그렇게 보면 끝이 없어요. 선생님 머리부분을 원통으로보다는 타원 통으로 보는 것이 더 정확할 수도 있지 않아요. 다리부분도 직육면체에 포함시키지 말고 두 개의 직육면체로 나눌 수도 있구요.

T (S2)의 말도 맞다. 보기에 따라서 점점 정확한 값에 가까이 갈 수 있겠구나. 단지 계산이 점점 복잡해지면서 말이야. 그럼 정확성에서는 (S2)의 견해가 (S3)보다 좀 떨어지지만 반면에 단순하다는 관점에서는 (S2)의 견해가 (S3)보다 더 낫다고도 볼 수 있겠다. 여기서 (S2)에게 나의 형태를 왜 직육면체로 보았느냐고 묻고 싶은 학생 있는가?

SA (머뭇머뭇)

T 아무도 (S2)의 관점을 이해하지 못하는 학생이 없는 것 같구나. 그러면 (S3)의 관점은?

SA (끄덕끄덕)

T (S3) 관점도 모두 받아들이는 구나. 중요한 결론인 것 같다. 이 문제에서 얻을 수 있는... 실제 문제는 나의 체적을 구하는 것이었는데 여기서 나의 형태를 보는 관점은 여러 가지가 있을 수 있고 그 관점은 나름대로의 특징을 갖는 것을 알았다. 그 특징은 일방적으로 좋고 나쁘고 등으로 평가될 수 없는 것이며 그러한 관점을 갖게 된 배경에 따라서 우리가

각자 동의할 수도 있고 안 할 수도 있는 그러한 것이라는 사실을 알게 되었다. 다시 확률변수와 확률함수로 돌아가자. (S2)가 질문한 것 같이 어느 주사위가 있다고 하자. 이 주사위는 던져서 나오는 눈의 수가 몇 개일까 하는 문제는 확률변수와 확률질량함수로서 대답될 수밖에 없는 불확실성을 포함한 문제이다. 여기서 주사위가 공정하다는 것은, 다른 말로 하면 눈의 수가 1, 2, 3, 4, 5, 6이 될 확률이 모두 $\frac{1}{6}$이라고 하는 것은 결국 이 현상을 바라보는 관점이다. 마치 나의 형태를 직육면체로 보는 것과 같이. 따라서 누가 앞에서 우리가 고민해 본 $f_2(x)$로 확률질량함수를 생각하는 것도 또 하나의 관점이다. 이것은 맞고 틀리고의 문제는 아니다. 단순성의 입장에서 보면 $f_1(x)$와 $f_2(x)$ 중 어느 것이 더 단순하다고 보느냐?

SA $f_1(x)$이요.

T 나도 그렇게 생각한다. $f_1(x)$는 다 똑같이 나온다고 본 것이니까. 그래서 일반적으로 "공정한 주사위" 또는 "동등한 확률을 갖는 주사위", "확률변수 X가 $f_1(x)$를 확률질량함수로 갖는다."고 말하는 것이다. 엄밀히 말하면 가정하는 것이다.

S4 선생님 그러면 주사위 경우에 $f_1(x)$가 $f_2(x)$보다 단순하다는 것을 알겠는데 $f_2(x)$가 더 정확하다고 할 수 있는가요? 선생님 체적의 경우는 (S3)가 더 정확한 것을 선생님을 보면 알 수가 있는데요.

T 날카로운 질문이구나. 나의 체적은 나를 보면 아는데 주사위는 어떻게 공정한지 아니면 약간 한쪽으로 기울어져 있는지 아느냐? 하는 질문이구나. 그것을 알아야 $f_1(x)$와 $f_2(x)$ 중 어느 쪽이 더 정확한지를 알텐데 말이다. 누구 좋은 생각이 있는가?

S2 주사위를 잘 쳐다보면 되지요.

T 글쎄. 자네 눈이 얼마나 좋은지 몰라도 예를 들어서 1도 정도 기울어진 것을 알 수 있을까?

SA (침묵)

S1 여러 번 던져 보면 될 것 같아요. 제가 말한 여러 번은 될 수 있는 대로 많이요.

T 좋아. 받아들이자. 여러 번 던지는 것 다시 말하면 여러 번의 실험, 조사, 관찰 등을 통해서 얻어지는 경험을 바탕으로 판단하게 된다. 마치 여러분이 나를 여기저기 유심히 살펴본 것 같이 말이다. 그렇게 얻어진 여러 번의 경험을 "자료의 정리와 요약"에서 배운 여러 가지 그래프, 도표, 또는 몇 개의 주요한 숫자로 표현할 수 있을 것이고 이를 바탕으로 $f_1(x)$와 $f_2(x)$ 중 어느 것이 더 정확한지, 또는 제3의 새로운 관점을 확률함수로 표현할 수 있게 된다. 하여간 이때 우리는 우리의 경험에 — 자료에 — 가까운 그리고 가능한 한 단순한 관점을 갖으려고 할 것이다. 여러분이 유난히 배가 많이 나온 나를 보고 볼록한

타원통으로 보지 않고 직육면체나 또는 원통과 직육면체의 통합의 관점을 사용한 것 같이 말이다.

여기서 단어 하나만 배우자. 이때 직육면체, 원통 등과 같은 것을 모형, 영어로 Model이라고 부른다. (S2)는 나의 형태를 직육면체는 아니지만 나의 형태를 직육면체로 모형화했다고 하는 것이지. 직육면체나 원통의 체적을 구하는 공식 등은 어디에서 배웠느냐? 수학시간이 아니냐. 그렇다. 수학시간에 배운 대부분의 지식은 바로 우리 실제 현실에서 발견되는 많은 현상을 표현하는 좋은 모형으로 사용되는 것이다.

또 다른 쉬운 예로 이차함수로 모형화된 현실적인 문제들을 생각해 보자. 물리에서 많이 있을 것 같다. 공을 45° 방향으로 던졌을 때 공이 땅에 닿는 위치를 계산할 때 사용될 것 같다. 그런데 대부분의 경우는 실제 상황에 개입되어 있는 모든 종류의 힘의 성분을 다 고려하지는 않는다. 왜냐하면 다 고려하면 정확할지는 모르지만 너무 복잡해서 계산이 안 될 수도 있기 때문이다. 이차함수를 가장 단순한 모델 중에 하나로 사용하는 것이지. 이렇듯 그 동안 수학에서 배운 대부분의 지식은 자연현상을 표현하고 이해하고 분석하기 위한 도구로서 많이 사용되어 온 것이다. 마찬가지로 우리 앞에 있는 불확실성을 포함한 현상을 가능한 쉽게 그리고 가능한 한 정확하게 표현하기 위한 지식이 우리에게 필요하다. 이 수학적 지식이 풍부하면 풍부할수록 우리는 우리가 만나게 될 여러 상황들을 더욱 잘 이해하고 분석할 수 있게 되기 때문이다. 그 동안 도형 중에서 가장 시험에서 많이 다루는 도형이 무엇이었는지 생각해 보라. 아마 삼각형과 원이 아니었을까? 왜 이들이 시험에서 많이 다루어졌겠는가?

S1 중요하니까요.

T 조금 답답하다. 왜 중요한가가 이야기되어야지.

SA ....

T 여러 이유가 있겠지만 오늘 여기서는, 우리 주위의 많은 현상을 잘(단순하면서도, 정확하게) 모형화할 수 있는 도형들이기 때문에 그만큼 자주 많이 이들 도형의 특성에 대하여 공식을 개발하고 응용하는 방법을 가르치고, 배우고 한 것이다. 그렇다면 이제 앞에서 말한 바와 같은, 우리 주위에서 우리가 아주 자주 접할 수 있는 불확실성을 포함한 현상(랜덤현상 또는 확률현상이라고 한다)을 다음과 같이 유형별로 생각해 보면서 다음시간에 도형에서 삼각형과 원과 같이 자주, 유용하게(단순성과 정확성) 사용되는 **확률모델**(또는 확률분포)을 생각해 보자.

(유형 1) 500원짜리 복권 한 장 앞에서 당첨의 호기심을 느끼고 있는 현상

(유형 2) 10번의 실험에서 7번 이상의 성공을 거두어야만 하는 어느 연구원의 고민

(유형 3) 오후 8시에서 9시 사이에 찾아오는 고객의 수가 5명 이상이면 거래 마감시간을 8시에서 9시로 늦추려고 하는 어느 지점장이 갖고 있는 불확실성

(유형 4) 여성 기성복을 제조하는 사장이 신장이 170cm와 175cm 사이의 20대 여성에게 맞는 기성복의 생산비율을 결정하여야 하는 상황

(유형 5) 수명이 300시간 이상일 확률이 .7이라고 알려진 전구 500개를 전시장에 설치한 조명업자가 300시간 후에 교체해야 할 전구가 몇 개나 될지 고민하는 상황

(유형 6) 평균 수명이 300시간이라고 알려진 전구 1000개를 공장 내에 설치한 공장장이 300시간이 되기 전에 고장이 날 수 있는 전구의 비율을 궁금해 하는 상황

[과제 3] 위에 제시한 6개의 유형들의 차이를 비교 분석하고 각각 제시된 예와 유사한 현실적인 예를 한 가지씩 제시하는 보고서를 제출하도록 한다. (A4지 1매)

지금까지 확률변수와 확률분포 이론의 배후에 있어야만 하는 현실적인 불확실성의 실제상황을 학생들에게 각인시키는 토론식 강의의 예를 보였다. 최근 통계교육에 관한 보고서에 의하면, 학생들을 불확실성의 실제문제 속으로 인도하여 확률 및 통계를 가르치는데 50% 이상의 시간과 토의가 필요하다는 의견이 상당한 지지를 받고 있는 추세이다.

베르누이 분포(유형1), 이항분포(유형2), 포아송분포(유형3), 정규분포(유형4), 정규분포로 근사화되는 이항분포(유형5), 지수분포(유형6)에 대한 수리적 특성에 관한 수업과 강의는 위에서 예시된 과제와 같이 유사한 유형에 대한 논의를 충분히 한 후에 시작되어야 하고 중간 중간에 다시금 실제 사회와 연결된 현실감을 공급할 것을 강력히 권한다.

연습문제_5 exercises

1. 다음 용어를 설명하여라.

확률변수, 확률밀도함수, 분포함수, 결합확률밀도함수, 기댓값, 공분산, 상관관계, 상관계수

2. 다음 확률변수가 이산확률변수인지 연속활률변수인지를 밝혀라.

(1) $500ml$ 생수병에 실제로 들어있는 생수의 양
(2) 한 병원을 방문하는 환자들의 일일 외래진료비
(3) 서울 시내에서 하루에 발생하는 화재사고의 119 신고 건수

3. 공정한 정사면체의 주사위(눈 1, 2, 3, 4)를 두 번 던져서 나타나는 두 눈 중에서 최댓값을 확률변수 X라 하자.

(1) 표본공간과 치역을 말하여라.
(2) 확률변수 X의 확률밀도함수를 구하여라.
(3) $E(X)$와 $V(X)$를 구하여라.

4. 다음 확률밀도함수의 기댓값 $E(X)$와 분산 $V(X)$를 구하여라.

$$f(x) = \left(\frac{1}{2}\right)^x, \quad x = 1, 2, 3, \cdots$$

5. 두 확률변수 X와 Y의 결합확률분포가 다음과 같다.

x \ y	1	2	3
2	1/20	1/10	3/20
4	1/20	2/10	3/20
6	3/20	1/20	1/10

(1) X와 Y의 주변확률분포를 구하여라.
(2) X와 Y의 평균과 분산을 각각 구하여라.
(3) X와 Y의 공분산 $Cov(X, Y)$를 구하여라.

6. 확률변수 X에 대한 분포함수가 다음의 물음에 답하여라.

$$F(x) = \begin{cases} 1 - e^{-2x}, & x \geq 0 \\ 0, & \text{그 밖에서} \end{cases}$$

(1) 확률밀도함수 $f(x)$를 구하여라.

(2) 평균과 분산을 구하여라.

(3) $P(X > 3)$, $P(0 < X \leq 3)$를 구하여라.

7. 두 확률변수 X와 Y의 분산은 각각 $V(X) = 4$, $V(Y) = 6$이고 공분산이 $Cov(X, Y) = 2$일 때 $V(X + Y)$를 구하여라.

$$(V(aX + bY) = a^2 V(X) + b^2 V(Y) + 2ab\,Cov(X, Y))$$

8. 확률변수 X의 확률밀도함수가 다음과 같다고 가정하자.

$$f(x) = \begin{cases} ke^{-2x}, & x > 0 \\ 0, & \text{기타} \end{cases}$$

(1) 상수 k를 구하고 그 확률밀도함수의 그래프를 그려라.

(2) $P(1 < X < 2)$를 구하여라.

(3) $E(X)$, $V(X)$를 구하여라.

9. 확률변수 X, Y의 결합확률밀도함수가 다음과 같을 때 다음을 구하여라.

$$f(x, y) = \begin{cases} 24xy, & 0 \leq x \leq 1,\ 0 \leq y \leq 1,\ x + y \leq 1 \\ 0, & \text{그 밖에서} \end{cases}$$

(1) $f(y)$, $f(x \mid y)$

(2) $P\left(X \leq \frac{1}{3},\ Y \leq \frac{1}{2}\right)$

(3) $E(X)$, $E(Y)$, $V(X)$, $V(Y)$

10. 확률변수 X와 Y의 결합분포가 다음 표와 같다고 가정하자.

x \ y	-1	0	1
0	0	1/3	0
1	1/3	0	1/3

X와 Y는 서로 독립이 아니지만 $Cov(X, Y) = 0$임을 보여라.

11. 확률변수 X, Y의 결합확률밀도함수가 다음과 같을 때,

$$f(x,y)=\begin{cases} k(x+y), & 0\le x\le y\le 1 \\ 0, & \text{그 밖에서} \end{cases}$$

조건부확률밀도함수 $f(x|y)$를 구하여라.

12. 확률밀도함수가 다음과 같을 때

$$f(y)=ke^{-\frac{y^2}{2}},\quad -\infty<y<\infty$$

(1) 확률밀도함수가 되기 위한 k의 값은?

(2) 적률생성함수는?

(3) $E(Y)$, $V(Y)$는?

13. 확률변수 X, Y의 결합확률밀도함수가 다음과 같을 때,

$$f(x,\, y)=\begin{cases} \dfrac{1}{y}e^{-y}, & 0<x<y,\ 0<y<\infty \\ 0, & \text{그 밖에서} \end{cases}$$

$E(X^3 \mid Y=y)$을 구하여라.

14. 결합확률밀도함수가 $f(x,\, y,\, z)=c\,ze^{-(x+y+z^2)}$, $x>0,\ y>0,\ z>0$일 때

(1) 상수 c 값을 구하여라.

(2) 주변확률밀도함수 $f(x)$를 구하여라(중적분 이용).

15. 지수함수 $f(x)=\lambda e^{-\lambda x}$, $x>0,\ \lambda>0$의 적률생성함수를 구하여라.

16. 확률변수 X, Y의 결합확률밀도함수가 다음과 같을 때,

$$f(x,\, y)=\begin{cases} \dfrac{2e^{-2x}}{x}, & 0<y\le x,\ 0<x<\infty \\ 0, & \text{그 밖에서} \end{cases}$$

$E(XY)$를 구하여라.

임용고사 기출문제

1. 다음 확률밀도함수의 분산 $V(X)$를 구하시오.(1995년)

$$f(x)=\left(\frac{1}{2}\right)^x,\ x=1,2,3,\cdots$$

2. 정규분포 $N(\mu,\ \sigma^2)$를 따르는 확률변수 X에 대하여

$$P(X\le 5)=P(X\ge 7),\ E(X^2)=45$$

일 때 $\frac{\mu}{\sigma}$의 값을 구하시오.(1996년)

3. 확률변수 X의 확률밀도함수가

$$f(x)=\begin{cases} ke^{-3x}, & x\ge 0 \\ 0, & x<0 \end{cases}$$

일 때 상수 k의 값을 결정하고, $E(X)$를 구하시오.(1997년)

4. 400명이 모집정원인 공무원 임용시험에 5000명이 응시하였다. 응시자 전체의 성적분포는 100점 만점에 평균 55점, 표준편차 8점인 정규분포를 이루었다. 이 시험에서 모집정원의 120%를 1차 합격자로 선발하고자 할 때 1차 합격자의 최저 점수를 구하시오.(2001년)

5. 동전 n개를 동시에 던져서 모두 앞면이 나오면 n점을 얻고 그렇지 않으면 0점을 얻는다고 하자. 이 규칙에 따라 동전 n개를 동시에 던지는 시행에서 얻을 수 있는 점수의 기댓값 En을 구하고 En이 최대가 되는 n을 모두 구하시오.(2008년)

6. 이산형 확률변수 X의 적률생성함수는 다음과 같다.

$$M_X(t)=E(e^{tX})=\frac{2}{5}+\frac{1}{5}e^{-t}+\frac{2}{5}e^t \quad \text{(단, } t\text{는 실수)}$$

이때 확률변수 $Y=X^2$의 평균과 분산을 구하시오.(2010년)

7. 확률변수 X, Y의 결합확률밀도함수가

$$f(x,\ y) = e^{-(x+y)},\quad x \ge 0,\ y \ge 0$$

이다. $Z = X + Y$일 때 $P(Z \le 1)$을 구하시오.(1993년)

8. 확률변수 X, Y의 결합확률밀도함수가

$$f(x,\ y) = 2e^{-(x+2y)},\quad x \ge 0,\ y \ge 0$$

이다. $P(X < Y)$을 구하시오.(1994년)

9. 동전 2개를 던질 때 앞면이 나오는 개수를 확률변수 X라 하고 확률변수 Y를

$$Y = \begin{cases} 0, & x = 0,\ 2 \\ 1, & x = 1 \end{cases}$$

으로 정의할 때 다음 물음에 답하시오.(2002년)

(1) X, Y 각각의 확률분포표와 (X, Y)의 결합확률분포표를 만드시오.

(2) X, Y의 공분산 $Cov(X, Y)$를 구하시오.

(3) X, Y의 독립성 여부를 판단하시오.

10. 두 확률변수 X, Y는 서로 독립이고 각각 다음과 같은 동일한 확률밀도함수를 갖는다.

$$f(t) = \begin{cases} 2t, & 0 \le t \le 1 \\ 0, & \text{그 밖에서} \end{cases}$$

이 때, Y가 X와 X^2 사이에 있을 확률을 구하시오.(2009년)

11. 한 개의 주사위를 던져 나온 눈의 수를 X라고 하고 나온 눈의 수와 같은 개수의 동전을 던져 나오는 앞면의 수를 Y라고 하자. $X = m$이 주어졌을 때 Y의 조건부확률함수(조건부확률질량함수) $P_{Y|X}(n|m)$, $P_Y(0)$를 구하시오.(2011년)

12. 두 이산형 확률변수 X, Y의 결합확률질량함수가

$$f(x,\ y) = P(X = x,\ Y = y) = \frac{3x - y}{12},\ \ x = 1,\ 2,\ \ y = 1,\ 2$$

라 하자. $Y = 1$일 때 X의 조건부기댓값(조건부 평균) $E(X \mid Y = 1)$의 값은?(2012년)

13. 동전 3개를 동시에 던져서 모두 앞면이 나오는 경우를 성공이라 하자. 동전 3개를 동시에 던지는 시행을 독립적으로 반복할 때, 5번 성공할 때까지의 시행횟수를 확률변수 X라 하자. 옳은 것만을 〈보기〉에서 있는 대로 고른 것은?(2013년)

〈보기〉

ㄱ. $P(X \le 4) = 0$ ㄴ. $\sum_{k=1}^{\infty} P(X=k) = 1$ ㄷ. $P(X=13) = \binom{12}{1}\left(\frac{1}{2}\right)^5\left(\frac{7}{8}\right)^8$

14. 두 연속확률변수 X와 Y의 결합확률밀도함수(joint probability density function) $f(x, y)$를

$$f(x, y) = \begin{cases} \frac{1}{5}xy(1-x+y), & 0 < x < 1,\ 1 < y < 3 \\ 0, & \text{그 외의 경우} \end{cases}$$

라 하자. Y의 주변확률밀도함수(marginal probability density function) $f_Y(y)$를 구하고, 이를 이용하여 $Y=2$가 주어졌다는 가정하에 X의 조건부확률밀도함수(conditional probability density function) $f_{X|Y}(x|2)$와 X의 조건부기댓값(conditional expectation) $E[X|Y=2]$를 구하시오.(2014년)

15. 두 연속확률변수 X와 Y는 독립이고, X와 Y의 확률밀도함수(probability density function)를 각각 $f_X(x) = 2x\ (0 < x < 1)$, $f_Y(y) = 1\ (0 < y < 1)$이라고 하자. $M = \left[\frac{X}{Y}\right]$라 할 때, 확률 $P(M=2)$를 구하시오. (단, $[a]$는 a보다 크지 않은 최대정수이다.) (2015년)

임용고사 기출문제 정답

1. 2 **2.** 2 **3.** $k=3,\ E(X)=1/3$ **4.** 65.4 **5.** $n=1, 2$ **6.** $\frac{3}{5}, \frac{6}{25}$

7. $1-\frac{2}{e}$ **8.** $\frac{1}{3}$ **9.** $Cov(X, Y)=E(XY)-E(X)E(Y)=0$, 서로 독립이 아니다.

10. $\frac{1}{6}$ **11.** $P(n|m) \sim B\left(n=m, p=\frac{1}{2}\right)$, $P(X=n, Y=m) = \binom{m}{n}\left(\frac{1}{2}\right)^m \times \frac{1}{6}$, $P(0) = \frac{63}{64} \times \frac{1}{6}$

12. $\frac{12}{7}$ **13.** ㄱ, ㄴ, ㄷ **14.** $\frac{9}{14}$ **15.** $\frac{1}{9}$

6장

확률분포

6.1 이항분포

확률실험의 출현값이 유한이거나 가산(countable)인 이산확률변수의 확률모델로서의 확률분포는 베르누이분포, 이항분포, 기하분포, 포아송분포 등이 있다.

1) 베르누이분포

표본공간이 오직 두 가지의 배타적인 원소로 구성된 실험의 시행을 베르누이 시행이라고 한다. 예를 들면 공정한 동전을 던지는 시행에서의 '앞면'과 '뒷면'이 나타나는 실험이라든가 과녁맞추기에서의 시행결과가 '실패' 아니면 '성공'으로 나타나는 실험 등을 들 수 있다.

확률변수 X의 확률함수가 다음과 같을 때 확률변수 X를 베르누이 확률변수라고 하고, 이것이 베르누이 분포를 따른다고 하며 기호로 $X\sim$Bernoulli(p)로 표현한다. 또한 확률분포표와 그림으로 나타내면 다음과 같다.

[표 6-1] 베루누이분포표

x	0	1	합계
$f(x)$	q	p	1

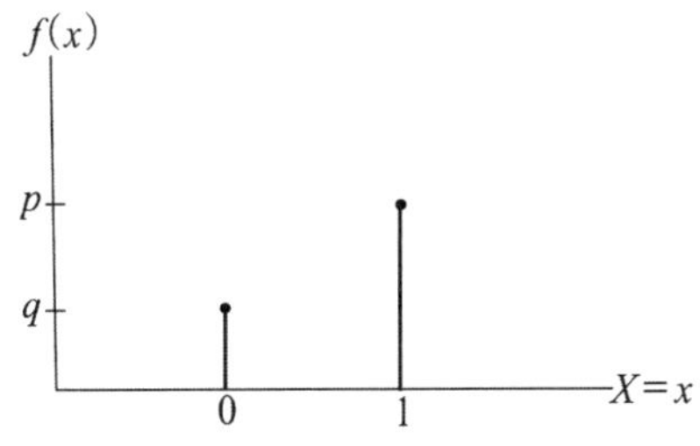

▲그림 6-1 베루누이분포

베르누이분포를 식으로 요약하면 다음과 같다.

(1) 확률함수 $f(x)=p^x(1-p)^{1-x},\quad x=0,1,\ q=1-p$

(2) 평균 $E(X)=\sum_{x=0}^{1} xf(x)=\sum_{x=0}^{1} xp^x(1-p)^{1-x}=p$

(3) 분산 $V(X)=\sum_{x=0}^{1}[x-E(X)]^2 f(x)=E(X^2)-[E(X)]^2=p-p^2=pq$

2) 이항분포

이항분포(binomial distribution)란 베르누이 시행을 독립적으로 n번 반복시행한 결과로 얻어지는 성공의 횟수에 대한 확률분포이다. 이항분포의 실험은 6.7절을 참조한다.

예 6-1 성공(s)이 나타날 확률은 p이고 실패(f)가 나타날 확률이 $1-p$인 베르누이시행을 독립적으로 3번 반복하는 실험에서 확률변수 X를 성공의 횟수라고 할 때 이 확률변수의 확률분포를 구하여라.

풀이 이 실험에서 나타날 수 있는 모든 경우는 다음과 같다.

[표 6-2] 실험결과표

실험결과	$X=x$	확률
s s s	3	p^3
s s f	2	$p^2(1-p)$
s f s	2	$p^2(1-p)$
f s s	2	$p^2(1-p)$
s f f	1	$p(1-p)^2$
f s f	1	$p(1-p)^2$
f f s	1	$p(1-p)^2$
f f f	0	$(1-p)^3$

위 결과를 일반화하면 n번 시행에서 성공(s)이 x번 나타날 확률은 다음과 같다.

$$P(X=x)=\binom{n}{x}p^x(1-p)^{n-x},\ \ x=0,1,2,\cdots,n$$

그리고

$$\sum_{x=0}^{n}P(X=x)=\sum_{x=0}^{n}\binom{n}{x}p^x(1-p)^{n-x}=(p+(1-p))^n=1$$

이므로 확률밀도함수의 조건을 만족함을 알 수 있다.

성공확률이 p인 베르누이 시행을 n번 반복하였을 때 나타나는 성공의 횟수를 확률변수 X라 할 때 이 확률변수의 분포를 이항분포라고 하며, 기호로는 $X\sim B(n,\ p)$라고 나타내고 확률밀도함수는 다음과 같다.

(1) 확률밀도함수 $f(x)=\binom{n}{x}p^x(1-p)^{n-x},\quad x=0,1,2,\cdots,\ n$

(2) 평균 $E(X)=np$

(3) 분산 $V(X)=\sum_{x=0}^{n}[x-E(X)]^2f(x)=npq$

이항분포의 평균과 분산을 각각의 방법으로 구해 보자.

[방법 1] 베르누이 확률변수 X의 평균 p와 분산 pq를 이용하면 다음과 같다.

$$\text{평균 } E(X)=E\left(\sum_{i=1}^{n}X_i\right)=E(X_1+X_2+\cdots X_n)$$
$$=E(X_1)+E(X_2)+\cdots+E(X_n)=p+p+\cdots+p=np$$
$$\text{분산 } V(X)=V\left(\sum_{i=1}^{n}X_i\right)=\sum_{i=1}^{n}V(X_i)=pq+pq+\cdots+pq=npq$$

[방법 2] 이항분포의 확률밀도함수로부터 기댓값의 정의에 의해 구할 수 있다.
$X\sim B(n,p)$일 때

$$E(X)=\sum_{i=1}^{n}x\binom{n}{x}p^x(1-p)^{n-x}=\sum_{i=1}^{n}x\frac{n!}{x!(n-x)!}p^x(1-p)^{n-x}$$
$$=\sum_{i=1}^{n}x\frac{n(n-1)!}{x(x-1)!(n-x)!}pp^{x-1}(1-p)^{n-x}$$
$$=np\sum_{k=0}^{n-1}\binom{n-1}{k}p^k(1-p)^{(n-1)-k}$$
$$=np$$
$$E(X^2)=\sum_{i=1}^{n}x^2\binom{n}{x}p^x(1-p)^{n-x}$$
$$=\sum_{i=1}^{n}x(x-1)\binom{n}{x}p^x(1-p)^{n-x}+\sum_{i=1}^{n}x\binom{n}{x}p^x(1-p)^{n-x}$$
$$=\sum_{i=1}^{n}x(x-1)\frac{n(n-1)(n-2)!}{x(x-1)(x-2)!(n-x)!}p^2p^{x-2}(1-p)^{(n-2)-(x-2)}+np$$

$$= n(n-1)p^2 \sum_{k=0}^{n-2} \binom{n-2}{k} p^k (1-p)^{n-2-k} + np$$

$$= n(n-1)p^2 + np$$

따라서

$$V(X) = E(X^2) - [E(X)]^2 = n(n-1)p^2 + np - [np]^2 = npq$$

[방법 3] 적률생성함수를 이용하여 이항분포 $B(n, p)$의 평균과 분산은 다음과 같이 쉽게 직접 구할 수 있다. 이항분포의 적률생성함수 $M(t)$는 다음과 같다.

$$M(t) = E(e^{tX}) = \sum e^{tx} f(x) = \sum_{x=0}^{n} e^{tx} \cdot \binom{n}{x} p^x (1-p)^{n-x}$$

$$= \sum_{x=0}^{n} \binom{n}{x} (pe^t)^x (1-p)^{n-x} = [pe^t + (1-p)]^n$$

적률생성함수의 미분은 다음과 같다.

$$M'(t) = npe^t [pe^t + (1-p)]^{n-1}$$

$$M''(t) = n(n-1)(pe^t)^2 [pe^t + (1-p)]^{n-2} + npe^t [pe^t + (1-p)]^{n-1}$$

그러므로 평균과 분산은 다음과 같이 얻어진다.

$$E(X) = M'(0) = np$$

$$V(X) = E(X^2) - [E(X)]^2 = M''(0) - [M'(0)]^2 = npq$$

다음 그림은 시행수 n과 성공확률 p의 변화에 따른 이항분포 $B(n, p)$의 그래프이다.

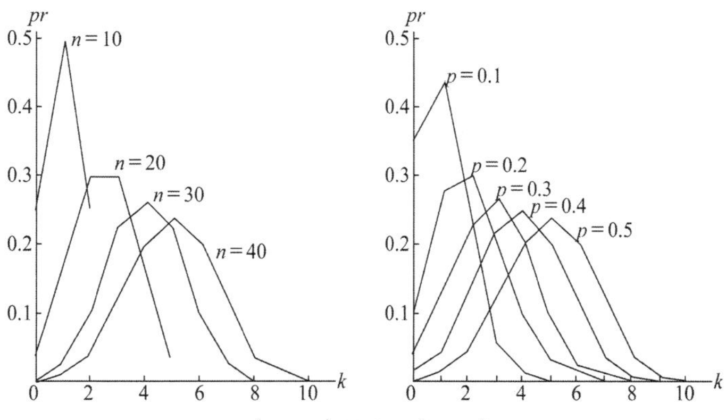

▲그림 6-2 $B(n, 0.5)$형과 $B(10, p)$형의 이항분포

6.2 기하분포

1) 초기하분포(hypergeometric distribution)

N개의 공(D개는 양품, $N-D$개는 불량품)이 들어있는 상자로부터 n개의 공을 비복원으로 임의추출하는 실험에서 공을 하나 추출했을 때 양품이면 성공, 불량품이면 실패라고 하기로 하자. 그러면 이 실험에서 n개의 공을 비복원으로 추출할 때 성공의 횟수를 확률변수 X라고 하면 이것은 초기하분포를 따른다고 한다.

(1) 확률밀도함수 $f(x) = \dfrac{\dbinom{D}{x}\dbinom{N-D}{n-x}}{\dbinom{N}{n}}$, $x = 0, 1, 2, \cdots, \min\{n, D\}$

(2) 평균 $E(X) = n \cdot \dfrac{D}{N} = np,\ p = \dfrac{D}{N}$

(3) 분산 $V(X) = \dfrac{N-n}{N-1} np(1-p)$

특히 비복원추출에서 $\dfrac{D}{N} = p$를 고정하고 모집단의 크기 N의 값을 무한히 크게 하면 초기하분포에 의한 확률은 이항분포 $B(n, p)$에 근접해 간다. 즉 초기하분포에서 N, D, $N-D$가 비교적 크고 이들에 비하여 n이 작은 경우 구하는 확률 $P(X=x)$는 거의 복원추출인 경우의 확률에 근사한다. 다시 말해서 복원추출이나 비복원추출이나 큰 차이가 없음을 보여주고 있다. 비복원추출의 초기하분포가 복원추출로 근사하는 증명은 다음과 같다.

$$P(X=x) = \binom{n}{x} p^x (1-p)^{n-x},\ \text{단}\ p = \frac{D}{N}$$

$$\begin{aligned} P(X=x) &= \frac{{}_DC_x \cdot {}_{N-D}C_{n-x}}{{}_NC_n} \\ &= \frac{[D \cdots (D-x+1)]/x! \cdot [(N-D) \cdots (N-D-n+x+1)]/(n-x)!}{[N \cdots (N-n+1)]/n!} \end{aligned}$$

$$= \frac{n!}{x!(n-x)!} \cdot \frac{\left[D^x \cdots \left(1-\frac{x-1}{D}\right)\right] \cdot \left[(N-D)^{n-x} \cdots \left(1-\frac{n-x-1}{N-D}\right)\right]}{N^n\left(1-\frac{1}{N}\right)\cdots\left(1-\frac{n-1}{N}\right)}$$

여기서 N, D, $N-D$가 충분히 크므로 $1/N$, $(n-1)/N$, $1/D$, $(x-1)/D$ 등은 0에 가까워진다. 즉

$$\begin{aligned} P(X=x) &\fallingdotseq \frac{n!}{x!(n-x)!} \frac{D^x(N-D)^{n-x}}{N^n} \\ &= {}_nC_x\left(\frac{D}{N}\right)^x\left(\frac{N-D}{N}\right)^{n-x} \\ &= {}_nC_x p^x(1-p)^{n-x}, \quad p=\frac{D}{N} \end{aligned}$$

2) 기하분포(geometric distribution)

이항분포나 초기하분포에서는 미리 표본의 크기 n을 정한 다음 표본을 택하여 이들 중에서 성공한 횟수에 관심을 두었다. 그러나 표본의 크기 n을 정하지 않고 표본을 계속하여 택하면서 요구하는 수만큼의 성공이 일어나면 표본추출을 멈추는 경우로 우선 1회의 성공이 일어날 때까지만 계속하는 경우를 고려해 보자.

성공률 p인 베르누이 시행에서 처음으로 성공이 일어날 때까지의 시행횟수를 확률변수 X라고 하면 이것의 확률함수는 모수가 p인 기하분포를 따른다고 한다.

(1) 확률밀도함수 $f(x)=pq^{x-1}$, $x=1, 2, \cdots$, $0<p<1$, $q=1-p$

(2) 평균 $E(X)=\frac{1}{p}$

(3) 분산 $V(X)=\frac{q}{p^2}$

증명 기하분포의 적률생성함수를 이용하여 평균, 분산을 구해 보자.

$$M(t)=E(e^{tX})=\sum_{x=1}^{\infty} e^{tx} \cdot pq^{x-1}=pq^{-1}\sum_{x=1}^{\infty}(qe^t)^x=\frac{pe^t}{1-qe^t}$$

적률생성함수의 미분은 다음과 같다.

$$M'(t)=\frac{pe^t}{(1-qe^t)^2},\quad M''(t)=\frac{pe^t(1+qe^t)}{(1-qe^t)^3}$$

그러므로 평균과 분산은 다음과 같이 얻어진다.

$$E(X)=M'(0)=\frac{1}{p}$$

$$V(X)=M''(0)-[M'(0)]^2=\frac{(1+q)}{p^2}-\left(\frac{1}{p}\right)^2=\frac{q}{p^2}$$

예 6-2 다음 함수

$$f(x)=pq^{x-1},\quad x=1,\,2,\,\cdots$$

가 확률질량함수임을 보여라.

풀이 $\sum_{x=1}^{\infty}f(x)=\sum_{x=1}^{\infty}p^x q^{x-1}=\frac{p}{1-q}=1$

3) 음이항분포(negative binomial distribution)

성공률 p인 베르누이 시행을 r회의 성공이 나타날 때까지의 실행하는 경우를 고려해 보자. r회 성공할 때까지의 시행횟수를 확률변수 X라고 하면, 여기서 확률 $P(X=x)$는 $(x+r-1)$회의 베르누이 시행 중에서 $(r-1)$회의 성공이 나타날 확률과 마지막으로 한 번의 성공이 일어나는 확률 p의 곱임을 알 수 있다. 즉

$$P(X=x)=\binom{x-1}{r-1}p^r(1-p)^{x-r},\quad x=r,\,r+1,\,\cdots$$

임을 이용하면 다음과 같이 확률함수를 정의한다. 이때 확률변수 X는 모수가 $(r,\,p)$인 음이항분포를 따른다고 한다. 특별히 $r=1$인 경우는 기하분포가 됨을 알 수 있다.

(1) 확률함수 $f(x)=\binom{x-1}{r-1}p^r(1-p)^{x-r},\quad x=r,\,r+1,\cdots$

(2) 평균 $E(X)=\frac{r}{p}$

(3) 분산 $V(X)=\frac{rq}{p^2}$

6.3 포아송분포

이산확률분포 중에서 이항분포 다음으로 현실문제에 자주 응용이 되는 분포가 포아송분포(Poisson distribution)이다. 이것은 1837년 프랑스의 수학자 포아송의 이름을 딴 것이다.

포아송분포는 주로 단위시간, 단위면적 또는 단위구간당 아주 적은 수로 발생하는 사건의 횟수를 확률변수로 생각할 때 정의된다.

단위구간 내에서 또는 단위시간 내에 어떤 사건이 평균 λ회 발생한다고 할 때, 그 구간(시간) 내에서 발생되는 사건의 횟수를 확률변수 X라 하면 이에 대한 분포를 포아송분포라고 하며 $X \sim P(\lambda)$로 표현한다.

(1) 확률밀도함수 $f(x) = \dfrac{e^{-\lambda}\lambda^x}{x!}$, $x = 0, 1, 2, \cdots$

(2) 평균 $E(X) = \lambda$

(3) 분산 $V(X) = \lambda$

증명 포아송분포의 적률생성함수는

$$M(t) = E(e^{tx}) = \sum_{x=0}^{\infty} e^{tx}\frac{e^{-\lambda}\lambda^x}{x!} = \sum_{x=0}^{\infty} e^{-\lambda}\frac{(\lambda e^t)^x}{x!} = \sum_{x=0}^{\infty} e^{-\lambda}e^{\lambda e^t}\frac{e^{-\lambda e^t}(\lambda e^t)^x}{x!}$$

$$= e^{-\lambda}e^{\lambda e^t}\sum_{x=0}^{\infty}\frac{e^{-\lambda e^t}(\lambda e^t)^x}{x!} = e^{-\lambda}e^{\lambda e^t}$$

따라서 평균과 분산은

$$E(X) = M'(0) = \left[e^{-\lambda}e^{\lambda e^t}\lambda e^t\right]_{t=0} = \lambda$$

$$V(X) = M''(0) - [M'(0)]^2 = \lambda^2 + \lambda - \lambda^2 = \lambda$$

실제로 이항분포 $B(n, p)$를 갖는 이항확률변수 X는 n이 무한히 크고 p가 상대적으로 작으면 $(p \to 0)$, 모수가 $\lambda = np$인 포아송분포로 근사된다.

$$n \to \infty \text{일 때 } B(n, p) \to P(\lambda)$$

경험적 연구에 따르면 $n > 30$이고 $p \le 0.05$일 때 이항분포에서의 확률은 포아송분포에 의해 근사적으로 계산할 수 있다는 것이 알려져 있다. 이것의 증명은 다음과 같다.

[이항분포의 극한으로부터 포아송분포의 유도 증명]

$B(n, p)$에서 $np = \lambda$(일정)라고 하자(단, $n \to \infty$, $p \to 0$).

$$\begin{aligned} P(X=x) &= \lim_{n\to\infty}\binom{n}{x}p^x q^{n-x} = \lim_{n\to\infty}\binom{n}{x}\left(\frac{\lambda}{n}\right)^x\left(1-\frac{\lambda}{n}\right)^{n-x} \\ &= \lim_{n\to\infty}\frac{n(n-1)(n-2)\cdots(n-x+1)}{x!}\frac{\lambda^x}{n^x}\left(1-\frac{\lambda}{n}\right)^n\left(1-\frac{\lambda}{n}\right)^{-x} \\ &= \frac{\lambda^x}{x!}\lim_{n\to\infty}\left(1-\frac{\lambda}{n}\right)^n\left(1-\frac{\lambda}{n}\right)^{-x}\left(1-\frac{1}{n}\right)\left(1-\frac{2}{n}\right)\cdots\left(1-\frac{x-1}{n}\right) \\ &= \frac{\lambda^x}{x!}e^{-\lambda}, \quad (x=0,1,2\cdots) \end{aligned}$$

예 6-3 어떤 사람이 하루 동안 평균 3통의 이메일(e-mail)을 받는다고 한다. 그러면 어느 특정한 날에 5회 이상 이메일을 받을 확률을 구하여라.

풀이 단위시간 동안 적은 수인 평균 3회($\lambda = 3$) 사건이 발생하므로 포아송분포를 생각할 수 있다. 그러므로 확률밀도함수는 다음과 같다(포아송분포표를 이용).

$$f(x) = \frac{e^{-3}\,3^x}{x!}, \quad x = 0,\ 1,\ 2,\ \cdots$$

이고

$$P(X \ge 5) = 1 - P(X \le 4) = 1 - 0.81 = 0.19$$

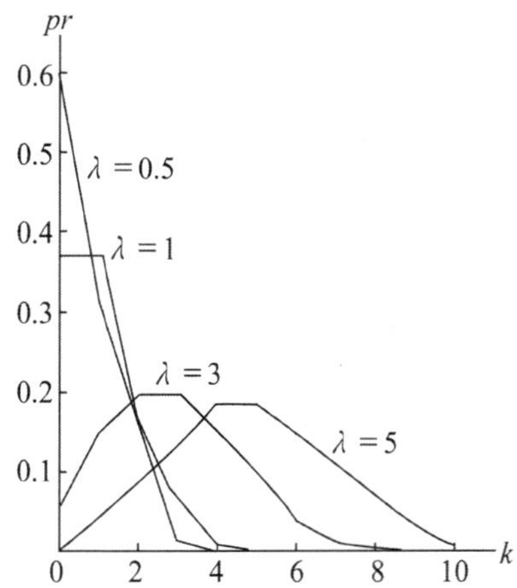

▲그림 6-3 포아송분포

6.4 정규분포

1) 균등분포

연속확률변수 X가 실수구간 $[a, b]$에서 나타날 가능성이 균등할 때에 X는 균등분포(uniform distribution)를 따른다고 하고 기호로는 $X \sim U(a, b)$로 표현한다. 이 균등분포는 주어진 구간에서의 직사각형 모양의 다음과 같은 평평한 곡선이다.

(1) 확률밀도함수 $f(x) = \dfrac{1}{b-a}$, 단 $a \le X \le b$

(2) 평균 $E(X) = \displaystyle\int_a^b xf(x)dx = \int_a^b \left(\frac{1}{b-a}\right)xdx = \frac{b+a}{2}$

(3) 분산 $V(X) = \displaystyle\int_a^b x^2 f(x)dx - E(X)^2 = \frac{(b-a)^2}{12}$

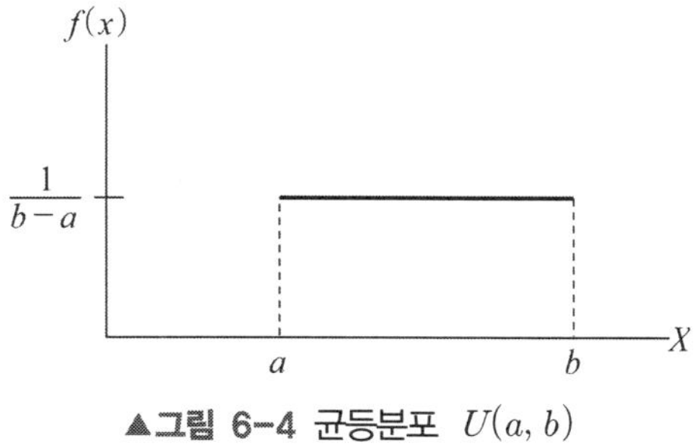

▲그림 6-4 균등분포 $U(a, b)$

예 6-4 인터넷 접수 기간 동안 거의 같은 비율로 고객들이 접속한다고 하자. 5시간 동안에 고객이 접속하는 수를 확률변수 X라고 하면 확률밀도함수와 평균과 분산을 구하여라.

풀이 확률밀도함수는 $f(x) = \dfrac{1}{5-0} = \dfrac{1}{5}$, 단 $0 \le x \le 5$이므로

평균은 $E(X) = \displaystyle\int_0^5 x\frac{1}{5}dx = \frac{5}{2}$

분산은 $V(X) = \displaystyle\int_0^5 x^2\frac{1}{5}dx - \left(\frac{5}{2}\right)^2 = \frac{25}{12}$이다.

2) 정규분포

(1) 정의

정규분포(normal distribution)는 통계이론에서 연속확률변수의 가장 중요한 확률모델인 확률분포이다. 이 정규분포의 수식의 아이디어는 드무아브르(de Moivre)에 의하여 처음 발견되었으며 가우스(Gauss)에 의하여 정규분포곡선이 널리 알려지게 되어 가우스분포라고도 부른다.

정규분포는 확률변수가 취하는 가능한 값이 $(-\infty, \infty)$ 사이의 모든 실수값이며 분포의 형태가 대칭이며, 중심이 평균 μ에 있으면서 종 모양(bell shape)을 하고 있는 다음 [그림 6-5]와 같은 분포를 말한다. 정규분포는 두 개의 모수인 평균 μ와 분산 σ^2에 의해 그 형태가 완전히 결정되며, 기호로는 $X \sim N(\mu, \sigma^2)$로 표현한다. 평균은 위치(location)를 결정해 주는 모수이고 분산은 분포의 흩어진 정도(scale)를 말해주는 모수이다.

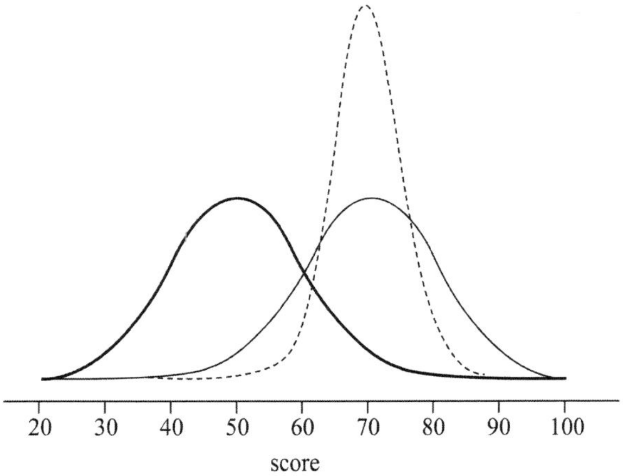

▲그림 6-5

(1) 확률밀도함수 $f(x) = \dfrac{1}{\sigma\sqrt{2\pi}} e^{-\frac{1}{2}\left(\frac{x-\mu}{\sigma}\right)^2}, \ -\infty < x < \infty$

(2) 평균 $E(X) = \mu$

(3) 분산 $V(X) = \sigma^2$

정규분포의 적률생성함수 $M(t)$와 정규분포의 확률계산은 다음과 같다.

$$M(t) = e^{\mu t + \frac{\sigma^2 t^2}{2}}$$

$$P(a \le X \le b) = \int_a^b f(x)dx = \int_a^b \frac{1}{\sigma\sqrt{2\pi}} e^{-\frac{1}{2}\left(\frac{x-\mu}{\sigma}\right)^2} dx$$

(2) 표준정규분포

확률변수 $X \sim N(\mu,\ \sigma^2)$로부터 표준정규변수(standardized normal variable)인 $Z = \dfrac{X-\mu}{\sigma}$로 표준화하면 평균이 0이고 표준편차가 1인 표준정규분포 $Z \sim N(0,\ 1)$가 얻어진다. 임의의 정규분포의 확률은 평균과 표준편차를 이용한 표준화(standardize)를 우선 행한 후에 표준정규분포의 확률표로부터 구한다. 여기서 표준화한 Z 값을 Z점수 또는 **표준점수**라고 부른다.

예 6-5 X가 $N(2,\ 16)$일 때 $P(-1 < X < 4)$의 값을 구하여라.

풀이 $P(-1 < X < 4)$

$$= P\left(\frac{-1-2}{4} < \frac{X-2}{4} < \frac{4-2}{4}\right)$$

$$= P(-0.75 < Z < 0.5) = 0.4649$$

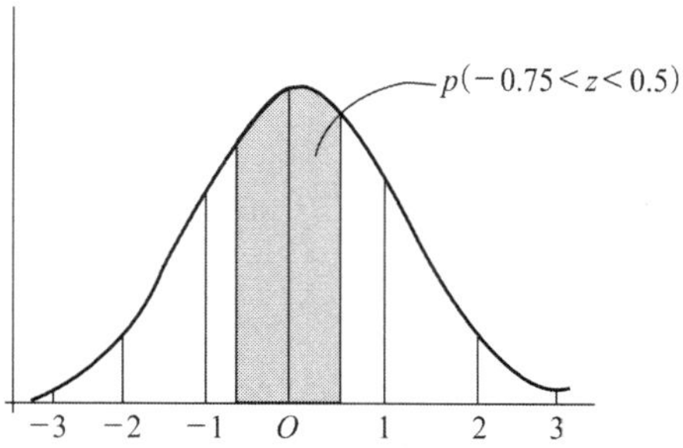

▲그림 6-6 표준화한 후의 확률계산

확률변수 X가 $X \sim N(\mu,\ \sigma^2)$인 임의의 정규분포를 따른다면, 정규분포의 성질에 의하여 다음과 같이 68-95-99 법칙의 구간확률을 구할 수 있다.

$$P(\mu - \sigma \le X \le \mu + \sigma) = 0.683$$

$$P(\mu - 2\sigma \le X \le \mu + 2\sigma) = 0.954$$

$$P(\mu - 3\sigma \le X \le \mu + 3\sigma) = 0.997$$

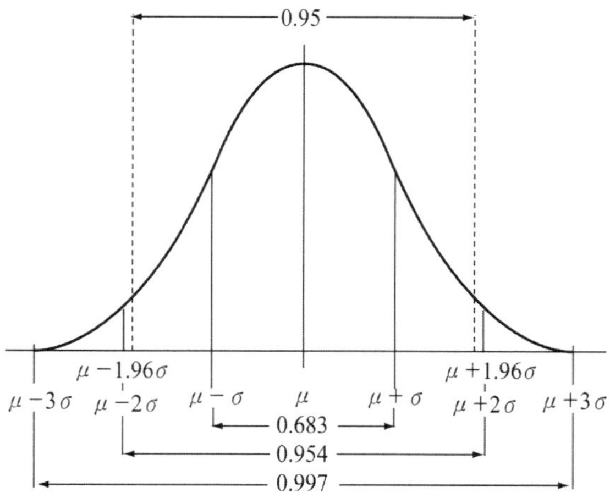

▲그림 6-7 정규분포의 구간확률

(3) 정규분포의 성질

정규분포에는 다음과 같은 성질들이 알려져 있어서 정규확률변수의 합과 차에 대하여 유용하게 사용된다.

(1) 확률변수 $X \sim N(\mu,\ \sigma^2)$에 대해 $Y = aX + b$의 분포는 $X \sim N(a\mu + b,\ a^2\sigma^2)$이다.

(2) 확률변수 $X_1 \sim N(\mu_1,\ \sigma_1^2)$와 $X_2 \sim N(\mu_2,\ \sigma_2^2)$가 서로 독립이면, 새로운 확률변수인 $Y = X_1 \pm X_2$의 분포는 $X_1 \pm X_2 \sim N(\mu_1 \pm \mu_2,\ \sigma_1^2 + \sigma_2^2)$이다.

(3) 일반화하면 확률변수 $X_i \sim N(\mu_i, \sigma_i^2)$ $i = 1, 2, 3, \cdots, n$이 서로 독립이면, 새로운 확률변수인 $Y = \sum_{i=1}^{n} a_i X_i$ 의 분포는 $N\left(\sum_{i=1}^{n} a_i\mu_i,\ \sum_{i=1}^{n} a_i^2\sigma_i^2\right)$이다.

예 6-6 어느 학급의 영어 성적이 평균 60, 분산 16이고 수학성적이 평균 50, 분산이 9인 정규분포를 따른다고 하면 이 시험의 합계가 90에서 120 사이에 있을 확률을 구하여라.

풀이 각각 정규분포를 따르는 영어(X_1), 수학(X_2) 점수의 합계 $X_1 + X_2$는 평균이 $60+50=110$, 분산이 $16+9=25$인 정규분포를 따름을 알 수 있다. 그러므로

$$P(90 \le X_1 + X_2 \le 110) = P\left(\frac{100-110}{\sqrt{25}} \le Z \le \frac{120-110}{\sqrt{25}}\right)$$
$$= P(-2 \le Z \le 2) = 0.954$$

예 6-7 정규분포의 확률변수 $X \sim N(\mu, \sigma^2)$일 때 $\int_{-\infty}^{\infty} f(x)dx = 1$임을 보여라.

증명 $\int_{-\infty}^{\infty} f(x)dx = \int_{-\infty}^{\infty} \frac{1}{\sigma\sqrt{2\pi}} e^{-\frac{1}{2}\left(\frac{x-\mu}{\sigma}\right)^2} dx$

여기서 변수변환을 $v = (x-\mu)/\sqrt{2}\sigma$ 라 하면 $dx = \sqrt{2}\sigma dv$이므로

$$= \int_{-\infty}^{\infty} \frac{1}{\sigma\sqrt{2\pi}} e^{-v^2}\sqrt{2}\,\sigma\,dv = \frac{1}{\sqrt{\pi}} \int_{-\infty}^{\infty} e^{-v^2} dv$$
$$= \frac{1}{\sqrt{\pi}} \cdot \sqrt{\pi} = 1$$

왜냐하면, $I = \int_{-\infty}^{\infty} e^{-v^2} dv$ 라 놓으면

$$I^2 = \int_{-\infty}^{\infty} e^{-v^2} dv \cdot \int_{-\infty}^{\infty} e^{-u^2} du = \int_{-\infty}^{\infty}\int_{-\infty}^{\infty} e^{-(v^2+u^2)} dvdu$$

이고, $v = r\cos\theta$, $u = r\sin\theta$ 라 놓으면 $x = x(u, v)$, $y = y(u, v)$일 때

$$\iint_D f(x, y)\,dxdy = \iint_R f(x(u, v),\ y(u, v)) \left\| \begin{matrix} \frac{\partial x}{\partial u} & \frac{\partial x}{\partial v} \\ \frac{\partial y}{\partial u} & \frac{\partial y}{\partial v} \end{matrix} \right\| dudv$$

에 의하여

$$= \int_0^{2\pi}\int_0^{\infty} e^{-r^2} r dr d\theta = \int_0^{2\pi}\left[-\frac{1}{2}e^{-r^2}\right]_0^{\infty} d\theta = \int_0^{2\pi}\frac{1}{2}d\theta = \pi$$

따라서

$$I = \int_{-\infty}^{\infty} e^{-v^2} dv = \sqrt{\pi}\,.$$

(4) 이항분포의 정규근사화

이항분포 $B(n,\ p)$의 확률계산은 n이 큰 경우에는 쉽지 않다. 그래서 n이 큰 경우에는 p의 값의 크기에 따라 표준정규분포 또는 포아송분포를 이용할 수 있다. 실제로 n이 크고 p가 1/2에 가까우면 이항분포를 따르는 확률변수 X의 분포는 근사적으로 정규분포 $N(np,\ npq)$를 따른다고 알려져 있으며 다음 그림에서도 확인할 수 있다.

$$B(n,\ p) \rightarrow N(np,\ npq), \quad n \rightarrow \infty$$

일반적으로 np, nq가 다같이 5보다 크면 이항확률에 대하여 만족할 만한 근삿값이 나온다고 알려져 있다.

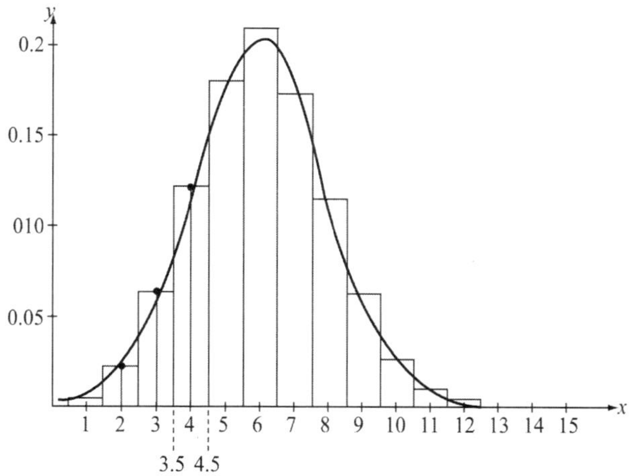

▲그림 6-8

이항분포의 정규근사화의 수리적 증명은 다음과 같다.

증명 이항분포의 정규근사화: $B(n,\ p) \rightarrow N(np,\ npq),\ n \rightarrow \infty$

이항분포 $B(n,\ p)$의 m.g.f.는 $M(t) = (pe^t + q)^n$이고 표준화한 확률변수 $z = \dfrac{X - np}{\sqrt{npq}}$에 대해

$$
\begin{aligned}
M(t) = E(e^{tz}) &= E\left(e^{t\frac{x-np}{\sqrt{npq}}}\right) = e^{-t\frac{np}{\sqrt{npq}}} E\left(e^{\frac{tx}{\sqrt{npq}}}\right) \\
&= e^{\frac{-tnp}{\sqrt{npq}}} \sum e^{\frac{tx}{\sqrt{npq}}} \binom{n}{x} p^x q^{n-x} \\
&= e^{\frac{-tnp}{\sqrt{npq}}} \left[pe^{\frac{t}{\sqrt{npq}}} + q\right]^n \\
&= \left[e^{\frac{-tp}{\sqrt{npq}}} (pe^{\frac{t}{\sqrt{npq}}} + q)\right]^n \\
&= \left[qe^{\frac{-tp}{\sqrt{npq}}} + pe^{\frac{tq}{\sqrt{npq}}}\right]^n \\
&= \left[q\left(1 - \frac{-tp}{\sqrt{npq}} + \frac{t^2p^2}{2npq} + \cdots\right) + p\left(1 + \frac{tq}{\sqrt{npq}} + \frac{t^2q^2}{2npq} + \cdots\right)\right]^n \\
&= \left[p + q + \frac{t^2pq(p+q)}{2npq} + \cdots\right]^n \\
&= \left[1 + \frac{t^2}{2n} + \cdots\right]^n
\end{aligned}
$$

여기서 극한을 취하면

$$
\lim_{n \to \infty} \left(1 + \frac{t^2}{2n} + \cdots\right)^n = e^{\frac{t^2}{2}}
$$

이 식은 표준정규분포 $N(0,\ 1)$의 m.g.f.이다. 즉 n이 무한히 크다면 이항분포는 정규분포로 근사함을 알 수 있다.

예 6-8 공정한 주사위 한 개를 180회 던지는 경우, 2의 눈이 20회 이상 45회 이하가 나올 확률을 구하여라.

풀이 2의 눈이 나오는 횟수를 확률변수 X라 하면 이것은 이항분포 $B(180,\ 1/6)$을 따른다. 여기서 $np = 30$, $npq = 25$이고 $n = 180$으로 충분히 큰 수이므로 확률변수 X는 근사적으로 정규분포 $N(30,\ 25)$를 따른다. 그러므로

$$
\begin{aligned}
P(20 \le X \le 45) &= P\left(\frac{20-30}{5} \le \frac{X-30}{5} \le \frac{45-30}{5}\right) \\
&= P(-2 \le Z \le 3) = 0.975
\end{aligned}
$$

예 6-9 인구가 10만인 어떤 도시에서 시의 정책에 대한 여론 조사를 하였더니 남자 성인의 80%와 여자 성인의 90%가 시의 정책을 지지하였다. 이 도시에서 남자 성인 400명과 여자 성인 400명을 임의로 뽑았을 때 다음의 확률을 구하여라(표준정규분포표 이용).

(1) 적어도 700명이 시의 정책에 대하여 지지할 확률
(2) 시정에 대한 지지자 중에 여자가 남자보다 30명 이상 많을 확률

풀이 남자 X는 $B(400, 0.8)$, 여자 Y는 $B(400, 0.9)$이므로 이는 각각 $N(320, 64)$, $N(360, 36)$의 분포를 근사적으로 따른다. 그러므로 남녀 성인 $X+Y$에 대한 분포는 정규분포의 성질에 의해서 $N(680, 100)$을 따른다.

(1) $P(X+Y \geq 700) = P\left(Z \geq \dfrac{700-680}{\sqrt{100}}\right) = P(Z \geq 2) = 0.025$

(2) $P(Y-X > 30) = P\left(Z > \dfrac{(30-40)}{10}\right) = P(Z > -1) = 0.822$

(5) T 점수(T-score)

교육현장에서 각 교과 점수의 상대적 위치를 비교하기 위하여 사용하는 **T 점수**는 다음과 같다.

$$T\text{ 점수} = 10Z + 50$$

이것은 평균을 50으로 하고 표준편차가 10인 정규분포를 따름을 알 수 있고, 점수 폭은 0에서 100점 사이의 값을 갖게 된다.

예 6-10 어느 학생의 영어 성적은 80점이고(학급 평균 70, 표준편차 5), 수학성적(학급평균 40, 표준편차 10)은 70점이었다. 이때 영어 수학 점수의 분포는 각각 정규분포를 따른다고 한다. 각각의 T점수를 구하면

풀이 영어 T점수 $= 10\left(\dfrac{80-70}{5}\right) + 50 = 70$

수학 T점수 $= 10\left(\dfrac{70-40}{10}\right) + 50 = 80$

이므로 수학성적이 영어성적보다 상대적으로 높다고 할 수 있다.

6.5 지수분포, 감마분포

1) 지수분포(exponential distribution)

포아송과정은 주어진 단위시간 동안 발생하는 사건의 수를 나타내는 데 유용하였다. 이제 이와 달리 다음 사건이 발생할 때까지의 소요되는 대기시간(waiting time)을 T라고 하고 이에 대한 생각을 해보기로 한다.

T

[――――――――――――――――]− + ―――――――――― $P[T>t]$

0 ← 대기시간 → t ↑

처음사건발생

▲그림 6-9

시간 $(0, t)$ 동안에 사건이 하나도 발생하지 않을 확률은 어떤 사건이 시간 t 이후에 처음 발생함을 의미하며, $P[T>t]$으로 표현할 수 있다. 여기서 단위시간당 평균 λ개의 사건이 일어나는 포아송과정을 생각하면 $(0, t)$시간 동안에는 평균적으로 λt개의 사건이 발생한다.

그러므로 확률변수 X를 평균이 λt인 포아송분포를 따르는 확률변수라고 가정하면, 시간 $(0, t)$ 사이에 사건이 발생하지 않을 확률은 t시간 이후에 사건이 발생하는 것과 같으므로 다음과 같다.

$$P[T>t] = P[X=0] = \left[\frac{(\lambda t)^x e^{-\lambda t}}{x!}\right]_{x=0} = e^{-\lambda t}\ ,\ \ t>0$$

이때 연속확률변수 T의 분포함수 $F(t)$는 분포함수 정의에 의해 다음과 같다.

$$F(t) = P[T \le t] = 1 - p[T>t] = 1 - e^{-\lambda t}$$

그러므로 대기시간에 대한 확률변수 T의 확률밀도함수는 분포함수의 미분에 의해 다음과 같다.

$$f(t) = F'(t) = \lambda e^{-\lambda t}, \quad t>0$$

대기시간의 확률변수 T가 모수 λ를 갖는 지수분포(exponential distribution)를 따른다고 할 때 확률밀도함수, 평균과 분산은 다음과 같다.

(1) 확률밀도함수 $f(t) = \lambda e^{-\lambda t}, \ t > 0, \ \lambda > 0$

(2) 평균 $E(T) = \dfrac{1}{\lambda}$

(3) 분산 $V(T) = \dfrac{1}{\lambda^2}$

지수분포에서 λt는 포아송분포에서 t 단위구간에서 발생하는 사건의 평균횟수이므로 λ 값은 t 단위구간의 평균으로부터 단위구간의 평균을 계산함으로써 구할 수 있다.

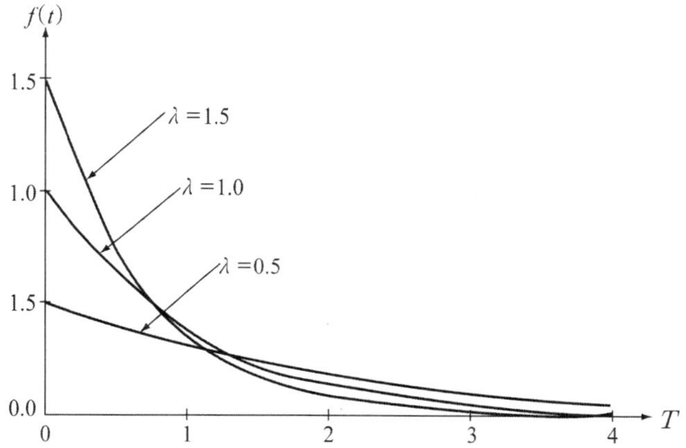

▲그림 6-10 지수분포 $\mathrm{Exp}(\lambda), \ \lambda = 0.5, \ 1, 1.5$

예 6-11 어느 사무실에는 대체로 1시간에 3번씩 전화가 걸려온다고 한다. 전화를 받고 나서 다시 전화가 올 때까지 걸리는 시간을 측정하는 분포와 평균을 말하고, 2시간 이내에는 전화가 오지 않을 확률을 구하여라.

풀이 시간의 기본 단위를 1시간으로 할 때, $\lambda t = 3$에서 $t = 1$이므로 $\lambda = 3$이다. 그러므로

$$f(t) = 3e^{-3t}, \ t > 0, \ E(T) = \frac{1}{\lambda} = \frac{1}{3} \text{시간이고}$$

$$P(T > 2) = 1 - P(T \le 2) = 1 - \int_0^2 3e^{-3t} dt = 1 - [1 - e^{-6}] = 0.0024$$

예 6-12 어느 회사에서 제작하는 건전지의 수명은 평균 1000시간의 지수분포를 따른다고 한다. 이들 건전지 100개 중에서 1000시간 이상 사용할 수 있는 것은 평균 몇 개나 되겠는가?

풀이 건전지의 수명분포의 평균시간이 $E(T) = \frac{1}{\lambda} = 1000$이므로 λ값은 1/1000이다. 따라서 구하고자 하는 확률은 다음과 같다.

$$P(T \geq 1000) = \int_{1000}^{\infty} \frac{1}{1000} e^{-1/1000t} dt$$
$$= [-e^{-1/1000t}]_{1000}^{\infty} = e^{-1} \fallingdotseq 0.36$$

2) 감마분포(gamma distribution)

감마함수(gamma function) $\Gamma(r)$은 $r > 0$인 상수 r에 대하여 다음과 같이 정의되고, 이것의 성질은 다음과 같다.

$$\Gamma(r) = \int_0^{\infty} x^{r-1} e^{-x} dx$$

(1) $\Gamma(1) = 1$

(2) $\Gamma\left(\frac{1}{2}\right) = \sqrt{\pi}$

(3) $\Gamma(r+1) = r\Gamma(r)$

(4) $\Gamma(r+1) = r!$, r은 자연수.

(5) $\Gamma(r)\beta^r = \int_0^{\infty} x^{r-1} e^{-\frac{x}{\beta}} dx$

포아송분포는 주어진 단위시간 동안 발생하는 사건의 수를 나타내는 데 유용하였다. 지수분포는 한 사건이 발생할 때까지의 소요되는 대기시간을 설명하는 데 이용한다. 또한 기하분포는 베르누이 시행에서 처음으로 성공이 일어날 때까지의 소요되는 시행횟수의 분포이고 이것은 한 사건이 발생할 때까지의 소요되는 대기시간의 이산형 형태라고 말할 수 있다. 또한 r회의 성공이 나타날 때까지 소요되는 시행횟수는 음이항분포를 따른다.

연속확률변수에 대해서도 r회의 포아송사건이 발생할 때까지 소요되는 대기시간의 분포를 생각해 볼 수 있을 것이다. 이에 대한 분포가 감마분포이다. 확률변수 X가 모수(r, λ)를 갖는 감마분포(gamma distribution)를 따를 때의 확률밀도함수, 평균과 분산은 다음과 같다.

(1) 확률함수 $f(x) = \frac{\lambda^r x^{r-1} e^{-\lambda x}}{\Gamma(r)}$, $x > 0$, $r > 0$, $\lambda > 0$

(2) 평균 $E(X) = \frac{r}{\lambda}$

(3) 분산 $V(X) = \frac{r}{\lambda^2}$

특히 감마분포에서 $r=1$인 경우는 지수분포가 됨을 알 수 있다. 이것은 이산확률변수의 음이항분포에서 $r=1$이면 기하분포가 되는 것과 대응된다. 즉 r개의 서로 독립적인 기하확률변수의 합이 음이항분포를 따르는 것과 같이 서로 독립적인 지수확률변수의 합이 감마분포를 따른다는 것이 알려져 있다.

대기시간의 분포 연속형: 지수분포 → 감마분포
이산형: 기하분포 → 음이항분포

감마분포 가운데 특히 $r=\frac{n}{2}$, $\lambda=\frac{1}{2}$인 경우의 분포는 정규분포와 관련하여 자유도가 n인 카이제곱분포를 따른다고 알려져 있다. 즉 카이제곱분포는 감마분포의 특수한 예이다.

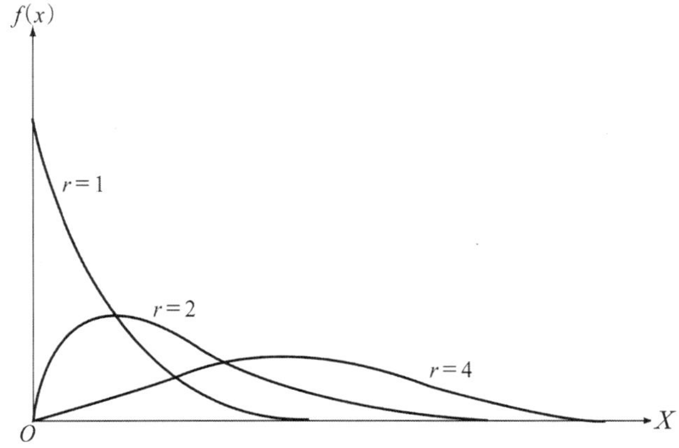

▲그림 6-11 감마분포 함수

예 6-13 확률변수 X, Y의 결합확률밀도함수가 다음과 같을 때,

$$f(x, y)=\begin{cases} \dfrac{2e^{-2x}}{x}, & 0<y\le x,\ 0<x<\infty \\ 0, & \text{그 밖에서} \end{cases}$$

$E(X)$를 구하여라.

풀이 $E(X)=\int_0^{\infty} xf(x)dx=\int_0^{\infty} x\int_0^{x}\frac{2}{x}e^{-2x}dydx$

$$=2\int_0^{\infty} xe^{-2x}dx=2\Gamma(2)\left(\frac{1}{2}\right)^2=\frac{1}{2}$$

6.6 역사: 드무아브르와 가우스의 정규분포곡선

드무아브르(De Moivre, 1667~1754)는 베르누이보다 13년 늦게 1667년에 프랑스에서 신교도의 가문에서 태어났다. 그 당시 프랑스에서의 종교적인 박해로 인해 21세가 되던 1688년 영국으로 갔으나, 영국에서의 생활은 원하던 학술적 지위에 오르지 못하고 우울과 좌절의 연속이었다. 근근히 수학가정교사, 보험중개인 등으로 생활을 이어갔다. 뉴톤과 헬리와 친구가 되었으나 내성적이고 비사교적인 그는 말년까지 궁핍한 생활을 하게 된다.

그는 1718년 《가능성의 원칙(The Doctrine of chances)》이라는 책을 발간한다. 이것은 운의 측정에 있어서 리스크(risk, 위험)를 손실가능성으로 명확하게 정의한 최초의 연구로서 대성공을 거둔다. 그는 파스칼의 삼각형과 계산법을 연구하여 이항정리를 만들어 낸다. 또한 1733년 이항분포에서 이항전개와 급수의 합의 확장의 근사방법을 이용하여 정규곡선 수식의 원형을 유도하게 된다(부록 1.4). 이것이 오늘날 종형모양(bell shape)의 곡선으로 다음의 정규분포곡선이다.

$$y = \frac{1}{\sqrt{2\pi}} e^{-\frac{x^2}{2}}$$

이것은 현대통계학에서 검정에 사용되는 가장 중요하고 기본이 되는 확률분포 곡선이다. 그는 랜덤하게 추출한 무관하게 보이는 관찰치들의 측정값이 횟수를 증가할수록 질서정연한 형태의 모습을 갖는다는 사실에 깊은 감명을 받는다. 그는 또한 이 정규곡선을 토대로 랜덤추출된 값들이 평균값 주변에 어떻게 밀집되어 산포하는가에 대한 척도를 계산하였는데 이것이 오늘날 표준편차로 불리게 되었으며 1, 2, 3표준편차 안에는 각각 68%, 95%, 99.7%의 관찰치가 놓인다는 것을 이미 보였다(표 6-3).

[표 6-3]

	드무아브르	참값
1시그마	0.341344	0.341345
2시그마	0.47714	0.47725
3시그마	0.49937	0.49865

이 정규분포는 측정오차에 관한 분포를 잘 설명하기 때문에 오차분포라고도 불리며, 가우스에 의해 널리 알려진 관계로 가우시안분포라고도 부른다(Tankard, 1984, The Statitical Pioneers).

[정규분포의 발견]

정규분포의 확률밀도함수는 다음과 같다.

$$f(x)=\frac{1}{\sigma\sqrt{2\pi}}e^{-\frac{1}{2}\left(\frac{x-\mu}{\sigma}\right)^2},\quad -\infty<x<\infty$$

이때 표준화한 $z=(X-\mu)/\sigma$는 다음과 같은 표준정규분포를 따른다.

$$f(z)=\frac{1}{\sqrt{2\pi}}e^{-\frac{z^2}{2}},\quad -\infty<z<\infty$$

이 이상한 형태의 분포의 발견은 어떻게 이루어졌을까.

뉴턴의 역학이 등장한 18세기의 서유럽 과학자들은 망원경을 발명한 덕분으로 행성의 운동을 관찰한 측정치들이 매번 측정시마다 약간의 변동을 보인다는 오차(error)의 문제에 직면한다. 그렇다면 진정 참값은 무엇인가. 측정할 때마다 피할 수 없는 오차의 개념을 수리화할 수는 없을까 궁리하던 프랑스의 수학자 드무아브르는 1733년에 이것에 대한 수리적 발견을 최초로 한다.

관측오차는 측정한 날의 온도, 습도, 기압, 측정하는 사람의 개인적 성향, 망원경의 기계적 불균일성 등 그 밖의 여러 요인에 의해 발생할 수 있다. 이들의 원인에 의한 영향을 $D_1, D_2, \cdots, D_n$이라 하고 각각이 -1과 1의 값을 확률 1/2로 취한다고 하자. 그러면 총오차는

$$S_n=D_1+D_2+\cdots+D_n$$

으로 나타낼 수 있고, 이 오차의 합에 대한 분포를 구해 보자.

n이 홀수이면 S_n이 0이 될 수 없으므로 n은 짝수라고 가정한다. 즉 $n=2m$(n은 자연수). S_n가 $s(=2k,\ k$는 자연수)이기 위해서는 1의 값을 취하는 D가 $(n+s)/2(=m+k)$개, -1의 값을 취하는 D가 $(n-s)/2(=m-k)$개이어야 한다.

$$P(S_n=s)=\binom{n}{(n+s)/2}\left(\frac{1}{2}\right)^n=P(S_n=0)\cdot\frac{\binom{n}{(n+s)/2}}{\binom{n}{n/2}}$$

$$\frac{P(S_{2m}=s)}{P(S_{2m}=0)}=\frac{\binom{2m}{m+k}}{\binom{2m}{m}}=\frac{(m!)^2}{(m+k)!(m-k)!}$$

여기서 우변의

$$\frac{(m!)^2}{(m+k)!(m-k)!}=\frac{(m-k+1)(m-k+2)\cdots m}{(m+1)(m+2)\cdots(m+k)}=A_m$$

항은 정해진 k에 대하여 m이 증가함에 따라 $A_m \sim e^{-\frac{k^2}{m}}$이다. 왜냐면

$$\begin{aligned}\log A_m &= \log(1-\frac{k-1}{m})+\log(1-\frac{k-2}{m})+\cdots+\log1 \\ &\quad -\log(1+\frac{1}{m})-\log(1+\frac{2}{m})-\cdots-\log(1+\frac{k}{m}) \\ &\approx -\left\{\frac{k-1}{m}+\frac{k-2}{m}+\cdots+0+\frac{1}{m}+\frac{2}{m}+\cdots\frac{k}{m}\right\} \\ &= -\left(\frac{1}{m}\right)\left\{\frac{k(k-1)}{2}+\frac{k(k+1)}{2}\right\}=-\frac{k^2}{m}\left(=\frac{s^2}{2n}\right)\end{aligned}$$

이기 때문이다. 따라서

$$\frac{P(S_n=s)}{P(S_n=0)} \approx e^{-\frac{s^2}{2n}}$$

이렇게 되어 정규분포의 확률밀도함수형태가 유도되면서 발견되었던 것이다. 이 정규분포는 중심극한정리(central limit theorem)와 밀접한 관련이 있다.

통계학의 획기적인 발전은 20세기 초 미지의 모집단에 대한 확률모델을 가정한다는 착상에서 비롯되었다. 대부분의 통계적 방법들은 불확실한 현상을 추측하기 위해 현실 상황을 토대로 한 구체적인 관찰자료로부터 귀납적으로 확률모형을 가정하고 이를 도입함으로써 통계와 과학의 만남은 시작되었던 것이다.

또한 1783년 라플라스도 동일한 정규분포를 오차의 분포로 제시하였으나, 가우스가 측지학 자료와 천문자료를 토대로 일련의 미분방정식을 풀어 오차가 나타나는 패턴을 이론적으로 유도하였고, 이 때에 이르러 오차의 개념이 여러 과학분야에 파급되기 시작하였다. 이러한 연유로 정규분포를 가우스분포라고 부르기도 한다.

독일에서는 국가차원에서 수학의 천재 가우스를 기리고 존경하기 위해서 정규분포와 함께 자기나라의 화폐의 도안으로 사용하고 있다.

▲그림 6-12 독일의 10 mark 화폐(견본)

6.7 토론과 실험: 이항분포, 포아송분포와 정규분포

이항분포의 지도와 실험

확률실험의 결과가 꼭 2가지(성공, 실패)로 나타나는 형태의 확률현상을 대표하는 이항분포를 아래와 같은 사다리타기 실험으로 학생들에게 이항분포의 개념적 핵심을 인지하도록 한다.

(실험) 각 학생들에게 주사위를 하나씩 가져오도록 하고 흑판에 다음과 같은 그림을 그린다.

	출발				
1단계	0/1	1/1			
2단계	0/2	1/2	2/2		
3단계	0/3	1/3	2/3	3/3	
4단계	0/4	1/4	2/4	3/4	4/4
⋮	⋮	⋮	⋮	⋮	⋮

학생들이 즐겨하는 사다리타기를 하는데 이때 아래 단계를 선택하는 방법으로 다음과 같은 규칙을 따라 주사위를 던지는 방법을 사용한다. 여기서 1/3은 3단계의 두 번째 위치의 주소이다.

(규칙 1) 주사위를 던져서 1이 나오면 좌측 나머지는 우측으로 간다.
(규칙 2) 주사위를 던져서 1이나 2가 나오면 좌측 나머지는 우측으로 간다.
(규칙 3) 주사위를 던져서 3이하가 나오면 좌측 나머지는 우측으로 간다.
(규칙 4) 주사위를 던져서 5나 6이 나오면 우측 나머지는 좌측으로 간다.
(규칙 5) 주사위를 던져서 6이 나오면 우측 나머지는 좌측으로 간다.
(강의 시간이나 학생들의 집중상태에 따라 적절히 2～3가지만 실습하면 좋다고 보며 다음과 같은 토의를 참고하기 바란다.)

T 먼저 여러분, 게임의 (규칙 1)을 따르기로 하고 우리 반 모두 참여해 보자. 한 사람이 4단계에 도착하려면 각자 4번씩 던지면 되겠다. 그러면 (S1)부터 시작하자.

S1 (주사위를 던진 결과가 다음과 같았다.)
(1, 2, 2, 4)

T 그러면 0/1 ⇒ 1/2 ⇒ 2/3 ⇒ 3/4의 길을 따라서 3/4에 도착하게 된다. 다 알겠지? 우선 질문부터 해 보자. 우리 반이 50명이니까 우리가 모두 다 하면 몇 명이나 4/4에 도착하게 될까?

SA (침묵)

T 너무 어려운가? 어디 한번 실험을 계속해 보자.

S2 (주사위를 던진 결과) (2, 1, 1, 3)이 나왔어요.

T 그러면 1/1 ⇒ 1/2 ⇒1/3 ⇒ 2/4를 따라서 2/4에 도착되는 구나. (이렇게 50명의 학생이 모두 하도록 한다. 이때 좀 더 박진감이 있으려면 0/4부터 4/4까지 각 위치에 모의 상금을 걸고 하면 좋다.)

T 실험이 모두 끝났다. 0/4에 0명, 1/4에 1명, 2/4에 7명, 3/4에 20명, 4/4에 22이다. 자기가 예상했던 것과 비슷한 학생 있나?

S2 저요.

T 어떻게 예상했었는데 그렇지?

S2 0/4에 도착하기는 4번 모두 1이 나와야 하기 때문에 확률이 $\frac{1}{6}\times\frac{1}{6}\times\frac{1}{6}\times\frac{1}{6}$이 되어 거의 0이기 때문에 아무도 도착 못하리라 생각했고 4/4에 도착하려면 4번 모두 1만 안 나오면 되므로 $\frac{5}{6}\times\frac{5}{6}\times\frac{5}{6}\times\frac{5}{6}$이 되어 그 사이는 대충 생각했습니다.

T 2/4에 도착한 사람들 한번 손들어 봐라. 이 사람들이 던진 주사위 결과의 특징을 한번 찾아보자. 각자 자기결과를 불러 봐라.

(2, 4, 1, 1), (1, 5, 4, 1), (3, 1, 2, 1), (1, 1, 5, 6),
(1, 4, 1, 4), (4, 1, 1, 3), (1, 6, 6, 1)

S2 모두 1이 두 번 나왔네요. 나온 시점은 다르지만요.

T 그렇지. 아까 (S2)가 대답한 것을 토대로 생각하면

1/1 ⇒ 2/2 ⇒ 2/3 ⇒ 2/4

의 길을 따라서 2/4에 도착할 확률이 얼마라고 생각하나?

S2 $\frac{5}{6}\times\frac{5}{6}\times\frac{1}{6}\times\frac{1}{6}=\frac{25}{1296}=0.0193$입니다.

T 맞다. 그러면 2/4에 도착하는 방법은 몇 가지가 있겠는가?

SA (수군수군)

T 사다리를 한번 거꾸로 타보면 생각이 떠오르지 않겠냐?

S2 6가지입니다. 서로 다른 방법이란 1이 언제 나왔냐 하는 문제입니다. 따라서 4회 중에 1이 두 번 나오는 경우의 수는 4개의 위치에서 두개의 위치를 뽑는 조합의 수이므로 ${}_4C_2$

에서 6이 나옵니다.

T 좋은 통찰력이다. 사다리 문제가 심각한 수학문제가 되어 가는 것 같다. 그렇다면 2/4에 도착할 확률을 구할 수 있겠는가?

S3 예! $6\times\frac{5}{6}\times\frac{5}{6}\times\frac{1}{6}\times\frac{1}{6}=6\times\frac{25}{1296}=0.1157$입니다.

T 그래 그러면 계산결과와 우리가 경험한 것과는 일관성이 있다고 보는가?

T 이번에는 규칙 5 다시 말하면 6이 나오면 우측으로 가고 나머지가 나오면 좌측으로 가자. 2/4에 도착할 확률을 계산할 수 있을까?

S2 예, 그것은 아까 규칙 1을 적용하는 것의 역이라고 볼 수 있습니다. 따라서 2/4에 도착하는 확률은 규칙 1을 적용했을 때와 같습니다.

T 다른 학생들도 다 이해가 되고 있는가? 이번에는 규칙 3을 생각해 보자. 이 경우에는 어느 위치에 가장 많이 도착할 것 같은가?

SA 2/4입니다.

T 왜 그렇게 쉽게 대답이 나올 수 있지?

S1 규칙 3은 좌, 우로 각각 가는 확률이 $\frac{1}{2}$로 같기 때문에 가운데에 가장 많이 오지요.

T 맞다. 그렇다면 확률을 구할 수 있지 않을까?

S2 여섯가지 방법으로 각각의 확률이 $\left(\frac{1}{2}\right)^4=\frac{1}{32}$이니까 $6\times\frac{1}{32}=\frac{3}{16}$입니다.

T (S2)가 가장 빨리 따라오는 것 같구나. 조금 확장해 보자. 위의 사다리가 4단계가 아니라 10단계까지 내려간다면, 따라서 한 사람이 10번 주사위 던져서 최종 위치를 정한다면 규칙 2의 경우 임의의 한 사람이 5/10에 도착할 확률이 얼마가 되겠느냐?

S2 5/10에 도착하려면 1이나 2가 5회, 나머지가 5회 나와야 하고, 5/10에 도착하는 방법은 $\binom{10}{5}$가지이므로 확률은 다음과 같습니다.

$$\binom{10}{5}\times\left(\frac{1}{3}\right)^5\times\left(\frac{2}{3}\right)^5$$

T 아주 좋다. 그러면 만약 100명이 규칙 2를 따라서 이 실험을 했다면 10단계의 각 위치에 도착한 사람들의 도수는 어떠한 모습일까? 대칭이 되겠는가?

SA 아니요. 오른쪽으로 많이 갑니다.

T 어디에 제일 많이 모일까?

S1 10/10이 제일 많지요.

S2 아닐껄요. 10/10에 도착하는 방법이 하나밖에 없기 때문에 꼭 10/10에 제일 많이 모인다

고 할 수가 없습니다. 모두 다 계산을 해 봐야지요.

T 잠깐 먼저 (규칙 3)을 생각해 보자. 아까도 말했지만 가운데 5/10위치가 제일 많겠지. 이번에는 10단계가 아니라 50단계를 생각해 보자. 1000명이 규칙 3으로 실험을 한다면 결과는 어떤 모습으로 나타날까?

S2 25/50위치가 제일 많고 좌우로 대칭이 되겠지요. 산 모양일 것 같아요.

T 나도 그럴 것 같다. 이때 각 위치에 도착할 확률을 계산하는 것이 그렇게 간단할 것 같지는 않구나. $\left(\frac{1}{2}\right)^{50}$을 해야 하니까. 50이 아니라 500이면 끔찍하겠구나. 다시 규칙 2로 돌아가자. 규칙 2 경우 제일 많이 모이는 위치를 계산은 나중에 하고 추측을 한번 해 보자.

S1 6/10이나 7/10일 것 같아요. 우측으로 가는 확률이 $\frac{2}{3}$이니까 10번 던지면 $10\times\frac{2}{3}=6.6$ 정도 우측으로 가게 될 것이니까요.

T (S1)의 추측이 멋있구나. 내 생각도 같다. 이제 6/10과 7/10에 각각 도착할 확률을 계산해서 비교해 보자. 이제는 각 위치에 도착한 사람들에게 점수를 주자. 점수대로 상금을 받든지, 곤장을 맞든지간에 말이다. 점수는 각 위치의 주소의 값으로 준다. 그러니까 7/10에 도착한 사람들은 모두 7점을 받게 된다. 그렇다면 규칙 2를 따라서 50명이 이 실험을 하였다면 이들 50명이 받은 점수의 평균과 분산은 얼마나 되겠느냐?

SA 해 봐야지요.

T 추측을 하자는 것이지.

SA (침묵)

T 좋아 실험을 하자.

(실험을 하고 50명 각자가 얻은 점수를 칠판에 모두 적는다.)

T 평균과 분산이 얼마인가?

S1 평균이 6.3이고 분산이 2.1인데요.

T 그래 좋다. 그러면 50명이 아니라 1000명이 했다면 어떻게 될까?

S1 평균은 6.3일 것 같고 분산 역시 2 근처일 것 같습니다.

T 어떻게 그렇게 용기있는 추측을 했니?

S1 우리 50명이 실험한 결과나 1000명이 실험한 결과가 거의 비슷하리라 생각했습니다. 50명의 신장의 평균이나 500명의 신장의 평균이나 비슷할 것 같은데요.

T 그렇겠구나. 그러면 50명이 실험을 한 결과와 1000명이 실험한 결과가 뭔가 좀 다른 것은 없을까? 그래도 실험횟수가 많은데.

S2 1000명이 실험한 경우 10단계의 각 위치에 도착하는 사람들의 비율이 50명의 경우보다

수학적으로 계산한 확률값에 더 가까울 것 같습니다. 동전 같은 것도 그렇지요. 10번 던져서 앞면이 나온 비율보다 100번 던져서 앞면이 나온 비율이 $\frac{1}{2}$에 더 가까울 것 같은데요.

T 이 반 학생들이 점점 용감해지는 구나. 다른 학생들은 어떻게 생각하는가?

S1 저도 (S2)와 같은 생각입니다. 4장에서 배운 경험적 확률과 공리적 확률의 관계를 의미하는 것 같습니다. 많은 횟수의 실험의 결과에 대하여 갖는 이론적 입장을 공리적 확률이라고 한다고 배운 것 같아요.

T 아주 훌륭한 대답이다. 그렇다면 (규칙 2)를 따라 우리가 1000번의 실험을 한 결과 그들이 0/10에서 10/10의 각 위치에 도착한 비율을 수학적으로 계산된 확률값으로부터 추측해 보자. E_i를 10단계의 위치 $i/10$에 도착하는 사건이라고 한다면

$$P(E_i)=\binom{10}{i}\left(\frac{1}{3}\right)^i\left(\frac{2}{3}\right)^{10-i},\quad i=1,\,2,\cdots,\,10$$

으로 계산되므로 예를 들면

$$P(E_3)=\binom{10}{3}\left(\frac{1}{3}\right)^3\left(\frac{2}{3}\right)^7=0.260$$

으로서 1000명 중 $1000\times P(E_3)$명 정도가 3/10 위치에 도착하여 3점의 점수를 얻게 된다. 그러면 이들 1000명이 받은 점수의 평균은 어떻게 추측할 수 있을까?

$$\begin{aligned}\text{평균점수}&=\frac{0\cdot 1000\cdot P(E_0)+1\cdot 1000\cdot P(E_1)+\cdots+10\cdot 1000\cdot P(E_{10})}{1000}\\&=0\cdot P(E_0)+1\cdot P(E_1)+\ldots+10\cdot P(E_{10})\end{aligned}$$

로서 추측하면 어떠할까? $P(E_i)$ 값들을 계산해 보면 이들 1000명의 평균점수는 $10\times\frac{2}{3}=\frac{20}{3}$으로 추측된다. 이 값을 조금 전에 구한 50명의 평균값과 비교해 보아라.

지금까지 우리가 이야기한 내용을 수리적으로 표현해 보자. 우리가 한 실험이 포함하고 있는 불확실성의 실체는 무엇인가? 출발점을 떠난 임의의 한 사람이 규칙 2를 따라서 두 가지 중 하나 즉 좌로나 우로 길을 택하면서 10단계를 내려갈 때, 그가 도착하는 위치 또는 그가 받게 되는 점수가 호기심의 대상인 (두려움일 수도) 불확실성이다. 우리가 논의하던 중 이 불확실성은 결국 10회 주사위를 던져서 나타나는 1이나 2의 횟수(또는 3, 4, 5 또는 6이 나오는 횟수)의 문제가 되며 이 상황은 앞에서 논의한 바 있는 유형 2의 예, 즉 성공과 실패라는 두 갈래 길에서 수행하는 10번의 실험에서 7번의 성공을 할 수 있는 확률을 고민하고 있는 연구원의 상황과 동일한 것이 된다. 이때 현상을 구체적으로 결정하

는 요소는 우리 실험에서는 몇 단계를 내려가느냐 하는 것과 좌측과 우측을 결정할 때 어떤 규칙을 따르느냐이고, 연구원의 경우는 몇 번의 실험을 할 수 있느냐 하는 것과 실험의 성공률이 얼마냐 하는 것이다. 이들 요소만 결정이 되면 몇 점을 받게 되는가 또는 몇 번의 성공을 하느냐 하는 불확실성은 확률변수 X로 표현되고 X가 따르는 확률밀도함수 $f(x)$는 다음과 같이 구해진다.

$$f(x) = \binom{n}{x} p^x (1-p)^{n-x}, \quad x = 0, 1, 2, \cdots, n$$

여기서 n과 p는 현상을 결정하는 요소로서 모수(parameter)라고 한다. n은 총 시행횟수(계단의 수, 실험의 총수)이고 p는 각 시행에서 적용되는 확률로서 우측으로 갈 확률(또는 3, 4, 5, 6이 나올 확률)이거나 실험에서 성공할 확률을 의미한다. 기댓값이나 분산은 여러분이 쉽게 구할 수 있으리라 생각한다.
(이상과 같은 토론에서 전달하고자 하는 것은 이항분포의 확률변수와 기댓값과 분산의 공식이 실제 경험의 세계(실생활)에서의 상황을 표현하고 있다는 것이다. 다음과 같은 질문을 던져보는 것도 좋다고 본다.)

T “확률변수 X가

$$P(X=x) = f(x) = \binom{30}{x}\left(\frac{1}{3}\right)^x \left(\frac{2}{3}\right)^{n-x}, \quad x = 0, 1, 2, \cdots, 30$$

와 같은 확률밀도함수를 갖는다.”라는 말로부터 여러분이 전달받은 내용을 요약하여 보라.

S1 X가 $n=30$, $p=\frac{1}{3}$인 이항분포를 따른다는 말입니다.

T 맞다. 그러나 그것은 $f(x)$의 이름을 말한 것일 뿐 내용은 아니다.

S2 어떤 확률현상이 있다는 뜻입니다. 그런데 그 불확실한 현상은 0부터 30 사이의 정수로 나타나는데 그 각각의 값이 확률 $f(x)$를 갖고 나타난다는 뜻입니다.

T (S1)과 비슷하지만 하여간 어떤 불확실성이 있는 즉 무엇이 나타날지 모르는, 또 다른 말로 하면 0에서 30 사이의 값들 중 하나가 나타날 수 있는 그러한 확률현상을 전달하고 있다는 것을 명시한 것은 참 좋다. 그런데 그 현상의 특징을 그냥 확률로써만 표현하면 너무 수리적이어서 수학을 잘 모르는 사람들은 그 현상을 이해하는 데에 별로 도움이 안 될 것 같다.

S3 $f(x)$의 형태로부터 알 수 있는데, 30회의 시행에서 발생확률이 $\frac{1}{3}$을 갖는 어떤 특정 사건의 발생횟수에 관심이 있는 확률현상을 표현하고 있습니다.

T 이제 완벽하다. 완벽은 내 맘에 아주 든다는 뜻이다. 지금

① (S3)가 한 말이나,

② 확률변수 X가 확률밀도 함수

$$f(x)=\binom{30}{x}\left(\frac{1}{3}\right)^{x}\left(\frac{2}{3}\right)^{n-x},\quad x=0,\ 1,\ 2,\cdots,\ 30$$

을 따른다는 말이나,

③ 확률변수 X가 $n=30,\ p=\frac{1}{3}$인 이항분포를 따른다는 말이나

④ X의 분포는 $B\left(n=30,\ p=\frac{1}{3}\right)$을 갖는다고 기호화하거나

모두 동일한 확률현상을 표현하고 있는 것이다. 사다리 실험에서 너무 오래 이야기를 나눈 것 같다. 이항분포에 대한 이야기는 이만하고 또 다른 상황을 생각해 보자.

• **실험과제:** 사다리타기 실험에서 4단계까지 도달하기 위한 주사위 던지는 규칙이 1, 2 눈이 나오면 좌측, 3, 4, 5, 6 눈이 나오면 우측으로 정하고 도달지점이 좌로부터 A, B, C, D, E라고 할 때 각 지점에 도달할 확률

$$f(x)=\binom{4}{x}\left(\frac{1}{3}\right)^{x}\left(\frac{2}{3}\right)^{4-x},\quad x=0,\ 1,\ 2,\ 3,\ 4$$

이 근사적으로 (0%, 10%, 30%, 40%, 20%)임을 실제로 확인하여 보시오.

• **포아송분포:** 학생 (S1)군이 최근 홈페이지를 만들었다. 하루에 몇 명이나 접속할지? (S2)군은 호출기(Beeper)로 하루에 몇 번의 호출을 받게 되는지?와 같은 유사한 상황을 학생들에게 제시하라는 숙제나 질문으로 시작되는 포아송분포는 주어진 시간에 발생되는 특정한 사건의 횟수나 빈도수와 같은 수(counting)가 확률변수 X일 때 이러한 현상을 표현하는 데 주로 사용되는 확률분포로서 다음과 같이 나타낸다.

$$f(x)=e^{-\lambda}\frac{\lambda^{x}}{x!},\quad x=0,\ 1,\ 2,\cdots$$

특정 홈페이지에 하루에 접속하는 방문객의 수의 분포가 포아송분포를 따르는지 안 따르는지는 아무도 증명할 수도, 알 수도 없는 것이다. 불확실성을 갖고 있는, 다른 말로 하면 매일 다양한 값을 갖는 방문객의 수를 오랫동안 관찰하여 얻어지는 방문객의 수에 대한 상대도수분포를 수리적인 식으로 근사시키려고 할 때 주로 시도해보는 또는 가정해보는 대표적

인 확률분포가 포아송분포라는 것이다. 다음의 짧은 질의응답을 권한다.

T 나는 임의의 고등학생의 호출기에 평일 오전 9~12시에 도착하는 음성수신의 횟수는 $\lambda = 1$인 포아송분포를 따른다고 가정한다. 다른 말로 하면,

수신횟수가 0일 확률은 $f(0) = e^{-1}\frac{1^0}{0!} = 0.3679$

수신횟수가 1일 확률은 $f(1) = e^{-1}\frac{1!}{1!} = 0.3679$

수신횟수가 2일 확률은 $f(2) = e^{-1}\frac{1^2}{2!} = 0.1839$

수신횟수가 3일 확률은 $f(3) = e^{-1}\frac{1^3}{3!} = 0.0613$

이라고 한다. 내가 어떻게 이런 가정을 할 수 있게 되었는지 이야기할 수 있는 사람 있나?

SA (침묵)

T 질문이 너무 모호하구나. 내 가정이 맞다고 생각하는 사람 손들어 보지?

S1 선생님 말이 안 됩니다. 가정은 맞고 안 맞고의 문제가 아니라고 하셨지 않아요.

T 그렇구나. 내가 잘못 물었다. 내가 한 가정을 받아들일 수 있는 사람 용감하게 손들어 보지.

S2 저요.

T 어떻게 받아들이게 되었는지 말해 줄 수 있나?

S2 제 경우를 생각해 보니까요. 지난 1년간 점심시간에 조사해 보았을 때 하루에 4번 이상은 한번도 없었고 몇 번인가 3번 받았고 대개 안 오거나, 1번 받는 것 같구요. 종종 2번 받을 때도 있었던 것 같아요. 그러니까 제가 수신한 횟수의 상대도수와 선생님이 말씀하신 확률과 비슷할 것 같다는 생각이 들었지요.

T 아주 좋은 답변이다. 혹시 나의 가정에 동의하는 또 다른 사람 있는가?

SA (몇 명이 더 손을 든다.)

T 우리 반에서 제일 호출 많이 받는 학생이 누군가?

SA (S1)이요.

T 그래 그러면 (S1)군이 한번 생각해 보지. (S1)군이 하루 종일 — 오전이 아니다. — 받는 음성수신 횟수는 매일 다르겠지? 그러면 (S1)군이 하루에 받는 음성수신 횟수를 확률변수 X라고 하면 이 확률변수가 따르는 확률분포를 가정할 수 있겠는가?

S1 포아송분포입니다.

T 포아송분포로 가정한다. 좋아. 확률상황이 횟수 즉 counting에 관한 것이니까. 그러나 (S1)군의 경우는 λ 값도 가정해야지?

S1 λ 값을 어떻게 가정하지요?

T λ 값이 결정이 되어야 (S1)군이 임의의 하루에 음성호출을 하나도 못 받는 확률을 구할 수 있지 않겠느냐. 조금 전에는 내가 $\lambda=1$로 하여 가정했기 때문에 확률이 다 계산되었던 것이지.

S1 그러면 선생님 λ 값을 어떻게 아셨어요?

T 질문을 거꾸로 하는군! 좋아. 내가 도와줘 보지. (S1)군이 머리가 비상해서 지난 한 달 동안 매일 자신이 받았던 음성호출 횟수를 기억한다고 하자. 다 기억할 수 있나?

SA (웃음)

T (S1)군은 머리가 좋으니까 다음과 같이 표로서 기억한다고 하자.

일일 음성수신 횟수	일수	상대도수
0	1일	1/30 = 0.0333
1	1일	1/30 = 0.0333
2	4일	4/30 = 0.1333
3	6일	6/30 = 0.2000
4	6일	6/30 = 0.2000
5	6일	6/30 = 0.2000
6	4일	4/30 = 0.1333
7	2일	2/30 = 0.0666

이제는 λ 값에 따른 포아송분포의 확률값들을 알아볼까. 컴퓨터로 계산도 가능하고 통계학 책 부록의 표에도 나와 있다. 우선 $\lambda=3.5$와 4를 한번 계산해 보자.

$X=x$	$P(X=x\|\lambda=4)$	$P(X=x\|\lambda=3.5)$
0	0.0183	0.0302
1	0.0733	0.1057
2	0.1465	0.1850
3	0.1954	0.2158
4	0.1954	0.1887
5	0.1563	0.1322
6	0.1042	0.0771
7	0.0595	0.0169

(S1)군의 지난 한 달간의 상대도수표와 위에 계산된 확률값들을 비교해 보자. 지난 한 달

간의 음성수신 상황이 $\lambda=4$인 경우의 확률과 비슷하다고 볼 수 있을까?

SA 비슷해요.

S1 그렇지만 선생님, 선생님은 어떻게 $\lambda=4$와 3.5인 경우의 포아송분포 확률값을 알아보실 생각을 하셨습니까?

T 내가 허를 찔렸구나. 내가 어떻게 알았을까? 고민 좀 같이 해 보자. 힌트를 하나 주지. 기댓값에서 배웠다고 생각되는데 X가 포아송분포 즉

$$f(x)=e^{-\lambda}\frac{\lambda^x}{x!},\ \ x=0,\,1,\,2,\,\cdots$$

를 따를 때 X의 기댓값 $E(X)$를 계산할 수 있지?

$$E(X)=\sum_{x=0}^{\infty}xe^{-\lambda}\frac{\lambda^x}{x!}=\sum_{x=1}^{\infty}e^{-\lambda}\frac{\lambda^x}{(x-1)!}=\lambda\sum_{x=0}^{\infty}e^{-\lambda}\frac{\lambda^x}{x!}=\lambda$$

분산 $V(X)$는 얼마나 될까? 비슷한 계산을 해 보면 분산 역시 λ인 것을 알게 되지. 이 사실을 이용해 볼 수 없을까?

S1 기댓값이 λ라는 것은 이 확률현상을 무수히 많이 관찰했을 때 이들 관찰값들의 평균이 λ에 가깝다는 뜻이니까 저의 지난 한 달간 일일 음성수신 횟수 자료로부터 일일 평균을 구한 값으로 생각해 볼 수 있겠습니다. 그러면

$$\frac{0\times1+1\times1+2\times4+3\times6+4\times6+5\times6+6\times4+7\times2}{30}=\frac{119}{30}\fallingdotseq3.97$$

이 되네요. 그러니까 λ를 4로 생각해 볼 수 있겠습니다.

T 기댓값에 대한 아주 좋은 지식을 갖고 있구나. 여기서 지식이란 오늘날 지식사회에서 말하는 산지식이다. 지금까지 이야기한 것을 다시 정리하면 우리는 우리반 호출 최다기록 보유자 (S1)군의 일일 음성수신 횟수라는 불확실성, 확률현상을 표현하려고 하였다. 마치 선생님의 형태를 직육면체라는 기하도형으로 보려고 하였던 것과 같이 (S1)군이 이 확률현상을 포아송분포라는 수리적 확률분포로 보았다. 이제 끝으로 나를 표현하는 직육면체의 가로, 세로 높이를 나를 유심히 살펴본 후 추측한 것 같이 (S1)군의 지난 한 달간의 기록을 살펴본 후 평균을 통하여 λ 값을 추측하게 되었다.

S2 λ를 3.9로 볼 수도 있지요?

T 그렇지. λ를 3.9로 보면 확률값은 λ가 4일 때와는 조금 달라지겠지만 이 역시 (S1)군의 상대도수와는 비슷하다고 할 수 있지. $\lambda=3.9$로 가정하느냐 $\lambda=4$로 가정하느냐 하는 것은 관점의 문제이기 때문에 확률현상을 표현하고자 하는 사람에 따라 결정하게 된다. 순전히 자료만을 바탕으로 구한다면 3.97이 4에 더 가까우니까 (S1)군의 일일평균을 $\lambda=4$

로 가정 — 이럴 때 우리는 추정이라고도 한다. — 하게 된다. 여기서 용어 하나 다시 확인하자. 우리가 일정한 시간 또는 공간에서 발생하거나 관찰되는 사건의 갯수(횟수)를 주로 표현하는 분포를 포아송분포라고 하였다. 이때 이 확률밀도함수에 λ라는 문자가 포함되어 있는데 이 λ를 뭐라고 부르는지 아는가?

SA (침묵)

T 아까 우리가 계산한 것 같이 이 λ 값에 따라서 확률현상이 다르게 나타나지 않았는가? 다른 말로 하면 나올 수 있는 관찰 예상값들은 어느 경우나 0, 1, 2, …의 모든 음이 아닌 정수이지만 λ 값에 따라 각 값이 나타날 확률은 다르게 된다. 이렇듯 λ는 확률현상을 특별히 결정짓는 값이다. 이와 같이 확률밀도함수에 포함된 문자로서 그 문자의 값에 따라 확률현상이 결정되는 그러한 문자를 모수(parameter)라고 한다. 어떤 책에서는 모수를 모집단의 특성이라고 정의하는데 이때 모집단이란 확률현상이 나타나고 있는 관심있는 개체들의 모임으로 생각하면 된다.

S3 선생님, 제가 본 다른 책에는 λ로 안 하고 μ로 썼었는데 똑같은 것인가요?

T 그렇고 말고, λ나 μ나 모수를 쓸 때 주로 사용하는 문자일 뿐이다. 어떻게 읽는지는 알지. 람다(Lambda: λ), 뮤(mu: μ).

S2 선생님, 그러면 기댓값은 모수인가요?

T 그렇지 기댓값은 확률현상의 한 특성이니까.

S3 분산은요?

T 당연하지.

S1 선생님, 그러면 누가 저런 식을 만들어 냈을까요?

$$f(x) = e^{-\lambda}\frac{\lambda^x}{x!},\ x = 0,\ 1,\ 2,\ \cdots$$

라는 것이 머리 속에 딱 떠오르는 것은 아닐텐데요. 이항분포의 식은 생각을 하다보면 우리가 얻을 수 있었지만요.

T 멋진 질문이다. 나보다 훨씬 용감한 제자를 만나게 되어서 참 기쁘다. 나도 학생 때 이런 질문을 생각했었는데 질문하면 내가 오히려 우습게 될까 두려워서 질문을 못했다. 이 설명은 조금 어려울 지도 모르지만 포기하지 말고 따라가 보자. 우리가 이항 분포에서 실험한 사다리를 다시 한번 생각해 보자. 만약 사다리가 1000계단이었다고 하자. 그리고 좌로 가는 확률을 0.05로 하면 실험결과 위치 500/1000에 도착하는 다시 말하면 좌로 가는 사건이 1000번 중 500번이 되는 확률은 얼마가 되겠니?

S2 $n = 1000,\ p = 0.05$인 이항분포를 따르니까

$$\binom{1000}{500}(0.05)^{500}(0.95)^{500}$$

입니다.

T　자네 이 값을 계산할 수 있을 것 같은가? 1000개 중 500개를 뽑는 경우의 수만 생각해 보게.

$$\binom{1000}{500}=\frac{1000!}{500!500!}=\frac{501\cdot502\cdot\cdots\cdot1000}{1\cdot2\cdot\cdots\cdot500}$$

인데 이 값은 어마어마하게 큰 값이지. 따라서 이런 경우를 고민하다가 특별히 n이 굉장히 크고 p가 아주 작은 경우 우선 수학자들이 극한값을 구해 보았지(부록 1.9 참조). 이제 호출횟수를 갖고 실험해 본 포아송분포에 대하여 많이 이해가 되었으리라 생각한다. 정해진 시간이나 공간 내에서의 도수가 확률변수인 경우에 주로 가정해 보는 모형으로서 모수 λ의 결정이 중요한 관심사가 되는 분포이다.

• 정규분포의 지도

T　정규분포에 대해서는 이미 많이 들어서 잘 알고 있으리라 생각하지만 몇 가지만 이야기를 해 보자.

먼저 주의를 주고 싶은 것은 정규분포를 정상적인 확률현상이 갖는 분포라고 생각하는 학생이 없기를 바란다. 정규분포의 이름에 정규라는 이름이 있어서, 그러니까 영어로 normal이라고 되어있으니까 정규분포를 갖는다고 하면 정상적이고 정규분포를 따르지 않으면 비정상적인 현상 또는 잘못된 현상이라고 생각하는 경향이 있는데 이러한 생각은 잘못된 것임을 강조하고 싶다.

S1　그럼 왜 정규, normal이라고 말을 붙였을까요?

T　처음 종 모양의 대칭적인 모습의 분포를 발표한 사람은 1730년경 드무아브르(De Moivre)에 의해서이다. 그는 우리가 앞에서 토론한 이항분포를 조사하던 중 n이 크고 p가 1/2인 경우의 확률밀도함수가 n이 커지면 커질수록 종 모양이 되어 가는 것을 보고 이를 종형곡선이라고 부르며 일반화하였다. 조금 후인 1800년경 이러한 사실이 라플라스와 가우스에 의해서 재발견되면서 많은 자연현상에서 이와 같은 형태의 분포가 자주 나타나는 것을 알고서 일명 가우스분포라고 붙여진 이름이다.

정규분포가 유용한 이유는 분포가 잘생겨서가 아니고 관심 있는 우리 주변의 자연 세계의 구체적으로 측정되어 얻어진 연속형 자료들을 히스토그램으로 우선 그려 보았더니 대체로 봉우리가 한 개이고 좌우가 대칭인 모습을 대부분 보이고 있다라는 사실로부터 출발하게 되었다는 것이다.

내가 한 가지 여러분에게 묻고 싶은 것은 이것이다. "어떤 확률현상을 나타내는 확률변수 X가 평균이 100, 분산이 100인 정규분포를 따른다."는 말을 듣고 여러분이 갖는 생각, 상상 등을 구체적이고 현실적으로 설명해 주겠느냐?

S2 확률변수 X는 연속확률변수로서 $-\infty$와 ∞ 사이의 실숫값을 취하고 확률밀도함수 $f(x)$가 다음과 같다는 뜻입니다.

$$f(x) = \frac{1}{10\sqrt{2\pi}} exp\left(-\frac{(x-100)^2}{200}\right)$$

T 너무 수학적이다. 이 대답은 국어를 수식으로 바꾼 것이지 설명은 아니다. 내가 묻는 것은 내가 한 말이 의미하는 실제(Reality)를 설명하라는 것이다.

S3 어떤 확률현상이 있는데 그 현상을 여러 번 관찰했을 때 얻어지는 관찰값들로부터 그린 히스토그램의 모습이 100 근처의 값에서 기둥이 가장 높고 좌우대칭인 종 모양을 따르게 된다라는 사실을 의미하는 것입니다.

T 내가 기대했던 쉬운 말이 나오는구나. 여기서 쉽다는 말은 경험적인, 즉 이야기를 들으면서 생각을 따라 갈 수 있다는 말이다. 내가 꼭 부탁하는 것은 확률분포에 관한 함수, 식 등을 보면 지금 (S3)군 같이 경험적으로 설명하는 것을 습관화하라는 것이다. 그럼 (S3)군 혹시 자네가 이 현상을 100번쯤 관찰했다고 상상해 보았을 때, 마음에 100개의 숫자들이 떠오르는가? 그 중 10개만 불러줄 수 있겠느냐?

S3 예. 70, 90, 50, 110, 130, 150, 300, 115, 100, 75

S1 선생님 300이 나올 수 있습니까? 평균이 100이고 분산이 100이면 100을 중심으로 커야 3배의 표준편차정도 그러니까 30 정도 옆으로 퍼져 있을 텐데요.

S3 제가 잘못 말했습니다. 120이라고 하지요.

T 300이 나올 수도 있지. 거의 불가능하지만. 이러한 값을 이상치(outlier)라고 하지. 이런 값이 관찰되면 여러 가지를 조사해 봐야 한다. 관찰이 잘못되었는지 또는 관찰치 기록이 잘못되었는지 등등의 면밀한 조사가 필요하다.

하여간 120으로 바꾸었다고 하자. 그러면 (S3)군, 이제 자네가 생각한 100개의 각 숫자들에서 100을 빼주겠니? 그리고 그 값들을 10으로 나누도록 해라. 다 했니? 마리 속에서 상상하는 것이니까 금방 되겠지. 그렇다면 좀 전에 문제가 되었던 120은 얼마가 되겠니?

S3 2요.

T 그렇지. 그렇다면 100개의 모든 원래 관찰치들로부터 바뀐 값들로 만들어지는 히스토그램은 어떤 모습이 될까?

S2 전과 비슷한 종 모양일 것 같습니다. 영(zero) 근처에서 기둥이 가장 높게 되겠지요.

T 또 다른 면은?

S3 종 모양이 좀 더 뾰족해 질 것 같습니다.

T 왜 그렇지?

S3 각 관찰값을 10으로 나누었으니까 숫자와 숫자사이의 거리가 1/10로 줄어들게 되지요. 그러니까 새로 변환된 숫자들의 서로 간의 차이가 전보다 작아지지 않습니까?

T 좋은 지적이다. (S3)군이 이야기한 것을 좀 더 통계적으로 말할 수 있는 사람 없을까? '숫자와 숫자들의 상호간에 차이가 작아졌다'라고 말을 어떻게 표현할 수 있을까?

S2 편차요. 그러니까 숫자들의 분산이 작아졌지요.

T 이제 좀 성숙한 용어가 나오는구나. 그렇다면 산포도가 얼마나 작아졌을까?

SA 침묵

S1 10배 작아졌습니다.

S2 아니요. 1/100로 작아졌습니다.

T 어느 쪽이 맞겠느냐?

S1 1/100이 맞습니다. 분산은. 그렇지만 표준편차는 1/10로 줄어들게 되겠지요.

T 그렇다면 평균은 얼마나 되겠느냐?

S1 평균은 0이지요.

T 모두 다 동의하는 것이냐? 그렇다면 지금 생각하고 있는 영(zero)근처에서 기둥이 제일 높은 종 모양의 히스토그램은 원래의 평균 100, 분산 100인 정규분포와는 어떻게 다르겠느냐?

S3 예. 정규분포 모습일 것 같습니다. 단, 평균이 0이고 분산이 1인.

T 이것을 무슨 정규분포라고 하지?

S3 표준정규분포라고 하지요.

T 수고가 많았다. 지금까지 우리가 이야기한 것을 수리적 사실로서 표현하면 다음과 같은 것이다.

"X가 확률밀도함수

$$f(x) = \frac{1}{\sigma\sqrt{2\pi}} exp\left(-\frac{(x-\mu)^2}{2\sigma^2}\right)$$

을 가질 때, 즉 X가 평균이 μ, 분산이 σ^2인 정규분포를 따를 때 $Z = \frac{X-\mu}{\sigma}$는 평균이 0, 분산이 1인 표준정규분포를 따른다."

정규분포에 관해서는 연습문제에 많이 나와 있으니까 위의 개념적 토론내용을 숙지한 후에는 열심히 훈련하기 바란다.

지금까지 익숙해진 이항분포, 포아송분포와 정규분포에 대한 토론을 해왔는데, 다시한번 강조하면 결국 미지의 자연현상이나 미래의 불확실에 대하여 자기가 강조하는 입장이나 관점이나 가설 등은 자신의 경험의 누적의 결과이므로 다른 사람들의 마음을 얻기 위해서는 지식을 기초로 한 성실한 설명과 정직한 증거들이 뒷받침되어야 한다는 것을 말해주고 있다. 특히 미래에 대한 투자에 있어서는 미래의 다양성과 불확실성에 대한 예측 그 자체는 투자 수익과는 아무런 상관이 없고, 계량적인 데이터에 기반한 논리적이고, 통계적이고, 수학적이고, 기계적인 유연한 대응만이 장기 투자수익을 얻는 과학적인 길이요 지혜임을 알 필요가 있다. 그래서 공부를 열심히 해서 지력(knowledge power)을 키워야 한다.

연습문제_6

exercises

1. 4개의 동전을 던지는 실험에서 모두 표면이 나오거나 이면이 나오면 성공이라 한다. 이러한 실험을 반복하여 시행할 때 3번 만에 비로소 1번 성공하게 될 확률을 구하여라.

2. 구간 $(0, 5)$에서 정의된 확률변수 X의 밀도함수가 $f(x) = 1/5$로 주어질 때 X의 평균 $E(X)$와 분산 $V(X)$을 구하여라.

3. 시험결과가 평균 65점, 표준편차가 10인 정규분포를 이룰 때 표준화된 점수가 35인 학생의 실제점수는 몇 점이겠는가?

4. X가 $n = 64$, $p = 0.5$인 이항확률변수일 때 정규분포로 근사시켜 다음 각 확률을 구하여라.

(1) $P(X \geq 40)$

(2) $P(20 \leq X \leq 30)$

5. 어느 공장에서 생산되는 전화기 중 1%가 불량품이라 한다. 이 공장에서 생산되는 제품 중 랜덤하게 500개를 추출하여 검사를 실시할 때

(1) 불량품이 5개 이상일 확률은?

(2) 불량품이 정확하게 2개인 확률은?

6. 확률변수 X는 포아송분포를 따른다. 포아송분포표를 이용하여 다음을 구하여라.

(1) $\lambda = 2$일 때, $P(X = 1)$과 $P(X \leq 3)$

(2) $\lambda = 1$일 때, $P(X = 0)$과 $P(X > 2)$

7. 벼를 심은 논에 살충제를 살포하고 그 살충제의 효과를 조사해 보기로 하였다. 일정 시간이 경과한 후 벼멸구가 어느 정도 살았는지를 보기 위하여 임의로 한 지역의 단위면적을 뽑아서 살아 있는 벼멸구 수를 세었다. 과거의 경험으로 보면 그 살충제 살포 후 한 지역의 단위면적에 살아 있는 해충의 수는 평균 1마리였다. 살아 있는 해충의 수가 포아송분포를 따른다면 추출된 단위면적에서 아래와 같은 사건의 확률은 얼마인가?

(1) 꼭 2마리가 살아 있을 경우
(2) 모두가 죽었을 경우

8. 어느 학교에 IQ가 120 이상인 학생이 30% 있다. 이 학교에서 500명을 임의로 추출했을 때 "X=IQ가 120 이상인 학생수"라 하자. 정규근사를 이용하여 $P(X \geq 160)$을 구하여라.

9. 확률변수 X가 어떤 생수병의 양(ml)이라면 그 분포는 $N(300,\ 4)$을 따른다고 한다. 25개의 생수병에 들어있는 생수의 총량이 7520ml 이상일 확률은?

10. $\int_{-\infty}^{\infty} e^{-x^2/2}dx = \sqrt{2\pi}$ 임을 증명하여라.

임용고사 기출문제

1. 인구가 10만인 어떤 도시에서 시정에 대한 여론조사를 하였더니 남자 성인의 80%와 여자 성인의 90%가 시정을 지지하였다. 이 도시에서 남자 성인 400명과 여자 성인 400명을 임의로 뽑았을 때, 다음 확률을 구하시오.(1999년)

(1) 적어도 700명이 시정에 대해 지지할 확률
(2) 시정에 대한 지지자 중 여자가 남자보다 25명 더 많을 확률

2. 확률변수 X가 구간 $[1,\ 5]$에서 균등분포를 따를 때 X의 확률밀도함수, 평균, 분산을 각각 구하시오.(2005년)

3. 정육면체 모양의 주사위가 있다. 이 주사위의 두 면에는 3, 나머지 네 면에는 1, 2, 4, 5가 하나씩 적혀 있다. 이 주사위를 288번 던질 때 짝수 눈이 나오는 횟수를 확률변수 X라 하면 이는 이항분포 $B(n, p)$를 따른다. 이때 X의 평균 $E(X)$와 분산 $V(X)$를 구하고, 눈이 88번 이상 112번 이하로 나올 확률 $p(88 \le X \le 112)$를 정규근사시켜 구하시오.(2006년)

4. 확률변수 X가 이항분포 $B(n, p)$를 따를 때 X의 평균 $E(X) = np$임을 보이시오.(2007년)

5. 1, 2, 3, 4의 숫자가 중복되지 않게 한 개씩 각 면에 있는 사각연필이 있다. 이 사각연필을 굴렸을 때, 각 면이 나올 확률은 같다고 한다. 이 사각연필을 80번 굴렸을 때, 윗면이 나온 수의 합이 216 이상일 확률을 x라고 할 때 표준정규확률변수 Z의 표준정규분포함수 $\Phi(z) = P(Z \le z)$를 이용하여 x를 나타내어라.(2009년)

6. 어느 도시의 성인 중 20%가 A 통신사를 이용한다고 한다. 이 도시의 성인 400명을 임의로 조사할 때, A 통신사를 이용하는 성인이 80명 이상 92명 이하가 될 확률을 이항분포의 정규근사를 이용하여 구하면 $P(0 \le Z \le k)$이다. k의 값을 구하시오.(단, Z는 표준정규분포를 따르는 확률변수이고 연속성 보정은 하지 않는다.)(2014년)

7. 모집단 A는 어떤 지역의 20세 남자들로 이루어져 있다. 모집단 A에 속하는 남자의 키는 평균 175cm, 표준편차 5cm인 정규분포를 따른다고 한다. 모집단 A에서 임의로 뽑은 남자의 키(cm)와 몸무게(kg)를 각각 확률변수 X, Y라 할 때, $Y = \frac{2}{5}X + \alpha$가 성립한다고 하자. 여기서, α는 평균 0, 표준편차 $2\sqrt{3}$인 정규분포를 따르는 확률변수이고, X와 α는 독립이다. 확률 $P(Y > 72) = P(Z < k)$일 때, k의 값을 구하시오. (단, Z는 표준정규분포를 따르는 확률변수이다.)(2015년)

임용고사 기출문제 정답

1. (1) 0.0228 (2) 0.0120 **2.** $f(x) = \frac{1}{4}$, $1 \le x \le 5$, 평균 3, 분산 $\frac{3}{4}$

3. 평균 96, 분산 64, 확률 0.8185 **4.** 생략 **5.** $1 - \Phi(1.6)$ **6.** $k = 1.5$ **7.** $k = \frac{1}{2}$

7장

표집분포

7.1 확률표본과 통계량

1) 확률표본

확률표본(random sample)이란 특정한 확률분포를 따르는 모집단으로부터 독립적으로 반복하여 추출한 n개의 표본 $(X_1, X_2, \cdots, X_n)$을 말한다. 이때 각각의 확률표본 X_i는 확률변수로서 서로 독립이며 동일한 분포(independent and identical distribution)를 갖는다.

예를 들어 3,000명의 학생이 있는 한 고등학교에서 학생들의 키의 분포가 평균이 170cm이고 분산이 25cm인 정규분포를 따른다고 알려져 있을 때 학생 10명(표본의 크기 $n=10$)을 랜덤하게 추출하여 키를 측정한다고 해 보자.

확률변수 X가 학생들의 키라고 할 때 복원추출을 통하여 표본으로 뽑힌 10명은 관찰된 순서에 따라 $(X_1, X_2, X_3, \cdots, X_{10})$과 같이 놓자. 이 표본은 모집단으로부터 얻을 수 있는 무수히 많은 표본 중에서 우연히 얻게 된 하나의 표본이다. 여기서 첫 번째 관찰치 X_1에 대하여 "이들은 어떤 분포를 가질까?"를 생각해 보자. 이 X_1은 표본을 반복하여 계속 추출할 경우 결국 X_1의 분포는 전체 학생의 분포인 모집단의 분포와 같음을 유추할 수 있다. 즉 $X_1 \sim N(170, 25)$임을 알 수 있다. 같은 방법으로 다른 9개의 확률변수 $X_2, X_3, \cdots, X_{10}$의 각각의 분포도 모집단의 분포와 동일하다.

$$X_i \sim N(170, 25), \quad i = 1, 2, \cdots, 10$$

모집단

	표본 1	표본 2	표본 3	표본 4	$\cdots$	
X_1	157	165	158	145	$\cdots$	$\rightarrow X_1 \sim N(170, 25)$
X_2	170	180	179	165	$\cdots$	
$\vdots$	$\vdots$	$\vdots$	$\vdots$	$\vdots$	$\vdots$	
X_{10}	177	160	155	182	$\cdots$	$\rightarrow X_{10} \sim N(170, 25)$

▲그림 7-1 모집단과 확률표본의 성질

2) 통계량

모수(parameter)는 모집단의 특성을 나타내는 수치이지만, 구체적인 값은 알려져 있지 않다. 미지의 모수에 대하여 표본으로부터의 정보를 이용하여 추정과 검정을 실시하고자 하는 경우 대상 집단으로부터 우선 확률표본을 표집하게 된다. n개의 관찰값으로 구성된 표본의 크기가 n인 확률표본을 $(X_1, X_2, \cdots, X_n)$이라고 할 때 통계량(statistic)은 다음과 같다.

> 통계량이란 표본을 구성하는 확률변수 $X_1, X_2, \cdots, X_n$에 의해 정의된 미지의 모수를 포함하지 않은 관찰 가능한 확률표본의 함수를 말한다.
>
> $$\text{통계량(Statistic)} = f(X_1, X_2, \cdots, X_n)$$

통계량은 확률표본의 함수이므로 통계량 그 자체도 어떤 확률분포를 따르게 되는 하나의 확률변수이다. 예를 들어 모평균 μ를 추정하기 위해 모집단으로부터 표본추출한 확률표본 $(X_1, X_2, \cdots, X_n)$을 여러 가지 함수로 다르게 생각한 계산규칙들인 각 통계량들을 다음과 같이 생각해 볼 수 있다.

(a) 표본평균 $\overline{X} = \dfrac{\sum X_i}{n}$

(b) 절사평균 $\overline{X_{[0.8]}} = [X_{(1)}, X_{(2)}, \cdots, X_{(n-1)}, X_{(n)}]$의 양끝 관찰치의 10%씩 삭제함

	(모집단) 모수	(표본)통계량
비율 proportion	θ (theta)	$\hat{p}$ (p-hat)
평균 mean	μ (mu)	$\bar{x}$ (x-bar)
표준편차 standard deviation	σ (sigma)	s

예 7-1 모평균 μ를 추정하기 위한 통계량들은 어떤 것들을 생각할 수 있을까?

풀이 표본추출한 표본을 가지고 모평균을 추정할 수 있는 가능성이 있는 여러 가지 계산 규칙이나 방법을 생각하면 되는데, 통계량들 중의 하나인 표본평균을 사용할 수도 있고, 아니면 중위수나 절사평균 등 여러 가지를 사용할 수도 있다.

7.2 표본평균의 표집분포

통계량인 표본평균 $\overline{X}$의 값들을 반복 표본추출하여 모두 구해 보면, 이 값들에서 어떤 일정한 근사적인 패턴(pattern)을 발견할 수 있는데 이것을 표본평균 $\overline{X}$의 표집분포(sampling distribution, 표본추출분포 혹은 표본분포)라고 한다.

표본평균 $\overline{X}$는 확률표본 $X_1, X_2, \cdots, X_n$의 함수로서 $X_i \sim N(\mu, \sigma^2)$일 때

$$\overline{X} = \frac{1}{n}(X_1 + X_2 + \cdots + X_n)$$

이고, 여기서 표본평균 $\overline{X}$의 평균과 분산은 다음과 같다.

$$E(\overline{X}) = \frac{1}{n}(n\mu) = \mu,$$

$$V(\overline{X}) = \frac{1}{n^2}(n\sigma^2) = \frac{\sigma^2}{n}$$

예 7-2 아이들의 나이에 대한 모집단이 6, 8, 10, 12, 14살($N=5$)로 구성되어 있는 동네가 있다고 가정하면, 이 동네 아이들인 모집단의 어린이들의 나이의 평균과 분산은?

풀이 모평균 $\mu = \{6+8+10+12+14\}/5 = 10$

모분산 $\sigma^2 = \{(6-10)^2 + \cdots + (14-10)^2\}/5 = 8$

위의 예제에서 이들 5명으로부터 크기가 2인 표본($n=2$)을 복원으로 추출한다면 가능한 확률표본의 개수는 총 $5^2 = 25$가지이다. 이 가능한 한 표본을 모두 기록하면 다음과 같다.

(6,6)	(6,8)	(6,10)	(6,12)	(6,14)
(8,6)	(8,8)	(8,10)	(8,12)	(8,14)
(10,6)	(10,8)	(10,10)	(10,12)	(10,14)
(12,6)	(12,8)	(12,10)	(12,12)	(12,14)
(14,6)	(14,8)	(14,10)	(14,12)	(14,14)

여기서 표본평균 $\overline{X}$의 패턴은 어떤 것인가를 도수분포표와 표본평균의 분포([그림 7-2])로 요약하면 다음과 같다.

[표 7-1] $\overline{X}$의 도수분포표

$\overline{X}$	도수
6	1
7	2
8	3
9	4
10	5
11	4
12	3
13	2
14	1

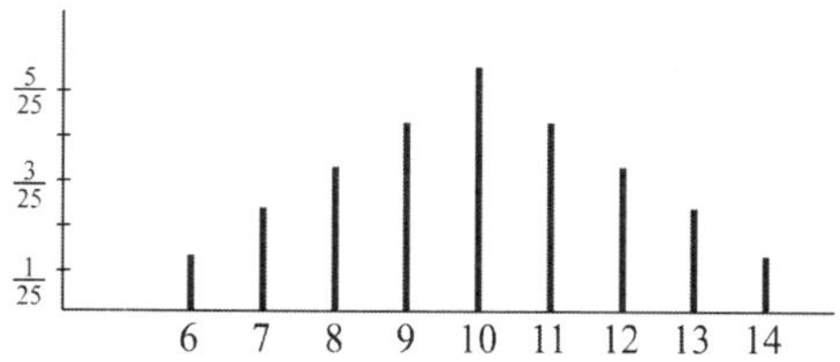

▲그림 7-2 도수분포표와 표본평균의 분포

이 자료의 표본평균 $\overline{X}$의 평균과 분산을 계산하면 다음과 같다.

$$\text{표본평균 } \overline{X}\text{의 평균 } E(\overline{X}) = 10,$$
$$\text{표본평균 } \overline{X}\text{의 분산 } V(\overline{X}) = 4 = 8/2 = \sigma^2/n$$

한편 [그림 7-3]으로 나타난 모집단의 히스토그램은 균등분포를 나타내는데 표본평균의 표집분포(sampling distribution)는 모집단의 분포와는 다르게 평균을 중심으로 가운데가 볼록하게 솟아오르고 좌우 대칭인 종(bell) 모양의 분포가 얻어진다. 특히 분산도 표본의 크기에 반비례하여 작아짐(σ^2/n)을 발견할 수 있다.

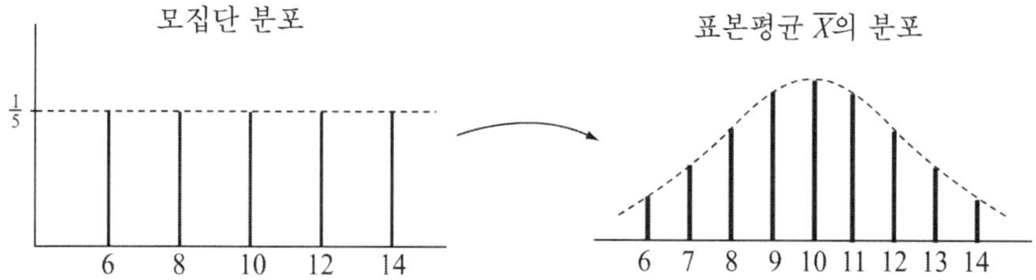

▲그림 7-3 모집단의 분포와 표본평균의 분포

이러한 현상으로부터 표본 관찰값의 수를 충분히 크게 할 때 종 모양의 표본평균 $\overline{X}$의 분포가 정규분포에 근사한다는 것을 일반화한 것이 **중심극한정리**(Central Limit Theorem)이다.

7.3 중심극한정리

중심극한정리(Central Limit Theorem)
평균 μ, 분산 σ^2인 임의의 모집단에서 크기가 n인 확률표본($X_1, X_2, \cdots, X_n$)의 표본평균 $\overline{X}$는 n이 충분히 큰 경우($n > 30$) 근사적으로 평균 μ이고 분산이 σ^2/n인 정규분포를 따른다. 즉 $\overline{X}$의 표집분포는 다음과 같이 표현한다.

$$\overline{X} \sim N\left(\mu, \frac{\sigma^2}{n}\right)$$

만약 모집단의 분포가 정규분포를 따른다는 가정이 있으면 표본평균 $\overline{X}$의 표집분포는 표본의 크기에 관계없이 평균 μ이고 분산이 σ^2/n인 정규분포를 따른다.

예 7-3 어떤 고무벨트의 수명이 500시간, 표준편차가 35시간인 확률분포를 따른다고 하자. 이 고무벨트 49개의 확률표본의 평균수명이 488시간에서 505시간 사이에 있을 확률은?

풀이 모집단의 평균이 500, 표준편차가 35이고 표본의 크기 $n = 49$이므로 표본평균의 평균과 표준오차는

$$\mu_{\overline{X}} = 500, \quad \sigma_{\overline{X}} = \frac{35}{\sqrt{49}} = 5$$

이다. 그러므로 중심극한정리에 의해

$$P(488 < \overline{X} < 505) = P\left(\frac{488-500}{5} < Z < \frac{505-500}{5}\right)$$
$$= P(-2.4 < Z < 1) = 0.3413 + 0.4918 = 0.8331$$

- **실험활동 7-1:** 주사위 던지기 실험(중심극한정리의 직관적 이해를 돕는 실험활동)

준비물: 한 사람당 주사위 1개씩 준비.
실험방법: 한 사람당 하나의 주사위를 준비하고 10번 주사위 눈을 던져 그 평균을 구하는 과정을 50번 시행하여 그 분포를 그리고 특징을 관찰한다.

◎ 중심극한정리의 주사위실험보고서 (표본평균 $\overline{X}$의 pattern 모양은?)

(   )조: 성명(   ) 성명(   ) 성명(   ) 성명(   ) 성명(   )

날짜: .   .   .

표본	표본 관측값(10회)	총합	표본평균	표본	표본 관측값(10회)	총합	표본평균
1				26			
2				27			
3				28			
4				29			
5				30			
6				31			
7				32			
8				33			
9				34			
10				35			
11				36			
12				37			
13				38			
14				39			
15				40			
16				41			
17				42			
18				43			
19				44			
20				45			
21				46			
22				47			
23				48			
24				49			
25				50			

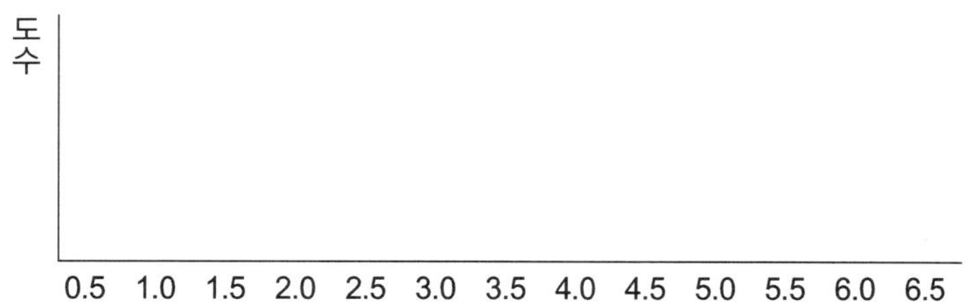

[그림] 표본평균 $\overline{X}$의 히스토그램

[문제] 여러분 실험으로 얻은 위의 표본평균의 분포에 대한 느낌을 쓰시오.

7.4 표본비율의 표집분포

관심이 있는 모집단의 단위(unit)의 속성이 0 아니면 1로서 모집단의 두 속성의 비율에 관심이 있는 경우가 있다. 예를 들면 어느 집단의 여학생의 비율이 얼마인지에 관심이 있을 수 있다.

모비율 p=모집단의 여학생 수/모집단의 크기

표본비율 $\hat{p}$=표본의 여학생 수/표본의 크기

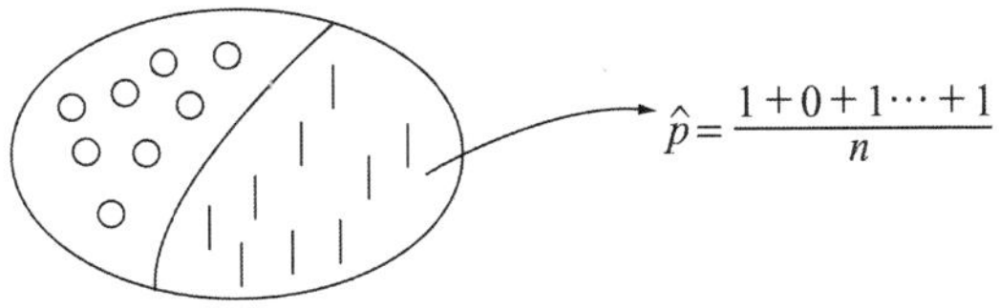

▲그림 7-4 모집단의 구성

예 7-4 표본의 크기 $n=10$인 표집(남: 1, 여: 0)에서 각 표본에 대한 표본비율은?

풀이 표본 1: 1, 0, 0, 0, 0, 1, 1, 0, 1, 0 → $\hat{p}=4/10=0.4$

표본 2: 1, 1, 0, 1, 0, 1, 1, 0, 1, 0 → $\hat{p}=6/10=0.6$

표본 3: 1, 0, 0, 0, 0, 1, 0, 0, 1, 0 → $\hat{p}=4/10=0.3$

⋮

위의 예와 같은 표집을 계속한다면 표본을 뽑을 때마다 다른 $\hat{p}$ 값들을 얻게 될 것이고, 이들의 일정한 패턴인 표집분포가 보인다면, 이 표집분포는 어떤 표본들에 대해 기대되는 정확성의 정도를 수량화하도록 우리에게 도움을 줄 것이다. 여기서 학생들에게 표본비율의 분포가 정규분포로 근사하는 것을 경험할 수 있는 간단한 다음의 실험활동 예제를 통하여 다음 사항들을 점검해 보고 표본비율의 분포에 대한 개념적 이해를 해 보자.

1. $\hat{p}$의 값의 변화는?
2. $\hat{p}$의 분포 모양은 근사적으로 대칭이고, 종 모양(bell-shape)을 하는가?
3. $\hat{p}$의 분포의 중심은 참값인 모수와 같은가?
4. $\hat{p}$의 값은 표본의 크기 n을 크게 하면 $\hat{p} \to p$로 수렴하겠는가?
   즉 $\hat{p}$의 분산은 작아지겠는가?

- **실험활동 7-2:** 표본비율 $\hat{p}$의 분포에 대한 개념적 이해를 위한 실험활동

준비물: 한 사람당 모집단인 바둑알 한자루씩(검은돌 50개, 흰돌 50개)

◎ **표본비율 $\hat{p}$의 실험 보고서** (주제: 표본비율 $\hat{p}$의 분포는 어떻게 생겼을까?)

(　)조: 성명 (　　　) 성명 (　　　) 성명 (　　　) 성명 (　　　) 성명 (　　　)

1. [방법] 한 사람당 모집단인 바둑알 한 자루씩(검은돌 50개, 흰돌 50개)을 가지고 각자 sample size $n = 10$으로 바둑알 10개씩을 임의로 뽑은 다음 이들 중 검은돌의 개수를 25회 반복 조사하여 기록하여 다른 조원(4명)의 것을 모두 합한 100번의 표집결과를 막대그래프로 요약하여 그려보아라.

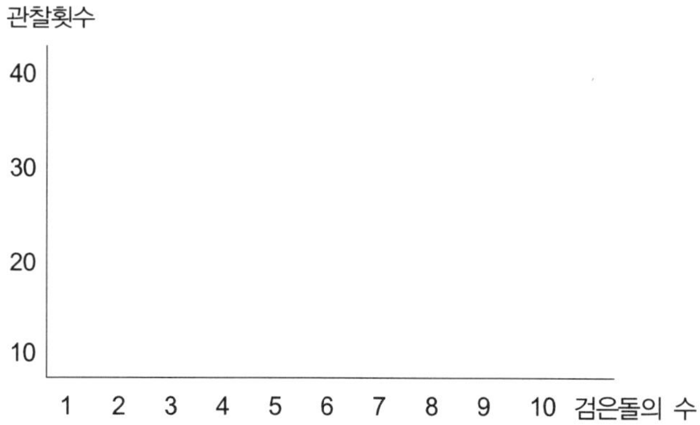

2. 실험결과인 위 그림을 보고 표본비율 $\hat{p}$의 분포의 모양에 대한 느낌을 말하여라.

3. 위 표본비율의 확률실험결과로부터 표본비율 $\hat{p}$을 구하여라.

4. 검은 봉지 안의 모집단의 검은돌의 비율인 모비율 p를 실제로 확인한 다음, 당신이 표본조사한 표본비율 $\hat{p}$로 추정한 결과와 비교 검토하여 그 사실을 설명하여라.

일반적으로 개체의 속성이 0과 1로만 구성된 모집단으로부터 표본의 크기가 n인 확률표본 $(X_1, X_2, \cdots, X_n)$을 추출하면, 이들 확률변수 X_i는 각각 서로 독립이며, 모수 p를 갖는 베르누이 확률변수로서 동일한 분포를 따른다($E(X_i) = \mu = p,\ V(X_i) = \sigma^2 = pq$).

예로 표본의 크기가 $n = 10$인 관찰치가 $(X_1, X_2, \cdots, X_{10}) = (0, 1, 1, 1, 1, 1, 0, 1, 1, 0)$이라면 표본비율은 다음과 같다.

$$\hat{p} = \frac{0+1+1+1+1+1+0+1+1+0}{10} = 0.7$$

확률변수 X_i들의 합인 $\sum_{i=1}^{n} X_i$를 표본의 크기 n으로 나누어 주면 이것은 추출된 확률표본에서의 속성의 비율을 의미하며, 표본비율(sample proportion) $\hat{p}$임을 알 수 있다.

$$\hat{p} = \frac{X_1 + X_2 + \cdots + X_n}{n} = \overline{X}$$

이 표본비율 $\hat{p}$은 역시 표본평균 $\overline{X}$와 같으므로 표본의 크기 n을 충분히 크게 하면$(n > 30)$ 중심극한정리에 의해 평균과 분산이 각각

$$E(\hat{p}) = E(\overline{X}) = \mu = p,$$
$$V(\hat{p}) = V(\overline{X}) = \frac{\sigma^2}{n} = \frac{pq}{n}$$

인 정규분포를 근사적으로 따르게 되는 것을 알 수 있다.

$$\hat{p} \sim N\left(p,\ \frac{pq}{n}\right)$$

이것을 표준화하면 다음과 같다.

$$Z = \frac{\hat{p} - p}{\sqrt{p(1-p)/n}} \sim N(0, 1)$$

그리고 경험적인 연구 결과에 의하면 $np \geq 5$이고 $n(1-p) \geq 5$일 때 표본비율의 분포가 정규분포에 가깝게 분포하는 것으로 알려져 있다. 이 가이드라인은 우리는 적어도 표본의 크기 n 중에서 성공 5개와 또는 실패 5개는 관찰되는 것이 기대되어야 한다는 것을 의미한다.

예 7-5 어떤 정책 현안에 대한 지지율이 70%인 모집단에서 840명을 표본추출하여 조사한 결과 75% 이상이 지지할 확률을 구하여라.

풀이 모비율이 $p=0.7$이므로 표본비율 $\hat{p}$은

$$평균=0.7, \quad 분산=\frac{(0.7\times 0.3)}{840}=0.0025$$

인 정규분포를 근사적으로 따른다. 따라서

$$P(\hat{p}>0.75)=P\left(Z\geq\frac{0.75-0.7}{\sqrt{0.0025}}\right)=P(Z\geq 1)=0.16$$

큰수의 법칙(Law of large Numbers)

베르누이가 발견한 큰수의 법칙의 의미는 표본의 크기 n이 상당히 커지는 경우 표본평균 $\overline{X}$가 모평균 μ에 확률적으로 수렴함을 의미하고, 경험적 확률과 수학적 확률이 일치함을 나타내 주고 있다.

• **큰수의 법칙**(Law of large numbers)
확률표본 $X_1, X_2, \cdots, X_n$는 서로 독립이고 같은 분포를 가질 때, 표본평균 $\overline{X}$는 임의의 $\epsilon>0$에 대하여 다음 식이 성립한다.

$$\lim_{n\to\infty}P\{|\overline{X}-\mu|<\epsilon\}=1$$

증명 확률변수 X_i들은 서로 독립이고 같은 분포를 갖는다. 이때

$$\overline{X_n}=\frac{1}{n}\sum_{i=1}^{n}X_i, \quad \mu=E(X_i)$$

이고 $V(X)=\sigma^2$이라면, $V(\overline{X_n})=\sigma^2/n$으로 체비세프부등식에 의하여

$$P\{|\overline{X_n}-\mu|<\epsilon\}=1-\frac{\sigma^2}{n\epsilon^2}$$

이고 $n\to\infty$이면 위 식의 우변의 항 $\sigma^2/n\epsilon^2\to 0$이다. 즉

$$\lim_{n\to\infty}P\{|\overline{X_n}-\mu|<\epsilon\}=1$$

7.5 카이제곱분포, t 분포와 F 분포

1) χ^2분포(chi-square distribution)

정규분포는 통계자료분석에서 가장 중요한 분포이다. 정규분포를 따르는 모집단에서 추출한 표본과 관련이 있는 분포는 t 분포, F분포 그리고 χ^2분포가 있다.

χ^2분포(chi-square distribution)는 모분산 σ^2에 대한 추정 및 가설검정을 위한 표본분산 S^2의 분포를 구하기 위한 통계적 도구라고 할 수 있으며, 질적변수들 간의 독립성검정, 적합도검정 등에도 사용된다. χ^2분포는 정규분포로부터 다음과 같이 정의된다.

> 서로 독립인 확률변수 $X_1, X_2, \cdots, X_n$가 $X_i \sim N(\mu, \sigma^2)$일 때 이들의 표준화된 정규확률변수 Z_i는 $N(0, 1)$을 따르고, 그 제곱인 Z_i^2은 χ_1^2 분포를 따른다. 이들의 제곱의 합
>
> $$\sum_{i=1}^{n} Z_i^2 = \left(\frac{X_1-\mu}{\sigma}\right)^2 + \left(\frac{X_2-\mu}{\sigma}\right)^2 + \cdots + \left(\frac{X_n-\mu}{\sigma}\right)^2$$
>
> 은 자유도가 n인 χ_n^2분포를 따른다.

카이제곱분포의 가법성에 의해 다음과 같은 등식과 내용을 알 수 있다.

$$\underbrace{\sum_{i=1}^{n}\left(\frac{X_i-\mu}{\sigma}\right)^2}_{\chi_n^2} = \underbrace{\sum_{i=1}^{n}\left(\frac{X_i-\overline{X}}{\sigma}\right)^2}_{\chi_{n-1}^2} + \underbrace{\left(\frac{\overline{X}-\mu}{\sigma/\sqrt{n}}\right)^2}_{\chi_1^2}$$

여기서 표본분산 $S^2 = \dfrac{1}{n-1}\sum_{i=1}^{n}(X_i-\overline{X})^2$과 연결하면 다음과 같다.

$$\frac{(n-1)S^2}{\sigma^2} = \sum_{i=1}^{n}\left(\frac{X_i-\overline{X}}{\sigma}\right)^2 \sim \chi_{n-1}^2$$

즉 정규모집단에서 추출된 n개의 확률표본으로부터 구한 표본분산의 함수인 $(n-1)S^2/\sigma^2$은

χ^2_{n-1}분포를 따르고, 모분산을 추정하는 데 사용된다. 또한 χ^2_n분포는 감마분포에서 $r = \frac{n}{2}$, $\lambda = \frac{1}{2}$일 때의 특수한 경우로서 감마분포의 한 형태라고 할 수 있다. χ^2분포의 확률밀도함수와 평균과 분산은 다음과 같다.

(1) 확률밀도함수 $f(x) = \frac{1}{\Gamma(n/2)}\left(\frac{1}{2}\right)^{n/2} x^{\frac{n}{2}-1} e^{-\frac{1}{2}x}$, $n = 1, 2, \cdots$

(2) 평균 $E(X) = n$

(3) 분산 $V(X) = 2n$

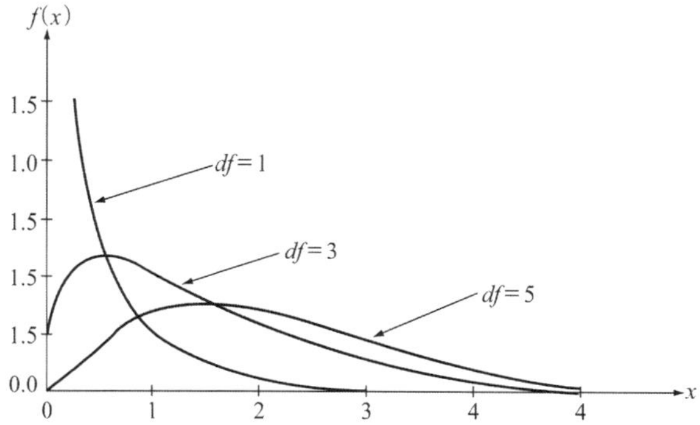

▲그림 7-5 χ^2의 분포 그림

예 7-6 확률변수 $Z_1, \cdots, Z_6$가 서로 독립이고, $N(0, 1)$을 따를 때 다음의 c 값은?

$$P(Z_1^2 + \cdots + Z_6^2 > c) = 0.05$$

풀이 $Z_1^2 + \cdots + Z_6^2 \sim \chi^2(6)$이므로 부록의 카이제곱분포표로부터 $c = 12.59$임

2) t 분포(t distribution)

$X_1, X_2, \cdots X_n$이 평균이 μ이고 분산이 σ^2인 임의의 모집단에서 추출된 확률표본이라고 할 때 표본평균 $\overline{X}$의 분포는

$$\overline{X} \sim N\left(\mu, \frac{\sigma^2}{n}\right)$$

이고, 표본평균의 분산의 제곱근인 $\sqrt{\sigma^2/n} = \sigma/\sqrt{n}$을 표준오차(standard error)라고 부르며 이

것을 표준화하여 표준정규확률변수 Z를 다음과 같이 정의한다.

$$Z=\frac{\overline{X}-\mu}{\sigma/\sqrt{n}}\sim N(0,1)$$

일반적으로 표준정규확률변수 Z를 이용하여 모평균을 추정하는데 대부분의 경우 모수인 μ, σ^2의 값은 실제로 알려져 있지 않다. 따라서 실질적으로 μ에 대한 추론에서 Z를 구할 수 없다는 것이다. 대부분 모분산을 모르기 때문에 모분산 대신으로 이 값의 추정량인 표본분산 S^2을 사용하여 식을 유도하게 된다. 이 확률변수 T의 분포를 t 분포라고 부르고, 다음과 같이 정의한다.

$$T=\frac{\overline{X}-\mu}{S/\sqrt{n}}$$

t 분포의 특징은 0을 중심으로 대칭이고 종 모양(bell shape)으로 $N(0, 1)$분포와 유사하다. $N(0, 1)$분포보다 꼬리부분이 더 두꺼운 형태로서 표본의 크기 n이 커질수록 표준정규분포에 가깝다. 일반적으로 n이 30보다 크면 t 분포는 근사적으로 표준정규분포를 따른다.

t 분포의 모수는 자유도(d.f)인데 이 자유도는 $n-1=$(관찰치-1)이며, 일반적인 정의는 다음과 같다.

• t 분포

표준정규변수 Z와 자유도가 k인 χ^2변수가 서로 독립일 때

$$T_k=\frac{Z}{\sqrt{\chi_k^2/k}}$$

는 자유도가 k인 t 분포를 따른다.

이를 다시 한번 정리한다면, 평균 μ, 분산이 σ^2인 정규모집단에서 크기 n인 확률표본 $(X_1, X_2, \cdots, X_n)$을 추출하면, $Z=\frac{\overline{X}-\mu}{\sigma/\sqrt{n}}$는 표준정규분포를 따르며, $\frac{(n-1)S^2}{\sigma^2}$은 자유도가 $(n-1)$인 χ^2변수가 된다. 따라서 이 두 변수의 함수로 표현된 T_{n-1}은 다음과 같이 자유도가 $(n-1)$인 t 분포를 갖는 확률변수이다. 즉

$$\begin{aligned}T_{n-1}&=\frac{Z}{\sqrt{\chi_{n-1}^2/n-1}}\\&=\frac{\overline{X}-\mu}{\sigma/\sqrt{n}}\Big/\sqrt{\frac{(n-1)S^2}{\sigma^2(n-1)}}=\frac{\overline{X}-\mu}{S/\sqrt{n}}\end{aligned}$$

T변수도 χ^2변수와 같이 항상 자유도에 따라 다른 모양의 분포를 갖는다.

(1) 확률밀도함수

$$f(x) = \frac{\Gamma[(n+1)/2]}{\Gamma(n/2)} \frac{1}{\sqrt{n\pi}} \frac{1}{(1+x^2/n)^{(n+1)/2}}, \quad n>0, \ -\infty < x < \infty$$

(2) 평균 $E(X) = 0, \ n > 1$

(3) 분산 $V(X) = \frac{n}{n-2}, \ n > 2$

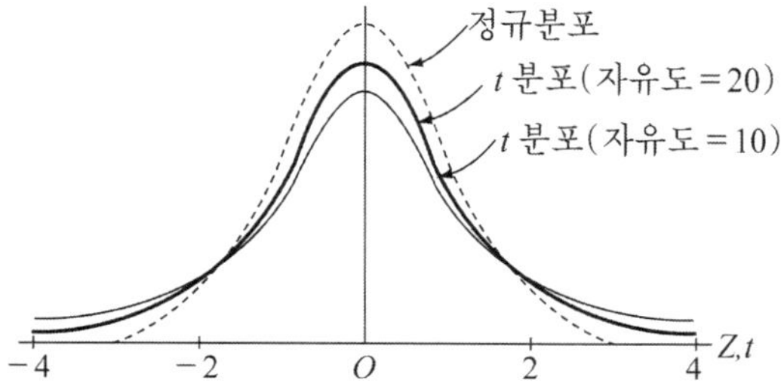

▲그림 7-13 t 분포의 그림

3) F분포(F distribution)

F분포는 두 개의 독립인 χ^2분포의 비(ratio)에 의하여 정의되는 확률분포이다. 예를 들면 확률변수 X_1과 X_2가 서로 독립이며 각각의 자유도가 m, n을 갖는 χ^2분포를 따를 때, 확률변수 F는 자유도가 (m, n)인 F분포를 따른다.

$$F = \frac{X_1/m}{X_2/n} \sim F(m, n)$$

F분포는 서로 독립인 두 개의 χ^2 확률변수를 각각의 자유도로 나눈 후에 그 비(ratio)를 취하여 얻어진 확률변수임을 알 수 있다. 이 F분포의 모수는 두 개의 자유도이며 분자의 자유도 m을 앞에 쓰고 분모의 자유도 n을 그 뒤에 쓴다. 또한 이 F분포는 비대칭형이며 분포의 형태는 자유도에 따라 결정된다.

(1) 확률밀도함수($X \sim F(m, n)$)

$$f(x) = \frac{\Gamma[(m+n)/2]}{\Gamma(m/2)\Gamma(n/2)} \left(\frac{m}{n}\right)^{m/2} \frac{x^{(m-2)/2}}{[1+(m/n)x]^{(m+n)/2}}, \quad x > 0$$

(2) 평균 $E(X) = \frac{n}{n-2}, \ n > 2$

(3) 분산 $V(X)=\dfrac{2n^2(m+n-2)}{m(n-2)^2(n-4)}, \quad n>4$

그리고 확률변수 T가 자유도가 k인 t분포를 따르면, 이것은 서로 독립인 확률변수 $Z\sim N(0,1)$와 $V\sim\chi^2(k)$로서 다음의

$$T=\frac{Z}{\sqrt{V/k}}$$

로 표현되고 양변을 제곱한 T^2은 다음과 같이 표현될 수 있고,

$$T^2=\frac{Z^2/1}{V/k}$$

Z^2이 $\chi^2(1)$을 따르므로, T^2의 분포는 F분포의 정의에 의해서 자유도가 $(1, k)$인 F분포를 따르는 것을 알 수 있다.

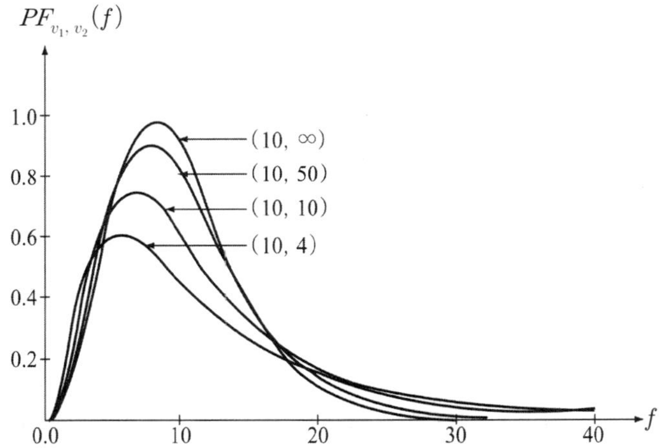

▲그림 7-7 $F(m, n)$의 분포형태

7.6 역사: 라플라스와 중심극한정리

라플라스(Laplace, 1749~1827)는 프랑스의 위대한 수학자로서 독일의 존경받는 수학의 황제 가우스와 함께 '측정오차에 정규분포의 응용'에 관한 큰 업적을 세우며 대중화에 앞장섰으나 그 정규분포의 최초의 발견은 드무아브르에게 돌려야 했다.

라플라스는 나폴레옹의 친구로서, 수학자로서, 천문학자로서, 물리학자로서, 천체역학에 대한 업적으로 알려졌으며, 우주는 결정적이며 수학적 법칙을 따른다는 것을 보였다.

1774년 초기에 그는 관찰치의 오차에 관한 논의에서 확률의 원리를 분명하게 응용하고 있었다. 그는 통계학에 여러 가지 공헌을 하게 된다. 그가 최초로 증명한 중심극한정리는 모집단으로부터 표본을 추출하는 시도를 하게 하였으며 수리통계학의 개척과 함께 통계학에서 가장 중요한 정리가 되었다. 또한 다중회귀분석을 사용하는 초기 작업을 하였다.

라플라스의 저서의 대부분은 때때로 길고 어려운 계산과정에서 "이것은 명백한 관계로..."라며 논리의 전개단계를 너무 생략했기 때문에 따라가기가 쉽지 않다고 한다. 그는 확률의 철학적 에세이에서 관찰횟수가 많아질수록 좀 더 참값에 접근한다는 베르누이의 생각을 넘어서서 확률이 다른 과학과 천문학에도 필요하다는 것을 논의하고 있다. 이때 필요한 것은 얻어진 결과의 정확성을 추정하는 것 또는 참값의 어떤 범위 안에 놓일 확률이라고 하였다. 또한 그는 우연히 일어난 일과 인과관계로 일어난 일을 구분하는 것이 필요하다고 생각했으며, 하찮은 사건일지라도 사실은 태양이 뜨고 지는 데 적용되는 것과 같은 필연적인 결과일 것이라는 것을 알게 될 것이라고 하였다.

1810년에 그는 중심극한정리를 증명하였는데 이 정리는 정규분포의 유용성을 확장하는 아이디어로서 뿐만 아니라 가설검정과 표본이론의 중심위치에 있게 하였다. 이 중심극한정리가 중요한 것은 정규곡선이 자연스럽게 보급되는 이유를 설명하기 때문이다. 실제적으로 드무아브르는 중심극한정리의 확장에 참여해 왔다. 표본의 크기가 충분히 커지면 이항분포는 정규분포로 근사한다는 것에 대한 그의 증명은 중심극한정리의 특수한 경우이다(Tankard, 1984).

7.7 토론과 실험: 표본평균의 표집분포

1) 확률표본(random sample)의 성격

이번 시간에는 지금까지의 이야기한 내용을 간결하게, 상징적으로, 수학적으로 표현해 보도록 하자. 아주 쉽게 우리 반 학생들의 허리둘레의 평균을 구하려 한다고 하고 표본으로 우리 반에서 5명의 학생을 추출하여 허리둘레를 측정하기로 하자. 여러분의 이름을 각자 BOX에 써 넣고 잘 뒤섞이도록 충분히 흔든 후에 한 사람씩 복원으로 뽑기로 한다고 하자.

T 제일 먼저 뽑힐 사람의 허리 둘레가 얼마라고 생각하는가?

S1 ... 모르지요...

T 세 번째로 뽑힐 사람의 허리 둘레는 알 수 있겠는가?

S2 너무 말도 안 되는 질문이신 것 같습니다. 우리 중의 한 명의 허리둘레가 되겠지요.

T "모른다" 보다는 훨씬 발전된 답이다. 그렇다면 (S2)가 말한 것을 어떻게 좀 더 잘 표현할 수 없을까?를 생각해 보자.

S1 확률변수로 표시하지요. 집단의 특성, 여기서는 우리 반의 허리둘레를 나타내는 것이니까 확률변수를 X라고 하면 되겠네요.

T 그러면 네 번째 뽑히는 학생의 허리둘레는...

S1 그것도 X라고 하면 되지 않나요?

T 그러면 세 번째 뽑힌 사람의 허리둘레와 네 번째의 사람과는 구별이 안 되지 않겠니?

S2 X_1, X_2, X_3, X_4, X_5라고 표시하면 되겠네요.

T 좋은 생각이 또 출현했구나. i번째 뽑히는 사람의 허리둘레 각각을 확률변수 X_i로 나타내자 이런 이야기지. 그렇다면 X_1, X_2, X_3, X_4, X_5는 추출되는 순서를 제외하고 서로 간에 무슨 차이가 있는지 한번 살펴보자.

S1 모든 것이 같습니다.

T 여기서 같다는 것은 무엇이 같다는 것이냐? 첫 번째 추출된 사람의 허리둘레와 두 번째 추출된 사람의 허리둘레가 같다는 것은 아니겠지.

S1 그렇지요, 제가 같다고 말씀드린 것은 5개의 확률변수가 취할 수 있는 값들의 집합이 같고 또한 대응되는 확률밀도함수가 모두 같다는 뜻입니다.

T 꼭 선생님 같은 대답만 하는구나. 그런데 이 중에 확률밀도함수가 같다는 말이 이해가 안 되는 사람이 혹시 있지 않을까 염려되는데...
이들 확률변수가 모두 같은 분포를 갖는다고 하면 좀 더 이해가 쉬울 것도 같고 또 다른 말로 하면 이렇게 해 보자. 첫 번째 뽑힐 수 있는 사람의 허리둘레의 값을 어떻게 쉽게 상상해 볼 수 있을까? 70cm인 사람부터 100cm인 사람, 115cm ⋯ 등 무수히 많은 경우를 그려볼 수 있다. 이런 경우 알려주고 싶은 아이디어는 100명이면 100명, 200면이면 200명 모두를 한번 구체적으로 생각해 보는 것이다. 그리고 그들의 허리둘레 값들을 (100개나 200개의 수치) 이용하여 히스토그램을 생각해 보는 것이지. 우리 다같이 따라서 해 보자... 각자 나름대로 히스토그램이 그려져 있는가?

S (수군수군)...... 그렸습니다.

T 그렸지. 지금 여러분들이 머리 속에 그린 히스토그램이 바로 X_1의 확률밀도함수의 대략적인 모습이라고 생각하면 되지. 마찬가지로 두 번째 뽑힐 수 있는 사람들을 100여명 상상하며 얻은 허리둘레 값들로부터 만들어지는 히스토그램을 생각해 보아라. 이 히스토그램과 아까 첫 번째 뽑힐 수 있는 사람으로부터 얻은 히스토그램 비슷한 모습이 된다는 것을 받아들여지지 않겠니. 바로 이러한 현상을 수리적으로 X_1과 X_2가 같은 확률밀도함수를 갖는다고 말하는 것이다. 그렇다면 (S1)이 대답한 이들 5개의 확률변수가 모두 같은 확률밀도함수를 갖는다는 말이 이해가 다 잘 되겠지. 한 가지 더 따져야 할 것 같다. 이들 5개의 확률변수의 상호관계를 생각해 보면 한다. 확률변수 간의 상호관계는 독립이냐 아니냐로 나누는데 독립에 대해서는 이미 배운 바가 있었다. 두 확률변수 X_1과 X_2가 서로 독립이라는 것을 무엇이라고 정의했는지 기억나는 사람 있는가?

SA ...... (침묵)

T 두 확률변수의 독립은 확률함수를 가지고 정의한 바 있다. 직관적으로는 둘 중의 하나의 (여기서는 X_1) 값이 알려져 있을 때 다른 확률변수 X_2가 어떤 값을 취할 조건부확률이 X_1의 값이 알려지지 않았을 때 X_2가 어떤 값을 취할 확률과 같은 경우에 X_1과 X_2를 독립이라고 한다.
우리의 경우를 생각해 보자. 첫 번째 뽑힌 사람의 허리둘레가 예를 들어 70에서 80cm 사이라고 알려졌다고 하자. 이때 두 번째 뽑힐 사람의 허리둘레가 90cm 이상인 확률이 첫 번째 사람에 대한 정보가 주어지지 않았을 때의 확률과 비교해서 더 큰지, 작은지를 상상해 보자. 어떠하냐?

S1 서로 다를 이유가 없을 것 같은데요.

T 다른 사람들은 어떻게 생각하는지 궁금하구나.

SA 같아요.

T 쉽지는 않은 질문이다. 여기서는 서로 같다. 왜냐하면 우리가 복원으로 하였기 때문에 첫 번째 사람이 뽑히는 상황이나 두 번째 사람이 뽑히는 상황이 같기 때문이다. 다른 말로 하면 "X_1, X_2, X_3, X_4, X_5가 모두 서로 독립이다"라고 할 수 있는 것이지. 만약 비복원이었다면 독립이라고 말하기는 쉽지 않게 된다. 열심히 생각해 보자. 첫 번째 뽑힌 사람의 허리둘레가 70과 80cm 사이라고 알려져 있다면 두 번째 뽑힌 사람의 허리도 70과 80cm 사이일 확률은 첫 번째 사람의 허리둘레가 알려져 있지 않았을 때에 비해서 낮아지게 된다. 왜냐하면 두 번째 사람이 추출될 때는 허리가 70과 80cm 사이의 한 사람이 이미 추출된 후이기 때문에 집단 내에는 70과 80cm 사이의 사람이 하나가 줄어든 상태가 되고 따라서 두 번째 사람의 허리가 70과 80cm 사이일 확률은 조금 작아지게 될 것이기 때문이다. 그러니까 이 때에는 X_1과 X_2가 독립이 안 되는 것이지. 이제 확률표본(random sample)이라는 중요한 용어 하나를 정의해 보자.

어떤 모집단에서 크기가 n인 확률표본 $X_1, X_2, \cdots, X_n$을 추출하였다라는 말은 $X_1, X_2, \cdots, X_n$이 모두 서로 독립이고 모두 같은 확률분포함수를 갖는다는 의미이다. 앞으로 유한 모집단에서의 비복원방법 등과 같이 특별한 언급이 없이 확률표본을 추출하였다고 하면 이는 일반적으로 복원추출이거나 무한개의 개념모집단으로부터 추출된 표본으로 받아들이기로 한다. 따라서 이 표본은 서로 독립이고 확률분포함수가 동일한 n개의 확률변수 $X_1, X_2, \cdots, X_n$으로 표현되며 모집단의 여러 가지 특성들을 $X_1, X_2, \cdots, X_n$에 바탕을 두고 추정하게 된다.

2) 표본평균 $\overline{X}$의 표집분포(sampling distribution)

지금까지 표본의 추출과정 및 표현에 대하여 토의하였다. 이제 추출된 크기가 n인 표본을 이용하여 우리가 알고 싶은 값들을 구하려고 한다. 알고 싶은 값을 구한다는 것을 다르게 표현한다면 우리가 관심을 가지고 있는 불확실성을 포함하고 있는 확률현상이나 모집단에서 얻은 n개의 정보를 적절하게 결합한다는 것을 의미한다. 가장 대표적인 결합방식이 표본평균이라고 할 수 있는데 이는 각각의 정보를 $1/n$이라는 동일한 중요성을 두고 합하는 방식으로 $\overline{X}$로 표현한다. 사실 확률표본 $X_1, X_2, \cdots X_n$에서 표본평균을 구한다는 것을 대단히 단순한 계산문제로 생각하고 심각하게 논의되어야 할 주제로는 생각하지 않는 경향이 많다. 즉 이 부분에 대하여 별 특별한 의미를 두고 있지 않았던 태도가 통계학을 이해하는 데 너무도 큰 장애가 되고 있음을 깨달을 즈음에는 이미 대부분의 사람들이 통계학은 너무 어려운 학문으로 여기고 포기한 후가 된다. 그렇다면 무엇이 심각하게 생각해야 할 내용인지를 찾아내는 일이 그야말로 중요한 일이 될 것이다. 다음 토론을 함께 들어 보자.

T "$X_1, X_2, \cdots X_n$이 크기가 n인 확률표본이다."라는 말을 실제적이고 경험적인 입장에서 구어체로 설명한다면 관심이 있는 모집단이나 확률현상에서 임의의 n개를 관찰하려고 한다는 뜻, 다시 말하면 어떠한 개체도 관찰될 수 있는 상황에서 n개를 관찰하려 한다는 뜻이다. 따라서 어떤 값이 관찰될지는 미리 알 수 없는, 또 다른 말로 하면 관찰 가능 범위 내의 어떠한 값도 관찰될 수 있는 그런 상황에 있다는 뜻을 의미한다. 절대로 실제값이 관찰되었다는 것을 의미하거나 관찰된 값이 얼마이다를 나타내는 것이 아니라는 것이다. 이것은 여러분 중에서 나의 생각이나 어떤 특정한 선입견 없이 아주 공정하게 복원을 허용하며 5명을 뽑으려고 하는 상황과 같은 것이다. 우리는 누가 5명 중 하나로 뽑힐지 모르고 따라서 누구든지 5명 중에 한 사람으로 뽑힐 수 있는 그러한 상황을 나타내는 것이다.

이제 이런 상황 즉, 크기가 n인 확률표본을 추출한다는 상황에 이들 표본으로부터 표본평균을 구하는 과정을 한 가지 더 생각해 보자. 크기가 n인 확률표본의 추출이란 어떤 개체들이 n개(명) 뽑힐지 모르는 상황이다. 모든 가능한 경우를 고려한 상황이기 때문에 확률표본에서 구하는 표본평균 역시 n명의 모든 가능한 표본으로부터 구해지는 가능한 값들을 모두 고려해야 한다는 것이 핵심적인 생각이다. 따라서 확률표본으로부터 구하는 표본평균은 어떤 하나의 값을 갖는 것이 아니라 표본을 추출하는 과정에서 추출 가능한 경우만큼 많은 값을 갖게 된다는 사실을 표현해야 하고 또 그 의미를 갖도록 하여야 한다. 조금 수리적으로 나타내면 $X_1, X_2, \cdots X_n$이 추출 가능한 n개의 확률표본을 나타낸다고 하면 표본평균 $\overline{X}$는 추출 가능한 무수히 많은 경우의 크기가 n인 표본들로부터 구해지는 많은 평균값들을 나타내는 것이다. 같은 내용을 여러 번 반복해서 대단히 미안하지만 너무나 중요하기에 반복했음을 너그럽게 이해해 주기를 바란다.

표본평균 $\overline{X}$가 많은 다양한 값을 갖는다는 것을 분명하게 이해하였다면 이 값들을 나타내는 방법으로 우리가 배운 것이 $\overline{X}$의 분포이다. 이 분포를 특별히 표집분포라고 부르는데 이 용어의 유래는 표본평균 $\overline{X}$가 하나의 값이 아니라 여러 다양한 값을 갖게 되는 원인이 크기가 n인 확률표본을 추출하는 표집(sampling)과정에서 발생한다는 사실에서 비롯되었다. 보다 엄격하게 이러한 배경을 나타내는 용어는 표집분포(표본추출분포)가 적당하다고 생각되며 한국통계학회에서 발행한 통계용어집에도 수록되어 있다. 하지만 어떤 책에서는 아직도 표본분포라는 용어를 그대로 사용하고 있다. 영어표현에서는 sample distribution이라고 하지 않고 sampling distribution이라고 하는 것에 각별히 주의하기 바란다.

크기가 n인 확률표본을 추출한다는 상황에서 이들 표본으로부터 얻게 되는 n개의 정보를 결합하는 방법은 표본평균 말고도 여러 가지가 있는데, 최댓값, 최솟값 등도 모두 추출되는 표본에 따라서 다른 값들을 갖게 되며 이들도 각각의 표집분포를 갖게 된다.

SA 선생님, 너무 지루해요.

T 알았다. 그러나 너무 중요한 이야기이기 때문에 다시 설명해 본 것이다. 지금까지의 이야기를 구체적으로 실험을 통하여 확인해 보자. 우리 반 학생들의 번호가 50번까지니까 각자 1에서 50 사이의 번호 중에서 임의로 9개의 번호를 뽑아 노트에 적어라. 그리고 칠판에 있는 해당되는 번호의 학생의 키를 관찰값으로 하여라.

S1 선생님, 복원으로 뽑습니까, 비복원으로 뽑습니까?

T 이제 상당히 치밀해졌군. 지금까지의 우리 토론이 확률표본을 근거로 한 것이니까 복원으로 하자. 비복원으로 하면 독립성에 문제가 있다고 전에 설명하였지. 각자 1에서 50까지 숫자를 쓴 종이조각을 만들어서 모자에 넣고 흔들어라. 그리고 하나씩 뽑아서 나온 숫자를 노트에 쓰고 다시 그 조각을 모자에 넣고 흔들어라. 그리고 다시 뽑고...

S2 모자가 없는데요.

T 답답하구나. 그러면 어떻게 할까?

S1 선생님, 교과서가 263쪽까지 있으니까 임의로 책을 열어서 좌측에 있는 쪽수를 사용하면 어떨까요?

T 어떻게

S1 좌측에 나오는 쪽수가 32이면 32번이 되지요. 그리고 50보다 크면 50으로 나눈 나머지를 사용하면 될 것 같아요. 나머지가 0이면 50번이구요.

T 좋은 생각인데. 아주 완벽하지는 않지만 그런대로 쉽게는 사용하기는 괜찮겠구나.

S1 왜 완벽하지가 않지요?

T 왜? 기분이 상했느냐? 간단하게 몇 가지를 생각할 수 있을 것 같다. 우선 책을 열 때 앞부분은 잘 안 열릴 것 같고 263쪽까지 밖에 없으니 14에서 50까지는 나올 수 있는 가능성이 1에서 13보다 작지 않겠니.

S1 그렇겠네요.

T 그렇지만 좋다. 그렇게 할 사람은 그렇게 하라.

SA (웅성 웅성)...

T (S1)군이 먼저 1부터 50번까지의 모든 학생들의 키를 번호와 함께 칠판에 써 놓고 키의 평균과 분산을 계산해 봐라.

(... 실험이 진행되고 있음)

S1 평균이 170cm이고, 표준편차 12인데요.

T 이제 각자 실험이 끝난 것 같은데 자기 실험결과 평균을 불러 봐라.
(칠판에 적으며...) 172, 171, 168, ⋯, 171.5

T 여기 50개의 수치는 누가 9명의 표본에 추출되었느냐에 따라서 평균값이 어떻게 얼마나 달라지는가를 부분적이나마 보여주고 있다. 50명으로부터 복원추출하여 9명을 뽑는 경우의 수는 9^{50}가지이니까 표본평균 $\overline{X}$가 취할 수 있는 값의 종류는 위의 50개의 수치보다 훨씬 많을 것이다. 하여간 이 칠판 위의 50개의 수치로부터 개략적으로 표본평균 $\overline{X}$의 모습, 즉 분포를 헤아려보도록 하자. 누가 빨리 위의 50개의 수치의 평균과 표준편차를 구해 줄 수 있겠니?

S1 평균은 170.5이고 표준편차는 4.1입니다.

T 평균 170.5는 우리 반 학생들의 평균신장과 비슷한 것 같은데 표준편차는 굉장히 작아졌구나. 우리 반 학생들의 신장의 표준편차는 12였는데... 계산이 틀린 것 아닌지 한번 확인하도록 하지.

SA (수근 수근)...

S1 제 계산이 맞는데요. 4.092입니다.

T 그렇다면 왜 12에서 4.1로 이렇게 작아졌을까? 누가 이유를 생각해 볼 수 있겠니.

SA (침묵)...

T 여러분을 조금 더 혼란스럽게 해 줄까? 각자 노트에 있는 9명의 신장을 다시 살펴보아라. 특히 그 9명의 신장으로부터 표준편차를 보아라. 그 값은 어떠한가? 몇 명이 말해주겠니.

SA 8, 11, 15, 13, ⋯

T 이 값들은 대체적으로 12 근처의 값을 갖고 있군. 그러니까 50명의 학생들의 신장의 산포도와 대개 비슷하게 나오는구나. 다시 본래의 질문으로 돌아가서 각자가 얻은 9명의 표본으로부터 구한 50개의 평균값들의 표준편차는 상당히 줄어들어 있는 것을 어떻게 설명할 수 있을까.

S1 선생님 이렇게 생각하면 어떨까요. 여러 사람의 신장의 평균값들은 한 사람 한 사람 신장이 다른 것에 비해서는 많이 비슷하지 않겠어요. 왜냐하면 평균값은 키가 크고 작은 여러 종류의 사람들의 신장을 이용하여 만든 대푯값이니까 그렇게 크지도 또는 그렇게 작지도 않을 것 같습니다.

T 좋은 생각이구나. 평균은 큰 사람, 작은 사람들의 키를 모두 섞은 것이니까, 다시 말하면 많은 종류의 정보가 결합된 값이니까 그렇게 차이가 많이 나지 않는다는 말이지. 나도 전적으로 (S1)군에게 동의한다. 하여간 우리들이 구한 50개의 평균치는 상당히 비슷한 값을

보여주었다.

이제 한번 더 실험을 해 보도록 하자. 다시 1에서 50번까지를 복원을 허락하여 16개를 뽑아 보자. 그래서 조금 전에 우리가 한 것같이 16명의 키로부터 구한 평균값들의 평균과 표준편차를 구해 보자. 시행하라.

SA (... 실험 중...)

T 다 끝난 것 같구나. 다시 각자 얻은 평균값을 이쪽에다 적어보자. 170.5, 169, 167.5, 171, ⋯, 170.5

누가 빨리 여기 50개의 자료의 평균과 표준편차를 구해 보겠니?

S1 평균은 170.2이고 표준편차는 2.7입니다.

T 고맙다. 이렇게 되면 9명으로부터 얻은 평균들의 편차 4.1에 비해서 더 작은 편차를 보이는구나. 그러니까 16명을 표본으로 추출하여 얻은 평균값들은 9명을 표본으로 추출하여 얻은 평균값들에 비하여 서로 상당히 비슷한 값들이다라고 말할 수 있겠구나. 이것을 수치적으로 표준편차가 더 작다고 하는 것 아니겠느냐? 그럼 한번 더 해 보자. 이번엔 25명을 추출하여 평균과 표준편차를 구해 보아라.

S1 선생님, 그만하지요. 재미가 없는데요.

S2 평균들의 표준편차는 2.7보다는 작아질 것 같은데요.

T 도대체 끈기있는 실험정신이 없구나. 전에 말해 주었듯이 통계확률분야의 대가이신 칼 피어슨(Karl Pearson)이라는 분은 동전의 앞면이 나타나는 비율이 던진 횟수와 어떤 관계가 있는지를 보기 위하여 동전을 실제로 20000번 이상 던졌다는 사실을 기억하기 바란다.

SA (수군수군)... 실험을 한다.

T 다 된 것 같구나. 각자 구한 평균값을 다시 이쪽에 모아 보자. 여기 50개의 수치의 평균과 표준편차를 구해 보자.

S1 평균이 170.3이고 표준편차는 2.4입니다.

T 역시 예상대로 16명일 때보다 조금 작은 값이 나왔구나. 그러니까 25명이 누가 추출되었다고 하더라도 그 평균값은 다른 25명을 뽑은 사람의 평균과 큰 차이가 없음을 알 수 있다. 다른 말로 하면 비슷하다는 것이지. 16명을 뽑았을 때보다 말이다.

자 이제 36명 뽑는 실험을 한번 더 해 볼까.

SA 정말 그만 해요.

T 그러면 추측이라도 해 보자. 우선 지금까지의 실험 결과를 정리해 보자. n을 표본의 크기라고 한다.

원자료	$n=9$	$n=16$	$n=25$	$n=36$
평균 170	170.5	170.2	170.3	?
표준편차 12	4.1	2.7	2.4	?

이 표에서 누가 $n=36$일 때 평균과 표준편차가 대개 어느 정도 될지 추측할 수 있겠느냐?

S2 평균은 170 근처가 될 것 같네요. n이 9, 16, 25로 바뀌어도 평균값은 그렇게 많이 바뀌지 않았는데요.

S1 표준 편차는 2.4보다 작아질 것 같습니다.

T 그냥 작아진다고만 하면 너무 싱거운데. 좀 더 세밀히 보면 좋겠다.

S2 작아지는 정도가 다른 것 같아요. $n=9$에서 $n=16$으로 표본의 크기가 7이 커졌는데 표준편차는 1.4가 작아졌지만 $n=16$에서 $n=25$로 9나 커졌지만 표준편차는 0.3이 작아졌습니다. 그러니까 $n=25$에서 $n=36$으로 표본의 크기가 11이 커질 때 표준편차는 작아지긴 하더라도 0.3보다 더 작아지지는 않을 것 같은데요.

T 놀라운 관찰이다. 표본이 커지면서 50개의 평균값들의 표준편차가 작아지긴 하는데 그 작아지는 정도는 줄어든다는 뜻이구나.

이번에는 우리 토론의 관점을 조금 바꾸어 보자. 지금 여기 50개의 평균값들의 표준편차가 우리에게 주는 현실적인 의미, 다른 말로 하면 이 표준편차로부터 우리가 얻을 수 있는 유익한 정보는 무엇인가를 생각해 보자. 먼저 $n=9$일 때 50명이 각자 표본을 추출하여 얻은 관찰치로부터 얻은 평균값들의 표준편차가 4.1이었다는 사실에서 평균 172.5를 얻은 (S2)군은 어떤 정보를 얻을 수 있을까?

SA (침묵)

T 너무 어려운가? 쉽게 해 보자. 여러분 지난번 중간고사 성적 발표할 때를 한번 생각해 보자. 여러분 각자 점수를 개인적으로 가르쳐 주었다. 따라서 예로, (S1)군은 자기 점수가 79인 것을 알고 있었다. 다른 사람 것을 모르지만 내가 여러분에게 우리 반 평균이 70이고 표준편차가 10이라 말해 주었다. 여기서 표준편차가 10이라는 사실은 (S1)군에게 어떤 정보를 줄 수 있을까?

S1 다른 친구들의 점수가 평균 70점에서 평균적으로 10점 정도 떨어져있다고 생각할 수 있습니다.

S2 반 평균이 70이라고 하였으니까 지난번에 정규분포에서 배운 대로 70점에서 80점 사이에 34%의 학생들이 있을 것이고 (S1)군이 79점이니까 반에서 16% 정도의 성적을 받았다는 정보를 얻을 수 있습니다.

T 두 사람 의견 모두 받아들일 수 있겠다. (S2)군의 의견은 우리 중에서 이해가 아직 안 되는 친구도 있을 것 같구나. 사실 (S2)군이 조금 성급했던 것 같다. (S2)군은 지금 우리 반 성적이 정규분포를 따른다고 생각(가정)하면서 대답한 것이거든. 여기서 내가 강조하고 싶은 것은 표준편차 10이 79점을 받은 (S1)군에게 주는 기본적인 정보는 다른 친구들의 점수가 평균 70에서 평균적으로 10점 정도 떨어져있다는 것이니까 자신의 점수 79점의 상대적 위치에 대한 감(느낌)을 얻을 수 있다는 것이다. (S2)군 의견대로 정규분포였다면 감보다는 좀 더 확실하게 상위 16~18% 정도라고까지 생각할 수 있게 되겠지. 이제 우리의 본래 문제로 돌아가자. 우리는 여기서 9명의 표본을 구하여 평균을 구했다. 우리 실험에서는 우리반 학생들의 키를 모두 다 알고 있는 것으로 하였지만 표본을 추출하여 평균을 구하여 본다는 것은 모집단의 모든 구성원들의 신장을 모르는 상태에 있다는 것을 전제하고 있는 것이다. 따라서 표본으로부터 구한 평균값은 모집단의 관심 있는 특징 중에 하나인 모집단의 평균에 대한 추측을 할 수 있게 한다. 이러한 추측값을 추정치라고도 부르는데, 이때 추측하는 사람의 중요한 고민, 염려는 자신이 관찰한 9명이 아닌 다른 9명이 표본으로 뽑혔었더라면 조금이라도 다른 평균값을 얻었을 것이고, 그러면 추측값이 달라질 수 있을 것이라는 사실이다. 만약 다른 9명에 의해서 얻어지는 평균값이 자신이 얻은 평균값과 차이가 많이 난다면 자신이 얻은 평균값으로 모집단의 평균을 추측한다는 것은 대단히 경솔하다는 것이다. 반면에 그 차이가 그렇게 크지 않을 것이라는 것을 안다면 추측하는 사람 입장에서는 자신의 추측에 대한 믿음을 크게 가질 수 있게 될 것이다. 바로 이 부분에서 우리가 지금까지 실험한 결과가 사용되는 것이다. 우리의 실험에서 여러분 각자가 나름대로 크기가 9인 표본을 추출하여 평균을 구해 놓았다. 따라서 여러분 옆에 있는 친구들의 평균값이 바로 여러분이 지금 뽑아서 평균값을 구했던 그 표본이 아닌 다른 표본이 뽑혔을 경우 얻을 수 있었던 평균값, 즉 자신이 얻은 평균값으로 모집단의 평균을 추측하려는 사람이 마음속에서 염려하고 있었던 그 평균값들인 것이다. 바로 이들 평균값들의 표준편차인 4.1이 자신이 얻은 평균값으로 모평균을 추측하는 사람에게 자신의 마음속에서 상상해 보는 다른 가능한 추측값들에 대한 감(느낌)을 공급하는 것이 된다. 표본의 크기가 16인 경우에는 표준편차가 2.7로 줄어들기 때문에 추측하는 사람의 자신감은 크기 9인 표본을 바탕으로 추측할 때보다 더 강해지지 않겠느냐?

S1 그러면 표본의 크기가 크면 클수록 추측하기가 수월하겠네요.

T 수월하다가 무슨 의미이지? 추측의 자신감이 높다는 것을 말하는 것이겠지. 당연히 그렇지. 만약 $n=100$으로 해서 실험을 하라고 하면 여러분 불평이 많겠지. 그것도 각 사람마다 실제로 키를 재라고 하면 말이야. 고생이 많이 되는 것이지. 고생이란 시간과 돈이 많

이 든다는 것이야. $n=100$쯤 되면 여러분 각자가 얻게 되는 평균값은 아마도 대부분이 상당히 비슷한 값이 될거야. 표준편차가 1.2 정도 되지 않을까 생각되는데.

S2 선생님 그렇지만 $n=100$을 한다고 해서 그렇게 좋을 것 같지는 않아요. 왜냐면 앞에서 n이 커지면서 표준편차가 줄어드는 현상을 보면 n이 16에서 25로 늘어날 때 표준편차 줄어드는 정도가 0.3인가 되었으니까 $n=100$이 된다고 그렇게 많이 줄어들 것 같지 않아요 n을 한 50 정도 해도 되지 않겠어요. 그렇게 표준편차를 많이 줄이지도 못할 것이면서 공연히 저희들 고생만 하게 되는 것이잖아요.

T 멋진 타협안인데. 수고를 조금만 하려는 이유가 아주 경제적이다. 어느 정도 이상의 효과를 얻지 못하는데 공연히 노력을 할 필요는 없다는 논리구나. 전적으로 수용한다. 그러나 n을 50으로 하자는 제안은 그렇게 설득력을 갖지는 못하는 것 같다. 좀 더 타당한 이유를 제시해 줄 수 없겠니?

S2 (머뭇 머뭇)

S1 그러면 선생님, 자신이 얻은 평균값으로 모평균을 추측하려는 사람이 편안함, 아니 자신감을 갖기 위해서 표본을 늘리는 것이니까 결국 표준편차를 얼마까지 줄이고 싶은가를 먼저 정해야 겠네요. 만약 표준편차가 2.5 정도 이하면 자신감을 느낀다고 생각하면 n이 25면 충분한 것 같고 표준편차를 2 이하로 하려고 한다면 한 50 정도로(잘 모르겠지만) n을 정해야 겠네요.

T 거의 완전한 답을 하기 시작하는구나. 나도 (S1)군의 의견에 동의하는데 마지막에 표준편차를 2 이하로 하려고 했을 때 n을 구하는 방법이 구체화될 수 있으면 참 좋겠구나. 그러나 이 고민은 생각보다 쉽게 해결될 수 있다. 우리 전에 배웠던 확률변수와 평균, 분산을 기억해 보자. 두 개의 서로 독립인 확률변수를 적당한 상수배를 하여 더한 새로운 확률변수의 분산을 구하는 것을 배운 적이 있지? 이런 식 말야.

$$V(aX+bY)=a^2V(X)+b^2V(Y)$$

이것을 기억한다면 우리가 지금 알고 싶어 하는 표준편차는 다음과 같다.

$$\begin{aligned} V(\overline{X}) &= V\left(\frac{1}{n}X_1+\frac{1}{n}X_2+\ldots+\frac{1}{n}X_n\right) \\ &= \frac{1}{n^2}V(X_1)+\ldots+\frac{1}{n^2}V(X_n) \end{aligned}$$

이야기만 하다가 갑자기 수식이 나와서 미안하다. 이 식이 잘 안 잡히는 학생들이 있을 것 같아서 또 잠깐 이야기를 해야겠구나. 여러분이 각자 구한 평균값들은 크기가 n인 표본 $X_1 \cdots X_n$으로부터 구한 표본평균 $\overline{X}$가 취할 수 있는 값들의 일부이다. 따라서 여기

칠판에 있는 50개의 평균값들의 표준편차는 사실은 $\overline{X}$의 표준편차에 대한 추측값이라고 할 수 있다. 따라서 $V(\overline{X})$를 계산하면 바로 우리가 알고자 하는 크기가 n인 표본에서 구한 평균값들의 표준편차를 알게 된다. 다시 식으로 돌아가자.

식의 우변을 보면 $V(X_1)$, $V(X_2), \cdots$, $V(X_n)$이 나오는데 우리가 표본을 추출하는 방식이 복원추출이니까 $X_1, X_2, \cdots X_n$의 확률분포는 모두 같고, 또 서로 독립이므로 이들 n개의 분산이 모두 같다. 따라서 $V(\overline{X}) = \frac{1}{n} V(X_1) = \frac{1}{n}\sigma^2$이 성립한다. 여기서 $V(X_1)$, 즉 σ^2이라고 표시한 값은 모집단(우리의 실험에서는 우리 반 50명의 신장의 분산이 된다.)의 분산을 나타낸다. 우리의 토론에서는 12^2이다. 혹시 이 말이 이해가 안 되는 사람 있을까?

S3 잘 모르겠는데요.

T $V(X_1)$이라는 것은 X_1의 분산을 표시하는 것은 알지? X_1의 분산을 경험적으로 이해하려면 X_1을 여러 번 관찰하였을 때 관찰된 값들의 분산을 생각해 봐라. 이해가 되겠니? X_1을 우리 반 임의의 학생의 신장이라고 하자. 임의의 한 명을 추출하여 관찰한 신장을 써 놓아라. 얼마냐?

S3 임의의 한 명이 누군데요?

T 그냥 임의의 한 명이다.

S3 그러면 171일수도 있고 175일수도 있다고... 우리 반 학생들의 키 중 하나가 되겠네요.

T 그렇지. 그대로 노트에 모두 써 봐라. 그리고 그것의 분산을 구해 봐라. 그것이 바로 $V(X_1)$의 경험적인 의미이다. 다시 우리의 토론으로 돌아가자. 이제 표본평균 $\overline{X}$의 분산이 $\frac{1}{n}\sigma^2$로 나타났다. 그러니까 $\overline{X}$의 표준편차는 $\frac{\sigma}{\sqrt{n}}$이 되겠구나. 그러면 우리가 실험한 결과로 돌아가 보자. $n=9$일 때 50개의 평균값들의 표준편차가 얼마였지?

S1 4.1입니다.

T 그러면 크기가 9인 표본의 평균 $\overline{X}$의 표준편차는 수식에서 $\frac{1}{\sqrt{9}} \times 12 = 4$가 나온 것과 비교해 봐라. 우리 실험의 결과와 어떠하냐?

S1 비슷하네요.

T n이 16일 때도 해 보자. $\overline{X}$의 표준편차 $\frac{12}{\sqrt{16}} = 3$인데 반해 우리 실험 결과는 2.7로 약간 작게 나왔구나. 그러나 이것은 어쩔 수 없지. 수식에서 나온 값 3은 이론적인 것이고 우리실험 결과는 50번이라는 유한한 경험에서 나온 값이니까. n이 25일 때도 비슷할 것 같은데?

S2 예. 수식에서는 $\frac{12}{\sqrt{25}}=2.4$이고 우리 실험의 결과는 2.3입니다.

T 그렇다면 n이 36이 되면 어떻게 되겠느냐? 비록 실험은 안 했지만.

S2 $\frac{12}{\sqrt{36}}=2$가 되네요.

T 그렇구나. 이제 실험을 해 볼 필요는 없겠다. 표준편차가 그 정도 되길 바라는 사람은 n을 36으로 하면 되겠구나. 공연히 n을 더 크게 해 봐야 낭비가 되니까 대단히 중요한 결론에 도착한 것 같다. 이렇게 정리해 보자.

(1) 어떤 모집단의 평균에 관심이 있어서 크기가 n인 확률표본을 추측하여 그 평균값으로 모평균을 추측하려고 한다.

(2) 크기가 n인 확률표본을 실제로 추출하여 평균값 c를 구한다. 그리고 모평균을 c라고 추측하려고 한다.

(3) 바로 이때 일말의 두려움이 생긴다. 관찰한 n개는 전체 모집단의 극히 일부분이라는 생각과, 따라서 내가 추출하지 않은 다른 n개의 개체들이 모집단에서 뽑혔다면 나는 어떤 값으로 모평균을 추측했을까? 하는 신중한 생각에 잠시 추측을 보류한다.

(4) 표본 평균 $\overline{X}$의 표준편차를 계산하기로 한다.

$$\overline{X}\text{의 표준편차} = \frac{\sigma}{\sqrt{n}}$$

(5) 모집단의 분산 σ^2를 안다면 좋지만 모른다면 어떻게 할까? 할 수 없이 내가 뽑은 관찰치들의 표준편차로 대체해서 생각해 보자. 예를 들어 소문자 s가 10이고 n이 25라면 $\frac{10}{\sqrt{25}}=2$가 된다.

(6) 나는 모평균을 c로 추측하면서도 한편으로는 편차가 2인 사실을 생각한다. 모평균이 c에서 2나 혹은 심각하면 4까지도 떨어져 있을 수 있다는 신중한 입장을 갖는다. 지금까지 정리한 것을 보면 표본평균의 표준편차는 결국 표본의 관찰치를 갖고 있는 사람이 모평균을 추측할 때 생길 수 있는 오류 즉 오차의 정도를 가르쳐 주게 된다. 따라서 이때 $\overline{X}$의 표준편차 $\frac{\sigma}{\sqrt{n}}$을 표준오차라고 부른다.

S2 선생님 잠깐요. 지금 결론내리신 (6)에서 모평균이 c에서 2나 혹은 4까지 떨어져 있다는 말씀을 하셨는데 이러한 결론은 사실은 표본평균 $\overline{X}$가 정규분포를 따른다는 생각(가정)을 이미 하고 계신 것 아닙니까? 전에 배우기를 정규분포를 따르는 집단은 평균에서 좌우로

한 배의 표준편차 이내에 있는 개체들이 68% 그리고 좌우로 두 배의 표준편차 이내로 떨어져 있는 개체들이 95%라고 하셨지 않습니까?

T 그렇구나. 나도 성급했구나. $\overline{X}$의 분포에 관하여는 전혀 언급이 없었는데. 고맙다. 내가 실수했다. 그러면 이제 이왕 말이 나왔으니 좀 더 깊이 들어가자. 여기 칠판에 있는 수치들을 가지고 다시 실험을 조금만 더 하자. 자기 번호가 3의 배수인 사람들은 $n=9$일 때 각자가 구한 50개 평균값들을 가지고 히스토그램을 그려주면 좋겠다. y축은 상대도수밀도로 해서 그려라. 자기 번호가 3으로 나누어서 나머지가 1인 학생들은 $n=16$일 때 그리고 나머지 학생들은 $n=25$일 때 각각 히스토그램을 그려라.

S 아유 지겨운 일을 시키시는군요.

S1 계급구간을 어떻게 하지요.

T 나도 모르겠는데. 각자 알아서 해봐.

S1 뭘 알아서 하지요?

T 고민해 보라는 뜻이다. 히스토그램이 쉬운 것 같아도 쉽지가 않아. 구간의 크기, 구간의 개수를 정하는 것도 그냥 하늘에서 소리가 들리는 것이 아니라 이 고민 저 고민 해 보는 것이지. 우선 6, 7, 8중 하나로 해 보도록 해라. 다 그린 사람들은 특징을 살펴봐라.

(10분 정도의 시간이 소요)

S1 저는 n이 25일 때인데 구간을 7로 하고 등간격으로 하였을 때 좌우가 대칭적으로 나타나고 가운데가 가장 높이 나타났어요. 정규분포곡선과 비슷한 것 같은데요.

S3 저는 n이 16일 때인데 저도 정규분포와 비슷해요.

S4 저는 n이 9일 때인데 별 특징이 없는 것 같은데요.

T 그러면 n이 25일 때의 50개의 평균값들로 그린 학생들의 전체적 견해는 어떤가 알아보자.

SA 정규분포 비슷합니다. 좌우대칭이고 가운데가 삐쭉 올라왔어요.

T n이 16인 경우는?

SA 그냥 그런데요. 아뇨 정규분포 같아요. ...

T n이 9인 경우는?

SA 정규분포 같아요.

SA 아니요.

T 좋다. 내가 정리해 볼테니. n이 25일 때 히스토그램은 대체적으로 정규분포같이 좌우 대칭이고 가운데가 가장 높이 올라가고 양 옆으로 가면서 낮아지는 특징을 갖는 것 같고,

n이 16일 때도 그렇긴 한데 약간은 아닌 현상도 있는 것 같구나. n이 9일 때는 조금 더 그렇지 않다.

우리의 실험 결과가 보여 주듯이 $\overline{X}$의 분포에 관한 중요한 정리가 두 가지 있는데 그 중에 하나가 바로 중심극한 정리라는 것이다.

(1) 평균이 μ이고 분산이 σ^2인 정규분포를 따르는 모집단에서 추출한 확률표본 $X_1, \cdots, X_n$의 표본평균 $\overline{X}$는 평균이 μ이고 분산은 $\dfrac{\sigma^2}{n}$인 정규분포를 따른다. 이것은 중심극한정리가 아니고 증명이 되는 구체적인 성질이다.

(2) 중심극한정리: 평균이 μ이고 분산이 σ^2인 모집단에서 (정규분포를 따른다고 가정(생각, 추측)할 수 없는 모집단) 추출한 확률표본 $X_1, \cdots, X_n$의 표본평균 $\overline{X}$는 n이 커질수록 평균이 μ이고 분산은 $\dfrac{\sigma^2}{n}$인 정규분포와 비슷한 분포를 따른다.

우리의 실험결과도 비슷하게 나타났지. n이 25일 때가 n이 9나 16일 때보다 좀 더 좌우대칭의 종 모양을 하고 있지 않느냐?

SA 그런 것 같습니다.

T 앞에서 내린 결론을 다시 한번 정리해 보자.

(1) 평균이 μ(알거나, 모르거나)이고 분산이 σ^2(알거나, 모르거나)인 모집단에서 추출하는 크기가 n인 확률표본의 평균 $\overline{X}$는 추출되는 개체들에 따라서 다양한 값을 갖게 될 것이고 따라서 $\overline{X}$가 갖는 값들을 분포로 나타내면 중심극한정리에 의해서 n이 커지면 커질수록 평균이 모집단의 평균 μ와 같고, 분산은 모집단의 분산 σ^2를 n으로 나눈 $\dfrac{\sigma^2}{n}$인 종 모양의 정규분포에 가까운 분포가 된다.

(2) (1)의 성질을 우리가 실제로 n개를 추출하여 얻은 표본으로부터 얻은 평균값 c에 적용하면 c는 추출될 수 있었던 많은 표본들 중 실제 추출된 하나의 표본으로부터 얻어진 평균값이므로 $\overline{X}$의 평균 μ에 가까운 값일 수도 있고 μ로부터 멀리 떨어진 값일 수도 있다. c의 입장에서 다른 말로 하면 $\overline{X}$의 평균이기도 하고, 모집단의 평균이기도 한 μ는 실제 관찰된 평균값 c와 아주 가까운 값일 수도 있고 또는 멀리 떨어진 값일 수도 있다.

따라서 우리는 관찰된 표본평균 c가 우리가 얻을 수 있었던 (다른 개체들을 표본으로 추출했었더라면) 다른 표본평균값들과 차이가 크게 나는 값인지 아닌지를 비교해 볼 수 있게 된다. 예를 들자면 관찰치 c가 얼마나 큰지를 알기 위해서는 $\overline{X}$가 c보다 큰 확률을 계산해 보면 되는데 바로 이때 $\overline{X}$의 분포를 근사적으로 알고 있으므로 이 확률을 계산할 수 있게 된다.

구체적인 예를 들어 보자. 평균이 50이고 분산이 100인 점수를 받은 어떤 집단이 있다. (S1)군은 이들 중에서 복원으로 25명을 추출하여 그들의 평균을 계산해 보니 46이 나왔다. 만약 다른 친구가 따로, 독자적으로 25명의 표본을 추출하여 평균을 구한다면 이 평균값에 비해서 (S1)군이 뽑은 표본에서 계산된 평균값 46은 작은 값이라고 할 수 있을까? 작다면 얼마나 작은지 작은 정도를 대답할 수 있겠느냐?

S3 작습니다. 왜냐하면 모집단의 평균이 50인데 (S1)군이 뽑은 25명의 평균이 46이니까 작습니다.

T 조금 방향이 다른 것 같다. 나는 (S1)군이 아닌 다른 사람이 뽑은 25명의 표본의 평균값과 비교하라고 했는데.

S3 그러니까요. 모집단의 평균이 50이니까 그 중에는 50보다 큰 사람들도 있을 것 아닙니까? 따라서 다른 사람은 50보다 큰 점수를 받은 사람들을 많이 뽑을 수도 있고 그렇게 되면 그 사람이 뽑은 표본의 평균은 46보다 클 것입니다. 따라서 46은 작은 값이다 이런 말씀입니다.

T 대답은 대답이로되 썩 잘 정리된 답은 아닌 것 같다.

S3 질문이 너무 어렵습니다.

T 그럴 수도 있지. 46이 작은 값이냐?라는 질문 자체가 쉽지는 않구나. 또 한번 생각을 전개해 보자. '작다.'라는 말은 비교대상들이 분명히 있을 때 하는 말인데 (S1)군이 얻은 값 46과 비교되는 값이 잘 정의가 안 되는 것 같구나. 막연히 다른 친구가 독자적으로 25명을 뽑아서 얻게 되는 평균값과 비교하라고 했는데 이 평균값은 누가 표본으로 추출되느냐에 따라서 달라지게 되기 때문에 이 값과 46을 비교하라고 하니 질문이 좀 어색해 진 것이다. 전에도 한번 토의한 적이 있었지만 '어떤 사람이 키가 크다.'라는 말은 그 사람보다 키가 큰 사람이 그렇게 많지는 않다라는 의미를 갖는다. '굉장히 키가 크다.'라는 말은 결국 그 사람보다 키가 큰 사람이 별로 없다는 뜻이 되고 이 뜻을 조금 더 엄격한 통계학적 용어를 빌려서 질문형식으로 표현하면 이 사람이 소속한 집단에서 이 사람의 키보다 더 큰 사람의 비율이 얼마나 되는가? 또는 이 집단에 있는 임의의 한 사람의 키가 이 사람의 키보다 더 클 확률이 얼마인가? 라는 질문이 될 것이다. 마찬가지로 (S1)군이 얻은 46이 얼마나 작은가? 하는 질문은 크기 25인 표본에서 얻어지는 표본평균 $\overline{X}$가 46보다 작을 확률로 대답하게 된다. 그런데 중심극한정리에 의해서 $\overline{X}$는 평균이 50이고 분산이 모집단의 분산 100을 표본의 크기 25로 나눈 4인 정규분포와 비슷한 분포를 따르므로

$$P(\overline{X} < 46) = P\left(\frac{\overline{X} - 50}{2} < \frac{46 - 50}{2}\right) \cong P(Z < -2) = 0.01$$

이 된다. 따라서 다른 사람들이 뽑은 표본에서 얻어질 수 있는 평균값들 중 1% 정도만이 (S1)군이 얻은 값 46보다 작게 된다는 정보를 얻게 된다. 이는 곧 (S1)군은 얻을 수 있는 가능한 평균값 중에서 상당히 작은 값을 얻었다고 할 수 있겠다. 물론 여기서 "상당히"라는 말을 붙이는 것도 쉬운 이야기는 아니지만 말이야.

S1 선생님, 마지막에 하신 말씀이 무슨 말이지요. 상당히 작은 값이 아닐 수도 있습니까?

T 이제는 끈질기게 질문하는 태도가 생겼구나. 진도가 늦어지지만 좋은 현상이다. (S1)군은 어떤 중요한 평가에서 100명 중 5등을 했다면 '상당히 잘 했다'고 말하는 편인가? 또는 그냥 '잘 했다.'고 하는가?

S1 '상당히 잘 했다'고 하지요.

T 그래, 나는 그냥 '잘 했다.'고 하는데...

S1 그러면 선생님은 얼마나 잘 해야지 '상당히 잘 했다'고 하세요?

T 1, 2등은 해야 그렇게 평하지.

S1 아유, 그것은 선생님 기준이 너무 높아서 그래요.

T 그렇지, 바로 그것이야. 상당히, 잘, 조금 등은 전적으로 주관적인 기준에 바탕을 두고 하는 말이지. (S1)군이 얻은 46은 전체 중에 작은 쪽에서 1% 정도에 위치하는 작은 값인데 여기까지는 객관적인 표현이지만 "상당히 작다" 또는 "조금 작다" 등으로 평하는 것은 주관적이다 하는 이야기이지. 따라서 이런 말을 하려면 말하는 사람과 듣는 사람이 모두 합의하는 어떤 기준을 미리 정해 놓고 이야기를 해야 되지. 조금 전에 나와 (S1)군 사이에 '상당히'라는 말에 대한 기준이 다르기 때문에 우리는 5등을 한 동일한 사람에 대하여 다른 표현을 한 바가 있다. 이때 이러한 배경에 대한 이해가 약한 사람은 공연히 나와 (S1)군 사이에 어떤 감정적인 갈등이 있는가 하고 오해하는 경우도 있고 때에 따라서는 아주 감정적인 사람들(특히 단순하고 자기 중심적인 어린아이들같은 사람들)은 이러한 기준의 차이를 인정 못하고 말다툼으로 비화하는 경우도 있게 된다. 더 할 이야기가 많지만 이 정도에서 마치도록 하자.

연습문제_7 ▶ exercises

1. 어느 공장에서 생산되는 제품의 무게는 평균 $4.0\,\mathrm{g}$, 표준편차가 $0.5\,\mathrm{g}$ 이었다고 한다. 이 가운데 64개를 무작위로 추출했을 때, 그 무게의 평균이 $4.1\,\mathrm{g}$ 이상일 확률을 구하여라.

2. 어느 학년의 수학시험 성적이 평균 75점이고 표준편차가 6점이었다고 한다. 이 학생들 중에서 25명을 임의로 뽑을 때, 그들의 평균점수가 73점 이하일 확률을 구하여라.

3. 어느 대도시의 주민 중에는 자기 집을 소유한 사람이 60%라고 한다. 이 도시에서 100명의 표본을 임의추출했을 때, 자기 집을 소유한 사람의 수가 70명 이상일 확률을 구하여라.

4. 보통 건강한 사람들은 어느 자극에 대한 반응시간이 평균이 8초, 분산이 4인 정규분포를 따른다고 한다. 49명으로 구성된 확률표본의 표본평균 $\overline{X}$에 대하여 다음 물음에 답하여라.

(1) 표본평균 $\overline{X}$는 어떤 분포를 따르는가?

(2) 평균반응시간이 7초에서 9초 사이일 확률을 구하여라.

5. 어느 회사에서 생산되는 전구의 수명은 평균이 550시간이고 표준편차가 45시간인 분포를 따른다고 한다. 이 회사에서 생산된 전구 100개를 임의로 추출했을 때 그 평균수명이 다음과 같은 확률을 구하여라.

(1) 500시간 이상

(2) 540시간에서 560시간 사이

6. 어느 광역시에 거주하는 성인들의 10%가 주식을 갖고 있다면, 이 광역시의 성인들 가운데 100명을 임의로 뽑았을 때 12% 이상이 주식을 갖고 있을 확률을 구하여라.

7. 어느 학교에서는 5대의 스쿨버스를 모두 새 것을 구입하여 지금까지 각각 4, 8, 6, 2, 10년을 운행하여 왔다.

(1) 이 스쿨버스들로부터 크기가 2인 랜덤표본을 복원추출로 뽑을 때 모든 가능한 표본을 구하여라.

(2) (1)에서 구한 표본들의 운행연도의 평균을 구하고 그 표본평균들의 표집분포를 구하여라.

(3) (2)에서 구한 표집분포의 평균 $E(\overline{X})$와 표준오차 $\sqrt{V(\overline{X})}$를 구하여라.

8. 어느 무한 모집단으로부터 표본을 랜덤추출한다고 가정하자. 만약 표본의 크기 n을 100개에서 $10{,}000$개로 늘린다면, 평균의 표준오차에는 어떤 변화가 생길까?

9. 표준오차와 표준편차를 비교 설명하여라.

10. 부록의 χ^2분포로부터 다음을 구하여라.

(1) 자유도 3일 때 상위 10%의 백분위수
(2) 자유도 5일 때 하위 5%의 백분위수

11. 부록의 t 분포로부터 다음을 구하여라.

(1) 자유도 4일 때 상위 10%의 백분위수
(2) 자유도 9일 때 하위 5%의 백분위수

12. 부록의 F분포로부터 다음을 구하여라.

(1) 자유도 (3, 6)일 때 상위 10%의 백분위수
(2) 자유도 (5, 9)일 때 하위 5%의 백분위수

임용고사 기출문제

1. 확률밀도함수가 두 상수 a, b에 대하여

$$f(x) = \begin{cases} 0, & x < 0 \\ a, & 0 \le x < 1 \\ be^{1-x}, & 1 \le x \end{cases}$$

인 분포를 따르는 모집단이 있다. 이 모집단에서 크기가 2인 표본을 임의로 추출하였을 때, 표본평균 $\overline{X}$의 평균이 $\frac{3}{2}$이다. $a^2 + b^2$의 값을 구하여라. (2010년)

임용고사 기출문제 정답 1. $\frac{5}{9}$

8장

통계적 추정

8.1 점추정

관심의 대상 모집단에서 추출한 확률표본으로부터의 정보를 토대로 전체 모집단에 관한 의사결정과 일반화를 하는 과정에서 적정한 모델들을 안내하는 **통계적 추론**(statistical inference)의 영역에는 크게 모집단의 **모수추정**(estimating population parameters)과 **가설검정**(testing hypotheses)의 두 영역으로 구분할 수 있다. 모집단의 모수를 추정하기 위하여 선정 사용되는 표본의 통계량을 추정량(estimator)이라고 한다. 즉 추정량은 확률변수의 함수로서 표현되며 관찰한 표본으로부터 구체적으로 계산된 값을 추정치(estimate)라고 한다.

점추정(point estimation)은 어떤 추정량에 표본으로부터의 정보를 대입하여 얻은 단일 추정치로서 모수를 추정하는 방법이다. 이 점추정은 마치 사격장에서 총을 쏘는 것과 비슷하다. 아무리 명사수라도 항상 과녁의 중심을 맞힐 수는 없다. 매번 쏠 때마다 약간의 오차는 있기 마련이다. 이처럼 가능한 한 잘 구한 점추정치라도 표집오차로 인하여 모수와 일치할 확률은 거의 0에 가깝다.

1) 바람직한 추정량의 성격

모수에 대한 추정량으로 고려할 수 있는 것은 자유롭게 생각할 수가 있으나 모든 추정량은 오차를 포함하고 있다. 그래서 여러 가지 추정량 중에서 바람직한 추정량에 대한 조건들을 생각할 수가 있다. 이 조건으로는 추정량의 분포에서 분포의 중심이 추정하려는 모수이며 추정량의 분산이 작은 추정량이 보다 바람직하다. 이러한 조건으로는 크게 비편향성(unbiasedness, 또는 불편성), 효율성(efficiency), 그리고 일치성(consistency) 등이 있다. 이에 대한 내용을 간략하게 살펴보면 다음과 같다.

(1) 비편향성

비편향성이란 추정량의 기댓값이 추정하려는 모수와 같은 것을 의미한다.

어떤 $\hat{\theta}$이 모수 θ의 추정량일 경우에, 만약

$$E(\hat{\theta}) = \theta$$

이면 $\hat{\theta}$은 θ의 비편향추정량(unbiased estimator)이라 한다.

여기서 $E(\hat{\theta}) - \theta$를 편향(bias)라고 부르며 비편향추정량은 이 편향의 값이 0이다.

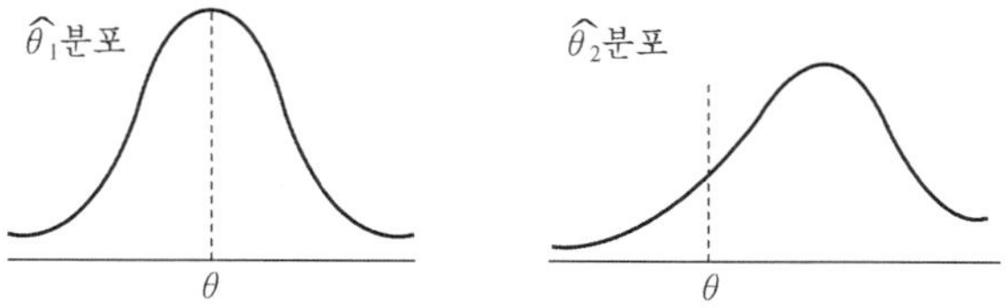

▲그림 8-1 $\hat{\theta}$의 비편향추정량($\hat{\theta}_1$)과 편향추정량($\hat{\theta}_2$)

$X_1, X_2, \cdots X_n$을 $N(\mu, \sigma^2)$으로부터 얻은 확률표본이라고 하자. 그러면

$$E(\overline{X}) = E\left(\frac{\sum_{i=1}^{n} X_i}{n}\right) = \frac{1}{n} n\mu = \mu$$

이므로 표본평균 $\overline{X}$는 모평균 μ의 비편향추정량임을 알 수 있다. 또한 표본분산인

$$S^2 = \frac{\sum_{i=1}^{n}(X_i - \overline{X})^2}{n-1}$$

은 분자인 n개의 편차제곱의 합을 n으로 나누지 않고, 자유도 $(n-1)$로 나눈 이유는 다음과 같다.

$$\begin{aligned} E\left[\sum(X_i - \overline{X})^2\right] &= E\left[\sum\{(X_i - \mu) - (\overline{X} - \mu)\}^2\right] \\ &= E\left[\sum(X_i - \mu)^2 - 2\sum(X_i - \mu)(\overline{X} - \mu) + \sum(\overline{X} - \mu)^2\right] \\ &= E\left[\sum(X_i - \mu)^2 - n(\overline{X} - \mu)^2\right] = n\sigma^2 - n\frac{\sigma^2}{n} \\ &= (n-1)\sigma^2 \end{aligned}$$

따라서

$$E(S^2) = \frac{E\left[\sum(X_i - \overline{X})^2\right]}{(n-1)} = \sigma^2$$

이 결과와 같이 표본분산을 구할 때는 $(n-1)$로 나누어야만 이 표본분산 S^2의 기댓값이 모수 σ^2과 일치하여 비편향추정량의 성질을 만족하게 된다. 만약 n으로 나누게 된다면 기댓값이 $\frac{(n-1)}{n}\sigma^2$이 되어 모수를 과소추정하게 된다.

(2) 효율성

모수 θ의 비편향추정량이 $\hat{\theta}_1$, $\hat{\theta}_2$가 있을 경우 두 비편향추정량 중 표준오차가 작은 추정량이 모수 θ를 추정하는 데 보다 효율적이라고 말한다.

$$\frac{V(\hat{\theta}_1)}{V(\hat{\theta}_2)} \le 1$$

를 만족하면 $\hat{\theta}_1$은 모수 θ의 유효추정량이라고 한다.

예 8-1 평균이 μ, 분산이 σ^2인 어떤 모집단으로부터 무작위 표본 X_1, X_2, X_3를 추출하였다. 모평균 μ의 추정량이 다음과 같을 때, 다음 물음에 답하여라.

$$\hat{\mu}_1 = \frac{X_1 + X_2 + X_3}{3}, \quad \hat{\mu}_2 = \frac{X_1 + 2X_2 + 2X_3}{5}$$

(1) $\hat{\mu}_1$, $\hat{\mu}_2$가 비편향추정량임을 보여라.

(2) $\hat{\mu}_1$, $\hat{\mu}_2$ 중 어느 것이 더 효율적인가?

풀이 각 추정량의 기댓값을 구해 보면

$$E(\hat{\mu}_1) = E\left(\frac{X_1 + X_2 + X_3}{3}\right) = \mu, \quad E(\hat{\mu}_2) = E\left(\frac{X_1 + 2X_2 + 2X_3}{5}\right) = \mu$$

이므로 비편향추정량이다. 그리고

$$V(\hat{\mu}_1) = V\left(\frac{X_1 + X_2 + X_3}{3}\right) = \frac{\sigma^2}{3}, \quad V(\hat{\mu}_2) = V\left(\frac{X_1 + 2X_2 + 2X_3}{5}\right) = \frac{9\sigma^2}{25}$$

로부터

$$\frac{\sigma^2/3}{9\sigma^2/25} = \frac{25}{27} \le 1$$

이므로 추정량 $\hat{\mu}_1$이 또 다른 추정량 $\hat{\mu}_2$보다 효율적인 추정량임을 알 수 있다.

특히 추정량 중에서 비편향추정량이면서 가장 효율성이 높은 추정량을 최소분산 비편향추정량(MVUE: minimum variance unbiased estimator)이라고 한다. 우리가 자주 사용하는 표본평균과 표본분산은 MVUE의 전형적인 예이다.

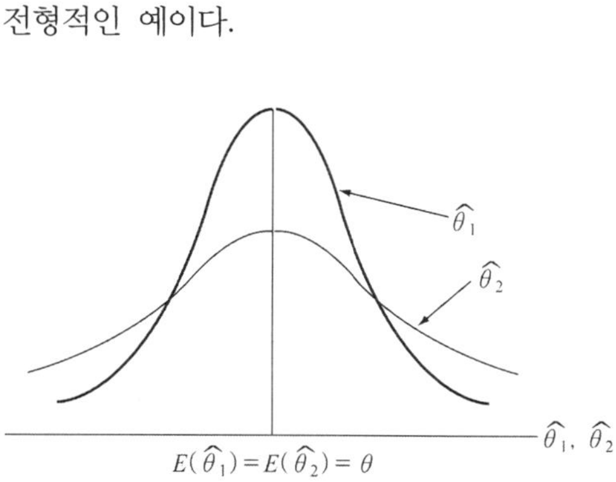

▲그림 8-2 비편향추정량 $\hat{\theta}_1, \hat{\theta}_2$의 효율성 비교

(3) 일치성

표본의 크기가 n일 때 모수 θ의 추정량 $\hat{\theta}_n$이 모수의 참값에 점점 가까워진다는 성격을 갖는 경우 이것을 일치성이라고 한다.

> 어떤 양수 ϵ에 대해서도
>
> $$\lim_{n \to \infty} P(|\hat{\theta}_n - \theta| < \epsilon) = 1$$
>
> 을 만족하는 추정량을 일치추정량이라고 부른다.

이것은 이 교재의 범위를 벗어나는 개념인데 추정량 $\hat{\theta}_n$이 n이 커지면 커질수록 취하게 되는 값이, 어떤 표본에서 추정된 값이라고 하더라도 모수 θ에 수렴(확률수렴)한다는 사실로서 이해를 하면 된다. 가장 쉬운 현상으로는 공정한 동전을 여러 번 던져서 앞면이 나오는 비율이 던지는 횟수가 많아지면 많아질수록 항상 앞면이 나오는 확률 1/2에 점점 근접하게 되는 것에서 발견할 수 있다.

모수의 추정량을 구하는 방법에는 최대가능도법, 적률추정법, 최소제곱법등이 있다. 여기서는 간단하게 최대가능도법에 대한 개념적 이해를 도전해 보기로 한다.

2) 최대가능도법

점추정량을 구하는 데 있어서 대표적인 방법으로 가능도 원리(likelihood principle)를 사용하는 최대가능도법(maximum likelihood estimation, 최우추정법)이 있다. 이 최대가능도법의 기본

아이디어는 우리가 실험한 결과(관찰치)를 가장 잘 설명해 줄 수 있는 가능성이 높은 추정량을 모수의 추정량으로 택하는 방법이다.

예 8-2 모집단이 흰 돌과 검은 돌의 4개로 구성되었다고 가정하자. 이 모집단의 성격을 알기 위해 추출한 표본의 크기 2인 표본이 (흰돌 ○ 1, 검은돌 ● 1)개로 관찰되었다면 이 표본을 증거로, "모집단이 어떻게 구성되었을까?"의 가능도를 계산해 보자.

풀이 모집단 구성이 다음 각각의 경우일 것이라고 상상해 보고 그 가능도를 본다면,

① ○○○○인 경우: $P=\dfrac{\binom{4}{1}\binom{0}{1}}{\binom{4}{2}}=0$, ② ○○○●인 경우: $P=\dfrac{\binom{3}{1}\binom{1}{1}}{\binom{4}{2}}=\dfrac{3}{6}$

③ ○○●●인 경우: $P=\dfrac{\binom{2}{1}\binom{2}{1}}{\binom{4}{2}}=\dfrac{4}{6}$, ④ ○●●●인 경우: $P=\dfrac{\binom{1}{1}\binom{3}{1}}{\binom{4}{2}}=\dfrac{3}{6}$

⑤ ●●●●인 경우: $P=\dfrac{\binom{0}{1}\binom{4}{1}}{\binom{4}{2}}=0$

이다. 관찰된 표본을 근거로 모집단의 구성형태의 가능도(가능성)가 가장 높은 ③번의 경우를 귀납적으로 모집단으로서 생각하는 것이 상식일 것이다. 이와 같이 가능한 모든 모집단의 형태 중에서 관측결과가 관찰되었을 가능성을 가장 크게 하도록 하는 모집단 분포에 대응하는 모수의 값으로 미지의 모수를 추정하는 방법이 최대가능도법인 것이다.

[정의] 확률표본 $X_1, X_2, \cdots, X_n$의 가능도함수(likelihood function, 우도함수)는 확률변수 X_i들의 결합확률밀도함수이며, $(X_1=x_1, X_2=x_2, \cdots, X_n=x_n)$이 주어졌을 때 모수 θ의 함수로서 다음과 같이 표기하고 가능도함수라 부른다.

$$L(\theta)=L(\theta\,;x_1, x_2, \cdots, x_n)=f(x_1;\theta)f(x_2;\theta)\cdots f(x_n;\theta)$$

이 우도함수를 최대화하는 θ의 값인 $\hat{\theta}=\hat{\theta}(X_1, X_2, \cdots, X_n)$을 모수 θ의 최대가능도추정량(MLE: maximum likelihood estimator)이라고 한다. 확률밀도함수의 곱으로 표현된 미분가능한 가능도함수에 대하여 로그를 취한 로그가능도함수(log likelihood function)를 사용하면 편리하다.

$$\frac{\partial \ln L(\theta)}{\partial \theta} = 0$$

이러한 최대가능추정량의 의미는 실제로 얻어진 자료가 얻어질 확률(가능도)이 가장 높은, 즉 주어진 관찰값을 가장 잘 설명하는 θ의 값을 모수의 추정량으로 삼는다는 것이다.

예 8-3 $X_1, X_2, \cdots, X_n$를 포아송분포 $P(\lambda)$로부터 얻은 확률표본이라고 할 때 모수 λ의 최대가능도추정량을 구하여라.

풀이 포아송분포의 확률밀도함수는 $f(x\,;\,\lambda) = \dfrac{e^{-\lambda}\lambda^x}{x!}$ 이므로 가능도함수와 로그가능도함수는 다음과 같다.

$$L(\lambda) = \prod_{i=1}^{n} f(x\,;\,\lambda) = \prod_{i=1}^{n} \frac{e^{-\lambda}\lambda^x}{x!} = \frac{e^{-n\lambda}\lambda^{\sum x_i}}{\prod_{i=1}^{n} x_i!}$$

$$\ln L(\lambda) = -n\lambda + \sum_{i=1}^{n} x_i \ln\lambda - \ln\prod_{i=1}^{n} x_i!$$

이 로그가능도함수를 미분하여 0이라 놓고 풀면 다음과 같다.

$$\frac{d}{d\lambda}\ln L(\lambda) = -n + \sum_{i=1}^{n}\frac{x_i}{\lambda} = 0$$

$$\hat{\lambda} = \frac{\sum x_i}{n} = \overline{X}$$

예 8-4 $X_1, X_2, \cdots, X_n$를 정규분포 $N(\mu, \sigma^2)$로부터 얻은 확률표본이라고 할 때 모수 μ, σ^2의 최대가능도추정량을 각각 구하여라.

풀이 정규분포의 가능도함수(우도함수)와 로그가능도함수는 다음과 같다.

$$L(\mu, \sigma^2) = \prod_{i=1}^{n} \frac{1}{\sqrt{2\pi}\,\sigma} exp\left[-\frac{(x_i-\mu)^2}{2\sigma^2}\right] = \frac{1}{(2\pi)^{n/2}\sigma^n} exp\left[-\frac{\sum(x_i-\mu)^2}{2\sigma^2}\right]$$

양변에 자연로그를 취하면

$$\ln L(\mu,\sigma^2) = -\frac{n}{2}\ln 2\pi - \frac{n}{2}\ln\sigma^2 - \frac{\sum(x_i-\mu)^2}{2\sigma^2}$$

μ, σ^2의 각각에 대하여 로그가능도함수를 편미분하여 0으로 놓으면

$$\frac{\partial \ln L(\mu,\ \sigma^2)}{\partial \mu} = \frac{\sum (x_i - \mu)}{\sigma^2} = 0$$

$$\frac{\partial \ln L(\mu,\ \sigma^2)}{\partial \sigma^2} = -\frac{n}{2\sigma^2} + \frac{\sum (x_i - \mu)^2}{\sigma^4} = 0$$

위 두 식을 연립하여 풀게 되면

$$\hat{\mu} = \overline{X},\quad \widehat{\sigma^2} = \frac{1}{n}\sum (X_i - \overline{X})^2$$

이 얻어진다. 이것이 모수 μ, σ^2의 각각에 대한 최대가능도추정량(MLE)이다.

8.2 평균에 대한 신뢰구간

구간추정은 미지인 모수가 특정한 실수구간 $[a,\ b]$안에 있을 것이라고 추정을 하는 방법으로 구간이 클수록 모수가 그 구간에 있을 가능성은 커진다. 이 가능성의 크기를 정하는 기준을 신뢰수준(confidence level)이라고 하고 각 신뢰수준 하에서 얻게 되는 구간을 신뢰구간(confidence interval)이라고 한다. 일반적으로 신뢰수준는 90%, 95%, 99%를 이용한다.

1) 모평균 μ의 신뢰구간

모평균 μ의 신뢰구간은 표본평균의 분포를 이용하여 구하게 되는데 모분산을 아는 경우와 모르는 경우로 구분하여 구한다.

(1) 모분산이 알려진 경우

확률표본 $X_1,\ X_2,\cdots,\ X_n$을 $N(\mu,\ \sigma^2)$으로부터 추출하는 경우 모평균 μ의 추정에서 표본평균 $\overline{X}$을 표준화한 $Z = \dfrac{\overline{X} - \mu}{\sigma/\sqrt{n}}$은 표준정규분포 $N(0,\ 1)$을 따른다. 한편 이 확률표본이 정규분포에

서 추출되었는지 모르는 경우에도 중심극한정리에 의해서 표본평균 $\overline{X}$는 표본의 크기가 클 때 즉 대표본(large sample)인 경우 근사적으로 정규분포를 따름이 알려져 있다.

그러므로 α값을 고정하고 표준정규분포의 양측꼬리부분 영역의 면적이 $\alpha/2$에 해당하는 Z의 값을 $-Z_{\alpha/2}$, $Z_{\alpha/2}$라고 표시하면

$$P\left(-Z_{\alpha/2} \le \frac{\overline{X}-\mu}{\sigma/\sqrt{n}} \le Z_{\alpha/2}\right) = P\left(\overline{X}-Z_{\alpha/2}\frac{\sigma}{\sqrt{n}} \le \mu \le \overline{X}+Z_{\alpha/2}\frac{\sigma}{\sqrt{n}}\right) = 1-\alpha$$

따라서 모평균 μ의 $100(1-\alpha)\%$의 신뢰구간은 다음과 같다.

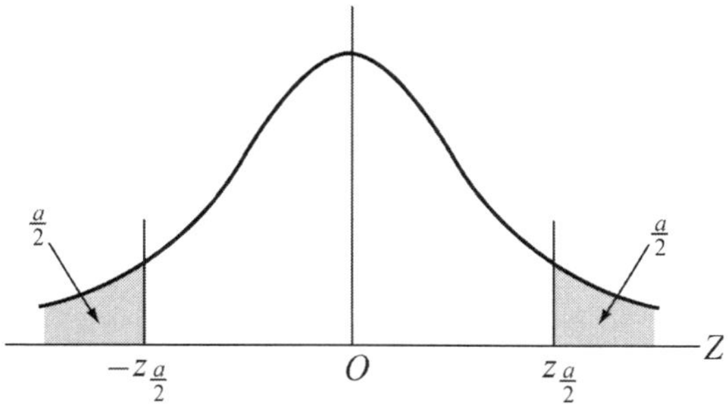

▲그림 8-3 표준정규분포

$$\left[\overline{X}-Z_{\alpha/2}\frac{\sigma}{\sqrt{n}},\ \overline{X}+Z_{\alpha/2}\frac{\sigma}{\sqrt{n}}\right] \text{ 혹은 } \overline{X} \pm Z_{\alpha/2}\frac{\sigma}{\sqrt{n}}$$

이때 $\pm Z_{\alpha/2}\frac{\sigma}{\sqrt{n}}$을 신뢰수준 $100(1-\alpha)\%$에서의 오차한계 또는 최대허용오차라고 부른다.

예 8-5 산양의 몸무게는 과거의 경험으로 표준편차가 $\sigma = 4$kg이라고 알려져 있을 때 64마리의 산양을 관측한 결과 평균무게가 20.9kg이었다고 한다. 모평균에 대한 95% 신뢰구간을 구하여라($Z_{0.025} = 1.96$).

풀이 정규분포의 가정이 없으나 표본의 크기가 30보다 크므로 근사적 신뢰구간을 구하면

$$\left[\overline{X}-1.96\frac{\sigma}{\sqrt{n}},\ \overline{X}+1.96\frac{\sigma}{\sqrt{n}}\right]$$
$$= [20.9-1.96(4/\sqrt{64}),\ \ 20.9+1.96(4/\sqrt{64})] = [19.92, 21.88]$$

■ $100(1-\alpha)\%$ 신뢰구간의 의미

모수 θ에 대한 $100(1-\alpha)\%$ 신뢰구간의 의미는, 같은 표집법으로 100번 반복표집하여 얻어지는 100개의 구간들 중 $100(1-\alpha)\%$가 모수 θ를 포함하는 정도의 신뢰(신뢰) 안에서, 표집을 통해 얻은 하나의 구간을 말한다. 이때 $100(1-\alpha)\%$을 신뢰수준이라고 한다.

앞의 예에서 하나의 표본으로부터 얻어진 구체적인 95% 신뢰구간 [19.92, 21.88]에 모평균 μ의 참값의 포함여부는 0 아니면 1이다(맞든지 틀리든지 둘 중에 하나이다). 모평균 μ에 대해 얻어진 신뢰구간 [19.92, 21.88]에 참값이 포함될 확률이 95%라고 표현하면 틀린 표현이다. 다만 같은 방법으로 표본을 100번 반복 추출하여 신뢰구간을 100개를 구하면 그들 중에 95개 정도는 모평균 μ를 포함하고 있다는 것을 의미한다. 즉 우리가 얻은 하나의 신뢰구간은 95% 정도의 믿음(신뢰)이 가는 시스템에서 얻어진 수많은 구간 중 하나의 구간일 뿐이다. 맞고 틀리고는 가 봐야 안다. 하나의 표본으로부터 계산된 구체적인 신뢰구간에 모평균 μ가 포함될 확률이 $100(1-\alpha)\%$라는 것이 아님에 주의해야 한다.

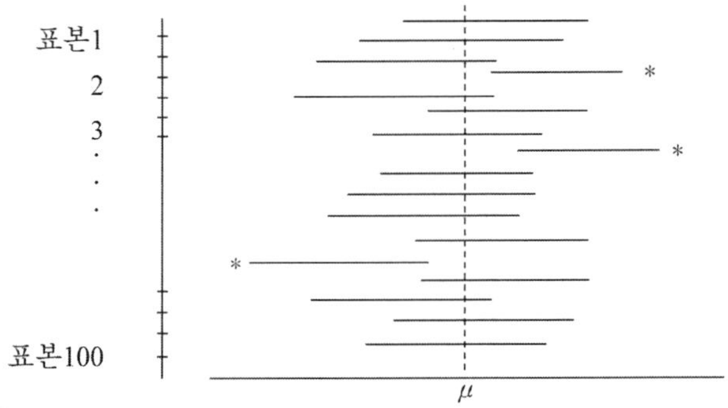

▲그림 8-4 $100(1-\alpha)\%$ 신뢰구간의 의미(100개의 구간들 중 95개는 참값을 포함하고 *표의 5개는 참값을 포함하지 않음)

(2) 모분산이 알려지지 않은 경우

정규분포 $N(\mu, \sigma^2)$을 따르는 모집단으로부터 확률표본 $X_1, X_2, \cdots, X_n$을 추출했을 때 모분산 σ^2를 모르는 경우에는 모분산 대신에 표본분산 S^2으로 대체하여 사용해야 한다. 이때 확률변수 $T=\dfrac{\overline{X}-\mu}{S/\sqrt{n}} \sim t_{n-1}$는 자유도가 $n-1$인 t분포를 따른다. 그러므로 모분산을 모르는 경우에 모평균에 대한 추정은 t분포에 근거하여 구하게 되며 신뢰구간도 t분포로부터 유도된다. t분포는 표본의 크기가 작은 경우에도 사용할 수 있다.

t분포 아래의 면적이 $\alpha/2$인 t의 양쪽 꼬리의 값을 각각 $-t_{n-1,\alpha/2}$, $t_{n-1,\alpha/2}$라고 하면

$$P\left(-t_{n-1,\alpha/2} \le \frac{\overline{X}-\mu}{S/\sqrt{n}} \le t_{n-1,\alpha/2}\right) = 1-\alpha$$
$$P\left(\overline{X}-t_{n-1,\alpha/2}\frac{S}{\sqrt{n}} \le \mu \le \overline{X}+t_{n-1,\alpha/2}\frac{S}{\sqrt{n}}\right) = 1-\alpha$$

따라서 모평균의 $100(1-\alpha)\%$의 신뢰구간은 다음과 같다.

$$\left[\overline{X}-t_{n-1,\alpha/2}\frac{S}{\sqrt{n}},\ \overline{X}+t_{n-1,\alpha/2}\frac{S}{\sqrt{n}}\right]$$

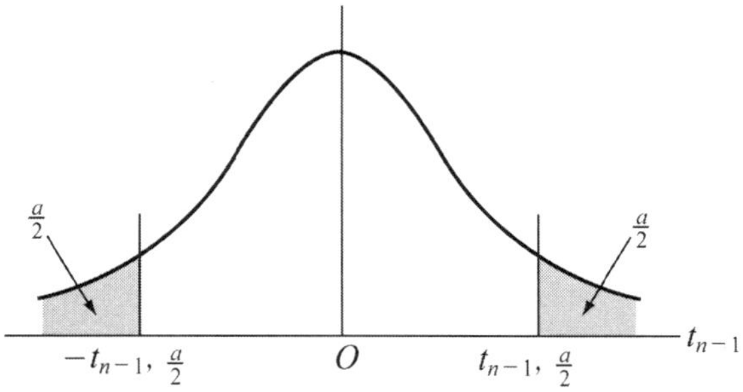

▲그림 8-5 자유도 $n-1$인 t_{n-1}의 분포

예 8-6 대학생의 키는 정규분포를 따른다고 한다. 이때 대학생의 평균 키를 알기 위해 100명의 학생을 랜덤하게 표집하여 관측한 결과 평균 키가 170cm이고 표본분산은 64($s=8$cm)였다고 한다. 대학생 전체의 모평균에 대한 95% 신뢰구간을 구하여라.

풀이 모분산의 정보가 없으니 표본분산으로 대체하여 95%의 근사적 신뢰구간을 구하면

$$\left[\overline{X}-t_{n-1,\alpha/2}\frac{S}{\sqrt{n}}, \overline{X}+t_{n-1,\alpha/2}\frac{S}{\sqrt{n}}\right]$$
$$= [170-1.98(8/\sqrt{100}),\ 170+1.98(8/\sqrt{100})]$$
$$= [168.4, 171.6]$$

8.3 비율에 대한 대표본 신뢰구간

모비율 p에 대한 구간추정은 표본비율 $\hat{p}$에 의해서 수행된다. 표본비율 $\hat{p}$은 표본의 크기가 $n \to \infty$ 이면 중심극한정리에 의해 평균과 분산이 p와 pq/n인 정규분포로 근사한다는 것이 알려져 있다. 그러므로 이 표준정규분포를 기초로 한 근사적 신뢰구간을 유도할 수 있다.

$$
\begin{aligned}
P(-Z_{\alpha/2} \le Z \le Z_{\alpha/2}) &= P\left(-Z_{\alpha/2} \le \frac{\hat{p}-p}{\sqrt{pq/n}} \le Z_{\alpha/2}\right) \\
&= P(\hat{p}-Z_{\alpha/2}\sqrt{pq/n} \le p \le \hat{p}+Z_{\alpha/2}\sqrt{pq/n}) \\
&= 1-\alpha
\end{aligned}
$$

따라서 모비율의 $100(1-\alpha)\%$의 신뢰구간은 다음과 같다.

$$
\left[\hat{p}-Z_{\alpha/2}\sqrt{pq/n},\ \hat{p}+Z_{\alpha/2}\sqrt{pq/n}\right]
$$

보통 모수 p는 모르기 때문에 표본의 크기가 클 경우의 일치추정량인 $\hat{p}$를 근사추정치로 사용한다. 즉 모비율의 신뢰구간은 표본이 충분히 클 경우($n\hat{p} \ge 5,\ n\hat{q} \ge 5,\ \hat{q}=1-\hat{p}$)

$$
\left[\hat{p}-Z_{\alpha/2}\sqrt{\hat{p}\hat{q}/n},\ \hat{p}+Z_{\alpha/2}\sqrt{\hat{p}\hat{q}/n}\right]
$$

이다. 즉 모수에 대한 신뢰구간의 폭은 신뢰수준이 높을수록 넓어지고, 표본의 크기가 커질수록 좁아진다.

예 8-7 어떤 도시의 취업연령 대상인 사람들 중에서 100명을 랜덤하게 표집하여 조사한 결과 6명이 실업자였다. 이 도시의 실업률 p의 점추정치는 6/100=0.06(6%)이다. 이때 표본의 크기는 $n=100$, $n\hat{p}=6>5$ 이므로 정규근사를 이용하여 이 도시의 실업률 p의 95% 신뢰구간을 구하여라.

풀이 $\left[0.06-1.96\sqrt{\frac{0.06\times0.94}{100}},\ 0.06+1.96\sqrt{\frac{0.06\times0.94}{100}}\right]=[0.049,\ 0.071]$

8.4 표본의 크기 결정

우리들은 여론조사결과가 신문에 발표되는데 표본조사의 경우 항상 표본의 크기(sample size)와 표집오차(sampling error)의 범위를 함께 발표하고 있음을 안다. 이들의 관계가 어떤 기준에서 어떤 이론적인 근거를 바탕으로 하는 것인가를 알아보자.

여론조사를 위한 통계자료분석의 실험설계에서 표본의 크기를 얼마로 정해야 하는가는 연구를 해 본 사람이면 누구나 막연하다는 느낌을 갖게 된다. 표본의 크기가 크면 클수록 표집오차를 줄일 수 있어서 좋지만 표본의 크기가 증가함에 따라 자료수집에 따른 비용과 시간도 증가하게 된다. 표본의 크기를 결정하는 일은 관습적으로 선행연구의 크기를 대체로 따르기도 하지만, 한 가지 방법은 의사결정자에게 표집오차 혹은 허용오차의 범위를 먼저 결정하도록 하게 하는 방법이다. 여기서 모수의 참값과 모수에 대한 표본추정량과의 차이를 **최대허용오차** 또는 **신뢰도** $100(1-\alpha)\%$ **의 표집오차**라고 부른다(혹은 표본오차라고도 부른다).

예를 들어 회사원의 하루 평균 근무시간을 추정하고자 하는데, $100(1-\alpha)\%$의 신뢰도를 가지고 허용오차가 e 이하이기를 원한다고 하자. 근무시간을 $X \sim N(\mu, \sigma^2)$로 가정하고 $X_1, X_2, \cdots, X_n$을 확률표본이라 할 때 이것을 수식으로 표현하면 다음과 같다.

$$P(|\overline{X}-\mu| \le e) = P(-e \le \overline{X}-\mu \le e) = 1-\alpha$$

각 항을 $\sigma/\sqrt{n}$으로 나누어 주면

$$P\left(\frac{-e}{\sigma/\sqrt{n}} \le \frac{\overline{X}-\mu}{\sigma/\sqrt{n}} \le \frac{e}{\sigma/\sqrt{n}}\right) = P\left(\frac{-e}{\sigma/\sqrt{n}} \le Z \le \frac{e}{\sigma/\sqrt{n}}\right) = 1-\alpha$$

으로 표기가 가능하다. 이것은 모평균 μ의 $100(1-\alpha)\%$의 신뢰구간을 구하는 식과 같으며 모평균 μ와 표본평균 $\overline{X}$의 차이인 오차는 $e = |\overline{X}-\mu| = \pm Z_{\alpha/2}\,\sigma/\sqrt{n}$임을 알 수 있다. 그러므로 이 관계식에서 표집오차를 e보다 작게 하고 싶을 때 표본의 크기 n은 다음과 같이 결정된다.

$$n \ge \left(\frac{Z_{\alpha/2}\,\sigma}{e}\right)^2$$

예 8-8 축산업자가 토끼의 평균 몸무게를 추정하고자 한다. 모표준편차가 3600g으로 알려져 있다. 95% 신뢰도를 가지고 추정치와 참값 간의 차이인 허용오차의 한계가 675g보다 작게

하고 싶다고 한다. 몇 마리의 토끼를 측정해야 하는가? 단 토끼의 몸무게의 분포는 정규분포를 한다고 가정한다.

풀이 문제에서 $\alpha = 0.05$, $\sigma = 3600$, $e = 675$, $Z_{\alpha/2} = Z_{0.025} = 1.96$이므로

$$n \geq \left(\frac{1.96 \times 3600}{675}\right)^2 \approx 109$$

즉 109마리 이상이면 가능하다.

■ **비율의 추정에서의 표본크기의 결정**

모비율 p의 $100(1-\alpha)\%$의 신뢰구간은

$$\left[\ \hat{p} - Z_{\alpha/2}\sqrt{pq/n}\ ,\ \hat{p} + Z_{\alpha/2}\sqrt{pq/n}\ \right]$$

이므로, 표본의 크기 n이 충분히 큰 경우에 $100(1-\alpha)\%$의 신뢰도를 가지고 모비율 p와 표본비율 $\hat{p}$와의 오차 $p-\hat{p}$를 구하면 $e = \pm\ Z_{\alpha/2}\sqrt{pq/n}$이다. 따라서 허용오차를 e 이하로 하고자 할 때 표본의 크기는 다음과 같다.

$$n \geq \left(\frac{Z_{\alpha/2}\ \sqrt{pq}}{e}\right)^2$$

여기서 만약 $\hat{p}$의 값이 주어지지 않으면 $\hat{p} = \hat{q} = 1/2$을 사용한다. 왜냐하면 pq(단 $p+q=1$)의 값은 $p=q$일 때 최댓값을 갖기 때문이다.

예 8-9 어느 구청의 구청장의 한 정책에 대한 주민의 찬성 지지도를 알고 싶다고 하자. 신뢰수준 95%에서 허용오차를 ±4% 이내로 하고 싶다고 한다. 표본의 크기를 어느 정도를 결정해야 하는가?

풀이 $\hat{p}$의 값의 정보가 없으니 1/2로 대체하고, $1.96 \doteqdot 2.0$으로 계산하면

$$n \geq \left(\frac{Z_{\alpha/2}\ \sqrt{pq}}{e}\right)^2 = \left(\frac{1.96\sqrt{\frac{1}{2}\cdot\frac{1}{2}}}{0.04}\right)^2 \approx \left(\frac{2 \times \frac{1}{2}}{0.04}\right)^2 = 625$$

즉, 625명 정도를 표본의 크기로 정하면 된다.

8.5 두 평균의 차이에 대한 신뢰구간

두 모집단의 평균의 차이에 대한 신뢰구간을 두 모집단이 독립인 경우와 독립이 아닌 경우로 나누어 생각해 보자.

1) 두 모집단이 독립인 경우(unpaired or independent)

서로 독립인 두 모집단 (모집단 1: μ_1, σ_1^2와 모집단 2: μ_2, σ_2^2)으로부터 각각의 확률표본의 표본의 크기, 표본평균, 표본분산을 (n_1, $\overline{X_1}$, S_1^2와 n_2, $\overline{X_2}$, S_2^2)으로 나타내고 평균의 차이 ($\mu_1 - \mu_2$)에 관한 신뢰구간을 추정해 보자.

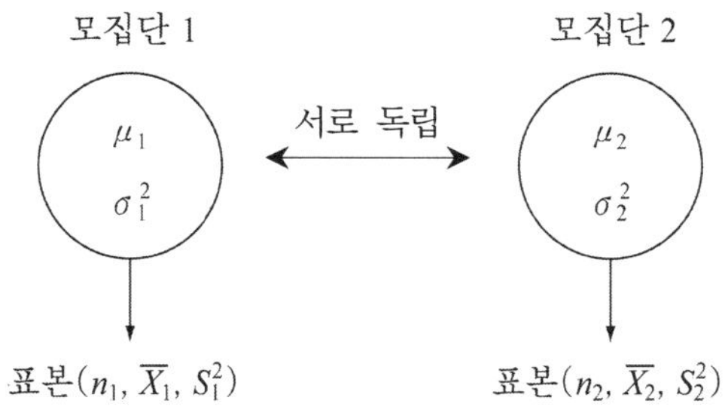

▲그림 8-6 두 모집단과 표본

서로 독립인 두 모집단이 각각 $N(\mu_1, \sigma_1^2)$, $N(\mu_2, \sigma_2^2)$인 정규분포를 따른다고 할 때 각각의 표본의 크기 $n_1 \to \infty$, $n_2 \to \infty$인 대표본에서 서로 독립인 표본평균의 차이 ($\overline{X_1} - \overline{X_2}$)의 분포의 성질은 다음과 같다. 두 표본평균이 각각

$$\overline{X_1} \sim N\left(\mu_1, \frac{\sigma_1^2}{n_1}\right), \quad \overline{X_2} \sim N\left(\mu_2, \frac{\sigma_2^2}{n_2}\right)$$

일 때, 두 정규확률변수의 차이인 ($\overline{X_1} - \overline{X_2}$)의 분포는 다음과 같은 정규분포를 따른다.

$$\overline{X_1} - \overline{X_2} \sim N\left(\mu_1 - \mu_2, \frac{\sigma_1^2}{n_1} + \frac{\sigma_2^2}{n_2}\right)$$

따라서 $(\mu_1 - \mu_2)$에 관한 $100(1-\alpha)\%$의 신뢰구간은

$$P\left(-Z_{\alpha/2} \le \frac{(\overline{X_1} - \overline{X_2}) - (\mu_1 - \mu_2)}{\sqrt{\dfrac{\sigma_1^2}{n_1} + \dfrac{\sigma_2^2}{n_2}}} \le Z_{\alpha/2}\right) = 1-\alpha$$

$$P\left((\overline{X_1} - \overline{X_2}) - Z_{\alpha/2}\sqrt{\frac{\sigma_1^2}{n_1} + \frac{\sigma_2^2}{n_2}} \le (\mu_1 - \mu_2) \le (\overline{X_1} - \overline{X_2}) + Z_{\alpha/2}\sqrt{\frac{\sigma_1^2}{n_1} + \frac{\sigma_2^2}{n_2}}\right) = 1-\alpha$$

이므로 다음과 같다.

$$(\overline{X_1} - \overline{X_2}) \pm Z_{\alpha/2}\sqrt{\frac{\sigma_1^2}{n_1} + \frac{\sigma_2^2}{n_2}}$$

일반적으로 두 모분산은 알려져 있지 않으므로 대표본(large sample)인 경우, 두 모분산은 두 표본분산 s_1^2과 s_2^2으로 대체하여 사용한다. 따라서 모분산을 모르는 경우 $(\mu_1 - \mu_2)$에 관한 $100(1-\alpha)\%$의 신뢰구간은 다음과 같다.

$$(\overline{X_1} - \overline{X_2}) \pm Z_{\alpha/2}\sqrt{\frac{s_1^2}{n_1} + \frac{s_2^2}{n_2}}$$

예 8-10 교양 통계학 중간고사에서 남학생과 여학생 간의 평균 차이를 추정하려고 한다. 남학생 100명, 여학생 100명을 임의로 뽑아 표본평균과 표본분산을 구했더니 각각 남학생이 65, 10 여학생이 67, 9였다. 남녀학생들 간의 평균차이에 대한 95% 신뢰구간을 구하여라.

풀이 표본의 크기가 30 이상 대표본이므로 구하는 신뢰구간은

$$\begin{aligned}(\overline{x_1} - \overline{x_2}) &\pm Z_{\alpha/2}\sqrt{\frac{s_1^2}{n_1} + \frac{s_2^2}{n_2}} \\ &= (67-65) \pm 1.96 \times 1.38 \\ &= 2 \pm 2.70\end{aligned}$$

즉 $(-0.70, 4.70)$

일반적으로는 작은 소표본인 경우에 두 모분산은 알려져 있지 않고, 두 모분산이 동일하다 ($\sigma_1^2 = \sigma_2^2 = \sigma^2$)고 전제할 수 있는 경우에는 두 표본분산 s_1^2과 s_2^2은 모두 σ^2의 추정량이므로 보다 많은 정보를 이용하기 위하여 σ^2의 추정량으로서 s_1^2과 s_2^2의 가중평균을 사용한 다음과 같은 **합동표본분산**(pooled sample variance)을 이용한다.

$$s_p^2 = \frac{(n_1-1)s_1^2 + (n_2-1)s_2^2}{n_1+n_2-2}$$

따라서 σ의 추정량 s_p로 대체하면 통계량의 분포는 다음과 같다.

$$T = \frac{(\overline{X_1} - \overline{X_2}) - (\mu_1 - \mu_2)}{s_p\sqrt{\dfrac{1}{n_1} + \dfrac{1}{n_2}}} \sim t_{(n_1+n_2-2)}$$

따라서 소표본이면서 모분산을 모르는 경우 $(\mu_1 - \mu_2)$에 관한 $100(1-\alpha)\%$의 신뢰구간은 다음과 같다.

$$(\overline{X_1} - \overline{X_2}) \pm t_{n_1+n_2-2,\alpha/2}\, s_p\sqrt{\frac{1}{n_1} + \frac{1}{n_2}}$$

예 8-11 어느 학교에서 남학생과 여학생간의 몸무게(kg)의 평균 차이를 추정하려고 한다. 남학생 16명, 여학생 25명을 임의로 뽑아 표본평균과 표본분산을 구했더니 각각 남학생이 55, 4 여학생이 47, 5였다. 남녀학생들간의 평균차이에 대한 95% 신뢰구간을 구하여라.

풀이 소표본으로 등분산을 가정하여 합동표본분산을 s^2을 구하고, 이를 이용하여 신뢰구간을 구하면

$$s_p^2 = \frac{(n_1-1)s_1^2 + (n_2-1)s_2^2}{n_1+n_2-2} = \frac{(16-1)4 + (25-1)5}{16+25-2} = \frac{180}{39} = 4.615$$

$$(\overline{X_1} - \overline{X_2}) \pm t_{n_1+n_2-2,\alpha/2}\, s_p\sqrt{\frac{1}{n_1} + \frac{1}{n_2}} = (55-47) \pm 2.02 \times 2.15 = 8 \pm 4.34$$

즉 (3.64, 12.34)

2) 두 모집단이 대응표본인 경우(paired sample)

두 모집단이 독립이 아니고 종속되어 있는 경우 실제로는 쌍을 이루고 있기 때문에 대응표본(paired sample)이라고 부른다. 대응표본은 개체들의 사전사후 간에 서로 종속되어 그 차이를 그림처럼 단일표본으로 생각하여 처리한다.

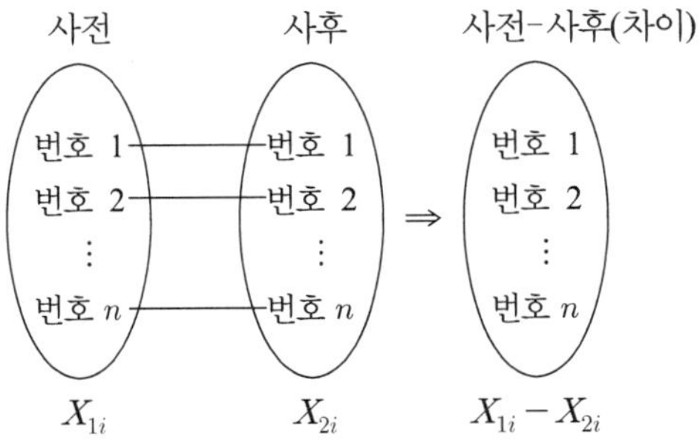

▲그림 8-8 한 개체에 대하여 두 번 측정한 대응표본

그러므로 대응표본인 쌍으로 이루어진 자료의 차이인 $D_i = X_{1i} - X_{2i}$로 표기하고 $\overline{D}$를 표본 $D_1, \cdots, D_n$의 평균, s_D를 표준편차라고 하면 다음이 성립한다.

$$T = \frac{\overline{D} - (\mu_1 - \mu_2)}{s_D/\sqrt{n}} \sim t_{n-1}$$

그러므로 $(\mu_1 - \mu_2)$에 관한 $100(1-\alpha)\%$의 신뢰구간은 다음과 같다.

$$\overline{D} - t_{n-1,\alpha/2}\frac{S_D}{\sqrt{n}} \le \mu_1 - \mu_2 \le \overline{D} + t_{n-1,\alpha/2}\frac{S_D}{\sqrt{n}}, \text{ 단 } S_D = \sqrt{\frac{\sum_{i=1}^{n}(d_i - \overline{d})^2}{n-1}}$$

예 8-12 40명의 학생에게 토론식 수업이 효과가 있었는지 알기 위해 3월 진단검사와 8월 기말검사를 실시한 결과, 각 학생들의 점수차의 평균과 표준편차가 각각 $\overline{D} = 8$, $S_D = 3.6$이었다. 이 토론식 수업의 효과에 대한 사전 사후 검사간의 평균차이의 95% 신뢰구간을 구하여라.

풀이 $\overline{D} \pm t_{n-1,\alpha/2}\frac{s_D}{\sqrt{n}} = 8 \pm 2.021 \times \frac{3.6}{6.31} = 8 \pm 1.15$, 즉 $(7.85, 9.15)$

8.6 두 비율의 차이에 대한 대표본 신뢰구간

두 모집단의 모비율을 p_1과 p_2라 하고, 확률표본을 각각 n_1, n_2를 추출하는 경우 두 모비율의 차 $p_1 - p_2$의 대표본 신뢰구간은 추정량 $\hat{p_1} - \hat{p_2}$의 분포는 중심극한정리에 의해 다음과 같다.

$$n_1 \to \infty,\ n_2 \to \infty \text{ 이면}$$

$$\hat{p_1} \sim N\left(p_1,\ \frac{p_1 q_1}{n_1}\right),\quad \hat{p_2} \sim N\left(p_2,\ \frac{p_2 q_2}{n_2}\right)$$

$$(\hat{p_1} - \hat{p_2}) \sim N\left(p_1 - p_2,\ \frac{p_1 q_1}{n_1} + \frac{p_2 q_2}{n_2}\right)$$

따라서 두 비율의 차이 $p_1 - p_2$의 $100(1-\alpha)\%$의 대표본 신뢰구간은 다음과 같다.

$$(\hat{p_1} - \hat{p_2}) \pm Z_{\alpha/2} \sqrt{\frac{\hat{p_1}\hat{q_1}}{n_1} + \frac{\hat{p_2}\hat{q_2}}{n_2}}$$

예 8-13 어느 시 지역에서 기업을 유치하기 위한 찬성 여론을 수집하고자 남자 80명, 여자 100명의 표본을 뽑아 조사하였더니, 남자는 44명, 여자는 78명이 찬성하였다. 신뢰도 99%의 찬성비율 차이에 대한 신뢰구간을 구하여라.

풀이

$$(\hat{p_1} - \hat{p_2}) \pm Z_{\alpha/2} \sqrt{\frac{\hat{p_1}\hat{q_1}}{n_1} + \frac{\hat{p_2}\hat{q_2}}{n_2}}$$

$$= \left(\frac{44}{80} - \frac{78}{100}\right) \pm 2.58 \sqrt{\frac{0.55 \times 0.45}{80} + \frac{0.78 \times 0.22}{100}}$$

$$= 0.23 \pm 0.07$$

즉 $(0.16,\ 0.30)$이다.

8.7 역사: 고셋과 t 분포

고셋(Gosset, 1876～1937)은 더블린의 긴네스(Guinness) 맥주 양조회사의 연구자로서 고용되어 그의 일생을 보냈다. 그의 통계학에 직접적인 공헌은 매일 매일 맥주의 양조와 맥주보리의 성장문제, 맥주 성분의 합성 문제를 다루면서 탄생하게 된다. 그 당시 대부분 과학자는 그들의 과학적 성과를 공개하고 신임을 얻으려 했던 것에 반해 맥주회사 내의 연구결과에 대한 익명 발표의 전통도 그랬지만 성품이 겸손했던 그는 "Student"라는 익명으로 논문을 발표한다. 그는 후에 그의 발견에 대하여 진정한 평가를 받는다. 그는 장래에 대학에 남는다는 것보다는 런던의 양조회사 주인이 되기를 선택했다. 그 당시의 영국에서는 유명한 과학자를 회사에서 고용하여 새로운 과학을 산업에 이용하는 산업사회의 전형적인 모습을 띠고 있었다.

긴네스 맥주 회사에서는 1906년 9월에 회사에 이익이 될 만한 연구를 위해 그를 런던 대학에 가서 공부를 하도록 1년간의 기회를 제공한다. 그가 연구하는 맥주 양조에 관한 데이터는 표본의 크기가 작은 것이 큰 문제였다. 이때 그는 칼 피어슨을 만나서 피어슨의 생물학 연구실에서 아이디어와 씨름하면서 대부분을 보낸다. 여기서 그는 1908년 〈Biometrika〉 저널에 제출한 3개의 논문을 작성하게 된다. 이것들 중 두 번째 것인 "평균의 확률적 오차(The Probable Error of a Mean)"는 t-검정의 바탕이 되는 초기 작업이 된다. 여기서 그는 특별히 8개 내지 12개뿐인 작은 표본의 사용을 위한 오차의 추정을 어떻게 하면 올바르게 조정할 수 있을까 하는 통계적 분석법을 확장하고자 하였다. 또한 그는 많은 표본으로부터 얻어지는 표준편차들의 도수분포를 나타내는 곡선을 찾고자 노력하였다. 이것은 직접 관찰 데이터로부터가 아니라 매번 뽑은 다른 표본으로부터 얻은 반복 측정치의 도수분포를 생각하는 독창적인 것이었다. 이것은 오늘날의 표집분포(sampling distribution)를 의미하는 것이다. 그는 피셔(Fisher)와도 서로 연락을 하며 연구에 도움을 주고받았다. 그는 새로운 통계적 분포를 발견했고, 검정에 대한 포괄적인 검정법을 발명했으며, 작은 표본에 대한 통계적 분석을 할 수 있도록 확장했다. 그리고 그는 1917년 표본의 크기가 2에서 30까지의 z 값에 대한 확장된 확률계산표를 만들어 발표한다(Tankard, 1984).

8.8 토론과 실험: 추정과 신뢰구간

추정과 신뢰구간

T 앞 절에서 우리는 표본분포에 대하여 많은 토의를 하였다. 특별히 대부분의 시간을 표본평균의 표본분포에 대한 토의에 할애를 하였다. 오늘은 보다 실질적으로 표본분포이론이 어떻게 미지의 어떤 특성을 추정하는 데 적용되는지를 토의하면서 통계적 추정과 관련된 내용을 이해해 보려고 한다. 먼저 지난 시간의 내용을 기록한 노트를 찾아보자. 아래와 같은 표를 찾을 수 있을 것이다(7.6절 참조).

[표 8-1]

원자료	$n=9$	$n=16$	$n=25$	$n=36$
평균 170	168	175	172	?
표준편차 12	4.1	2.7	2.4	?

이제 자료의 평균을 모른다고 가정하고 (S1)군은 자신이 추출한 크기가 9인 표본의 평균값 168로부터 원자료의 평균을 168로 추정하려고 한다. (S2)군은 자신이 추출한 크기가 16인 표본의 평균값 175로부터 원자료의 평균을 175로 추정하려고 한다. 여러분들은 누구의 추정값을 더 의미있게 받아들이겠느냐?

S3 (S1)군이요. 원자료의 평균인 170에 훨씬 가까운데요.

T 아이구, 답답하구나. 지금은 원자료의 모평균을 모른다고 했지 않니?

S3 아참, 그렇군요.

S4 (S2)군의 추정치인 175로 저는 추정하겠어요. 왜냐면 전에 선생님께서 말씀하신 대로 (S2)군이 표본을 뽑느라고 고생을 더 많이 했으니까요.

T 재미있는 대답이구나. (S2)군이 고생을 더 많이 했으니까 (S2)군의 추정값이 우리가 알고 싶은 원자료의 모평균에 더 가까울 것 같다는 이야기냐?

S4 예.

T 고생을 많이 했다고(표본을 많이 추출했다고) 더 추측이 정확할까? 시험공부를 더 많이 한 학생이 점수가 더 좋으리라고 생각하느냐?

S4 (고민)...

S2 항상 더 정확하다고 할 수는 없겠지요. 그렇지만 보통은 공부를 많이 한 사람이 점수가 더 좋듯이 고생을 많이 한 저 (S2)군의 추정치가 더 정확하겠지요.

T 그렇다면 175가 (S1)군이 얻은 추정치 168보다 우리가 모르는 모평균에 더 가까울 것이라는 이야기냐?

S2 아니지요. 이 경우에 그렇다는 것이 아니라 일반적으로 그렇다는 것이지요.

T 아까는 '보통은' 그러더니 지금은 '일반적으로'라고 하는 구나. 도대체 '보통은'이나 '일반적으로'라는 말이 무슨 뜻이냐?

S2 그것은요. 여러 번 해 보면 그렇다는 것입니다. 공부를 많이 한 사람이 어떤 때는 공부를 조금밖에 안한 사람보다 점수가 나쁠 수도 있지만 평가를 여러 번 하면 역시 공부를 많이 한 사람이 더 좋은 점수를 받는 경우가 많은 것과 같이 크기가 더 큰 표본으로부터 구한 추정치가 모평균에 더 가까울 경우가 많다는 뜻입니다. 만약 여러 번 표본을 추출한다면 말이지요.

T 멋진 대답이다. 고생 — 노력이라고 하자. — 을 많이 한 사람이 예상하지 못한 나쁜 결과를 얻을 수는 있지만 (S2)군이 말한 "일반적으로" 다시 말하면 "이 사람이 여러 번 시도하면 그렇지 않은 사람보다 더 많이 좋은 결과를 얻는다"는 말이지.

그렇지만 우리가 현실에서 살아갈 때는 아주 자주 (대단히 중요한 일들은) 단 한번의 시도밖에는 허용 안 될 때가 있어. 여러 번 할 수가 없는 경우가 생각보다 많아. 그럼에도 불구하고 우리는 열심히 노력을 하지. 단 한 번의 시도에서 좋은 결과를 얻기 위해서 말이야. 똑같은 논리가 우리의 추정 문제에도 적용이 되지. (S2)군의 추정치가 크기가 작은 표본으로부터 — 즉 작은 노력을 들여서 — 얻은 다른 추정치보다 미지의 값에 더 가깝다고 할 수가 없다는 것은 모두 다 받아들이겠지. 그럼에도 불구하고 (S2)군의 추정치가 좀 더 신뢰가 가는 근거는 (S2)군의 추정치가 좀 더 많은 노력 — 시간과 돈 — 을 들여서 얻어졌다는 사실에 있는 것이다. 실제 결과가 어떠하냐 하는 것과는 관계가 없다는 것을 의미심장하게 생각해야 된다. 과정이 중요한 것이지. (S2)군의 추정치 175 때문에 (S2)군의 의견을 따르는 것이 아니라 추정치 175를 얻기 위한 (S2)군의 추정과정이 (S1)군의 추정치보다 신뢰를 주는 것이지. 알겠느냐?

SA 예.

T 그렇다면 (S2)군의 추정과정이 (S1)군의 추정과정보다 얼마나 더 신뢰가 간다고 할 수 있겠느냐? (S2)군은 크기가 16, (S1)군은 크기가 9인 표본으로부터 추출한 결과인데.

S1 여러 번 했을 때를 생각해야 하니까 (S1)군, (S2)군 모두 여러 번 시켜 보지요.

T 방법은 방법이로되. 너무 힘든 방법인 것 같다. 좀 더 쉬운 길을 생각해 보자. 바로 이런 고민을 해결하기 위해서 우리의 선배들이 연구해 놓은 것들이 있지 않겠느냐?

S2 선생님, 중심극한정리를 사용하면 되겠습니다. 평균이 μ이고 분산이 σ^2인 모집단에서 추출한 크기가 16인 표본으로부터 계산되는 표본평균 $\overline{X}$는 어떤 개체가 표본으로 추출되느냐에 따라서 다양한 값을 갖게 되는데 이때 $\overline{X}$의 분포는 중심극한 정리에 따라서 평균이 μ이고 분산이 $\frac{\sigma^2}{16}$인 정규분포로 근사한다고 배웠습니다. 반면 크기가 9인 표본으로부터 구해지는 표본평균값은 평균이 μ이고 분산이 $\frac{\sigma^2}{9}$인 정규분포로 근사하기 때문에 크기가 16인 표본에서 계산되는 표본평균값들이 좀 더 우리가 알고 싶은 미지의 값 μ 근처에 가깝게 모여 있게 됩니다.

T (S2)군 덕분에 여러 번 시행할 수고는 안 해도 되겠구나. 여기가 바로 중심극한정리가 사용되는 좋은 예라고 할 수 있지. 누가 (S2)군이 말한 가깝게 모여 있다는 말을 좀 더 구체적으로 말해줄 수 없겠느냐?

S1 크기가 16인 표본의 표본평균 값들은 $\left(\mu-\frac{\sigma}{4}, \mu+\frac{\sigma}{4}\right)$ 사이에 68%가 있는 반면 크기가 9인 표본평균 값들은 $\left(\mu-\frac{\sigma}{3}, \mu+\frac{\sigma}{3}\right)$ 사이에 68%가 있게 되므로 크기가 16인 표본에서 계산되는 평균값들이 더 많이 μ 근처에 몰려있다고 할 수 있습니다.

T 고맙다. 이제 '신뢰'의 정도를 보다 정량적으로 나타낼 수 있겠다. 크기가 16인 표본에서 얻은 추정치 175가 정말 $\left(\mu-\frac{\sigma}{4}, \mu+\frac{\sigma}{4}\right)$ 사이에 있는 68%의 값들 중의 하나인지는 전혀 알 수가 없지만 지금 (S1)군이 설명한 사실 때문에 크기가 9인 표본에서 얻은 추정치 168보다 더 신뢰를 갖게 되는 것이다. 결국 여러분들은 표본의 크기 때문에 수고를 더 했다 또는 돈과 시간을 더 들였다는 입장에서 이제 표본평균의 표준오차의 크기가 추정치에 대한 신뢰를 제공한다는 사실을 알았다. 지금까지 한 우리의 토론을 정리하면 (표본을 통하여) 추정을 해야만 하는 불확실한 상황에서 추정을 할 때 그 추정된 값에 대한 신뢰는 추정된 값 자체에 근거하는 것이 아니라 그 값을 얻게 되는 과정에 근거한다는 것이다. 이 과정에서 주목해야 하는 두 가지 관점이 있는데 하나는 이 과정으로 무수히 많이 추정될 때 얻어지게 되는 추정치들의 평균값이 우리가 알고 싶은 미지의 값과 같은 값인가 하는 것이고 — 이것을 비편향성이라고 한다. — 다른 하나는, 이 추정치들이 얼마나 비슷한 값들인가 하는 즉 표준오차가 얼마나 작은가 하는 것이다. 그래서 우리의 토론에서 예로 든 표본평균은 크기에 상관없이 모평균 μ를 추정하는 비편향추정량이라고 부른다. 왜? 표본평균 $\overline{X}$의 평균은 크기와 관계없이 항상 모평균과 같다는 사실을 우리가 알기 때문이다. 반면 표준오차는 표본의 크기가 커짐에 따라 작아지기 때문에 표본의 크기가 클수록 신뢰가 높아진다. 그러나 표본의 크기가 표준오차를 작게 만드는 영향력은 표본의 크기가 커질수록 점점 작아진다는 사실을 주목해야 한다.

T 이번에는 조금 입장을 달리해서 추정의 이론을 생각해 보도록 하자. (S1)군이 크기가 9인 표본을 추출하여 얻은 추정치 168로 알고 싶은 모집단의 평균을 추정하였고 이때 자신의 신뢰정도를 표준오차로 나타낸다는 것을 알았다. 표준오차가 얼마였는가?

S1 $\frac{\sigma}{3}$ 인데요.

T σ 는 얼마냐?

S1 σ 는 12인데요.

S3 선생님, 모집단에 대해서는 모르는 것으로 간주하신다고 했지 않습니까?

T 아까 답답하다고 했더니 이제 확 뚫렸구나. 그래 맞다. 보통은 σ 도 모르겠지. 그런데 간혹 모집단에 대한 1차 관심사가 모평균일 때 모집단의 분산이 알려져 있거나, 알려지지는 않았어도 가정할 수 있는 경우가 있기는 하다. σ 가 어떤 값으로 결정되어 있다면 그 값으로 표준오차를 구할 수 있지. (S1)군이 말한대로 12라고 하면 표준오차는 $\frac{12}{3}=4$가 되겠구나. 그렇다면 (S3)군, 만약 σ 를 모른다면 어떻게 해야 하겠느냐?

S3 모집단에 대한 것은 표본을 통해서 추측할 수 밖에 없지 않습니까? (S1)군이 추출한 9명의 신장으로부터 표준편차를 계산해서 그 값으로 σ 를 대신하면 될 것 같습니다.

T 훌륭한 대답이다. 다른 사람이 대답하는 것을 들으면 다 쉬운 것 같지만 자기가 그 생각을 해서 다시 그것을 사람 앞에서 발표하는 것은 대단히 용기가 필요한 일이다. (S3)군의 대답은 아주 논리 정연한 용감한 대답이다. 왜냐면 과감한 추측값을 제안했기 때문이다. 표준오차를 알기 위해서 모집단의 분산 σ^2을 알아야 하는 문제를 대담하게 극복하는 방안으로 표본평균값을 구하는 데 사용된 표본으로부터 표준편차를 계산해서 그 값을 $\sqrt{9}=3$으로 나눈 값을 표준오차로 받아들인다는 생각은 현재 거의 모든 추정문제에서 사용하고 있는 논리이다. 이제 표준오차는 구하였다. 우리는 여기서 4라고 하자. 조금 다른 시각에서 (S1)군의 추정치 168과 표준오차 4를 이용하여 여러분 중 누가 모집단의 모평균 μ가 168과 얼마나 떨어져 있는지 얘기해 줄 수 없겠는가?

S3 아주 가까울 수도 있고 굉장히 클 수도 있겠지요. 지금까지 선생님께서 강조하신 것을 들어 보면 (S1)군이 얻은 추정치 168은 가능한 여러 값 중 하나이기 때문에 168이 μ와 가깝다 멀다 하는 이야기는 할 수 없고 단지 (S1)군이 표본평균으로 얻을 수 있는 값들 중 68%는 모평균과 차이가 표준오차 4 이내에 있고 95%는 표준오차의 2배인 8 이내에 있다고 말할 수 있습니다. 따라서 (S1)군이 얻은 168이 모평균과 차이가 4 이내인 값일 수도 있고 8 이내일 수도 있지요.

T (S3)군이 교수가 된 듯한 모습이다. 조금만 더 생각해 보면 좋겠다. 168이 모평균과 차이가 4 이내일 수도 있다고 했는데 이 말을 이렇게 바꿔도 되겠느냐? 모평균 μ는 168로부

터 4 이내의 값일 수 있다고 말이야. 그러니까 μ를 $168-4=164$와 $168+4=172$ 사이에 있을 수 있다고 말이야.

S3 예. 그렇지만 μ를 $168-8=160$과 $168+8=176$ 사이에 있다고 하는 것이 더 안심이 될 것 같아요.

T 안심이 된다니? (갑자기 안심은?)

S3 표본에서 얻을 수 있는 평균값 중 95%가 μ로부터 8 이내의 거리에 있으니까 (S1)군의 추정치 168이 μ로부터 8 이내의 거리에 있다고 볼 수 있다는 이야기입니다. 95% 정도 자신을 가지고 말입니다.

T 이번에는 자신이라고 했구나. 좋다. 이제 정리를 하자. 지금 (S3)군이 말하는 '안심', '자신' 등의 말을 통계학에서는 '신뢰구간'이라는 개념으로 이론화하였다. 모평균 μ가 160과 176 사이에 있는지 아니면 이 구간 밖에 있는지는 아무도 확인할 수가 없지. 우리는 모평균을 모르고 있으니까. 하지만 크기가 9인 표본을 무수히 여러 번 추출하여 그들 각각으로부터 표본평균을 구해 보면 이 평균값들 중 95%는 모평균 μ와 차이가 8 이내에 있다는 것이 중심극한정리에서 알려져 있다. 여기 (S1)군이 추출한 하나의 표본으로부터 구한 평균값 168이 있다. 만약 이 (S1)군이 뽑은 표본의 평균값 168이 모평균 μ와 차이가 8 이내일 것이라는 데 특별히 거부감이 있는 사람 있는가?

S2 저요. (S1)군이 추출한 표본의 평균이 우연히도 모평균과 2배의 표준오차인 8보다 더 큰 차이가 있을 수도 있지 않습니까? 비록 5% 정도가 그렇다고는 하지만요.

T 그렇지. (S1)군이 우연히도 이상한 개체들만 추출하여 5% 정도의 표본에서나 나타나는 그런 표본평균을 얻을 수도 있지만 그럴 경우는 5% 정도이지. 진실은 아무도 모르지만 말야. 그래서 "μ는 160과 176 사이에 있다."라고 말하면서 이 말은 100% 참말이 아니라 95% 참말, 즉 거짓말일 수도 있는데 95% 참말로 믿고 받아들여라 하는 뜻에서 95% 신뢰구간이라고 하는 것이다. 지금 한 이야기는 어디까지나 설명용 예이다.

연습문제_8

▶ exercises

1. 바람직한 점추정량의 성질에 대하여 설명하여라.

2. 모표준편차 σ가 5라고 알려진 모집단으로부터 다음과 같은 크기의 표본을 추출할 때 모평균 μ에 대한 95% 신뢰구간을 구하여라(표본평균은 $\overline{X}$라 하고).

(1) $n = 36$　　(2) $n = 100$　　(3) $n = 1600$　　(4) $n = 2500$

3. 앞의 문제 2에서 구한 신뢰구간을 서로 비교해 보면 표본의 크기가 4배로 될 때 신뢰구간의 폭은 어떻게 변하겠는가?

4. 어느 도시 학교의 교사들의 혼인율을 추정하기 위하여 300명의 교사를 임의추출하여 혼인여부를 조사한 결과, 이 중 30명이 미혼자였다. 모비율에 대한 95%의 신뢰구간을 추정하여라.

5. 어느 식품회사에서 생산된 통조림 100개를 임의추출하여 그 용량을 조사하였더니 평균 25g, 표준편차 3g으로 나타났다. 모집단이 정규분포를 이룬다는 가정 하에 모집단의 평균에 대한 90% 신뢰구간을 구하여라.

6. 어떤 누룩이 숙성되는 과정에서 64개를 임의로 추출하여 숙성시간에 대한 평균과 표준편차를 조사한 결과 32시간과 3시간이었다. 모평균에 대한 95%, 99%의 신뢰구간을 각각 구하여라.

7. 어느 회사에서 생산되는 건전지 100개를 임의추출하여 수명을 조사하였더니, 평균은 200시간이고 분산은 10시간이었다고 한다. 이 회사의 건전지 수명이 정규분포를 따를 때 모평균에 대한 95% 신뢰구간을 구하여라.

8. 오사카에서 서울까지 비행기표를 구입하는데 왕복표를 사는 사람의 비율을 추정하기 위하여 100명을 조사하였더니 30명이 왕복표를 구입하였다. 95% 신뢰수준에서 왕복표의 구매비율을 구간추정하고 표준오차를 구하여라.

9. 어느 고등학교에서는 고3 학생들의 평균수면시간을 조사하기 위하여 100명에 대하여 조사한 결과 $\overline{x} =$ 6.8시간, $s = 2.2$(시간)이었다. 평균수면시간의 95% 신뢰구간을 구하여라.

10. 평균이 μ, 분산이 σ^2인 어떤 모집단으로부터 무작위 표본 X_1, X_2, X_3를 추출하였다. 모평균 μ의 추정량이 다음과 같을 때

$$\hat{\mu_1} = \frac{X_1 + 2X_2 + 2X_3}{5}, \quad \hat{\mu_2} = \frac{X_1 + 3X_2 + X_3}{5}$$

(1) $\hat{\mu_1}$, $\hat{\mu_2}$가 비편향추정량임을 보여라.

(2) $\hat{\mu_1}$, $\hat{\mu_2}$ 중 어느 것이 더 효율적인가?

11. 다음 지수함수에서 모수가 λ에 대한 최대가능도추정치(MLE)를 구하여라.

$$f(t) = \lambda e^{-\lambda t}, \; t > 0, \; \lambda > 0$$

12. $X_1, X_2, \cdots, X_n$를 정규분포 $N(\mu, 1)$로부터 얻은 확률표본이라고 할 때 모수 μ의 최대가능도추정량(MLE)을 구하여라.

13. 평균이 μ이고 분산이 $\sigma^2 = 4$인 모집단이 정규분포를 따를 때 신뢰도 95%에서 표본평균 $\overline{X}$에 대하여

$$|\overline{X} - \mu| \le 0.1$$

이 성립하도록 하려면 표본의 크기 n은 얼마로 해야 하는가?

14. 의원출마의 찬반의 여론조사 계획 시 표본의 크기는? (단 $Z_{0.025} = 1.96 \doteqdot 2.0$)

(1) 신뢰수준 95%에서 최대허용 표본오차를 ±1%로 하고 싶을 때

(2) 신뢰수준 95%에서 최대허용 표본오차를 ±2%로 하고 싶을 때

(3) 신뢰수준 95%에서 최대허용 표본오차를 ±3%로 하고 싶을 때

임용고사 기출문제

1. 평균 μ, 분산 4인 정규분포를 따르는 모집단에서 크기 n인 임의의 표본을 추출하여 얻은 평균을 $\overline{X}$라고 할 때 다음 물음에 답하시오.(1998년)

(1) $n = 100$, $\overline{X} = 10$일 때 신뢰도 95%로 μ의 신뢰구간을 구하시오.

(2) $|\overline{X} - \mu| \le \frac{1}{2}$인 확률이 95% 이상이 되게 하려면 n의 크기를 얼마로 하면 되는지 구하시오.

2. 2003년도 전국학력평가에서 응시한 수험생 중에서 자연계 수험생 64명, 인문계 수험생 9명을 임의로 선택하여 수리영역의 점수를 조사하였다. 그 결과 자연계 수험생은 평균이 48점, 표준편차가 5.6점이었고 인문계 수험생은 평균이 42점, 표준편차가 7.5점이었다. 자연계와 인문계에 응시한 수험생 전체의 수리영역 점수가 각각 정규분포를 이룬다고 가정하고 두 집단의 평균점수를 추정하려고 한다. 다음 물음에 답하시오.(2004년)

(1) 아래의 표준정규분포를 이용하여 자연계 수험생 전체의 수리영역 평균점수를 신뢰도 95%의 신뢰구간으로 추정하시오.

[표준정규분포표 $P(0 \le Z \le z)$]

z	0.05	0.06
1.6	.4505	.4515
1.7	.4599	.4608
1.8	.4678	.4686
1.9	.4744	.4750

(2) 아래의 t-분포표를 이용하여 인문계 수험생 전체의 수리영역 평균점수를 신뢰도 95%의 신뢰구간으로 추정하시오.

[t 분포표 $P(T \ge \alpha)$]

자유도 α	0.05	0.024
7	1.895	2.365
8	1.860	2.306
9	1.833	2.262
10	1.812	2.228

3. 어느 지역의 성인 300명을 대상으로 조사한 결과, 영양제를 주 2회 이상 복용하는 사람이 180명이었다. 이 지역의 성인 중 영양제를 주 2회 이상 복용하는 사람의 비율에 대한 95% 신뢰구간은? (단, $\sqrt{2} = 1.41$, $P(|z| \le 2.58) = 0.99$이다. 소수점 아래 5째 자리에서 반올림한다.)(2013년)

임용고사 기출문제 정답

1. (1) $(9.608, 10.392)$ (2) $n > 62$ **2.** (1) $(46.628, 49.372)$ (2) $(36.235, 47.765)$

3. $(0.5272, 0.6728)$

9장

가설검정

9.1 유의성검정의 논리와 p-값

관심대상의 모집단에서 추출한 확률표본의 정보를 토대로 전체 모집단에 관한 의사결정과 일반화를 하는 과정에서 적정한 모델들을 안내하는 **통계적 추론**(statistical inference)의 영역에는 크게 모집단의 모수추정(estimating population parameters)과 가설검정(testing hypotheses)의 두 영역으로 구분할 수 있다. 가설검정이란, 통계학에서 관심의 대상인 모집단의 특성을 나타내는 미지의 모수에 대한 어떤 예상, 주장, 진술 또는 추측 등으로 구성된 가설을 세운 후에 표본관찰을 증거로 하여 그 가설의 기각 여부를 판정하는 통계적 의사결정방법을 말한다.

사실 통계학을 배운다는 것은 특별한 구문, 기호와 정의 등을 포함하는 새로운 통계 용어(terminology)를 배우는 것과 같다. 우리가 매일 사용하는 언어에서의 단어의 의미는 통계학에서 어떻게 정의되었느냐에 따라 다르게 사용될 수 있다. 이 장에서는 네이만과 피어슨의 가설검정에서의 **유의성검정의 논리**(Logic of significance testing)와 용어를 알아보고, 실제로 p-**값**인 유의확률(significance probability or p-value)을 이용하는 p값 접근법을 중심으로 가설검정의 개념을 살펴본다.

유의성검정(significance testing)이란, 관심의 대상인 모집단의 특성을 나타내는 미지의 모수에 대한 어떤 예상, 주장, 진술 또는 추측 등으로 구성된 두 가지 가설을 세운 후에 표본관찰을 증거로 하여 가설의 기각 여부를 판정하는 가설검정절차로서의 통계적 의사결정방법을 말한다.

1) 유의성검정의 논리(Logic)

(1) 가설 설정은 어떻게? 그리고 왜?

통계학에서 의사결정과정은 기본적으로 관심 대상의 모집단에 대하여 상대적이고 경쟁적인 두 가지 관점의 가설을 우선 설정하고 출발한다. 이 두 가설은 귀무가설(null hypothesis 혹은 영가설)과 대립가설(alternative hypothesis 혹은 대안가설)이다.

귀무가설은 H_0로 표기하며, 일반적으로 보수적인 믿음으로서 지금까지 통용되는 기존의 주장이나 관점을 의미한다. 또한 귀무가설은 관심의 모집단에 대하여 아무런 새로운 일이 없다는 것 즉 효과도 없다, 차이도 없다, 변화도 없다라는 관점을 말한다.

대립가설은 H_1으로 표기하며 귀무가설에 대립되는 관점이다. 즉 대립가설은 연구실험자가 새롭게 증거를 가지고 확인하고자 하는 모집단의 변화에 대한 주장이나 새로운 관점을 의미한다.

즉 모집단에 대하여 전보다는 효과가 있다, 차이가 있다, 변화가 있다 등의 관점을 말한다.

일반적으로 귀무가설은 항상 간단하고 구체적인 표현을 사용하며 그 대신 대립가설은 귀무가설로 지정되지 않은 여집합의 모든 경우를 포괄한다. 귀무가설에는 "변화가 없다", " 결과가 같다", 또는 "처리의 효과가 없다" 등 보수적인 입장을 취하며 항상 등호(=, ≤, ≥)를 포함한다. 대립가설은 새롭게 주장하고 싶은 내용을 취하기 때문에 이 대립가설을 실험연구과정에서의 연구가설(research hypothesis)이라고 부르기도 한다.

예 9-1 2009년에 조사한 어느 고등학교 1학년 학생의 평균 신장은 165cm이었다. 지난 5년 동안 고등학교 1학년 학생의 평균 신장이 늘었다고 주장할 수 있나? 라는 주장에서 귀무가설과 대립가설은 다음과 같이 정한다.

H_0: $\mu = 165$(2014년도 고등학교 1년생의 키는 165cm이다.) — 기존의 생각

H_1: $\mu > 165$(2014년도 고등학교 1년생의 키는 165cm보다 크다.) — 새로운 주장

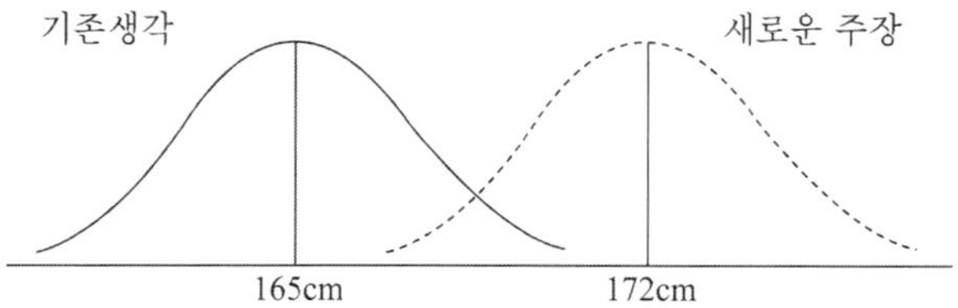

▲그림 9-1 기존의 생각과 새로운 주장(관점)

그 밖의 예를 더 들어 보자.

H_0: 새로운 약은 효과가 없을 것이다. — 기존의 약과 별 차이 없다는 보통 생각

H_1: 새로운 약은 기존의 약보다 약효가 클 것이다. — 새로운 주장

H_0: 학생회장 선거에서 이길 확률은 0.5이다. — 승률이 5:5인 보통의 상식

H_1: 학생회장 선거에서 이길 확률은 0.5보다는 크다. — 새로운 주장

앞의 예와 같이 관심이 있는 대상에 대하여 서로 다르게 주장하는 두 관점 중 어느 것이 보다 더 합리적인 관점인가 알기 위해서 우리는 관심 있는 데이터 정보를 수집하여 조사한다. 이때 의사결정 결과의 질은 선택된 관찰값인 표본의 질에 의존한다.

여기서 첫 번째 주장인 "귀무가설이 참일 때 관찰된 데이터가 얻어질 가능성이 더 많은가?",

아니면 두 번째 주장인 "대립가설이 참일 때 데이터가 얻어질 가능성이 더 많은가?"를 생각한다. 그래서 만약 귀무가설의 관점이 참인 상황 하에서 관찰된 데이터가 얻어질 가능성이 매우 적다면 귀무가설을 기각하게 되고 자연스럽게 두 번째 주장인 대립가설을 지지할 것이다. 첫 번째 관점을 손을 들어주어 귀무가설을 지지하게 되는 경우는 특별히 "증거 **불충분으로 귀무가설의 기각에 실패했다.**"라고 표현한다.

통계적 의사결정의 검정절차에 숨겨져 있는 논리는 "좀처럼 일어날 수 없는 사건"의 개념을 기초로 하고 있다. 우리는 귀무가설의 주장이 관심의 모집단에 대하여 지금까지 일반적으로 통용되어왔던 사실이었으므로 "귀무가설이 참이다"라고 가정을 한 후 시작한다. 그런 후에 귀무가설이 참인 상황 하에서 관찰과 실험으로 얻어진 데이터(표본)가 일상적으로 자주 일어나는 일이냐, 아니면 좀처럼 볼 수 없는 믿을 수 없는 일이 일어났느냐를 판단하는 것이다. 그렇다면 왜 새로운 주장을 직접 판단하지 않고 종래의 보수적인 주장을 판단의 대상으로 하게 될까라는 논리의 배경은 이 장 끝부분의 토론을 자세히 읽어 보길 바란다.

(2) 통계적으로 유의한가?

어느 제약회사에서는 새로 개발한 신약이 기존의 약보다 효과가 좋다고 주장한다. 이 주장을 평가하기 위하여 다음과 같은 가설을 세우고 우리는 여러 명의 환자들에게 신약을 복용시킨 후 임상실험 데이터를 얻어야 할 것이다.

H_0 : 새로운 약은 효과가 없을 것이다.(기존의 약과 약효가 같다.)

H_1 : 새로운 약은 기존의 약보다 약효가 클 것이다.

그리고 제약 분야의 전문가들의 견해를 수용하여 어떤 판단 룰(예: 20% 이상의 치료효과 차이)을 정하고 나서, 효과의 차이가 정한 룰(규칙) 이상으로 향상되면 귀무가설을 기각하면 된다. 그러나 한 번의 실험 결과가 확실한 효과를 증명했더라도 현실적으로 전체 모집단의 일부분만을 보고 내린 의사결정이기 때문에 완벽한 답은 없다는 것을 알아야 한다.

각종 신문이나 보고서에서 통계적으로 유의하다(statistically significant)라고 사용하는 용어의 의미는 그 논제의 쟁점 중에 귀무가설이 참이라는 가정 하에서는 관찰된 데이터가 거의 일어날 수 없다는 사실에 특별한 의미가 있음을 말해 준다. 즉 관찰된 실험결과나 데이터로부터 통계적으로 유의하다라는 결론을 내리는 것은 귀무가설을 기각할 만큼 관찰된 데이터의 증거가 충분하다는 것으로서 통계적으로 객관적인 의사결정을 했다는 것을 의미한다.

(3) 우리는 통계적 검정에서 어떤 오류를 범할 수 있는가?

우리는 통계적 검정을 시행할 때에 종래 주장에 대한 판정에 있어서 부분을 보고 전체를 판단해야 하므로 때때로 오류를 범할 수 있다는 겸손한 마음을 가져야 한다. 서구 민주주의에서는 합리성(Reasonableness)이 법률, 정치, 경제, 문화, 사회, 교육 제도의 모든 바탕을 이루고 있다. 특히 미국사회에서 통용되는 "합리적인 의심을 넘어서는 것(Beyond a Reasonable Doubt)"이라는 말은, 미국 형사법상의 판단 기준으로서, 배심원들이 합리적인 의심의 여지를 가지지 않을 때까지 피의자의 유죄 혐의를 입증해야 하는 것을 말한다고 한다. 또한 일반적으로 형사재판에서 피의자는 그의 범죄가 증명되기 전까지는 죄가 없는 사람으로 고려해야 한다고 한다(Aliage, interactive statistics, p. 10, 2003). 즉 재판에 있어서의 오류의 가능성을 항상 고려하고자 하는 것으로서 개인의 권리를 최우선하는 헌법의 원칙에 근거하는 것이다.

만약 어느 피의자를 재판관이 유죄인가, 아니면 무죄인가를 재판한다고 할 때는 다음과 같은 가설을 설정할 수 있다.

H_0: 피의자는 무죄이다.(즉 결백하다.)

H_1: 피의자는 유죄이다.(즉 범인이다.)

그러나 재판관이 솔로몬의 지혜를 동원하여 두 가설 중 어느 하나를 선택하더라도 모집단 전체를 조사하지 않는 이상, 즉 그 당시의 사건 현장에서 직접 목격하지 않는 한은 재판관은 필연적으로 항상 두 가지 오류를 범할 수 있다. 하나는 피의자가 무죄인데 유죄라고 판정하는 오류 즉, 귀무가설이 사실(참)이지만 귀무가설을 기각하게 되어 대립가설을 선택하는 오류(제1종 오류 α)이다. 다른 하나는 피의자가 유죄인데도 무죄라고 판정하는 오류 즉, 대립가설이 사실이지만 대립가설을 지지하지 못하는 즉 귀무가설이 거짓인데도 귀무가설을 기각하지 못하는 오류(제2종 오류 β)가 바로 그것이다. 이를 표로 요약하면 다음과 같다.

의사결정의 판단 \ 사실 여부	H_0가 사실일 때	H_1이 사실일 때
H_0를 기각 못함(H_0를 채택)	올바른 판단임	제2종 오류(β)
H_0를 기각함(H_1을 채택)	제1종 오류(α)	올바른 판단임

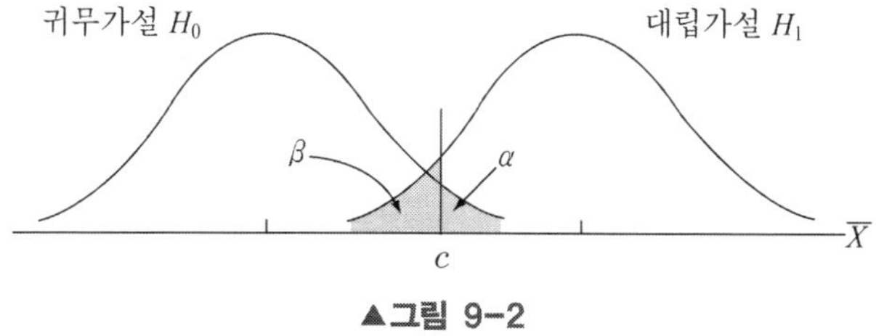

▲그림 9-2

통계학에서는 제1종의 오류가 발생할 확률을 유의수준(level of significance)이라고 부르고, 기호로 α로 표기한다.

$$\text{유의수준 } \alpha = P(H_0\text{를 기각} \mid H_0\text{가 참}) = P(\text{제1종의 오류})$$

제2종의 오류가 발생할 확률을 β라 표기하고, 이 두 가지 오류를 적절하게 관리한다.

$$\text{제2종의 오류 } \beta = P(H_0\text{를 기각 못함} \mid H_1\text{이 참}) = P(H_0\text{을 채택} \mid H_1\text{이 참})$$

대부분 연구실험자는 이 제1종의 오류를 범할 확률인 유의수준으로서 $\alpha = 0.05$를 사용한다. 하지만 이 두 가지 오류의 α와 β는 동시에 줄어들지는 않는 속성을 가지고 있기 때문에, 제1종의 오류 α를 우선적으로 고정해 놓고 제2종의 오류 β를 최소화하는 방법을 사용한다. 왜냐하면, 일부의 몇 가지 증거를 가지고, 피의자가 유죄임이 분명하지만 무죄라고 잘못 판정하여 석방하는 제2종의 오류보다는, 피의자가 무죄인데도 불구하고 피의자가 유죄라고 잘못 판정하여 감옥에 보내는 제1종의 오류가 그 개인에게 보다 더 치명적으로 위험하기 때문이다. 이때 $1-\beta$ 값을 최대화하는 방법을 취하기도 한다. 이때 $1-\beta$를 검정력(power)이라고 한다.

$$\text{검정력 } 1-\beta = 1 - P(H_0\text{를 기각 못함} \mid H_1\text{이 참}) = P(H_1\text{을 채택} \mid H_1\text{이 참})$$

신약의 개발과 시판허가에 대해서도 같은 논리가 적용됨을 알 수가 있다. 새로운 약의 약효도 문제지만 미리 알지 못하는 부작용의 폐해의 가능성이 일부 사람에게 치명적이기 때문에 가능하면 신약의 효과가 임상실험에서 충분한 증거로서 강력하게 입증되지 않는 한 시판허가를 보류하려는 보수적인 입장(귀무가설 지지)을 취하게 된다.

우리는 가설검정에서 기존의 관점인 귀무가설이 참이라는 것을 가정하고 절차를 시작한다. 귀무가설이 지지된다는 것은 귀무가설을 기각할 만한 충분한 증거를 얻지 못했다는 것을 의미한다. 우리는 얻어진 관찰 데이터가 모집단의 일부분인 표본이기 때문에 잘못된 결론을 내릴 수 있다는 것을 항상 기억해야 한다.

(4) 의사결정의 규칙 만들기

일반적으로 통계적 검정의 의사결정의 룰은 얻어진 관찰데이터를 바탕으로 귀무가설을 기각하는 순서를 따른다. 즉 귀무가설이 참이라는 가정 하에 관찰값이 귀무가설의 분포에서의 오른쪽 꼬리 끝부분에서 표본이 관찰되었다면 이것은 무엇을 의미하는 것인가?

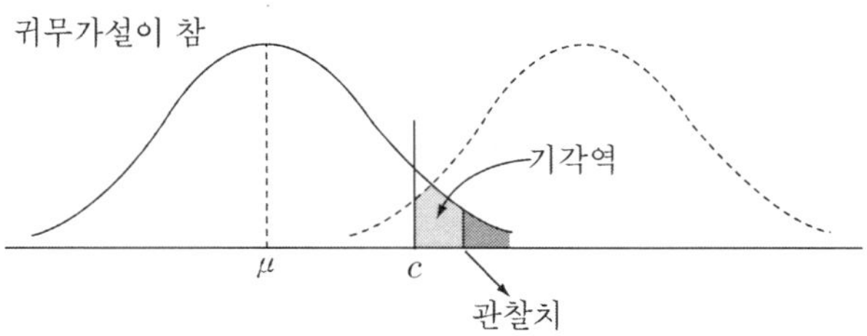

▲그림 9-3 귀무가설과 관찰값의 위치

이것은 귀무가설이 참인 상황 하에서는 지금 관찰된 데이터가 관찰될 확률이 매우 작다는 것이다. 즉 이 관찰데이터를 정직하고 올바른 증거로 본다면, 귀무가설이 옳다는 주장은 설득력을 잃게 된다. 왜냐하면 이때 관찰된 자료는 분포 중심이 오른쪽에 있는 대안가설이 옳다는 상황에서의 분포로부터 얻어졌을 가능성이 큰 것이다. 즉 귀무가설은 기각되어야 하고 대신 대립가설이 지지를 받아야 한다. 이때 막연한 꼬리 부분이 아니라 판단기준을 정해야 하는데, 우리는 어느 임계값(Critical value, cut off value) 이상의 영역에서 치우친 값이 얻어지면 귀무가설을 기각할 것이다. 이 영역이 **기각역**(Rejection region)이며 전통적 검정기법에서의 기각역의 면적이 곧 유의수준이다. 기각역의 위치는 대립가설의 형태에 의존하며 단측검정(좌, 우)과 양측검정이 있으며 다음 그림과 같다.

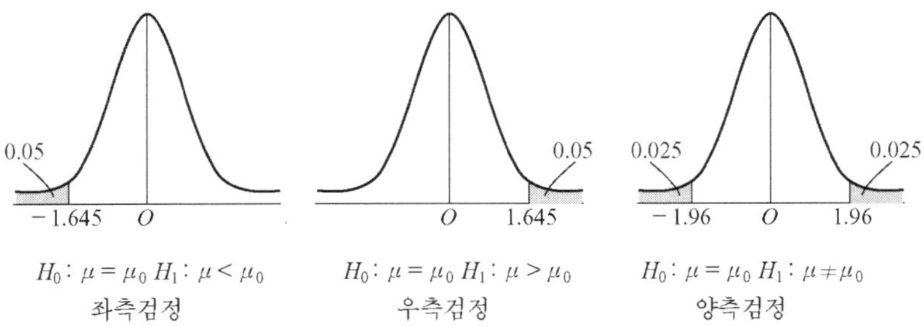

▲그림 9-4 유의수준이 $\alpha = 0.05$인 경우의 기각역의 표시

2) p값(p-value, 유의확률)

일반적으로 통용되는 관점인 귀무가설이 참인 가정 하에서 우리는 사전에 고정시킨 유의수준 α에 해당하는 임계값을 경계로 하여 기각역을 정하는 고정된 의사결정을 전통적으로 해왔다. 여기서는 보다 유연하게 의사결정을 할 수 있는 p값 접근법(p-value approach)을 알아보기로 하자.

p값(p-value)이란 귀무가설이 참인 가정 하에서, 모수 추정을 위한 통계량이 표본에서 얻어진 관찰값($\overline{x_{obs}}$)보다 클(혹은 작을) 확률을 말한다. 이 p-값이 작으면 작을수록 귀무가설 H_0를

기각할 만한 증거가 강력함을 의미한다. 이 p값을 유의확률(significance probability)이라고도 부른다.

$$\text{유의확률 } p\text{값} = P(\overline{X} \geq \overline{x_{obs}} \mid H_0\text{가 참})$$

예 9-2 모평균에 대한 우측검정을 실시하는 경우에 $\overline{x_{obs}}$가 관찰된 표본평균의 값이라고 하면 p값은 다음과 같이 나타낼 수 있다.

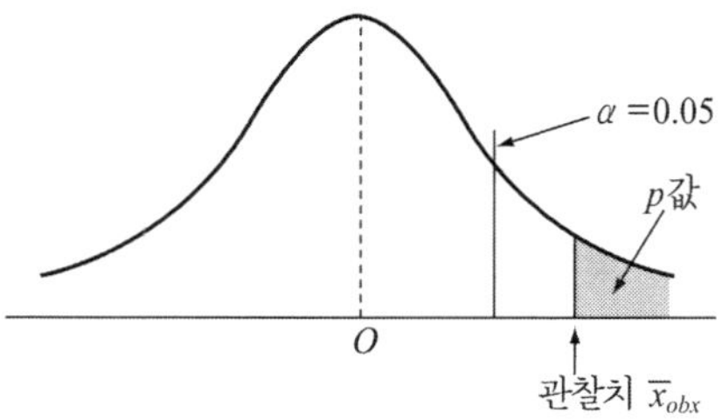

▲그림 9-5

우측검정에서 p값이 아주 작다면 귀무가설이 참이라는 가정 하에서 관찰치와 그 이상의 값들이 관찰될 확률이 거의 없다는 것을 의미한다. 즉 귀무가설이 참인 환경에서는 그와 같은 관찰치가 얻어질 가능성은 매우 희박하므로 귀무가설이 참이라는 주장은 설득력을 잃게 된다. 관찰된 증거는 사실을 말해 주고 있기 때문에 지금까지 생각해 오던 관점인 귀무가설이 잘못된 것이고 새로운 관점의 대안가설이 참일 가능성이 매우 높다는 것을 의미한다. 따라서 p값이 아주 작다면 이것은 귀무가설을 기각하기에 충분한 증거가 되는 것이다. p값이 보다 작으면 작을수록 관찰데이터는 귀무가설을 기각하기 위한 증거가 강력해지는 것이다. 즉 p값은 데이터를 바탕으로 관찰된 유의수준이라고 말할 수 있다. 즉

p값 $\leq \alpha$이면 귀무가설 H_0를 기각한다.
p값 $> \alpha$이면 귀무가설 H_0를 기각하지 못한다.

임계값과 고정된 기각역의 개념을 사용하는 전통적인 검정방법과 p값 접근법은 그 검정결과가 동일하다. 일반적으로 우리는 p-값 접근법을 선호한다. 왜냐하면 p값이 계산되기만 하면 임의의 값으로 요구되는 유의수준 α에 대하여 빠르게 의사결정을 할 수가 있어서 간단하고 유연하기 때문이다. 따라서 우리는 p값과 연구실험자가 주관적으로 요구하는 유의수준 α값을 간단히 비교만 하면 의사결정을 할 수가 있게 된다.

예 9-3 정상적인 성인의 맥박수는 분당 70회이고 표준편차는 12이라고 알려져 있다. A라는 약을 복용시키면 맥박수가 줄어든다고 그 약을 개발한 제약회사는 주장하고 있다. 유의수준 0.05에서 p값을 구하여 검정하라. 이 검정을 위해 건강한 성인남성 36명을 임의로 추출하여 이 약을 복용시킨 결과 평균 분당 66회를 얻었다.

풀이 p값 $=P(\overline{X} \leq 66 \mid \mu = 70) = P\left(\dfrac{\overline{X}-\mu}{\sigma/\sqrt{n}} \leq \dfrac{66-70}{12/6}\right)$

$=P(Z \leq -2) = 0.5 - 0.4772 = 0.0228$

p값$< \alpha = 0.05$이므로 귀무가설을 기각한다. 즉 신약을 복용하면 약효가 있어 맥박이 떨어진다고 말할 수 있다.

단측검정을 하는 경우 앞의 예와 같이 p값을 구하지만, 양측검정인 경우에는 위와 같이 구한 값의 2배를 p값으로 나타낸다. p값은 항상 귀무가설 H_0의 분포로부터 계산된다. 일반적으로 보통 통계 s/w인 프로그램에서는 t검정에 대한 양측검정에서의 유의확률을 구해주고 있으므로 특별히 단측검정을 하는 경우에는 통계 s/w인 프로그램에서 나타내주는 p값의 1/2의 값을 p값으로 취한다.

3) 검정통계량

통계적 검정에서는 모수에 대한 진술을 토대로 가설을 설정한 후에 표본관찰을 통하여 검정에 필요한 통계량을 정한다. 이 통계량을 검정통계량(test statistic)이라고 한다. 귀무가설이 참일 때의 검정통계량의 분포는 관찰치에 의한 검정통계치가 얻어질 가능성을 평가하는 기준이 되는 분포이다.

4) 가설검정(Statistical Test)의 순서(p값 접근법)

단계 1: 가설 H_0, H_1을 정한다.

단계 2: 검정통계량을 결정한다.

단계 3: p-value를 계산한다.

단계 4: p-value$< \alpha$이면, 귀무가설을 기각한다.
대립가설을 사용하여 의사결정을 표현한다.

9.2 평균의 검정

1) Z검정: 모분산을 아는 경우

Z**검정**이란 모분산이 알려져 있는 경우, 표준정규분포 $N(0,\ 1)$를 이용하여 관심대상의 모수에 대하여 설정된 가설을 검정하는 방법을 말한다. 가설검정에서는 우선 두 가설을 설정하고 유의수준을 정한 후에 데이터를 수집하고, 귀무가설이 참이라는 가정 하에 관찰된 데이터를 기초로 한 표본평균의 증거를 가지고 의사결정을 하게 된다.

표본평균 $\overline{X}$는 표본의 크기가 충분히 크면($n \geq 30$), 중심극한정리에 의해, 모집단의 분포가 정규분포가 아니더라도 근사적으로 정규분포를 따른다. 즉

$$\overline{X} \sim N\left(\mu, \frac{\sigma^2}{n}\right), \text{ 또는 } Z = \frac{\overline{X} - \mu}{\sigma / \sqrt{n}} \sim N(0,\ 1)$$

여기서 모집단에 대한 모평균 μ와 모분산 σ^2의 값이 주어져야 한다.

예 9-4 A 고등학교에 5년 전의 조사에 의하면 1학년 학생의 평균키는 160cm이고 모표준편차가 20cm로 알려져 있다. 현재는 학생들의 평균키가 더 커졌다는 학생부장의 주장을 확인하기 위하여 100명의 학생을 임의 추출하여 1학년 학생의 키를 조사하였더니 평균이 165cm이었다. 유의수준 5%에서 이 학생부장의 주장을 검정하라.

풀이 (가) p-value 접근법

(1) 가설의 설정: 가설은 우측검정으로서 다음과 같이 설정한다.

$$H_0 : \mu = 160 \quad \text{VS} \quad H_1 : \mu > 160$$

(2) 검정통계량 : 검정통계량 Z은

$$Z = \frac{\overline{X} - \mu_0}{\sigma_{\overline{X}}} = \frac{\overline{X} - \mu_0}{\sigma / \sqrt{n}}$$

이고 Z의 분포는 근사적으로 $N(0,\ 1)$임을 알 수 있다.

(3) p값 계산:

$$p\text{값} = P\left(Z > z_0 = \frac{\bar{x} - \mu_0}{\sigma/\sqrt{n}} = \frac{165 - 160}{20/\sqrt{100}} = 2.5\right) = 0.0062$$

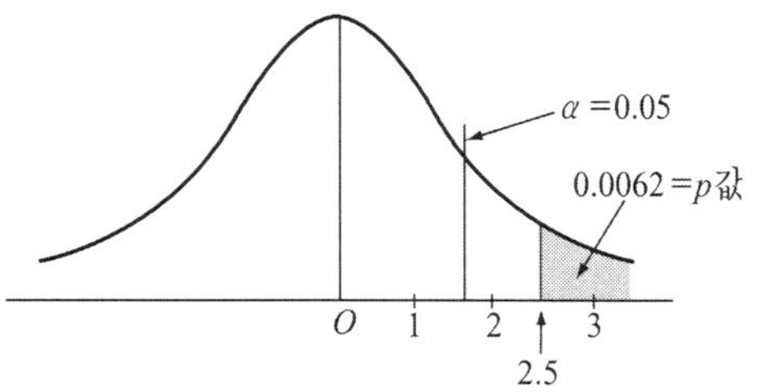

▲**그림 9-6** $p = 0.0062 < 0.05$이므로 귀무가설을 기각

(4) 결론

p값$< \alpha$이므로 귀무가설 H_0는 기각된다. 즉 유의수준 0.05에서 지난 5년 동안 고등학교 1 학년 학생의 평균키는 커졌다고 볼 수 있다.

(나) 전통적인 방법

(1) 가설의 설정: 이 문제는 현재 학생의 평균키인 모평균 μ가 5년 전보다 큰지를 검정하려는 것이다. 그러므로 가설은 우측검정으로서 다음과 같이 설정한다.

$$H_0 : \mu = 160 \ \text{VS} \ H_1 : \mu > 160$$

(2) 검정통계량과 그 분포: 표본의 크기가 $n = 100 > 30$이므로 중심극한정리가 적용되며, 귀무가설 H_0가 사실이라는 가정 하에 검정통계량은

$$Z = \frac{\overline{X} - \mu_0}{\sigma_{\overline{X}}} = \frac{\overline{X} - \mu_0}{\sigma/\sqrt{n}}$$

이고 Z의 분포는 근사적으로 $N(0, 1)$임을 알 수 있다.

(3) 유의수준

유의수준 0.05인 경우 표준정규분포로부터 $P(Z > 1.645) = 0.05$이므로 $z_\alpha = 1.645$로서 기각역은 $\{Z > 1.645\}$이다. 관찰된 표본의 검정통계량값은 σ 대신에 표본표준편차 $s = 20$을 사용하여 임계값을 구하면

$$z_0 = \frac{\bar{x} - \mu_0}{s/\sqrt{n}} = \frac{165 - 160}{20/\sqrt{100}} = 2.5$$

이므로 $z_0 > z_\alpha$임을 알 수 있다.

(4) 결론: 이것은 기각역에 속하므로 귀무가설은 기각된다. 즉 유의수준 5% 하에서 지난 5년 동안 고등학교 1학년 학생의 평균키는 커졌다고 볼 수 있다.

좌측검정이나 양측검정도 이와 유사한 절차를 거쳐서 검정할 수가 있다. 특히 양측검정일 경우는 기각역이 양측에 있기 때문에 귀무가설을 $|z_0| > z_{\alpha/2}$일 때 기각한다.

검정에서 p값 접근법이나 기각역을 이용한 전통적 검정방법의 결론은 같다. 우리는 이 책에서 보다 유연하고 편리한 p값 접근법을 사용하기로 한다.

2) t 검정: 모분산을 모르는 경우

t 검정이란 t 분포를 이용하여 모평균에 대한 가설을 검정하는 방법을 말한다. 일반적으로 t검정은 모분산 σ^2가 미지인 경우 표본분산으로 대체하여, 정규모집단의 모평균에 대한 가설을 소표본($n < 30$)에서 검정할 경우에 사용한다.

대표본인 경우에는 모집단의 분포를 모르더라도 중심극한정리에 의해 $\dfrac{\overline{X}-\mu_0}{S/\sqrt{n}}$는 근사적으로 표준정규분포를 따르므로 Z검정을 따르면 된다. 그러나 소표본인 경우에는 중심극한정리를 적용할 수가 없기 때문에 $\dfrac{\overline{X}-\mu_0}{S/\sqrt{n}}$의 분포는 근사적으로라도 구할 수가 없다.

그러나 만약 모집단이 정규분포를 따른다고 할 때, 모르고 있는 모분산을 표본분산으로 대체한 $T=\dfrac{\overline{X}-\mu_0}{S/\sqrt{n}}$는 자유도가 $n-1$인 t분포를 따르는 것으로 알려져 있다.

예 9-5 정규분포를 따르는 내용물의 중량이 15g으로 표시된 주사약의 제조공정에서 이를 확인하고자 정기적으로 25개씩의 표본을 추출하여 평균중량을 검사한다. 어느 날 추출된 표본에서 다음과 같은 데이터를 얻었다면 유의수준 0.05에서 공정에 이상이 있다고 볼 수 있는가를 판단하여 보아라.

$$\text{평균}(\overline{x}) = 14.4,\ \text{표준오차}\left(\frac{s}{\sqrt{n}}\right) = 0.3$$

풀이 (1) 가설설정: 두 가설은 다음과 같이 설정한다.

$$H_0: \mu = 15 \quad \text{VS} \quad H_1: \mu \neq 15$$

(2) 검정통계량: 검정통계량으로 표본평균을 사용하기로 한다. 여기서 표본의 모집단분포는 정규분포를 가정하고 있고, 표본평균의 표준편차가 알려져 있지 않으므로, 검정통계량은 자유도가 $(n-1)$인 t_{n-1}분포를 따른다.

(3) p값 계산: p값$= 2P\left(t < \dfrac{\overline{X} - 15}{0.3}\right) = 2P\left(t < \dfrac{14.4 - 15}{0.3} = -2.0\right) = 20.029 = 0.058$

(4) 결론: p값> 0.05이므로, H_0를 기각하지 못한다. 즉 제조공정에는 이상이 없다는 결론을 얻는다.

t검정이 Z검정과 다른 점은 표준정규분포 대신에 t분포를 사용한다는 것이고 검정절차나 원리는 동일하다. 여기서 표준오차 $\sigma/\sqrt{n}$과는 다르게 $s/\sqrt{n}$을 추정된 표준오차(estimated standard error)라고도 부르지만 통계계산 package에서는 같은 의미로 사용한다. 모평균 μ의 검정에 대하여 요약하면 다음과 같다.

모평균 μ의 검정

1. 가설설정: (1) 양측검정 : $H_0 : \mu = \mu_0,\ H_1 : \mu \neq \mu_0$
   (2) 단측검정 : $H_0 : \mu = \mu_0,\ H_1 : \mu < \mu_0$(또는 $\mu > \mu_0$)
2. 검정통계량: 모분산 σ^2을 아는 경우(z검정) $Z = \dfrac{\overline{X} - \mu_0}{\sigma/\sqrt{n}} \sim N(0, 1)$
   모분산 σ^2을 모르는 경우(t검정) $T = \dfrac{\overline{X} - \mu_0}{S/\sqrt{n}} \sim t_{n-1}$
3. p값 계산: (1) $2P(T_{n-1} \leq |t_0|)$ 양측검정
   (2) $P(T_{n-1} \leq |t_0|)$ 단측검정
4. 결론: p값$<$유의수준이면, H_0를 기각한다.

9.3 비율의 검정

어떤 모집단에서 모비율의 검정은 모평균에 대한 검정과정과 동일하며, 표본의 크기 n이 클 때($n \geq 30$) 표준정규분포를 이용하여 다음 순서대로 검정을 실시한다.

(1) 가설의 설정: $H_0 : p = p_0$ VS $H_1 : p > p_0$ (또는 $p < p_0$ 또는 $p \neq p_0$)

(2) 검정통계량: 표본비율 $\hat{p}$도 표본의 크기를 충분히 크게 하면 중심극한정리에 의해 정규분포로 근사하게 된다.

$$Z = \frac{\hat{p} - p}{\sqrt{p(1-p)/n}} \sim N(0,\ 1)$$

(3) p값 계산: 귀무가설 하에서 관찰된 표본의 검정통계량값의 이상의 면적에 해당하는 p값의 (우측검정) 계산은 다음과 같다.

$$p\text{값} = P\left(Z > Z_{obs} = \frac{\hat{p} - p_0}{\sqrt{p_0(1-p_0)/n}}\right)$$

(4) 결론: p값$< \alpha$이면 귀무가설 H_0를 기각한다.

예 9-6 대학 당국은 현재 대학원생의 10%에게 기숙사를 제공하고 있다. 이 기관은 기숙사를 원하는 대학원생들이 10%는 넘을 것으로 예상되는 바 기숙사 시설을 늘려야 한다고 주장한다. 표본조사를 실시한 결과, 480명 중에 60명이 기숙사를 찾고 있는 중이라고 응답하였다. 이 조사결과를 토대로 당신은 대학 당국에 무엇을 추천하겠는가? 적정한 통계적 증거를 제시하라.

(1) 가설설정: $H_0 : p = 0.10$ VS $H_1 : p > 0.10$

(2) 검정통계량: $Z = \dfrac{\hat{p} - p}{\sqrt{p(1-p)/n}} \sim N(0,\ 1)$

(3) p값 계산: $p\text{값} = P\left(Z > z_{obs} = \dfrac{\hat{p} - p_0}{\sqrt{p_0(1-p_0)/n}}\right) = P(Z > 2.12) = 1 - 0.9830 = 0.017$

(4) 결론: p값$< \alpha$이므로, 귀무가설을 기각한다. 즉 대학원생들의 10% 이상의 학생들이 기숙사를 더 찾고 있다는 충분한 증거가 있으므로, 대학 당국은 기숙사 증축에 관심을 집중해야 한다.

9.4 두 평균 차이에 관한 검정

두 모집단의 평균 차이에 관한 검정에는 두 집단이 독립(independent or unpaired)이냐 혹은 종속(paired or dependent)이냐에 따라 검정방법이 각각 두 독립표본 t-검정과 대응표본 t검정으로 나뉜다.

1) 두 독립표본 t-검정(two-sample t-test)

두 독립표본 t-검정은 두 독립된 모집단에서 각각의 모평균의 차이$(\mu_1 - \mu_2)$에 관한 검정을 의미한다.

서로 독립인 두 모집단 각각의 확률표본의 표본의 크기, 표본평균, 표본분산을 $(n_1,\ \overline{X_1},\ S_1^2$과 $n_2,\ \overline{X_2},\ S_2^2)$으로 나타내고 평균의 차이에 관한 검정에 대하여 생각해 보자.

모집단이 1개인 경우 모평균 μ에 관한 추론에서 표본평균 $\overline{X}$의 표집분포(sampling distribution)를 기초로 하였듯이, 우리는 표본평균의 차이$(\overline{X_1} - \overline{X_2})$의 표집분포를 고려해야 한다. 즉 두 모집단의 표준편차가 각각 알려져 있지는 않으나 두 표준편차가 동일하다고 가정할 수 있는 두 모집단이 각각 $N(\mu_1,\ \sigma_1^2)$, $N(\mu_2,\ \sigma_2^2)$인 정규분포를 따른다고 할 때 서로 독립인 (각각의 표본의 크기 $n_1,\ n_2$) 표본을 뽑아서 두 모집단의 모평균 차이를 표본평균의 차이$(\overline{X_1} - \overline{X_2})$의 분포를 토대로 검정하는 것이다. 이들 분포의 성질은 다음과 같다.

두 모집단에 대한 표본평균이 각각

$$\overline{X_1} \sim N\left(\mu_1,\ \frac{\sigma_1^2}{n_1}\right), \quad \overline{X_2} \sim N\left(\mu_2,\ \frac{\sigma_2^2}{n_2}\right)$$

일 때, 두 정규확률변수의 차이인 $\overline{X_1} - \overline{X_2}$의 분포는 다음과 같은 정규분포를 따른다.

$$\overline{X_1} - \overline{X_2} \sim N\left(\mu_1 - \mu_2,\ \frac{\sigma_1^2}{n_1} + \frac{\sigma_2^2}{n_2}\right)$$

일반적으로는 두 모분산은 알려져 있지 않으며, 두 모분산이 동일하다$(\sigma_1^2 = \sigma_2^2 = \sigma^2)$고 전제할 수 있는 경우에는 두 표본분산 s_1^2과 s_2^2은 모두 σ^2의 추정량이므로 보다 많은 정보를 이용하기 위하여 σ^2의 추정량으로서 s_1^2과 s_2^2의 가중평균을 사용한 다음과 같은 합동표본분산(pooled sample variance)을 이용한다.

$$s_p^2 = \frac{(n_1-1)s_1^2 + (n_2-1)s_2^2}{n_1+n_2-2}$$

따라서 σ의 추정량 s_p로 대체하면 귀무가설 하에서의 검정통계량의 분포는 다음과 같다.

$$T = \frac{(\overline{X_1} - \overline{X_2}) - 0}{s_p\sqrt{\dfrac{1}{n_1} + \dfrac{1}{n_2}}} \sim t_{(n_1+n_2-2)}$$

두 모분산이 동일하다고 가정할 수 없는 경우($\sigma_1^2 \neq \sigma_2^2$)에는 복잡하므로 생략하기로 한다.

[두 독립표본 t검정의 절차]

(1) 가설의 설정:

$H_0 : \mu_1 - \mu_2 = 0$ (또는 $\mu_1 = \mu_2$)

$H_1 : \mu_1 - \mu_2 \neq 0$ 또는 $H_1 : \mu_1 < \mu_2$ 또는 $H_1 : \mu_1 > \mu_2$

(2) 검정통계량: σ를 추정량 s_p로 대체하면 귀무가설 하에서의 검정통계량의 분포는 다음과 같다.

$$T = \frac{(\overline{X_1} - \overline{X_2}) - 0}{s_p\sqrt{\dfrac{1}{n_1} + \dfrac{1}{n_2}}} \sim t(n_1+n_2-2),\ \text{단}\ s_p^2 = \frac{(n_1-1)s_1^2 + (n_2-1)s_2^2}{n_1+n_2-2}$$

(3) p값 계산: 관찰값을 토대로 t분포 $t_{(n_1+n_2-2)}$에서 구한다.

p-value : $2P(T \geq |t_{obs}|)$ 또는 $P(T \leq |t_{obs}|)$ 또는 $P(T \geq |t_{obs}|)$

(4) 결론: p값$<\alpha$이면 귀무가설을 기각한다.

예 9-7 10개 지역에 질소비료를 준 결과 보리 수확량이 평균 82.5kg, 표준편차 10kg이고, 15개 지역에 인산비료를 준 결과 보리 수확량이 평균 90.5kg, 표준편차 20kg이었다. 유의수준 0.05에서 두 비료 간에 수확량 차이가 있다고 할 수 있나를 검정하라. 단 두 모집단은 정규분포를 하고 두 모분산도 같다고 알려져 있다.

풀이 (1) 가설설정:

$$H_0 : \mu_1 = \mu_2 \ (\text{또는 } \mu_1 - \mu_2 = 0)$$
$$H_1 : \mu_1 \neq \mu_2$$

(2) 검정통계량:

$$T = \frac{(\overline{X_1} - \overline{X_2}) - 0}{s_p \sqrt{\dfrac{1}{n_1} + \dfrac{1}{n_2}}} \sim t(n_1 + n_2 - 2), \text{ 단 } s_p^2 = \frac{(n_1 - 1)s_1^2 + (n_2 - 1)s_2^2}{n_1 + n_2 - 2}$$

(3) p값 계산: $\sigma_1^2 = \sigma_2^2 = \sigma^2$이므로

$$s_p^2 = \frac{(n_1 - 1)s_1^2 + (n_2 - 1)s_2^2}{n_1 + n_2 - 2} = \frac{9(10)^2 + 14(20)^2}{10 + 15 - 2} = 282.6$$

검정통계량값은 $s_p = \sqrt{282.6} = 16.8$이므로

$$t_{obs} = \frac{\overline{x_1} - \overline{x_2}}{s_p \sqrt{\dfrac{1}{n_1} + \dfrac{1}{n_2}}} = \frac{82.5 - 90.5}{16.8\sqrt{1/10 + 1/15}} = -1.16$$

p값 $= 2P(T < -1.16,\ df = 23) = 0.12 \times 2 = 0.24$(양측검정이므로)

(4) 결론: p값 > 유의수준 $\alpha = 0.05$이므로 귀무가설을 기각하지 못한다. 즉 비료의 종류에 따라 수확량의 차이는 없다라고 할 수 있다.

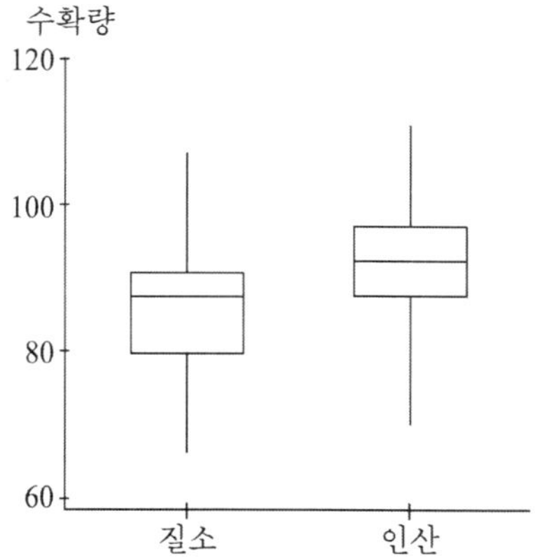

▲그림 9-7 두 집단의 상자그림

2) 두 대응표본의 평균 차이에 관한 검정(paired t test)

짝을 이루는 대응표본 데이터(paired data)는 서로 독립인 개체에서 쌍으로 얻어진 자료 (X_i, Y_i)로 구성된다. 이러한 대응표본의 전형적인 예는 동일한 개체에 대하여 두 번 관찰한 사전관찰(before observation)과 사후관찰(after observation)의 표본이다. 즉 동일한 개체에 대하여 어떤 처리를 적용하기 전과 처리를 적용한 후의 사전사후의 대응표본의 모평균의 동일성에 대한 검정을 하는 경우이다. 다음 [표 9-1]과 같은 표본이 관찰되었을 때 검정 방법은 다음과 같다.

[표 9-1] 대응표본의 관찰값

개체번호	1	2	⋯	n
사전관찰 X	x_1	x_2	⋯	x_n
사후관찰 Y	y_1	y_2	⋯	y_n
$D=X-Y$=사전−사후	d_1	d_2	⋯	d_n

대응표본은 두 관찰값의 차이(사전관찰−사후관찰)인 $d_1, d_2, \cdots, d_n$를 각각의 쌍으로부터 구한 다음 만일 표본의 크기가 충분히 크면 정규분포를 따르는 모집단에서 추출된 단일 표본인 것처럼 간주하고 t검정을 실시한다.

(1) 가설설정:

$$H_0: \mu_D = \mu_1 - \mu_2 = 0$$
$$H_1: \mu_D \neq 0 \ \ (\mu_D > 0, \text{ 또는 } \mu_D < 0)$$

(2) 검정통계량: 검정통계량값은 귀무가설이 참이라는 전제하에 다음과 같다. $\overline{D}$를 표본 $D_1, \cdots, D_n$의 평균, s_D를 표준편차라고 하면 검정통계량

$$T = \frac{\overline{D} - 0}{s_D / \sqrt{n}}$$

는 귀무가설이 참일 때 t_{n-1}분포를 따른다.

(3) p값 계산: 귀무가설이 참이라는 가정 하에 t_{n-1}분포를 따르므로(양측검정인 경우)

$$p\text{값} = 2P\left(T < t_{obs} = \frac{\overline{D}}{s_D / \sqrt{n}}\right)$$

(4) 결론: p값$< \alpha$이면 귀무가설을 기각한다.

예 9-8 다음은 어느 학급의 16명의 영어 토플(TOFEL) 성적이다. 3월의 시험성적과 어학연수를 받은 후인 6월에 실시한 성적이다. 과연 학생들의 영어토플성적이 향상되었는가를 유의수준 0.05에서 검정하시오(13번 학생은 전학 갔음).

	1	2	3	4	5	6	7	8	9	10	11	12	13	14	15	16
3월	213	178	175	168	120	189	213	198	208	265	145	188	176	155	198	175
6월	225	200	202	156	146	203	225	180	233	269	166	213	*	168	222	213
차이 3월~6월																

풀이 사전사후의 관찰치에서 전학 간 학생을 뺀 15명의 자료를 사용한다.

(1) 가설설정:

$$H_0 : \mu_D = \mu_1 - \mu_2 = 0$$

$$H_1 : \mu_D \neq 0 \ \ (\mu_D > 0, \ 또는 \ \mu_D < 0)$$

(2) 검정통계량:

$$T = \frac{\overline{D} - 0}{s_D / \sqrt{n}} = \frac{-15.5 - 0}{14.92 / \sqrt{15}} = -4.031$$

는 귀무가설이 참일 때 자유도 14인 t_{14}분포를 따른다.

(3) p값 계산: 귀무가설이 참이라는 가정 하에 t_{14}분포를 따르므로(양측검정인 경우)

$$p값 = 2P\left(T < t_{obs} = \frac{\overline{D}}{s_D / \sqrt{n}}\right) = 0.001$$

(4) 결론: $p값 < \alpha = 0.05$이므로 귀무가설을 기각한다. 즉 학생들의 영어성적은 향상되었다고 말할 수 있다.

9.5 두 비율 차이에 관한 검정

두 모집단의 모비율을 p_1과 p_2라 하고, 확률표본을 각각 n_1, n_2를 추출하여 비교한다.

(1) 가설의 설정: $H_0 : p_1 = p_2$

$H_1 : p_1 \neq p_2$ 또는 $H_1\ p_1 > p_2$ 또는 $H_1 : p_1 < p_2$

(2) 검정통계량:

$$Z = \frac{(\hat{p_1} - \hat{p_2}) - 0}{\sqrt{\hat{p_c}(1 - \hat{p_c})(\frac{1}{n_1} + \frac{1}{n_2})}}$$

(3) p값 계산: p-value$= 2P(Z \geq |z_{obs}|)$(양측검정) 또는 $P(Z \geq |z_{obs}|)$(단측검정)

(4) 결론: p값$< \alpha$이면 귀무가설을 기각한다.

예 9-9 한 대학의 두 학부 A, B에서 학생들의 탈락률이 동일한가에 대하여 알아보기 위해 각각의 학과에서 50명씩을 표집하여 조사한 결과 10명과 5명이었다. 두 학부의 탈락률은 동일한가에 대한 검정을 유의수준 5%에서 실시하여라.

풀이 두 모집단의 모비율을 p_1과 p_2라 하자.

(1) 가설의 설정: $H_0 : p_1 = p_2$ VS $H_1 : p_1 \neq p_2$

(2) 검정통계량: 전체 탈락률과 검정통계량은 각각 다음과 같다.

$$\hat{p_c} = \frac{n_1\hat{p_1} + n_2\hat{p_2}}{n_1 + n_2} = \frac{10+5}{50+50} = 0.15$$

$$Z = \frac{(\hat{p_1} - \hat{p_2}) - 0}{\sqrt{\hat{p_c}(1 - \hat{p_c})(\frac{1}{n_1} + \frac{1}{n_2})}} = \frac{(0.2 - 0.1) - 0}{\sqrt{0.15 \times 0.85(\frac{1}{50} + \frac{1}{50})}} = 1.40$$

(3) p값 계산: p-value$= 2P(Z \geq |z_{obs}|) = 0.162$

(4) 결론: p값> 0.05이므로 귀무가설을 기각하지 못한다. 즉 두 학부 간의 탈락률에는 유의한 차이가 없다고 할 수 있다.

9.6 역사: 네이만과 피어슨의 유의성검정

아버스넛(Arbuthnot, 1710)은 런던에서 1629년에서 1710년까지 82년 동안 연속적으로 여자아이들보다 남자아이들이 많이 태어난다는 사실을 알았다. 그는 남녀가 태어날 확률이 거의 같다면 연속적으로 82명의 남자가 태어날 가능성은 $(0.5)^{82}$로서 아주 작을 것이라고 추론하였다. 이를 근거로 그는 성별 분포는 우연일수는 없고 신의 계획의 하나다라고 결론을 지었다. 이것이 가설검정의 최초의 예로 알려져 있다.

피셔(Ronald A. Fisher, 1890~1962)는 1925년에 《Statistical Methods for Research Workers》라는 책에서 p-value 접근법의 가설검정의 과정을 논의했다. 여기에는 대안가설(alternative hypothesis)이 없다. 이것은 만약 남자의 참 비율이 0.5라면 우리의 표본이 0.5로부터 얼마나 멀리 떨어져 값을 갖느냐하는 것을 재는 것이다라고 하였다. 이 답이 p-value이다.

가설검정에 대한 또 다른 접근법은 예지 네이만(Jerzy Neyman, 1894~1981)과 에곤 피어슨(Egon Pearson, 1895~1980)에 의해 발표되었다. 오늘날 이 접근법은 고정된 α(fixed-alpha)접근법이라고 불린다. 미리 결정된 α값에 대하여 기각역이 고정된다. 그리고 이 결정은 검정통계량의 값이 기각역으로부터의 상대적인 위치의 비교를 바탕으로 이루어진다.

피셔와 네이만은 검정방법에 관하여 의견불일치로 논쟁을 해왔다. 피셔의 접근법은 때때로 유의성검정(significance test)으로 언급되었고, 네이만-피어슨 접근법은 가설검정(hypothesis testing)이라고 불렀다.

p-value 접근법을 사용할 때는 유의함과 유의하지 않음 사이를 구별하는 구체적인 경계선이 없다. p-value가 작아질수록 귀무가설을 기각하게 되는 데에 대한 증거가 점점 강화되는 것이다. 피셔가 전통적인 고정된 α접근법에 반대하였지만 그는 1/20(5%), 1/50(2%)와 1/100(1%)의 사용을 권장하고 있다. 덧붙여서 "개인적으로 5%에 유의성의 기준을 낮게 정하기를 좋아하고 그 수준에 도달하지 못하는 결과들은 모두 무시한다는 것이 문제이다."라고 주장했다.

네이만(Neyman, 1894~1981)은 폴란드계의 부모로부터 러시아에서 1894년에 태어났다. 그는 1921년부터 1938년까지 폴란드와 영국을 왕래하며 영국의 에곤 피어슨(Egon Pearson, 1895~1980)과 통계학을 공동연구한다. 이때 두 사람의 공동연구 주제로서 통계적 가설검정에 관한 여러 편의 논문을 1928년 발표한다. 이것으로 피셔와 고셋에 의해 제안된 통계적 검정법에 대한 통일된 통계적 사고의 논리로서 유의성검정의 근간을 마련하게 된다. 이후 그는 1938년 미국의 버클리 대학으로 자리를 옮겨 은퇴할 때까지 계속하여 수리적으로 최적의 해를 구할 수 있도록 통계적 사고의 바탕을 제공함으로써 현대통계학의 발전에 많은 공헌을 하였다.

9.7 토론과 실험: 유의성검정

유의성검정

T 어느 법정에서 A씨가 (결정적인 증거를 확보하지 못한 채) 살인혐의자로 재판을 받고 있다. 이때 판사는 할 수 있는 한 모든 간접적 증거와 증언 등을 통해서 판결을 내려야 하는데 결정적 증거가 확보되지 않았기 때문에 어쩔 수 없이 다음의 두 가지 실수 중에 하나를 범할 가능성을 가지고 있다.

실수 1: A씨가 살인자가 아님에도 살인자라고 판결을 내린다.

실수 2: A씨가 살인자인데도 살인자라고 판결을 내리지 못한다. (이때 "무죄"라고도 하는데 엄격히 말하면 살인자라고 할 수는 없다가 더 정확한 표현이라고 생각한다.)

실수 1은 무고한 한 사람이 살인자가 되는 것이고 실수 2는 사람을 죽인 사람이 법의 심판을 받지 아니한 채 사회생활을 하게 되는 사회공의의 파괴이다. 판사 역시 대단히 어려운 고민을 하게 되리라 생각되는데 여러분들이 만일 판사라면 어느 실수를 더 염려하고 피하려고 하겠느냐, 손들어 보도록 하자. 옆 사람 눈치 보지 말고 말야.

(몇몇이 손을 들었는지 파악한다.)

실수 1이 더 위험하다.	45/50
실수 2가 더 위험하다.	5/50

우리 반에서는 90%의 학생들이 실수 1을 실수 2보다 더 심각하다고 생각하는구나. 그러니까 무고한 사람이 보호되어야 하는 것이 더 중요하다는 입장이구나. 나도 동의한다. 그러나 우리 같은 입장을 갖는 사람들이 많아지면 많아질수록 (실수 1은 상당히 피할 수 있겠지만) 실수 2가 일어날 수 있는 가능성은 점점 더 커지게 되지 않겠느냐? 간혹 영화 같은 데에서도 다루고 있지만(실제 현실에서도 그러한 일은 많으리라 생각되는데) 분명히 범죄를 저지른 자가 바로 이와 같이 실수 1을 가능한 한 피하고자 하는 사회적 태도 때문에 버젓이 무죄인 것 같이 세상을 활보하며 여러 사람들을 계속 괴롭히는 것을 보지 않니. 이런 면에서는 우리 반 10% 학생들과 같이 실수 2를 더 위험한 것으로 보는 사람들의 의견도 대단히 중요하다고 본다. 그러나 역시 실수 2를 피하려고 하면 할수록 실수 1의 가능성 즉 무고한 자를 범죄자로 판결하는 엄청나게 불행한 일이 생길 가능성이 점점 커

지게 되는 것도 안타까운 사실이다. 이와 같은 안타까움은 진실을 모르는 불확실성 앞에서 제한된 정보를 바탕으로 두 개의 서로 반대되는 입장 중에서 어느 하나를 택해야 하는 모든 상황에서 나타나는 현상이다.

이제 조금 더 통계적인 이야기를 해 보자. 최근 우리 학교 학생들의 IQ가 어떠한지 조사하려는 움직임이 있다. 여러분의 선배들은 우리 사회가 인정하는 수재들로 평균 120이라고 평가되었었는데 최근에 그렇지 못한 것 아닌가 하는 우려가 나오고 있다. 최근의 우리학교 학생들을 모두 모을 수도 없고 그렇다고 현재 재학 중인 학생들에 대하여 모두 IQ검사를 할 수 있는 예산도 없다고 하자. (검사비가 굉장히 비싸다고 생각하기 바란다.) 여러분 자신에 대한 평가이기도 한 이 문제에 대하여 어떤 좋은 생각을 제시할 학생이 있나?

S1 표본을 뽑아야지요. 한정된 예산으로 검사할 수 있는 최대인원을 재학생 중에서 임의로 뽑아서 그 사람들을 IQ검사를 받도록 하는 것이지요.

T 점점 통계인이 되어가고 있군. 좋다. 그러면 일단 25명이 검사가 가능하다고 하고 이들을 임의로 추출하여 검사를 실시한 결과 25명의 평균 IQ는 90, 그리고 표준편차는 25가 나왔다. 그렇다면 이 결과를 보고 현재 우려하고 있는 견해 즉 최근 우리학교 학생들의 IQ가 졸업한 선배들의 IQ인 120보다 낮다고 하는 견해에 대하여 어떤 입장을 택하겠느냐?

S3 선생님, 이것은 말도 안됩니다. 평균 90이 나왔다는 것은 비현실적입니다. IQ 검사지에 문제가 있는 것 같습니다.

T 지금 (S3)군이 제기한 문제는 쉽게 해결될 수 있을 것 같다. IQ 검사지가 가격이 비싼 이유는 IQ 검사지를 제작한 회사가 대단히 엄격한 전문가의 평가를 근거로 자신의 검사지의 결과에 대하여 사회적으로 보증하기 때문이다. 따라서 (S3)군이 제기한 문제에 대해서는 일단 검사지가 세계적으로 공인된 정상적인 것이라 간주해도 된다고 하자. 그런데 나는 반대로 (S3)군에게 묻겠는데 왜 '이 결과가 말도 안 된다.'고 하지?

S3 제가 우리학교 아이들을 생각할 때 IQ가 90인 사람은 없는 것 같아서요.

T 지금 (S3)군의 태도는 과학적이지 못한 것 같다. 과학적이라고 해서 그것이 항상 진실을 밝히는 것은 아니지만 (S3)군은 지금 표본에 의한 사실적 결과를 부인하려는 태도인 것 같다. 나는 일단 자신의 '감'과는 다르지만 나타난 결과를 '말도 안된다'고 하는 것은 바람직한 태도가 아닌 것 같구나.

S3 예. 알겠습니다.

S1 선생님, 지금 우리가 택하려는 입장은 두 가지이지요. 현재 재학생들의 평균 IQ는 선배들과 같이 120 수준이라는 입장과 선배들보다 떨어진다는 즉 120보다 낮다는 입장 이렇게

두 가지로 보면 되는 것입니까?

T 그렇지, 이제 조금 윤곽이 잡히는 것 같다. 여기서 우리가 모르고 있는 진실, 즉 불확실성의 실체는 현재 재학생들의 평균 IQ가 된다. 여러 여건상 (주로 돈과 시간) 극히 제한된 정보 — 25명의 IQ의 평균과 표준편차 — 만 우리는 갖고 있는 것이고, 25명의 표본의 결과가 너무 낮아서 여러분이 조금 감정적인 것 같구나. 다른 이야기부터 한번 해 보자. (S1)군이 정확히 밝혀준 두 개의 입장에서 어느 쪽 입장이 기존 입장이었다고 생각되느냐?

S1 120 수준이라는 입장이요. 왜냐면 120 이하일 것 같다는 우려가 나타나면서 조사도 하고 하는 것이니까요.

T 아주 중요한 관찰이다. 현재까지는 일단 우리학교 재학생들의 평균 IQ는 120으로 받아들여지고 있는 것이다. 여기에 대하여 재학생들의 평균 IQ가 120 이하가 아닌가 하는 새로운 입장 — 기존 입장에 대립하는 — 이 제기되는 것이다. 이 입장은 아직은 지지받고 있지 못한 것으로서 지지해도 되는지를 알고 싶어하는 그런 상황이다. 그렇다면 아까 (S1)군이 표본을 뽑았는데 (S1)군이 표본을 뽑은 모집단인 재학생집단의 평균 IQ는 얼마라고 해야 할까? 누가 나름대로 의견을 말할 수 있겠느냐?

S2 기존입장에서는 평균을 120으로 보고 새로 제기하는 입장에서는 120보다 낮게 보는데 어떻게 한가지로 입장을 취할 수 있습니까?

S1 기존입장으로 봐야 할 것 같아요. 120으로요. 왜냐면 새로 제기하는 입장(대립입장)은 아직 받아들여진 것은 아니지 않습니까?

S4 저도 (S1)군에게 동의합니다. 아무리 재학생들의 머리가 나쁜 것 같다는 생각이 들어서 조사를 한다 해도 조사에 임할 때는 일단 알려진 입장 — 기존입장 — 을 인정하면서 조사를 해야 한다고 봅니다. 어떤 사람이 도둑이 아닌가 하는 생각이 들었다고 해도 그 사람을 조사할 때는 도둑으로 전제하고 조사해서는 안 된다고 봅니다. 일단은 그 사람을 평범한 시민으로 대하면서 평범한 시민으로 보기에 수상한 점이 있는가를 찾아내는 것이 옳다고 봅니다.

T 아주 성숙한 의견이다. (S4)군은 여간해서 감정적인 갈등에 고생하지는 않을 것 같구나. 특히 결혼생활을 잘 할 것 같다. (S4)의 의견을 이렇게도 말할 수 있겠다. 상대방 의견이나 입장에 대하여 내가 다른 입장이 있다면 일단 상대방 입장을 받아들이면서 대화를 진행하는 것이 옳다는 이야기인 것 같다. 그렇지 않고 상대방 입장을 부인하면서 대화를 시작하면 상호 간에 입장차이가 나기 때문에 여간해서는 대화가 순조롭게 진행되지 못하게 된다. 이런 예를 생각해 보면 어떨까 하는데. 요사이는 정찰제가 많이 정착이 되었지만 아직도 시장에서는 이런 대화를 종종 들을 수 있다. 어떤 상인이 상품(上品)이라고 붙인 과

일상자를 열어 놓고 고객을 기다리고 있다. 어떤 고객 A가 다가와서 상자 속의 과일 하나를 들어보며 말한다. '아휴 상품(上品)치고는 그렇게 크지가 않네요. 저 옆에 있는 하품(下品)에 있는 것과 크기가 비슷하네요.' 이 말에 과일상인은 좀 당황하며 급히 말한다. '그럴까요. 다른 것들은 알이 크지 않습니까?' 고객 A는 상자 밑을 뒤져보며 또 하나를 꺼내들고는 말한다. '이것도 그렇게 크지 않지 않아요?' 이 말에 상인은 조금 민망한 얼굴로 흥정을 만든다. '이상하게 이 상자에는 작은 것들이 조금 섞인 것 같군요. 조금 깎아드릴테니까 가져가시지요.'

다른 고객 B가 찾아온다. 이 고객은 상자의 과일을 들여다 보면서 상인에게 약간은 당돌하게 말한다. '아저씨 이것이 무슨 상품(上品)이예요. 중(中) 정도도 안되겠네요.' 상인은 언짢은 얼굴이 되며 '상품(上品)이예요. 이 보세요. 알이 이렇게 큰데' 고객 B는 지지 않고 말한다. '상품은 무슨 상품이예요. 좀 깎아주세요.' 상인은 조금은 굳은 얼굴로 말한다. '안 돼요.' 그리고 두 사람은 헤어진다.

두 사람 중 어느 고객이 더 지혜롭다고 생각하느냐?

S1 고객 A입니다.

T 그냥 고객 A라고 하면 어떻게 하니. 이유를 함께 이야기 해 줘야 우리가 더 재미가 있지 않겠어.

S1 고객 A는 결국 싼 값으로 사게 되었지만 고객 B는 가격을 깎아보려다가 구매하지 못하였으니까요.

T 그렇지. 실질적으로 고객 A가 좋은 가격으로 구매를 했으니까 그를 더 지혜롭다고 해도 되겠구나. 두 사람의 대화 내용을 한번 비교해 보지 않겠니?

S2 고객 B는 성격이 좀 급한 사람 같습니다. 말하는 투가 공격적이라고 할까요. 고객 A는 조심스러운 사람인 듯 해요. 저는 고객 A가 지혜가 더 있다고 봅니다. 말하는 태도에서요.

T 상당히 문과적 시각이구나. 아주 재미있는 관점이야. 누구 또 (S2)군의 느낌에 동의하는 사람 있니?

S3 저도 그런데요.

T 자네는 왜 그렇게 생각하나?

S3 말로는 잘 못하겠어요.

T 좋아. 우리 한번 천천히 따져 보자. 먼저 이 과일상자를 상품(上品)이라고 분류한 것은 상인의 입장이다. 그리고 이 표시를 보고 고객이 다가왔다. 고객 B는 상인의 입장을 정면으로 부인하고 나왔다. 그렇다면 고객 A는 어떠한가?

S1 상인의 입장을 받아들였습니다.

T 왜 그렇게 생각하지?

S1 고객 A가 꺼낸 과일을 보면서 별로 크지 않다고 말을 했는데 이때 '크지 않다.'라고 말한 것은 상인이 이 상자를 상품(上品)이라고 한 입장에서 이 과일의 크기를 평가한 것이라고 생각합니다. 만약 이 과일을 하품(下品)에서 꺼냈더라면 '크지 않다.'고 하지 않았을 테니까요.

T 날카로운 관찰이다. 여기 고객 A의 조심스러움이 있는 것이다. 고객 A는 일단 상인이 붙여놓은 상인의 입장인 상품(上品)을 받아들이고 상품(上品)의 크기를 기대하며 자신이 꺼낸 과일의 크기를 신중하게 그 옆에 있던 하품(下品)의 과일과 비교하면서 '크지 않다.'고 했다. 즉 상인의 입장을 받아들이면서 객관적으로 나타난 사실(크기면에서 하품(下品)의 과일과 비교)을 가지고 상인과 대화하고 있었다. 반면에 고객 B는 정면으로 자신의 입장을 들고 나오며 상인의 입장을 반박하고 나섰다. 그래서 고객 B의 태도는 공격적인 느낌을 주는 것이다. 통계와는 너무 거리가 먼 이야기를 하는 것 같아서 의아해하는 것 같구나. 그렇지만 대단히 중요한 이야기이다. 특별히 모든 대화에서 상대방의 입장, 관점, 시각에 동의하지 않는 마음이 있을 때 무조건 부인하면서 대화를 진행하면 많은 어려움이 생길 수 있다는 것을 가르쳐 주는 예화이다. 비록 동의하지는 않지만 일단 상대방의 입장을 받아들이면서(상품을 인정) 나타나는 (상대방의 입장에서 볼 때) 부정적이거나(크지 않음), 극단적인 현상, 희귀한 사실들을 객관적으로 제시함으로써 상대방 스스로 자신의 입장을 후퇴하거나 바꾸도록 유도하는 것이 보다 지혜롭다는 것을 가르쳐 준다.

T 다시 우리의 토론으로 돌아가자. 어디까지 하다가 약간 외유를 했나?

S4 기존 입장을 인정하면서 표본을 뽑고, 검사를 하고, 해야 한다고 제가 대답을 했습니다.

T 맞아. 그럼 그 문제를 계속 하자. 기존 입장 즉 재학생들의 평균 IQ도 120이다라는 입장을 받아들이면서 표본을 25명 추출한다고 하자. 따라서 누가 표본으로 뽑힐지 모르니까 이들의 평균값도 얼마라고 말할 수는 없겠지만 우리는 표본평균이 어떠한 값의 분포를 갖는 것을 알 수 있지 않겠니? 누구 대답해 보겠니.

S1 재학생들의 IQ의 분포를 가정하지 않았기 때문에 중심극한정리를 이용하면 표본평균 $\overline{X}$는 평균이 μ이고 분산 $\dfrac{\sigma^2}{25}$인 정규분포와 비슷한 분포를 따릅니다.

T 평균이 μ이고 분산 $\dfrac{\sigma^2}{25}$라면 μ와 σ^2은 어떻게 알지?

S1 μ는 모집단, 그러니까 재학생 집단의 평균이고 σ^2은 모집단의 분산이니까 재학생 집단의 분산을 나타냅니다.

T 그것은 우리가 다 아는데, μ와 σ^2은 구체적으로 얼마이냐 하는 것이야.

S3 μ는 90이고 표준편차는 25, 그러니까 분산은 $25 \times 25 = 625$입니다.

T 앗! 치명적인 오류가 발생했다. 경고! (S3)군 지금 평균이 90이고 표준편차가 25라고 했니? 왜 그렇게 생각하니?

S3 선생님께서 그렇게 말씀하셨습니다. 저쪽 칠판에 써 있는데요. 25명의 표본을 추출한 결과 평균 95, 표준편차 25라고요.

T (S1)군, 자네가 말한 μ와 σ^2은 뭔가? (S3)군은 중심극한정리를 다시 한번 생각해봐야겠다.

S1 μ는 모집단의 평균이지요. 그러니까 표본으로부터 관찰된 값의 평균 90은 아니지요.

S3 선생님, 제가 착각했습니다.

T 다행이다. 굉장히 빨리 '착각'인 것을 알았으니까. 그러나 조심해라. 대단히 많은 (S3)군 같은 학생들이 있었고 있을 것이다. 그러면 누구 μ의 값을 제시할 사람 없는가?

S2 선생님 제 생각에는 μ는 120일 것 같습니다. 왜냐하면 아까 말씀하신 것 같이 지금 이 표본을 뽑는 상황에서 우리는 모집단의 평균 IQ는 120으로 받아들이고 있는 것이니까요.

T O.K 이제 제자리를 찾았다. 맞다. 모든 행위, 사고를 할 때는 반드시 그 시점에서 자신의 입장 — 이것은 대부분은 맞았다, 틀렸다의 문제가 아니다. — 과 일관된 태도가 전제된다. 우리는 지금 기존입장을 받아들이고 있는 상태에서 표본을 추출하는 것이니까 우리가 생각하는(우리의 입장에서 기대하는) 표본평균의 분포는 평균 120인 정규분포를 근사적으로 따른다고 본다. 그렇다면 σ^2는 얼마라고 할까? 현재로서는 모집단의 분산에 대해서는 어떤 입장도 가정되거나 알려진 것이 없다. 따라서 여기서는 무엇인가 객관적인 근거를 얻으려고 하는데 우리가 갖고 있는 정보는 25명의 관찰치의 표본분산뿐이므로 25의 제곱인 625를 σ^2로 추정할 수밖에 없다. 다행히 분산은 평균값이 얼마인가와는 상관이 없으므로 모평균이 기존입장 120이 아닐지라도 영향을 받지는 않는다.

S3 선생님, 아까는 모집단과 표본이 구별되어야 한다고 하셨는데 지금은 모분산을 모른다고 표본에서 얻은 분산값으로 대치하는 것은 좀 이상해요.

T 좀 이상할 것이다. 아까 모평균을 (S3)군이 표본에서 얻은 관찰값 90으로 대치하려고 한 것을 내가 안 된다고 했는데 지금은 모분산을 표본에서 얻은 값으로 바꾸었으니까 말이야. 그렇지만 상황이 조금 다르다. 우리는 지금 재학생 집단의 평균 IQ가 얼마인가를 다루는 추정문제가 아니라, 평균 IQ가 120인지 아니면 그 이하인지를 다루고 있는 검정문제이다. 따라서 중요한 것은 기존입장에서 표본을 뽑고 있는 것이기 때문에 표본에서 얻은 관찰값과 상관없이 평균이 120인 기존입장을 받아들여야 하는 것이다. 이해가 되느냐? 한편 분산은 지금 하고 있는 검정문제와는 직접적인 관계가 없으므로 표본에서 얻은 값으로 추정을 하는 것이지.

S3 알쏭달쏭합니다.

T 원래 진리는 알쏭달쏭하단다. 조금 더 고민해 보기 바란다. 다음 시간까지도 알쏭달쏭하면 다시 이야기해 보자. 다른 학생들은 대개 이해가 된 것 같구나. 그렇다면 $\overline{X}$의 분포는 이제 근사적으로 평균이 120이고 분산은 $\frac{625}{25}=25$인 정규분포를 따른다고 생각(예상)된다. 어디까지나 기존입장을 받아들인 상태에서 말이야. (조심해라. 기존입장을 받아들였다고 해서, 기존입장이 옳다, 참이다라고 한 것은 아니다.) 복습을 다시 해 보자. 누가 $\overline{X}$의 분포가 평균이 120, 분산이 25인 근사적으로 정규분포를 따른다는 말을 현실적으로 설명해 줄 수 있겠느냐?

S4 예. 그것은 모집단에서 25명의 표본을 추출하여 얻는 관찰치의 평균값이 갖게 되는 값들의 분포로서 많은 평균값들이 120 근처의 값을 갖는다는 뜻입니다.

S2 보다 구체적으로 말한다면 가능한 표본들 중 약 68%가 115에서 125 사이에서 평균값을 갖게 되고 또 어떤 것들, 약 5%는 110보다 작거나 130보다 큰 값도 갖게는 되지만 95% 정도는 110에서 130 사이의 값을 보이게 된다는 뜻입니다.

T 이제는 내가 설명하는 것과 비슷하게 대답이 나오는구나. 그러면 이제 한 가지 더 묻자. 일반적으로 복권에 당첨된 사람을 우리가 뭐라고 하니? 억세게 운이 좋았다라고 하지 않겠니. 마찬가지로 보통사람들은 대개 키가 160~190 사이인데 만약 (S1)군이 전화로만 대화하던 어떤 사람을 직접 만났는데 그의 키가 200cm였다면 만난 기분이 어떻겠느냐?

S1 놀라겠지요.

T 그렇다. 우리가 보통사람의 키가 160~190cm 사이라고는 생각을 하지만 200cm인 사람도 있을 수 있다는 것을 전혀 생각하지 않았던 것도 아닌데 그래도 직접 그런 사람을 보면 놀라게 된다. 혹시 누가 놀라게 되는 이유를 설명할 수 있겠니?

S2 아마 (S1)군은 보통사람을 만날 것이라는 기대를 하고 나갔을 것입니다. 왜냐면 일반적으로 우리는 보통 자주 일어나는 일이 우리 각자에게 일어나리라 생각을 하며 살고 있으니까요. 그러다가 조금 희귀한 일이 일어나면 놀라는 것이지요. 키가 200cm인 사람을 만나는 것은 상당히 희귀하지 않습니까?

T 맞다. 좀 희귀하지. 그런데 희귀하다는 말을 확률적으로 말한다면 어떻게 표현할 수 있을까?

S2 어떤 사람이 키가 200cm 이상일 확률은 거의 0에 가깝다는 말이겠지요.

T (S2)군이 잘 설명한 것 같다. 결국 우리가 놀라는 것은 자신이 기대했던 보통의, 자주 나타나는, 그런 결과가 아닌 희귀한 — 나타날 확률이 매우 작은 — 결과 앞에 놀라게 된다. 이제 다시 본론으로 가자. 본론이 어디까지 왔지.

S1 예, 표본평균 $\overline{X}$의 표본분포가 평균이 120, 분산 25인 근사적 정규분포를 따른다는 데에서 계속 멈춰 있습니다.

T 그렇지. 미안하다. 너무 오래 끌고 나가서. 그러나 또 한번 확인하고 싶다. $\overline{X}$의 분포가 평균이 120이고 분산이 25인 근사적으로 정규분포를 따른다는 것은 확인된 사실이냐, 아니면 하나의 관점이냐?

S1 하나의 관점입니다. 왜냐면 이 모든 이야기는 재학생의 평균 IQ가 120이라는 기존입장을 전제로 하여 진행하고 있는 것이니까요.

T 고맙구나. 우리는 지금 검정하고 있는 중이라는 것을 잊어서는 안 된다. 기존입장이 참이라고 한 것이 아니라 일단 받아들이고 논리를 펴나가고 있는 것이고 바로 이런 입장에서만 $\overline{X}$의 분포가 위에서와 같이 구해진 것이다. 중요한 질문을 하나 하겠다. $\overline{X}$의 분포가 평균이 120이고 분산 25인 근사적 정규분포를 따른다면 크기가 25인 표본을 하나 추출하여 평균값을 계산한다면 어떤 값이 나오리라 기대하는가?

S3 모르지요. 누가 표본으로 뽑힐지 모르니까요.

T 물론 모르지. 그러니까 기대하느냐고, 예상하느냐고 묻고 있지 않니.

S1 120 정도가 나올 것 같아요. 보통 자주 나올 수 있는 값이... 그러니까 나올 확률이 높은 데가 120 근처니까요. 정규분포의 확률밀도함수는 가운데 평균 120 근처가 제일 높이 올라가 있지 않아요.

T 좋아. 그럼 (S1)군 만약 내가 표본을 뽑았는데 그 평균값이 90이 나왔다. 너의 기분은 어떠니?

S1 (머뭇 머뭇)

T 놀라지 않니? 이상하지 않아? 아까 키가 200cm인 사람을 만날 때 우리가 놀라는 것처럼.

S1 예. 놀라야겠네요.

T 놀라야겠다고? 놀라는 것을 의지로 하고 안 하고 할 수 있는 것이냐? 아무리 내가 밀어붙인다고 해도 "놀라야겠다"고 할 수 있느냐? 도대체 왜 이번에는 놀라지를 않는 거지? 아까 200cm인 사람을 보고는 놀란다고 하면서.

S2 선생님, 도대체 모르겠어요. 왜 놀라야 되지요?

T 생각해 봐라. 표본평균 값이 주로 120 근처에서 나오고 95%에 해당되는 대부분이 110과 130 사이에서 나오리라고 예상하는데 (S1)군에 의해서 관찰된 평균값은 90이지 않니. 너무 너무 작은 평균값이 나타난 것 아니겠니. 키가 굉장히 큰 사람을 만난 것처럼. 동의하느냐?

S2 예. 이제 이해가 되네요. 90보다 더 작은 값이 나올 확률이 거의 0이니까요. 굉장히 작은 값이 관찰되었네요.

T 그래 그러니까 기존입장에서 기대했던 값으로는 굉장히 작은 값이 나온 것이야. 그래서 (자연스럽게) 보통 키의 사람을 기대하고 나갔다가 굉장히 큰 사람을 만났던 것 같이 놀라게 되는 것이지. 모두 다 놀라기로 했느냐?

SA 예.

T 그래, 그러면 이제 우리 내면은 그 놀라움을 어떻게 소화해 낼까? 놀라고 말까?

S1 어떻게 하다보니까 대단히 뇌가 나쁜 사람들만 뽑혔나보다 하고 생각하겠지요.

T 좋다. 역시 (S1)군은 대단히 순한 사람이구나. 왜냐면 놀라움에 대한 (S1)군의 해석은 전적으로 기존입장을 지지하는 사람임을 표현하는 것이기 때문이다.

S2 저는 기존입장이 뭔가 잘못될 수도 있겠다고 생각할 수 있을 것 같아요. 결과가 너무 극단적인 것이 나타났으니까요. 병도 그렇지 않습니까? 어느날 열이 38도가 측정이 되었다면 이것은 정상적이라는 입장에서 볼 때는 극단적인 — 굉장히 높은 — 온도가 되니까 정상적이라는 입장에 대하여 이의를 제기하고 병원을 가서 조사를 해보는 것 아니겠습니까? 그렇다고 당장 기존입장이 틀렸다고 할 수 있는 것은 아니지만요. 병원에 갔다고 해서 아직 비정상이라고 할 수 있는 것은 아니지 않겠어요. 한편 심한 감기에 걸려 있는 사람이 어느 날 열이 떨어진 것을 발견하고는 감기에서 벗어났다고 생각을 하는 것도 비슷한 이야기이지요.

T 놀라운 통찰력 그 자체이다. 내가 이렇게 말하면 저 정도가 뭐가 놀라운 통찰력이냐고 수군대는 사람도 있겠으나 자신의 사고의 흐름을 이렇게 말로 표현하는 것은 대단히 어려운 일이란다. (S2)군이 발표한 내용을 잘 음미하기 바란다. (S1)군은 기존입장을 검정하고 있는 중에 그만 기존입장에 서서 관찰된 값 90을 평가했다. 반면에 (S2)군은 객관적인 사실인 관찰된 값 90을 보통 나올 수 있는 값으로 보고 기존입장을 평가하는 태도를 취했다. 바로 여기 나타난 (S2)군의 태도가 통계적 가설 검정의 기본이 되는 것이다. 관찰된 값은 (인위적인 어떤 조작도 개입하지 않은) 공정한 표본추출계획에 의해서 추출된 개체들로부터 얻어진 것이고 따라서 이 값은 가장 잘 나타날 수 있는 값들 근처의 값으로 간주하겠다는 것이 (S2)군의 기본전제이다.

S1 선생님, 그렇지만 기존입장이 맞더라도 관찰값이 아주 작은 값이 나올 수는 있지 않습니까?

T 그럼 당연하지. 그러니까 (S2)군이 기존입장에 문제를 제기한다고 해서 (S2)군이 맞았다는 말은 아니다. 기존입장이 맞더라도 90 또는 그 이하의 값이 나올 수도 있지. 그러나 그 확률은 우리가 앞에서 계산했지만 거의 0에 가깝지 않겠니. 바로 이 값을 유의 확률이라고도 하고 P-값이라고도 한다. 이 값이 작으면 작을수록 (S2)군의 문제 제기는 그 만큼 위험부담이 작아지는 것이다. 만약 관찰값이 110이 나왔었다고 해 보자. 표준편차가

25로 똑같고, 그러면 (S2)군은 어떻게 하겠니?

S1 그래도 기존입장을 의심해 보겠어요. 왜냐면 기존입장을 받아들일 때 표본평균이 110 이하일 확률은 약 0.025가 되니까 이것도 상당히 작은 값이지 않습니까? 그러니까 위험부담이 작은 편이고 따라서 기존입장을 의심해 보겠어요. 그러니까 소위 대립입장 즉 저희들의 IQ가 전보다 낮다라는 입장을 받아들일 것 같습니다.

T 유의 확률이 0.025니까 참 작은 값이다. 따라서 문제제기를 하고 대립되는 입장을 받아들이겠다라는 말이지. 그런데 여기에 좀 문제가 있다. 0.025가 작은 값이라는 것은 (S1)군 개인의 의견인가 우리반 모두의 의견인가?

S1 0.025면 작은 값이지 않습니까?

T 통계학을 거의 한 학기를 공부한 사람으로서는 너무 실망스러운 대답인 것 같다.

S2 그것은 (S1)군 개인의 의견입니다. 저는 0.025가 그렇게 작다고 생각되지는 않습니다. 그러니까 기존입장에서 볼 때 놀랄 정도로 작다고 생각되지 않는다는 말입니다. 신장이 190cm인 사람을 보고 키가 크긴 크지만 놀라기까지는 안 하는데요. 그 사람보다 키가 큰 사람이 조금은 있으니까요. 그렇지만 200cm인 사람을 보면 놀라는데 이유는 그 사람보다 큰 사람은 정말 1%도 안되니까요. 그러니까 저는 유의 확률이 0.01보다 작아야지 놀라겠습니다.

T (S1)군, (S2)군의 이야기가 이해가 되느냐?

S1 예, 제 발언이 주관적인 것 같군요.

T 그렇구나. 유의확률 0.025는 객관적으로 관찰치로부터 계산된 값인데 반해서 그 값을 크다 작다 하는 것은 주관적인 것이고 따라서 문제제기를 하고, 안하고도 대단히 주관적인 것이 되는구나. 그렇다면 크고 작고의 기준은 각자 개인이 갖고 있다는 사실을 인정하리라 생각한다. 바로 이 기준을 유의수준(level of significance)이라고 하는 것이다. 그러니까 (S1)군은 기존입장에 대한 문제제기를 하기로 스스로 결정하고는 일방적으로 문제제기를 하겠다고 공적으로 발표를 한다면 자신의 주관적 기준을 다른 사람에게 강요하는 아주 강한 사람으로 비쳐지게 된다. 따라서 유의확률이 0.025라는 객관적인 사실과 함께 자신의 유의수준을 밝히면서 자신의 결정을 발표하여야만 한다. 요약하면, (S1)군의 경우에는 다음과 같이 견해를 밝혀야 한다. '저의 유의수준은 0.05입니다. 따라서 유의수준 0.05에서 저는 재학생의 평균 IQ는 120이다라는 기존입장에 문제가 있다고 생각하고 대립되는 입장을 받아들이겠습니다.'

그때 (S2)군 같이 자신의 유의수준이 0.01인 사람은 (S1)군의 견해를 따를 필요가 없이 (S2)군 나름대로 '유의수준 0.01에서 저는 기존 입장을 그대로 받아들이겠습니다.'라고 자신의 견해를 밝히게 된다.

다시 한번 개념적으로 정리를 하면서 몇 가지 실질적 의미를 배우도록 하자. 유의수준의 말뜻은 문제제기를 할 만큼(놀랄만한) 의미가 있다고 인정하는 기준으로서 이 값보다 p값(기존입장에서 볼 때 관찰값의 극단적인 정도)이 더 작으면 기존입장을 주장하기에는 설득력이 없으며, 이 관찰치의 강력한 증거를 바탕으로 대립입장을 지지하게 되는 것이다. 반면에 p값이 자신의 주관적인 유의수준보다 크다면, 기존입장 하에서 관찰치가 자주 일어나는 것으로 간주하면서 기존의 입장을 지지하고, 본래의 태도를 유지하게 된다. 이 경우 본래의 기존입장을 그대로 유지하는 것을 의미하기 때문에(관찰치의 증거가 약하여 새로운 대립입장을 지지하지 못하는 상황이 나타남), 기존입장을 특별히 귀무가설(歸無假說) 즉 "쟁점이었던 가설이 없던 것처럼 본래의 것으로 돌아간다" 라는 의미로 부르고 영어로도 비슷한 의미의 null hypothesis라고 한다. 반면 논쟁의 상대적인 관점의 의미로서 대립되는 입장을 대립가설(對立假說) 또는 영어로는 상대적인 대안을 의미하는 alternative hypothesis(대안가설)이라고 부른다. 갑자기 용어가 몇 개 나와서 머리가 복잡해지지 않았나 걱정이 되는구나. 다시 한번 오늘 토의내용을 기억하면서 다음의 용어들을 음미해 보기 바란다.

p값	—	有意確率	—	p-value
유의수준	—	有意水準	—	level of significance
귀무가설	—	歸無假說	—	null hypothesis
대립가설	—	對立假說	—	alternative hypothesis

연습문제_9

exercises

1. 다음 용어들의 정의를 설명하여라.

(1) 귀무가설과 대립가설
(2) 기각역
(3) 양측검정, 우측검정과 좌측검정
(4) 제1종오류 α와 제2종오류 β
(5) 유의수준
(6) p값(p-value)
(7) paired t-test
(8) independent two-sample t-test

2. 가설검정에서 "통계적으로 유의하다"란 무엇을 말하는 것인가?

3. 양측검정, 우측검정, 좌측검정으로 분류하는 기준은 무엇인지를 말하여라.

4. 우리나라 전국의 고등학교 신입생의 남자의 신장은 평균이 165.5cm이고 표준편차는 6.3cm이다. 어떤 도시의 고등학교 신입생 49명에 대한 평균을 구하였더니 163.0cm였다. 신장의 분포는 정규분포를 따른다고 할 때, 이 도시의 평균 신장은 전국 평균 신장과 차이가 있는지를 유의수준 5%에서 검정하는 단계에 따라서 구하여라.

(1) 가설설정:
(2) 검정통계량:
(3) p값을 보이는 그래프를 그리고 분포의 이름을 말하여라.
(4) p값을 구하시고 결론을 문장으로 써라.

5. 과거 자료에 의하면 연령 40~59세 건강한 남자들의 혈청 콜레스테롤 농도(㎎/100㎖)는 평균 230, 표준편차 45인 정규분포를 따른다고 한다. 최근 한 의사가 건강한 남자의 혈청콜레스테롤 농도가 증가하였다고 주장한다. 이를 확인하기 위하여 100명을 임의로 추출하여 평균농도 $\overline{X}$를 240으로 측정하였다. 모평균 μ에 대한 가설을 세우고, 유의수준 $\alpha = 0.05$에서 검정하여라.

6. 약 5년 전에 25%의 가구가 적어도 구성원 중 1명 이상이 흡연을 하고 있다고 응답했다. 최근에 125명의 가구주를 대상으로 같은 질문을 한 결과 22%가 그렇다고 했다면 이는 과거보다 낮아진 흡연 비율이라 할 수 있는가를 유의수준 5%로 검정하여라.

7. 어린이용 심리검사의 결과를 부모가 정상인 경우와 이혼한 경우에 따라 다르며, 이혼한 경우에는 정상인 경우보다 심리검사점수가 낮아질 것으로 예상한다. 이를 확인하기 위하여 다음의 자료를 얻었다.

	표본크기	표본평균	표본표준편차
이혼한 경우	$n_1 = 40$	$\overline{x}_1 = 55$	$s_1 = 8$
정상인 경우	$n_2 = 55$	$\overline{x}_2 = 70$	$s_2 = 7$

이 심리검사를 통하여 어린이의 심리검사 점수에 부모의 이혼이 나쁜 영향을 주는지를 유의수준 5%에서 검정하여라.

8. A, B 두 맥주에 대하여 시음전문가 6명에게 맛을 보게 한 다음, 맛을 100점 만점의 점수로 나타내어 다음의 자료를 얻었다.

시음자	1	2	3	4	5	6
A	95	75	72	75	64	76
B	74	80	77	63	55	68

두 맥주의 맛에 차이가 있다고 할 수 있는가? 유의수준 5%에서 검정하여라. (필요한 상황에 정규분포 가정을 사용하도록 하여라.)

9. 어느 소비자 보호단체에서는 A, B 두 통신판매회사에 대하여 계약파기 비율이 다른지를 조사하고자 한다. 지난 일 년간의 자료는 다음과 같다.

	총계약자 수	계약파기자 수
A	3,320	750
B	6,130	1,350

두 통신판매회사에 대한 계약파기 비율이 다르다고 할 수 있는가?를 유의수준 5%에서 검정하여라.

임용고사 기출문제

1. 과거 조사에 의하면 어느 지역의 초등학교 5학년 학생들의 신장은 평균 141.0cm이었다. 줄넘기 운동이 또래 아이들의 신장 발육에 도움이 되는지를 알아보고자 체육활동에서 이 운동을 적극권장하여 실시하여 왔다. 이 운동을 꾸준하게 실시한 또래 아이들 중 임의로 추출한 81명의 신장을 조사한 결과 평균 142.2cm, 표준편차 6.0cm이었다. 줄넘기 운동이 아이들의 신장 발육에 도움이 된다고 할 수 있는지를 유의수준 0.05로 다음 단계와 같이 검증할 때 (가), (나), (다)에 알맞은 것은? 단, 이 지역 아이들의 과거와 현재의 생활환경과 영양섭취 등은 같고 아이들의 신장은 정규분포를 따른다고 가정한다.(2004년)

〈1단계〉 가설검정

귀무가설 H_0에 대한 대립가설 H_1: (가)

〈2단계〉 검정통계량과 분포

표본의 크기가 $n=81$로 충분히 크므로 귀무가설 H_0가 참이라는 가정 하에서 검정통계량 $Z=\dfrac{\overline{X}-\mu}{S/\sqrt{n}}$는 표준정규분포 $N(0,\ 1)$에 근사한다. ($\overline{X}$는 표본평균, S는 표본표준편차, μ는 모평균이다.)

〈3단계〉 유의수준 $\alpha=0.05$에 대한 기각역은 (나)

〈4단계〉 검정통계량의 관측값을 구한다.

〈5단계〉 결론

검정통계량의 관측값을 기각역과 비교한 결과 줄넘기 운동이 신장발육에 (다)

참고로 Z가 $N(0,\ 1)$일 때, $P(|Z|\le 1.645)=0.90$, $P(|Z|\le 1.96)=0.95$

	(가)	(나)	(다)
①	$\mu>141.0$	$Z\ge 1.645$	도움이 된다고 할 수 있다.
②	$\mu>141.0$	$Z\ge 1.96$	도움이 된다고 할 수 있다.
③	$\mu>141.0$	$\lvert Z\rvert\ge 1.96$	도움이 된다는 충분한 증거가 없다.
④	$\mu>142.2$	$Z\ge 1.96$	도움이 된다는 충분한 증거가 없다.
⑤	$\mu>142.2$	$Z\ge 1.645$	도움이 된다는 충분한 증거가 없다.

임용고사 기출문제 정답 **1.** ①

10장 범주형 자료분석

10.1 다항분포와 카이제곱분포의 관계

다항분포(multinomial distribution)란 베르누이 시행을 기본으로 하는 이항분포 $B(n, p)$의 모형을 일반화한 형태로서 다음의 조건을 만족하는 것을 의미한다.

범 주	1	2	$\cdots$	k	합계
$N_i = n_i$	n_1	n_2	$\cdots$	n_k	n

■ **다항분포의 조건**

1) n번의 각 시행의 결과는 서로 배반인 k개의 범주(category) 중 하나에 속한다.
2) 한 시행결과가 i번째 범주에 속할 확률을 p_i라고 하면, 각 시행마다 p_i는 항상 동일하다. 또한 $\sum_{i=1}^{k} p_i = 1$이 된다.
3) 각 시행들은 모두 독립이다.

위의 다항분포의 조건을 만족하는 다항실험을 n회 독립적으로 수행했을 때 i번째 범주에 나타나는 출현수를 확률변수 N_i라고 하고, i번째 범주에 속할 확률을 p_i라고 하면, 시행결과의 횟수에 대한 다항분포의 결합확률밀도함수는 다음과 같다.

$$P(N_1 = n_1, \cdots, N_k = n_k) = f(n_1, n_2, \cdots, n_k) = \frac{n!}{n_1! n_2! \cdots n_k!} p_1^{\ n_1} p_2^{\ n_2} \cdots p_k^{\ n_k}$$

$$(\text{단, } n_i = 0, 1, 2, \cdots, n,\ i = 1, 2, \cdots, k,\ \sum_{i=1}^{k} n_i = n,\ \sum_{i=1}^{k} p_i = 1)$$

따라서 N_i의 기댓값과 분산은 다음과 같다.

$$E(N_i) = np_i, \quad V(N_i) = np_i q_i$$

다항분포와 관련하여 n이 충분히 크면, k개의 범주에서 다음 통계량

$$\chi^2 = \sum_{i=1}^{k} \frac{(N_i - np_i)^2}{np_i} \sim \chi^2_{(k-1)}$$

은 자유도가 $k-1$인 카이제곱분포를 따른다는 것이 알려져 있으며 범주형자료분석에서 중요하게 사용된다. 카이제곱분포가 이용되는 이론적 바탕인 이유를 다음 문제에서 알아보자.

예 10-1 다항분포에서 범주가 $k=2$인 경우는 이항분포의 경우와 일치함을 보이고 자유도가 1인 카이제곱분포를 따름을 보여라.

증명 $k=2$인 경우 $n_2 = n - n_1$, $p_2 = 1 - p_1$, $N_1 \sim B(n, p_1)$이다. n이 충분히 클 때 $N_1 \sim N(np_1, np_1q_1)np_1 \geq 5$, $np_2 \geq 5$이므로

$$\sum_{i=1}^{2} \frac{(N_i - np_i)^2}{np_i} = \frac{(N_1 - np_1)^2}{np_1} + \frac{[N_2 - np_2]^2}{n(1-p_1)}$$

$$= \frac{(N_1 - np_1)^2}{np_1} + \frac{[(n-n_1) - n(1-p_1)]^2}{n(1-p_1)}$$

$$= \frac{(N_1 - np_1)^2}{np_1(1-p_1)}$$

$$= \left[\frac{(N_1 - np_1)}{\sqrt{np_1(1-p_1)}} \right]^2$$

여기서 위의 식 $Z = \left[\frac{(N_1 - np_1)}{\sqrt{np_1(1-p_1)}} \right]$은 이항분포의 정규근사화에 의하여 표준정규분포 $N(0, 1)$에 수렴하고, 표준정규분포의 제곱 Z^2의 분포는 자유도 1인 카이제곱분포를 따른다. 따라서

$$Z = \left[\frac{(N_1 - np_1)}{\sqrt{np_1(1-p_1)}} \right]^2 \sim Z^2 = \chi^2_{(1)}$$

이것을 k개의 범주로 일반화하면 $\chi^2 = \sum_{i=1}^{k} \frac{(N_i - np_i)^2}{np_i} \sim \chi^2_{(k-1)}$임을 알 수 있다.

10.2 적합도 검정

어떤 속성이 오직 하나인 한 변수의 측정에서 한 항목이 n번의 각 시행의 결과가 서로 배반인 k개의 범주 중 하나에 속할 때, 관찰결과가 i번째 범주에 속할 관측도수를 O_i(또는 n_i)라 하면 다음 일차원표로 요약된다.

[표 10-1] 일차원표

범 주	1	2	$\cdots$	k	합계
관측도수 O_i	n_1	n_2	$\cdots$	n_k	n
기대도수 E_i	e_1	e_2		e_k	

일차원표의 분석은 [표 10-1]의 관찰결과를 근거로, 각 범주의 확률 $p_1, p_2, \cdots, p_k$에 대한 이산형모델에 일치하는 확률분포를 따를 것이라는 가설을 검정하는 일이다. 이 사실은 통계이론을 사용하면 k개의 범주에 속한 관측도수의 분포는 주어진 가설 하에서의 모수가 $p_1, p_2, \cdots, p_k$인 다항분포를 따른다고 한다. 여기서 각 범주의 기대도수 E_i는 다음과 같다.

$$E_i = n \cdot p_i, \quad i = 1, 2, \cdots, k$$

이와 같은 범주형 자료분석은 관측도수와 기대도수간의 적합성 여부를 판단하는 것이기 때문에 적합도 검정(goodness of fit test)이라고 부른다. 모수 $p_1, p_2, \cdots, p_k$를 갖는 다항변수 $O_1, O_2, \cdots, O_k$에 대하여 생각해 보자. 그러면 검정하고자 하는 가설은 다음과 같다.

(1) 가설:

$$H_0 : \ p_1 = p_{10}, \ p_2 = p_{20}, \cdots, \ p_k = p_{k0}$$

H_1 : 적어도 하나는 다르다.

(2) 검정통계량:

$$\chi^2 = \sum_{i=1}^{k} \frac{(O_i - E_i)^2}{E_i} \sim \chi^2_{(k-1)}$$

이고 이 χ^2통계량은 귀무가설 H_0 하에서 자유도가 $k-1$인 χ^2분포를 따른다. 이때 각 셀에서의 기대도수가 5 이상이면 이 분포의 가정은 바람직하다. 또한 카이검정통계량의 의미는 각 셀(cell)에서 관찰도수와 기대도수간의 차이(+, −)를 재서 제곱하여 더한 결과를 기대도수로 나누어 표준화한 척도이다. 그러므로 귀무가설이 참이라는 가정 하에서 이 카이 검정통계량의 값이 크다는 것은 관찰도수와 기대도수간의 거리가 크다는 것을 의미하며, 차이가 클수록 귀무가설을 기각할 만한 충분한 증거가 됨을 알 수 있다.

(3) p값: p값 $= P(\chi^2 > \chi^2_{obs} \mid H_0$가 참)

카이제곱성검정은 우측검정만을 고려한다. 그 이유는 [관측도수-기대도수]의 차이의 양과 음을 제곱한 것으로서 큰 값을 가질수록 귀무가설에 어긋나기 때문이다.

4) 결론: p값 < 유의수준 α이면 귀무가설을 기각한다.

예 10-2 어떤 지역의 라면시장에서 판매되는 3가지의 라면제품에 대한 시장 점유율이 각각 $p_1 = 0.3,\ p_2 = 0.3,\ p_3 = 0.4$이라고 생각되어 왔다. 이것이 사실인가를 검정하기 위하여 시중에 판매된 200개의 제품을 조사하였더니 다음과 같았다. 유의수준 0.05에서 검정하여라.

제품	A	B	C
판매량	60	50	90

풀이 (1) 가설: $H_0:\ p_1 = 0.3,\ p_2 = 0.3,\ p_3 = 0.4$

$H_1:$ 적어도 하나는 다르다.

(2) 검정통계량:

제품 범주	A	B	C
관측도수	60	50	90
기대도수	60	60	80

$$\chi^2_{obs} = \sum_{i=1}^{3} \frac{(O_i - E_i)^2}{E_i} = \frac{(60-60)^2}{60} + \frac{(50-60)^2}{60} + \frac{(90-80)^2}{80} = 2.91$$

(3) p값: 카이제곱표를 이용하면, 관찰된 카이제곱통계량은 2.91로서 자유도 2인 카이제곱분포의 99.5 percentile의 값보다 크므로 p값 $= P(\chi^2 > \chi^2_{obs})$은 유의수준 0.05보다 크다.

$$P(\chi^2 > \chi^2_{obs}) = P(\chi^2 > 2.91) = 0.235$$

(4) 결론: p값 > 유의수준이므로 H_0를 기각하지 못한다. 즉 시장점유율은 귀무가설과 차이가 있다고 말할 수 없다.

10.3 독립성 검정

지금까지는 단일기준이나 하나의 질적변수인 이산형 변수에 대한 실험결과를 살펴보았다. 여기에서는 한 모집단에서 추출된 자료를 바탕으로 두 개의 이산형 변수에 대한 관련성을 분석하는 분할표에 대한 독립성 검정(Independence test)에 대하여 알아보기로 한다.

예 10-3 남녀 성별 간에 안경의 착용여부에 대해 어떤 관련성이 있는가를 알아보기 위하여 고등학교 3학년을 대상으로 다음과 같은 100명의 관찰결과가 얻어졌다고 하자.

	안경 씀	안경 안 씀	합계
남	40	10	50
여	20	30	50
합계	60	40	100

남녀 간에 안경 착용여부가 관계가 없다면 그 속성을 가지고 있는 도수의 비율은 비슷할 것이다. 이럴 경우 성별과 안경착용여부는 서로 독립이라고 말할 수가 있다. 위의 예제에서는 남학생이 특별히 안경을 많이 착용하고 있다. 이것을 통계적으로 검정하고자 한다.

일반적으로 한 변수 A가 r개(행 row)의 범주로 되어 있고, 다른 하나의 변수 B가 c개(열 column)의 범주로 구성되어 있을 때 (i, j)번째 항의 관측도수를 O_{ij}(또는 n_{ij})로 표기하고 n을 전체 관측도수라고 하며 다음과 같은 $r \times c$의 이차원 분할표로 표현이 가능하다.

[표 10-2] $r \times c$의 이차원 분할표

A_i \ B_j	1	2	$\cdots$	c	합계	주변확률
1	n_{11}	n_{12}	$\cdots$	n_{1c}	n_{1+}	p_{1+}
2	n_{21}	n_{22}	$\cdots$	n_{2c}	n_{2+}	p_{2+}
$\vdots$	$\vdots$	$\vdots$	$\vdots$	$\vdots$	$\vdots$	p_{i+}
r	n_{r1}	n_{r2}	$\cdots$	n_{rc}	n_{r+}	
합계	n_{+1}	n_{+2}	$\cdots$	n_{+c}	n	
주변확률	p_{+1}	p_{+2}	p_{+j}			

이처럼 분할표에 의해 정리된 자료는 다음과 같이 독립성 검정을 하게 된다.

(1) 가설의 설정:

H_0 : 분할표의 두 변수는 서로 독립이다.

H_1 : 분할표의 두 변수는 서로 독립이 아니다.(연관성이 있다.)

여기서

p_{ij} =한 실험 대상이 범주 A_i, B_j의 cell$(i,\ j)$에 동시에 속할 확률(결합확률)

$$p_{i+} = \sum_{j=1}^{c} p_{ij},\ i = 1,\ 2,\ \cdots,\ r:\ \text{범주 } A_i\text{에 속할 확률(주변확률)}$$

$$p_{+j} = \sum_{i=1}^{r} p_{ij},\ j = 1,\ 2,\ \cdots,\ c:\ \text{범주 } B_j\text{에 속할 확률(주변확률)}$$

라고 정의하면, 귀무가설 H_0가 사실일 때, 즉 서로 독립일 때 모든 $(i,\ j)$항에 대하여 다음이 성립한다.

$$p_{ij} = p_{i+} \cdot p_{+j}$$

$(i,\ j)$항에 대한 기대도수 E_{ij}는

$$E_{ij} = np_{ij} = np_{i+} \cdot p_{+j}$$

로 정의할 수 있으며, 기대도수와 관측도수 간의 차이에 대한 함수 카이제곱을 다음과 같이 생각할 수 있다.

(2) 검정통계량:

$$\chi^2 = \sum_{i=1}^{r}\sum_{j=1}^{c} \frac{(O_{ij} - E_{ij})^2}{E_{ij}} \approx \chi^2_{[(r-1)\times(c-1)]}$$

검정통계량 χ^2는 귀무가설 하에서 자유도가 $[(r-1)\times(c-1)]$인 χ^2을 따른다.

(3) p값: p값$= P(\chi^2 > \chi^2_{obs})$

(4) 결론: p값$<$유의수준이면 귀무가설을 기각한다.

예 10-4 학력과 소득수준 간에 어떤 관계가 있는지를 조사하려고 한다. 150명을 임의로 추출하여 분류한 분할표이다. 유의수준 0.05에서 검정하여라.

	고소득층	중간층	저소득층	계
대졸 이상	40	30	20	90
고졸 이하	10	20	30	60
계	50	50	50	150

풀이 (1) 가설 설정: H_0 : 학력은 소득수준과는 무관하다.

H_1 : H_0는 사실이 아니다.(연관성이 있다.)

귀무가설 H_0 하에서의 (i, j)항의 기대도수는 다음과 같다.

$$E_{11} = np_{11} = 150 \times \frac{50}{150} \times \frac{90}{150} = 30$$

같은 방법으로 다른 셀의 기대도수를 구하면 다음 표와 같다.

[표 10-3] 기대도수 E_{ij}의 분할표

	고소득층	중간층	저소득층	계
대졸 이상	30	30	30	90
고졸 이하	20	20	20	60
계	50	50	50	150

주의사항은 분할표의 각 셀에서 모든 기대도수가 5 이상으로 커야 한다는 것이다. 5보다 작은 셀의 수가 전체 셀 수의 20%보다 많으면 인접항을 합병하여 분석하기를 권장한다.

(2) 검정통계량 χ^2의 값:

$$\chi^2 = \frac{(40-30)^2}{30} + \frac{(30-30)^2}{30} + \frac{(20-30)^2}{30} + \frac{(10-20)^2}{20} + \frac{(20-20)^2}{20} + \frac{(30-20)^2}{20}$$
$$= 16.66$$

(3) p값: 카이제곱표를 이용하면, 관찰된 카이제곱통계량은 16.66으로서 자유도 2인 카이제곱 분포의 99.5 percentile의 값보다 크므로 p값$= P(\chi^2 > \chi^2_{obs})$은 유의수준 0.05보다 작다.

$$p\text{값} = P(\chi^2 > \chi^2_{obs}) = P(\chi^2 > 16.66) < 0.05$$

(4) 결론: p값 < 유의수준 0.05이므로 귀무가설 H_0를 기각한다. 즉 소득수준과 학력과는 밀접한 관련이 있음을 짐작할 수 있다.

10.4 동질성 검정

동질성 검정(homogeneity test)은 두 개 이상의 여러 모집단에서 어떤 범주형 변수에 대한 각 모집단의 분포가 동일한가의 여부를 평가 조사하는 검정방법이다. 이 동질성 검정은 독립성 검정과 같으며, 단지 데이터를 어떻게 얻었는가와 가설을 어떻게 진술하느냐에 차이가 있을 뿐이다.

[표 10-4] 동질성 검정의 $r \times c$의 이차원 분할표

모집단 \ B_j	1	2	$\cdots$	c	합계
1	n_{11}	n_{12}	$\cdots$	n_{1c}	n_{1+}
2	n_{21}	n_{22}	$\cdots$	n_{2c}	n_{2+}
$\vdots$	$\vdots$	$\vdots$	$\vdots$	$\vdots$	$\vdots$
r	n_{r1}	n_{r2}	$\cdots$	n_{rc}	n_{r+}
합계	n_{+1}	n_{+2}	$\cdots$	n_{+c}	n

이 검정방법도 독립성 검정에서 사용하는 χ^2검정 절차를 사용한다.

(1) 가설의 설정:

H_0 : 하나의 이산변수에 대한 여러 모집단의 분포는 동일하다.

즉, $p_{1j} = p_{2j} = \cdots = p_{rj}$, $(j = 1, 2, \cdots, c)$

H_1 : 하나의 이산변수에 대한 여러 모집단의 분포는 다르다.

(2) 검정통계량:

$$\chi^2 = \sum_{i=1}^{r}\sum_{j=1}^{c}\frac{(O_{ij} - E_{ij})^2}{E_{ij}}$$

이고 여기서 r은 모집단의 개수이고 c는 이산변수의 속성의 개수이다. 이 통계량은 귀무가설 H_0 하에서 자유도가 $(r-1)(c-1)$인 χ^2분포를 따른다.

(3) p값: p값$= P(\chi^2 > \chi^2_{obs})$

(4) 결론: p값$<$ 유의수준이면 귀무가설을 기각한다.

예 10-5 고등학교 1, 2, 3학년에 대한 수학성적의 분포는 서로 동일한가를 알아보기 위해 성적을 조사한 결과가 다음 표와 같다. 유의수준 0.05에서 검정을 하라.

	수학성적			
학년(집단)	수	우	미	계
1학년	100	50	50	200
2학년	10	70	20	100
3학년	10	30	60	100
계	120	150	130	400

풀이 (1) 가설 설정은

H_0 : 학년별 수학성적의 분포는 동일하다.

H_1 : 학년별 수학성적의 분포는 다르다.

여기서 전체 학생의 수학성적의 분포에서의 확률은 $\left(\frac{120}{400}, \frac{150}{400}, \frac{130}{400}\right)$이고, H_0가 사실일 경우 각 학년별 기대도수는 다음과 같다.

$$E_{11} = 200 \times \frac{120}{400} = 60 \quad E_{12} = 200 \times \frac{150}{400} = 75.0 \quad E_{13} = 200 \times \frac{130}{400} = 65.0$$

$$E_{21} = 100 \times \frac{120}{400} = 30 \quad E_{22} = 100 \times \frac{150}{400} = 37.5 \quad E_{23} = 100 \times \frac{130}{400} = 32.5$$

$$E_{31} = 100 \times \frac{120}{400} = 30 \quad E_{32} = 100 \times \frac{150}{400} = 37.5 \quad E_{33} = 100 \times \frac{130}{400} = 32.5$$

(2) 검정통계량:

$$\chi^2 = \sum_{i=1}^{3}\sum_{j=1}^{3} \frac{(O_{ij} - E_{ij})^2}{E_{ij}} = \frac{(100-60)^2}{60} + \frac{(50-75)^2}{75} + \cdots + \frac{(60-32.5)^2}{32.5}$$
$$= 122.85$$

(3) p값: 카이제곱표를 이용하면, 관찰된 카이제곱통계량은 122.85로서 자유도 4인 카이제곱분포의 99.5 percentile의 값보다 크므로 p값$= P(\chi^2 > \chi^2_{obs})$은 유의수준 0.05보다 작다.

(4) 결론: p값$< \alpha$ 유의수준이므로 H_0를 기각한다. 즉 학년별 수학성적의 분포는 다르다고 할 수 있다.

10.5 역사: 칼 피어슨과 카이제곱검정

칼 피어슨(Karl Pearson, 1857~1936)은 1857년 런던에서 역사에 관심이 많은 성공한 변호사의 아들로 태어난다. 그는 수학에 관심이 많아 캠브리지의 킹스 칼리지(King's College)에 입학하여 수학과 법학을 공부한다. 여기서 그는 수학의 상을 받는다. 그가 과학자가 되기 전에는 역사와 종교에 관한 책을 썼다. 그는 골턴(Galton)의 제자로 골턴보다도 더 우생학 신봉자가 되었다.

피어슨과 골턴이 통계학을 연구한 주요 목적은 진화론을 검정하는 방법을 찾기 위한 것이었다. 그는 골턴보다 수학적 능력을 가지고 있어서 골턴의 《자연의 유전(Natural Inheritance)》을 읽고 상관관계의 개념과 직관이 생물학과 사회과학의 주요 패러다임을 옮길 수 있는 잠재력이 있음을 깨닫고 이를 수학적으로 연구하여 상관계수과 여러 편상관계수를 개발한다. 또한 그는 표준편차, 히스토그램, 모우드 등의 용어의 사용을 확실하게 한다.

캠브리지에서 대학을 졸업한 후 잠시 독일의 하이델베르그 대학에 공부하러 영국을 떠나 있다가 1881년에 모교에 돌아와 응용수학과의 교수로 수학을 가르친다. 그 당시 그는 가장 영향력 있는 교사 중의 하나였다. 열심히 학생들을 가르치면서도 그 일생을 통해 500여권의 책을 쓴다. 그의 미국의 사회학자 스토퍼(Stouffer)가 그에게 묻기를 어떻게 그렇게 많은 책을 쓰느냐고 물으니 그는 "당신네 미국인들은 이해 못할거요. 하지만 나는 위원회의 회의에 참석하거나 전화로 대답하지 않는다."라고 말했다.

1900년에 그는 관찰된 데이터를 정규곡선과 그 밖의 곡선에 적합(goodness of fit)시키는 것을 연구하던 중 카이제곱 검정(chi-square test)에 대한 이론적인 논문을 발표한다.

$$\chi^2 = S\left(\frac{e^2}{m}\right)$$

이것은 현대적인 카이제곱 통계량과 동일한 식이다. 여기서 S는 합의 기호이고 e는 관찰도수와 이론적인 도수와의 차이이고 m은 이론적인 도수이다. 후에 피셔가 여기에 자유도 개념을 추가하게 된다. 이 카이제곱검정은 범주형 자료분석에 사용되며 두 변수 간의 독립성을 검정하는데 사용된다. 1901년에는 통계학의 전문 논문지인 〈Biometrika〉를 골턴으로부터 200파운드의 지원을 받아 창간한다(Tankard, 1984).

10.6 토론과 실험: 심프슨(Simpson)의 패러독스(paradox)

사회에서 일반적으로 행해지는 설문조사는 대부분 2차원 분할표에 의하여 정리되고 분석된다. 분할표의 해석은 종종 주의를 해야 하는데 그의 한 예로서 미국의 버클리 대학교의 입학자료를 가지고 설명해 보자.

버클리 대학교는 1973년 여성운동 단체로부터 입학사정에서 여성을 차별한다는 비난을 받았는데 그 이유로는 대학원 입학에서 남학생의 합격률이 52%로 나온 반면에 여학생 합격률은 42%로 10%나 낮았기 때문이다. 이 내용은 다음 [표 10-5]와 같다.

이 표만을 분석해 보면 대학원 입학사정에 있어서 분명히 여성을 차별하고 있음을 알 수가 있다.(단 미국 대학입시에서는 학생의 학부성적, 학업계획서, 교수추천서 등 자료를 주관적으로 평가하고 있다). 그러나 이러한 비난에 대응하여 대학 측에서는 다음의 [표 10-6]을 그 대답으로 내놓았다.

자료를 세분화한 결과 6개 분야 중에서 3개의 분야 A, B, F가 성별 합격률이 5% 이상 차이가 있음을 알 수 있다. 이들 분야에서 여학생들의 약진으로 합격률이 높았음을 보여주고 있다. 즉 불이익을 받은 쪽은 여학생이 아니라 오히려 남학생들이라는 것을 보여주기 때문에 이상한 결과를 만나게 된다. 이것이 통계의 패러독스 즉 역설인 것이다.

이와 같이 저차원의 표에서의 결과를 고차원의 표를 이용하게 되면 그 결과가 뒤집히는 것을 **심프슨의 패러독스**(또는 aggregation bias)라고 한다. 즉 병합된 결과를 기초로 한 비교가 결과해석을 오도할 수가 있는 것이다.

그러면 이 예제에서 왜 여성차별설이 뒤집혔을까?

자료를 유심히 관찰해 본다면 남학생들이 많이 지원한 두 A, B분야는 상대적으로 여학생들이 가장 적게 지원한 두 분야이다. 그런데 분야 A, B, F가 합격률이 60% 대로 높은 편이기에 남학생의 전체 합격률이 높아진 반면 여학생의 전체 합격률은 낮게 나타난 것이다. 결과적으로 전공의 선택에서 성별로 차이가 두드러졌던 것이지 입학허가에서 성차별이 있었던 것이 아님을 알 수 있다.

이러한 자료의 분석에서는 표에서 나타나는 결과에 대한 현상적인 것과 본질적인 것과의 구분을 조심스럽게 행할 필요가 있음을 말해 주고 있다.

[표 10-5] 버클리대학교의 대학원의 남녀별 입학자료

	합격	불합격	계
남	1400(52%)	1291(48%)	2691(100%)
여	772(42%)	1063(58%)	1835(100%)
계	2172(48%)	2354(52%)	4526(100%)

[표 10-6] 버클리 대학원의 남녀별 분야별 입학자료

	합격	불합격	합계
남학생	1400(52%)	1291(48%)	2691(100%)
분야 A	512(61%)	313(37%)	825(100%)
B	353(63%)	207(37%)	560(100%)
C	120(37%)	205(63%)	325(100%)
D	138(33%)	279(67%)	417(100%)
E	53(28%)	138(72%)	191(100%)
F	224(60%)	149(40%)	373(100%)
여학생	772(42%)	1063(58%)	1835(100%)
분야 A	89(82%)	19(18%)	108(100%)
B	17(68%)	8(32%)	25(100%)
C	202(34%)	391(66%)	593(100%)
D	131(35%)	244(65%)	375(100%)
E	94(24%)	299(76%)	393(100%)
F	239(70%)	102(30%)	341(100%)
계	2172(48%)	2354(52%)	4526(100%)

연습문제_10

exercises

1. 카이제곱검정에서 관찰된 검정통계량값이 $\chi^2_{obs} = 5.25$였다. 자유도가 2인 경우 다음 물음에 답하여라.

(1) p값에 대응하는 영역을 표시하여라.

(2) p값을 구하여라.

2. 100명의 학생에게 5종류의 광고를 보게 한 후, 가정 선호하는 것을 선택하게 하여 다음의 표를 얻었다. 100명의 학생이 응답한 선호도수가 5종류의 광고와는 무관한지를 유의수준 5%에서 검정하여라.

광고	A	B	C	D	E	합계
관찰도수	25	30	10	10	25	100

3. 어느 정보검색자가 인터넷 사이트 100개의 바탕색을 조사해 보았더니, 68개가 파란색 계통이고 32개가 붉은색 계통이었다. 파란색 계통과 붉은색 계통의 비율이 2:1이라는 가설을 유의수준 5%로 다음 검정 방법을 이용하여 검정하고 그 결과를 비교하여라.

(1) x^2-통계량을 이용하여 검정하여라.

(2) 9장에서 다룬 모비율에 대한 가설검정을 실시하여라.

4. 한 교사에 의하면 방과후 활동은 학생들의 학교등교에 좋은 하나의 요인이 된다고 한다. 이러한 결론이 타당한가를 알아보기 위해 중학교 학생 500명을 랜덤추출하여 출석률을 조사한 결과 다음의 분할표를 얻었다.

	3일 이상 결석함	2일 이하 결석함	합계
방과후 활동참여 그룹	20	280	300
비 참여그룹	18	182	200
합계	38	462	500

과연 방과후 활동을 참가하는 학생들이 결석을 덜 한다고 교사의 주장이 옳은가를 유의수준 5%에서 검정하여라.

11장

분산분석

비교연구(comparative study)는 의학, 생명과학, 약학, 사회학, 심리학, 농업, 경영학 등 거의 모든 분야에서 행해지고 있다. 이때 적용방법이나 개념은 그 사용분야에 관계없이 거의 동일하다.

앞의 9장에서는 두 모집단의 모평균 비교에 정규분포를 이용하는 Z검정과 t분포를 이용하는 t검정을 배웠다. 그러나 실제 비교연구에서는 모집단의 개수가 3개 이상인 경우나 처리(treatment)가 여러 개인 경우를 자주 접하게 된다. 여기서 3개의 모집단의 비교를 생각해 본다면, 간단히 각 짝을 대상으로 t검정 ${}_3C_2$번 실시하면 될 수도 있으나 이것은 부적절한 방법이다. 왜냐하면 그 이유는 유의수준 $\alpha = 0.05$ 하에서 세 경우를 동시에 고려한 결합유의수준은

$$\alpha' = 1 - 0.95^3 = 0.14 > \alpha = 0.05$$

가 되므로 적어도 한 쌍의 제1종오류를 범할 확률이 처음 규정한 5%보다 커지는 경향이 있기 때문이다. 일반적으로 모든 모집단의 평균들의 비교를 동시에 하면서 이 연구에서 결합유의수준도 α=0.05를 유지하길 바란다. 이러한 비교방법으로서 주로 3개 이상($k \geq 3$)의 처리 간에 또는 그 이상의 모집단의 모평균의 차이에 대한 평균비교를 하는 방법인 분산분석(Analysis of Variance: ANOVA)을 배우기로 한다.

11.1 일원분산분석

피셔(R. A. Fisher)는 작물의 생산량을 최대로 하는 조건에 대한 농사실험 등에서 고안된 실험계획의 방법을 연구하던 중 분산분석(Analysis of Variance: ANOVA) 방법을 개발하였다.

이 분산분석은 특성값의 분산 즉 변동을 분석하는 방법으로 특성값의 변동을 제곱합으로 나타내고 이 제곱합을 실험에 관련된 요인별로 분해하여 오차에 비해 큰 영향을 주는 요인이 무엇인가를 찾아내는 분석방법이다.

이 분산분석에서는 독립변수를 요인 또는 인자(factor)라고 하고 요인의 수준(factor level)을 처리(treatment)라고 하며 분석대상인 요인의 개수에 따라서 다음과 같이 구분한다.

일원분산분석(one-way ANOVA): 요인이 1개인 경우
이원분산분석(two-way ANOVA): 요인이 2개인 경우

요인이 2개인 경우는 두 요인 간에 교호작용(interaction)의 가능성이 있느냐가 중요하다.

■ 일원 분산분석법(one-way ANOVA)

일원배치법은 어떤 관심있는 특성치에 대하여 하나의 인자의 영향을 조사하기 위하여 쓰이는 실험계획법으로서 가장 단순한 형태라고 볼 수 있다. 이때 현대적인 실험설계의 원칙 중의 하나인 **처리내의 반복**이 필수적이다. 관찰자료들이 연구자의 조절범위를 벗어나는 주변환경이 대부분이기 때문에 여러 번 측정한 평균을 사용하는 것이 그나마 다양성을 보완하고 잡음효과(noise)를 낮출 수 있게 된다.

관심이 있는 k개의 처리로부터 $n_1, n_2, \cdots, n_k$개의 표본자료를 추출하여 이를 근거로 각 처리의 평균의 비교를 하는 과정을 살펴 보자. 데이터의 구조는 다음과 같다.

[표 11-1] 일원 분산분석의 자료구조

처리 / 반복수	처리 1	처리 2	$\cdots$	j	$\cdots$	처리 k	합 평균
1회	Y_{11}	Y_{12}	$\cdots$	$\cdots$	$\cdots$	Y_{1k}	T_{1+} $\overline{Y_{1+}}$
2회	Y_{21}	Y_{22}	$\cdots$	$\cdots$	$\cdots$	Y_{2k}	T_{2+} $\overline{Y_{2+}}$
⋮	⋮	⋮	$\cdots$	$\cdots$		⋮	⋮
i	⋮	⋮		$\cdots$		⋮	⋮
⋮	⋮	⋮				⋮	⋮
n회	Y_{n1}	Y_{n2}	$\cdots$	$\cdots$	$\cdots$	Y_{nk}	T_{n+} $\overline{Y_{n+}}$
합 평균	T_{+1} $\overline{Y_{+1}}$	T_{+2} $\overline{Y_{+2}}$	$\cdots$	$\cdots$	$\cdots$	T_{+k} $\overline{Y_{+k}}$	T $\overline{Y}$

(1) 가설설정:

$$H_0 : \mu_1 = \mu_2 = \cdots = \mu_k$$

H_1 : 적어도 어느 한 집단은 서로 다르다.

(2) 여기서 사용하는 통계모델은 다음과 같다.

$$\begin{aligned} Y_{ij} &= \mu_j + \epsilon_{ij} \\ &= \mu + \alpha_j + \epsilon_{ij}; \text{ 반복 } i = 1, 2, \cdots, n, \text{ 처리(요인) } j = 1, 2, \cdots, k \end{aligned}$$

여기서 Y_{ij}는 j번째 처리(요인)를 하여 얻어진 i번째 표본자료를 의미하며 $\alpha_i = \mu_i - \mu$는 처리효과를 나타낸다. 또한 여기서 μ는 k개의 모집단을 모두 한 모집단으로 볼 때의 총평균이다. 위 모형을 변형하면 다음과 같이 볼 수 있는데

$$Y_{ij} - \mu = \alpha_j - \epsilon_{ij} = (\mu_j - \mu) + (Y_{ij} - \mu_j)$$

이 기본모형의 의미는 개별 관찰자료와 총평균과의 차이$(Y_{ij}-\mu)$를 처리 그룹 간의 평균차 $(\mu_j-\mu)$와 그룹 내에서의 오차항 $(Y_{ij}-\mu_j)$로 분리하고 있음을 알 수 있다. 이 기본모형의 μ_j, μ에 대한 표본으로부터의 추정치 $\overline{Y_{ij}}$, $\overline{Y}$를 대입하여 정리하면 다음과 같다.

$$\begin{aligned}\sum_{j=1}^{k}\sum_{i=1}^{n_j}(Y_{ij}-\overline{Y})^2 &= \sum_{j=1}^{k}\sum_{i=1}^{n_j}[(Y_{ij}-\overline{Y_j})+(\overline{Y_j}-\overline{Y})]^2 \\ &= \sum_{j=1}^{k}\sum_{i=1}^{n_j}(Y_{ij}-\overline{Y_j})^2+\sum_{j=1}^{k}\sum_{i=1}^{n_j}(\overline{Y_j}-\overline{Y})^2+2\sum_{j=1}^{k}\sum_{i=1}^{n_j}(Y_{ij}-\overline{Y_j})(\overline{Y_j}-\overline{Y}) \\ &= \sum_{j=1}^{k}\sum_{i=1}^{n_j}(Y_{ij}-\overline{Y_j})^2+\sum_{j=1}^{k}\sum_{i=1}^{n_j}(\overline{Y_j}-\overline{Y})^2\end{aligned}$$

위 식의 좌변은 전체 표본자료의 총변동량(SST: total sum of squares)을 말하고, 우변의 첫항은 j번째 처리 내에서의 급내변동량(SSW: sum of squares within a treatment)을 나타내며, 둘째항은 처리 간의 급간변동량(SSB: sum of squares between treatment)을 의미한다. 즉

SST	=	SSW	+	SSB
총변동		급내변동		급간변동

여기서 여러 집단의 평균에 차이가 있는지를 편차제곱합의 꼴로 표현된 집단 내의 분산인 급내변동과 급간 변동인 집단 간의 분산의 비(ratio)를 이용하여 이들이 총변동량에 기여하는 정도를 분석하는 방법이 분산분석의 의미이다. 또한 이들 변동량들은 각각에 기여하는 변수의 개수인 자유도에 차이가 있기 때문에 편차제곱합의 단순비교보다는 이들을 자유도로 나눈 평균제곱합(mean squares: MS)으로 비교하는 것이 더 타당하다고 할 수 있다.

두 평균제곱합의 비는 다음과 같이 쓸 수 있으며, 이것을 검정통계량으로 사용하고, 다음의 F 분포를 따르는 것을 알 수 있다.

$$F=\frac{SSB/(k-1)}{SSW/(n-k)}=\frac{MSB}{MSW}\sim F_{k-1,n-k}$$

만일 귀무가설 H_0가 사실이라면 위 확률변수 F는 기댓값이 1인 자유도$(k-1,\, n-k)$의 F분포를 따르게 된다.

유의수준 α 하에서 p값이 아주 작으면 H_0를 기각하게 되는 것이다. 이상에서 논의한 분석결과를 요약한 것이 분산분석표로 다음과 같다.

[표 11-2] 분산분석표

	제곱합	자유도	평균제곱합	F비	p값
급간	SSB	$k-1$	MSB=SSB/$(k-1)$	F=MSB/MSW	
급내	SSW	$n-k$	MSW=SSW/$(n-k)$		
합계	SST	$n-1$			

이때 추가적으로 언급한다면 분산분석은 다음 2가지를 기본가정으로 한다.

(1) 각 집단의 자료는 정규분포를 따른다.

(2) 각 집단의 분산은 모든 집단에서 동일하다.

즉 등분산을 가정하고 있기 때문에 만약 자료가 등분산의 가정을 만족하지 못하면 Log 변환을 해서 집단 내 변동을 같게 만든 후에 분산분석을 하는 것이 맞다. 그렇지 못하면 비모수적인 방법인 Kruskal Wallis를 이용한 집단 간 비교를 해야 한다.

예 11-1 3개의 자동차 회사에서 생산되는 소형자동차(배기량 1000cc이하)의 연비(km/l 당)에 차이가 있는지를 분석하고자 한다. 각 회사별로 5개의 차를 임의로 추출하여 연비를 기록한 결과가 다음과 같다. 이 관측자료를 토대로 세 회사의 자동차의 연비에 차이가 있는지를 유의수준 0.05에서 검정하여라.

[표 11-3] 자동차 연비 측정치

집단별 / 반복수	A회사	B회사	C회사
1회	19.4	20.0	21.8
2회	19.6	19.8	21.6
3회	19.0	21.0	21.2
4회	18.2	20.8	22.4
5회	18.8	20.4	22.0
평균	19.0	20.4	21.8

풀이 분산분석을 행하면 다음과 같다.

[표 11-4] 자동차 연비의 분산분석표

변동	제곱합	자유도	평균제곱합	F비	p값
급간	19.60	2	9.80	F=39.20	0.0000
급내	3.04	12	0.25		
합계	22.64	14			

p값 < 유의수준 0.05이므로 귀무가설을 기각한다. 즉 5% 유의수준에서 자동차의 연비는 회사별로 차이가 있음을 말해 주고 있다.

■ **다중비교**

분산분석은 처리의 효과 간에 차이가 있는지의 여부만을 검토하게 된다. 이에 비해 다중비교(multiple comparison)는 두 개 이상의 모평균들 간의 차이를 동시에 비교하는 일반적인 방법이다. 이 다중비교는 실험결과를 본 후에 계산된 자료의 평균에 근거하여 비교하는데, 분산분석표에서 귀무가설이 기각되는 경우에 어느 요인의 처리수준 간에 차이가 있나를 추가로 살펴보는 방법이다. 이 사후추정검정의 방법으로는 Duncan, Tukey, Scheffe방법 등이 있다. 이 다중비교의 결과는 대부분의 통계 패키지에서 쉽게 얻을 수가 있다.

11.2 랜덤화 블록계획법

일원 분산분산법에서 처리가 다른 여러 군의 실험단위들은 처치를 하기 전에는 서로 동질적으로 구성되어 있어서 처리효과의 차이만이 반응측정값의 차이로 나타나는 것이 바람직하다. 그러나 현실적으로는 실험단위가 여러 요인들에 의해서 균일하지 못하여 반응측정값의 변동이 심하게 되면 처리효과간의 차이를 알아내기가 어렵게 된다. 이러한 경우의 어려운 점을 극복하려는 해결방안의 하나가 랜덤화 블록계획법이다.

예를 들면 벼 품종에 따른 수확량을 조사할 때 실험에 사용되는 논의 지력이 일정하지 않은 경우에는 우선 지력이 일정하도록 몇 개의 블록(구획)을 만든후 각 블록에 모든 품종의 벼를 심는다. 이와 같이 하면 지력의 차이가 심한 경우에도 그로 인한 변동을 제거할 수 있으므로 벼 품종 간의 수확량 차이를 더욱 정확하게 조사할 수가 있다.

즉 **랜덤화 블록계획법**(randomized block design)은 실험계획 단계에서 미리 이러한 요인에 의해 실험단위들을 동질적인 것끼리 하나의 블록으로 구획화(blocking)하고 각 블록 내에서만 실험단위들이 각각의 처리에 랜덤하게 배치되는 실험을 말한다. 이렇게 함으로써 다른 블록 간에는 매우 다르다고 하더라도 동질적인 같은 블록 내에서는 효과적으로 처리를 비교할 수 있다. 이 분석방법에서는 실험에 의한 각 개체의 반응은 블록효과와 처리효과 등의 2가지 효과에 의하여 설명되어지고 이 두 가지 효과에 의하여 설명되지 않는 부분을 오차효과로 정의한다. 그러므로 랜덤화 블록계획법은 처리와 블록의 두 인자가 있고 반복이 없는 이원 분산분석법이지만 분석의 주된 관심은 처리효과에 있다.

블록의 수가 b이고 처리의 수가 k인 랜덤화 블록계획법 즉 반복이 없는 이원 분산분석(two-way ANOVA)의 자료구조는 [표 11-5]와 같다.

[표 11-5] 랜덤화 블록계획법의 자료구조

	처리 1	처리 2	j	처리 k	합 평균
블록 1	Y_{11}	Y_{12}	$\cdots$	Y_{1k}	T_{1+} $\overline{Y_{1+}}$
블록 2	Y_{21}	Y_{22}	$\cdots$	Y_{2k}	T_{2+} $\overline{Y_{2+}}$
i	$\vdots$	$\vdots$	$\cdots$	$\vdots$	$\vdots$
블록 b	Y_{b1}	Y_{b2}	$\cdots$	Y_{bk}	T_{b+} $\overline{Y_{b+}}$
합 평균	T_{+1} $\overline{Y_{+1}}$	T_{+2} $\overline{Y_{+2}}$	$\cdots$	T_{+k} $\overline{Y_{+k}}$	T $\overline{Y}$

랜덤화 블록계획법에서 사용하는 통계모형은 다음과 같다.

$$Y_{ij} = \mu + \alpha_i + \beta_j + \epsilon_{ij}, \quad i = 1, 2 \cdots b, \quad j = 1, 2, \cdots, k$$

여기서 Y_{ij}는 j번째 처리(요인)를 하여 얻어진 i번째 블록의 표본자료를 의미하며 α_i는 i번째 수준의 블록효과, β_j는 j번째 수준의 처리효과를, ϵ_{ij}는 오차항을 나타낸다. 또한 $\overline{Y}$는 총평균이다. 랜덤화 블록계획법에서도 일원 분산분석에서와 같이 총제곱합은 다음과 같이 분해 표현된다.

$$\underset{\text{총제곱합}}{\text{SST}} = \underset{\text{처리제곱합}}{\text{SSA}} + \underset{\text{블록제곱합}}{\text{SSB}} + \underset{\text{오차제곱합}}{\text{SSE}}$$

$$\sum_{i=1}^{b}\sum_{j=1}^{k}(Y_{ij} - \overline{Y})^2 = k\sum_{i=1}^{b}(\overline{Y_{i.}} - \overline{Y})^2 + b\sum_{j=1}^{k}(\overline{Y_{.j}} - \overline{Y})^2 + \sum_{i=1}^{b}\sum_{j=1}^{k}(Y_{ij} - \overline{Y_{i.}} - \overline{Y_{.j}} + \overline{Y})^2$$

[표 11-6] 랜덤화 블록계획법의 분산분석표

	제곱합	자유도	평균제곱합	F비
처리	SSA	$k-1$	$MSA = SSA/(k-1)$	$F_A = MSA/MSE$
블록	SSB	$b-1$	$MSB = SSB/(b-1)$	$F_B = MSB/MSE$
오차	SSE	$(k-1)(b-1)$	$MSE = SSE/(k-1)(b-1)$	
합계	SST	$kb-1$		

랜덤화 블록계획법에서 처리효과와 블록효과의 검정은 다음과 같다.

(1) 처리효과의 귀무가설

$$H_0 : \beta_1 = \beta_2 = \cdots = \beta_k = 0$$

에 대한 검정통계량은

$$F_A = \frac{MSA}{MSE} = \frac{SSA/(k-1)}{SSE/(k-1)(b-1)}$$

이며 유의수준 α에서 p값이 작으면 귀무가설을 기각한다.

(2) 블록효과의 귀무가설

$$H_0 : \alpha_1 = \alpha_2 = \cdots = \alpha_b = 0$$

에 대한 검정통계량은

$$F_B = \frac{MSB}{MSE} = \frac{SSB/(b-1)}{SSE/(k-1)(b-1)}$$

이며 유의수준 α에서 p값이 작으면 귀무가설을 기각한다.

랜덤화 블록계획법에서는 처리 A의 효과에 대한 검정이 주요한 관심이며(블록은 단지 구획정리를 했을 뿐임) 만약에 처리효과가 유의한 경우에는 어떠한 처리수준의 평균의 차이가 유의하게 다른 지에 대한 다중비교를 하게 된다.

반복이 없는 이원분산분석법과 랜덤화 블록계획법과의 차이는 실험의 배치방법에 차이가 있다. 즉 랜덤화 블록계획법에서는 실험의 순서를 블록 내에서만 랜덤하게 하면 되지만 이원분산분석에서는 전체 kb개의 실험을 랜덤하게 선택된 순서에 의해 시행해야 한다.

예 11-2 토양이 균일하지 못해서 지력이 5등급으로 구분되는 농사시험장에서 3가지 벼 품종 A, B, C의 수확량을 비교하고자 한다. 품종 간에 수확량의 차이가 있는가를 유의수준 0.05에서 조사하여라. 실험결과의 수확량은 다음 표와 같다.

[표 11-7] 벼의 수확량(kg)

지력(블록) \ 벼 품종	A	B	C	평균
1	16.1	12.6	15.2	14.6
2	22.4	16.3	20.2	19.6
3	24.5	21.0	23.8	23.1
4	21.1	17.8	18.9	19.27
5	19.7	15.9	18.7	18.1
평균	20.8	16.7	19.4	18.95

풀이 벼 수확량에 대한 자료를 바탕으로 분석한 결과가 다음 [표 11-8]과 같다. p값 < 0.05이므로 유의수준보다 작아서 귀무가설을 기각하게 되고 지력에 따라 또한 벼 품종간의 수확량의 차이는 유의하다고 할 수 있다.

[표 11-8] 개체 간 효과 검정의 분산분석표(SPSS Win 10.0 s/w의 결과출력) 종속변수: 수확량

소스	제 III 유형 제곱합	자유도	평균제곱	F	유의확률
수정 모형	153.523	6	25.587	52.830	.000
절편	5384.643	1	5384.643	11117.638	.000
벼 품종	42.085	2	21.043	43.447	.000
지력	111.437	4	27.859	57.521	.000
오차	3.875	8	.484		
합계	5542.040	15			
수정 합계	157.397	14			

a R 제곱 =.975 (수정된 R 제곱 =.957)

11.3 역사: 피셔와 분산분석

피셔(Fisher)의 대부분 통계적 작업은 피어슨과 고셋의 초기 노력의 산물에 더하여 피셔의 수학적 능력의 결합으로 수리 통계학의 이론적 개발과 확장이 이루어진 것이라고 볼 수 있다. 그는 실험계획법을 창안하고, 유전학에도 공헌을 한다. 그는 300여편의 논문과 7권의 책을 쓴다. 그는 분산분석법과 판별함수(discriminant function)의 발명 등 수리 통계학에 중요한 많은 공헌을 한다.

그는 1890년 런던에서 태어난다. 그는 어려서부터 과학에 관심이 많았다. 캠브리지 대학을 졸업하고 그는 런던의 투자회사와 공립학교 교사를 하면서 틈틈이 계속하여 통계학과 유전학 분야의 논문을 발표한다. 또한 그는 시력이 약하여 1차 세계대전의 군대소집을 면제받는다. 1919년에 그는 로담스트(Rothamsted)의 농업실험연구소에 취직을 한다. 학교보다도 자유가 더 있는 곳이었다. 여기서 14년 동안 그는 놀랄 만한 통계학적 업적을 남기게 된다. 농업 실험의 한 문제는 토양의 변동성이었다. 그래서 이곳 실험연구자들은 이것을 극복하고자 같은 처리를 반복시행하는 노력을 해오던 중이었다. 1921년 여기서 그는 논문 〈Studies in Crop Variation, I. An examination of the Yield of Dressed Grain from Broadbalk〉을 발표하면서 로담스트에서 얻은 첫 데이터를 이용하여 분산분석에 관한 기본 개념을 제시한다.

분산분석의 기술은 하나의 분산이 다른 분산과의 비(ratio)가 얼마만큼인가를 측정하는 수단으로서 두 개의 분산의 추정치의 비에 의존한다. 피셔는 궁극적으로 두 개의 분산 추정치의 비가 표본분포를 갖는다는 것을 보였다. 그는 그의 논문 〈On a distribution Yielding the error functions of several well known statistics〉에서 분산분석의 수학적 기초를 보였으며, 카이제곱, t, F분포와의 기본적인 관계를 보였다.

고셋과 피셔는 오랫동안 협력하여 t-tables를 개선하였다. 그리고 그는 두 개의 유명한 저서 《Statistical Methods for Research Workers(1925)》와 《The Design of Experiments(1935)》를 발간한다. 여기서의 주요 아이디어는 반복화, 랜덤화, Latin Squares, Factoral Design 등이다. 또한 그는 p-value 접근법의 가설검정의 개념을 발표한다. 그리고 그는 피어슨이 은퇴한 후임자로서 1943년 런던대학의 교수가 된다(Tankard, 1984).

11.4 토론과 실험: 데이터는 스스로 말하지 않는다.

■ 비교

어떤 관심이 있는 자료를 분석할 때 대부분 상대적인 비교(comparison)를 하는 경우가 많다. 이때는 비교 기준의 척도가 같아야 하고 자료를 산출한 동등한 배경과 조건 등을 고려하여 가능한 한 합리성과 타당성을 함께 고려해야 한다. 순진한 독자를 현혹하거나 엄연한 사실을 가지고 논리적으로 비약된 과장된 결론을 유도하여 독자들의 판단을 마비시키는 경우가 있기 때문이다.

OECD의 2003년도 학업성취도 국제비교연구인 PISA(Program for International Student Assesment)에서 발표한 세계 각국의 중·고등학생들의 수학적 소양(literacy) 점수 비교에서 총 32개국 중 한국이 2등이라는 발표가 있었는데 이것을 어떻게 설명할 수 있을까? 기쁜 일이라고 자축할만한 비교 결과인가? 아니다. 이것을 곧이곧대로 믿을 일이 아니라 각 비교 조건이 타당한가를 점검해야 한다. 예를 들어 우리나라 학생들의 방과 후 수학 과외를 치열하게 하는 사회적 문화 때문에 다른 나라 학생들보다 수학공부에 과도한 집중을 하는 것인지 점검하는 일이 우선 중요하다고 하겠다.

또한 2005년 5월 포브스(Forbes) 잡지의 기사에서 장수비결 10가지 중에 그 일부를 보면

> 첫째, 하루 6~7시간 잠을 자라.
> 둘째, 긍정적으로 생각하라.
> 셋째, 금연하라.
> 넷째, 오래 살려면 부자가 되라.

라고 포브스 잡지는 권고했다. 그런데, 미국인 중 연소득 2만 달러(약 2000만원) 이하인 사람이 만성질환을 앓을 확률은 24%로, 연소득이 7만 5000달러에 달하는 '부자들(6%)'보다 18% 이상 높게 나타났다. 이러한 연구의 결과를 보면서 부자가 되면 장수를 하는 것으로 인과관계를 말한다는 것은 상당한 논리적인 비약일 수 있다는 것이다. 왜냐하면 장수하는 사람들은 원래 건강하고 오래 살면서 대인관계도 좋고 부자가 되어 있는지도 모른다. 그러므로 우리는 어떤 사실과 비약된 결론의 해석에 대한 차이를 항상 주의해야 한다.

■ 통계기사 읽기와 쓰기

통계학 입문을 배우는 이유 중의 하나는 통계학과 실세계를 연결하는 것이다. 우리는 학생들과 함께 우리들이 읽은 신문기사, 과학기사와 통계분석기사로부터 정보를 얻어내고 비평적인 안목을 가지고 그 내용을 어떻게 이해할 것인가를 배워야 한다.

그 방법으로 학생들은 자기들 스스로 신문기사나 과학기사를 선택하여 원래의 내용을 이해하고 다음과 같은 절차를 거쳐서 연구기사에 대한 학생들의 요약과 비평을 글로 쓰도록 훈련하는 것이 필요하다. 또한 이를 토대로 토론을 하여 보다 종합적인 통계분석기사를 읽는 능력을 키우는 것이 중요하다.

기본적으로 각 조사 결과를 비교하는 데는 우선적으로 고려해야 하는 것이 비교기준(base line)이 같으냐?이다. 만약 같지 않다면 비슷하게 하려고 얼마나 노력했느냐가 중요하다. 비교기준이 틀린 비교는 이미 출발부터 서로를 비교한다는 것이 의미가 없는 것이다. 예를 들어 서울의 교사 수는 지방의 교사 수보다 많다라고 한다면 이것을 비교할 수가 있겠는가. 서울은 우리나라 인구의 절반이 살고 있으니 당연히 선생이 많을 것이다. 지방은 아주 인구가 적으니 선생 수도 작을 수밖에 없다. 이런 비교는 의미가 없고, 총 학생인구 100명당 교사의 수가 얼마인지를 기준으로 비교한다면 가능할 것이다.

학생들이 통계를 이용한 기사를 분석하는 요약절차와 기록방법은 다음과 같다.

1. 기사의 원본과 출처: 2. 기사의 요약: 3줄 이내 3. 배경: 4. 목적: 5. 연구의 형태: 6. 개체:	7. 통계분석방법: 관찰/실험 8. 언급된 결론: 9. 무응답: 10. 일반화: 가능성과 어려움 등 11. 토의: 질문과 대답

■ 데이터는 스스로 말하지 않는다

Michale Shermer는 그의 저서 《The Borderlands of Science(2001)》에서 정보에 대하여 회의론적인 입장을 취한다. 그는

> 데이터는 스스로 말하지 않는다

라는 말로 우리들에게 데이터의 소비자로서 경계를 늦추지 말도록 당부하고 있다. 왜냐하면, 순박한 국민을 호도하려는 일부 정직하지 못한 사람들이 의도적으로 스스로 필요한 증거를 조작하여 만들어 내기도 하는 것이 현실이기 때문이다. 예를 들어 20세기 과학의 가장 큰 사기 사건이었던 1912년 영국의 지질학계에서의 필트다운 날조사건(The Piltdown Forgery)이다. 당시에는 인류의 발전 단계에서 튀어나온 턱뼈가 들어가는 것보다 뇌의 용적이 커진 것이 먼저라는 견해가 일반적이었다. 이 견해를 입증하기 위해서 인간과 닮은 두개골에 원숭이를 닮은 턱뼈를 가진 화석이 필요했고, 이 사실은 40년 후인 1950년대에야 사기극으로 판명이 났다(과학의 변경지대, 마이클 셔머, 사이언스북, p. 53).

마이클 셔머의 말대로 우리는 차분하게 방대한 통계와 정보의 홍수 속에서 누가, 왜, 무슨 목적으로 광고나 홍보나 정보를 내보내는가를 먼저 숙고한 후에 정보의 내용을 가려서 수용할 수 있는 통계의 현명한 소비자로서의 안목과 능력을 지녀야 할 것이다.

연습문제_11

exercises

1. 20마리의 새를 4마리씩 5군으로 나누어 각기 다른 종류의 사료를 먹이에 섞어 길렀다. 일정기간이 지난 후 측정한 체중은 다음과 같다.

사료의 종류

A_1	A_2	A_3	A_4	A_5
5	9	4	8	8
4	8	4	6	8
3	8	5	7	6
5	7	7	8	7

(1) 초기 체중이 거의 비슷한 20마리의 새를 4마리씩 5군으로 나누는 랜덤화방법을 설명하여라.

(2) 여러 종류의 사료가 체중증가에 미치는 영향이 서로 같은지를 검정하여라.

2. 다음의 분산분석표를 완성하여라.

요인	제곱합	자유도	평균제곱	F
처리		5		
잔차	100			
계	220	24		

3. 어떤 공장의 작업반장이 작업조건이 생산수량에 영향을 주는가 알아보기 위하여 A_1, A_2, A_3, A_4 4개의 작업조건을 택하고 일원분산분석에서 아래의 4회의 반복 관측값을 얻었다. 분산분석표를 작성하고 작업조건에 따른 생산량에 차이가 있는지를 유의수준 5%에서 검정하여라.

A_1	A_2	A_3	A_4
14	17	12	13
11	9	16	14
14	10	8	12
13	11	13	11

12장

회귀분석

12.1 단순회귀모델

지금까지 기초통계분석에서 공부해 온 2개의 변수 간의 관계를 분석하는 통계검정방법을 요약하면 다음과 같다.

변수형태	비교상황의 예	검정방법
질적변수 대 질적변수	성별과 혈액형의 관계	카이제곱검정(교차분석)
질적변수 대 양적변수	A, B반의 수학성적의 관계	2 집단의 비교(t검정)
질적변수 대 양적변수	졸업년도별 만족도의 관계	$k \geq 3$인 집단의 비교(ANOVA)
양적변수 대 양적변수	사료량과 닭 무게의 관계	상관분석과 회귀분석

회귀분석(regression)은 변수들 간의 관련성 정도를 조사 및 예측하는 데 적용하는 방법론이며 변수들 간의 수학적 함수모형을 회귀식(regression equation)이라고 부른다.

보통 두 변수 간의 관련성을 재고자 하는 경우, 우선적으로 **산점도**(scatter plot)를 그려 보고, 이 산점도에서 구체적으로 두 변수 간의 관련성이 보이면 두 변수 간의 어떤 함수관계가 있는가를 알아보게 된다.

기초통계학에서는 종속변수가 1개이고 독립변수가 1개인 경우를 다루는데 특별히 이것을 단순회귀분석이라고 한다. 독립변수가 2개 이상인 경우는 다중회귀분석이라고 한다. 또한 회귀방정식의 형태에 따라 선형회귀모델과 비선형회귀모델로도 구분한다.

단순회귀모델(simple regression model)

선형회귀분석이란 관측값이 쌍으로 관찰된 두 연속형 변수들 사이에 선형관계가 있다고 전제한 후에 하나의 종속변수 Y와 독립변수 X의 선형관계식

$$Y = \beta_0 + \beta_1 X + \epsilon$$

을 설정하여 추정하는 통계분석방법이다. 특히 단순회귀분석이란 한 개의 반응변수에 하나의 설명변수에 관한 선형관계식을 구하는 분석을 말한다.

예 12-1 학생의 수학 수능점수(x)와 미적분점수(Y) 간의 관계에 관심이 있다고 하자. 다음은 10명의 수학수능점수와 미적분학 점수의 데이터와 산점도이다.

	x	y
1	70	77
2	74	94
3	72	88
4	68	80
5	58	71
6	54	76
7	82	88
8	64	80
9	80	90
10	61	69

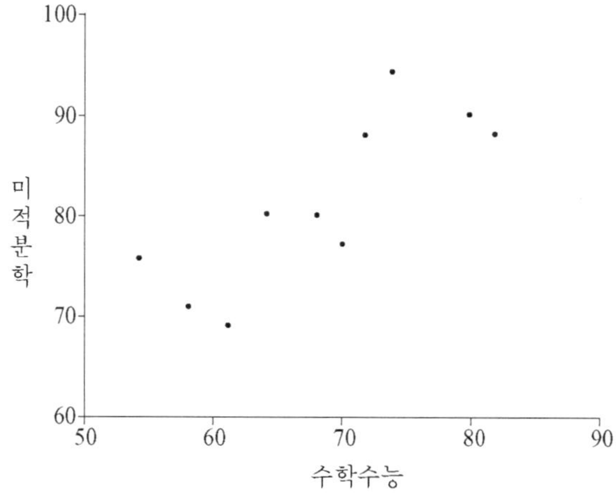

▲그림 12-1 산점도

이들 중에 수능점수를 x라 하고, 이에 대하여 미래의 확률변수 Y를 예측하는 데 관심이 있다고 해 보자. 동일한 X값에 대하여 Y값이 같은 값을 갖게 되지는 않을 것이다. 즉 Y는 오차를 포함하는 확률변수임을 의미하고 확실한 Y값을 예측할 수는 없다. 따라서 우리는 Y값으로 기대되는 평균값 $E(Y)$를 추정하는 문제를 고려하는 것이 합리적이다.

우선 산점도를 보면 수학수능성적이 높은 학생이 미적분성적이 높은 것을 알 수 있다. $E(Y)$는 보통 X의 함수로 $E(Y)=u(x)$이다. 이 함수는 직선, 포물선과 지수함수 등을 생각할 수 있다. 이 함수를 직선으로 생각하고 다음과 같이 모수 β_0, β_1을 포함하는 다음과 같은 식을 생각해 보자.

$$E(Y)=\beta_0+\beta_1 x$$

이 모수를 추정하기 위하여 n개의 관측값의 쌍 $(x_1,\ y_1),\ (x_2,\ y_2),\cdots,\ (x_n,\ y_n)$을 사용하여 평균 $E(Y)=u(x)$를 추정해 보자. 이것을 회귀선이라 부른다. 이때 변수 X의 특정한 값 x_i에 대한 Y의 값은 확률오차값인 ϵ(오차항)의 합으로 다른 값을 각각 갖게 된다. 이 오차항이 정규분포를 따른다고 가정하면 다음과 같은 선형모델로 표현할 수 있다.

$$Y_i=\beta_0+\beta_1 x_i+\epsilon_i,\ \ i=1,\ 2,\cdots,\ n$$

여기서 오차항은 서로 독립이고 $\epsilon_i \sim N(0,\ \sigma^2)$을 따른다.

또한 $X=x_i$의 값이 주어졌을 때, 확률변수 Y_i의 기댓값 $E(Y_i|\,x_i)$는 다음과 같이 나타낼 수

있다.

$$E(Y_i \mid X = x_i) = \beta_0 + \beta_1 x_i$$

이제 이 식에서 모수인 β_0, β_1를 추정해 보자.

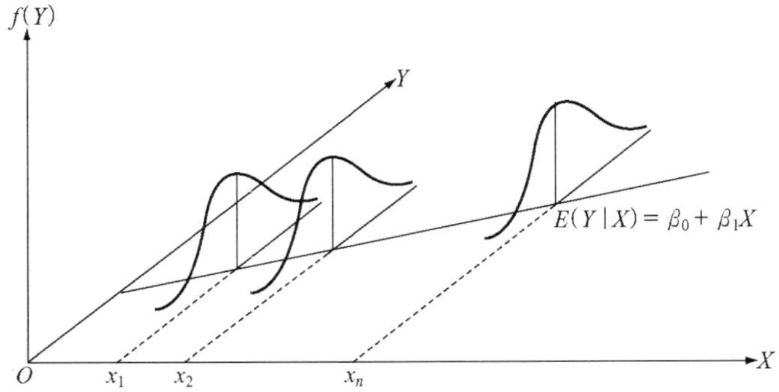

▲그림 12-2 단순회귀모델

12.2 회귀계수의 추정

단순회귀모델은 $E(Y \mid x) = \beta_0 + \beta_1 x$와 잔차 ϵ의 결합으로 표현된다. 여기서 회귀분석의 기본은 선형식의 계수를 추정하는 일이 된다. 실제로 이들 계수는 모집단을 대상으로 하여 구해야 하는 계수이다. 그러나 실제적인 자료분석에서는 모집단 대신에 랜덤하게 뽑은 표본 관찰치 $(x_1, y_1), (x_2, y_2), \cdots, (x_n, y_n)$를 이용하여 회귀계수 β_0, β_1를 추정한 값인 $\widehat{\beta_0}$, $\widehat{\beta_1}$을 구하게 된다. 이 경우 추정된 회귀선을

$$\widehat{Y} = \widehat{\beta_0} + \widehat{\beta_1} x$$

라고 표현한다. 자료의 값인 y_i들이 있는데도 여기서 Y를 대문자로 사용하는 것은 종속변수가 확률변수로 간주되고 있음을 강조하고자 함이다. 최종적으로 구체적인 수치를 가지고 계산을 할 때에는 자료 y_i로 대체하면 된다.

회귀계수 $\widehat{\beta_0}$, $\widehat{\beta_1}$를 추정해 보자. 회귀식에서 x_i에 의해서 설명이 안 되는 오차항은 다음과 같다.

$$\epsilon_i = Y_i - (\beta_0 + \beta_1 x_i), \quad i = 1, 2, \cdots, n$$

오차항의 부호를 없애기 위해 오차들을 제곱하고 이들을 모두 합한 값인

$$S = \sum_{i=1}^{n} \epsilon_i^2 = \sum_{i=1}^{n} (Y_i - \beta_0 + \beta_1 x_i)^2 \tag{12.1}$$

을 최소가 되도록 $\widehat{\beta_0}$, $\widehat{\beta_1}$의 값을 추정하는 것이 주어진 자료에 근거하여 회귀선이 적합을 잘하도록 하는 것이 된다. 이러한 원리를 이용하여 회귀계수를 추정하는 방법을 최소제곱법(least square method)이라고 한다.

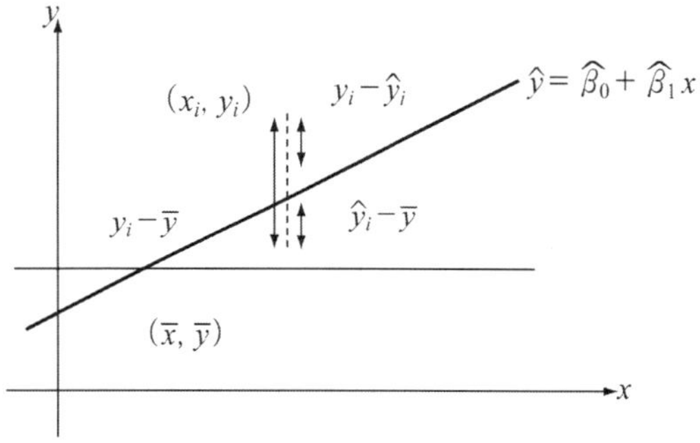

▲그림 12-3 총편차의 분해

이 합을 최소로 하는 $\widehat{\beta_0}$, $\widehat{\beta_1}$는 각 계수에 대하여 (12.1)식의 일차편미분을 취하여 0으로 놓은 후에 해를 구할 수 있다.

$$\begin{cases} \dfrac{\partial S}{\partial \beta_0} = -2\sum (Y_i - \beta_0 - \beta_1 x_i) = 0 \\ \dfrac{\partial S}{\partial \beta_1} = -2\sum (Y_i - \beta_0 - \beta_1 x_i x_i) = 0 \end{cases}$$

이 연립한 식을 정리하면 다음과 같다.

$$\begin{cases} n\beta_0 + (\sum x_i)\beta_1 = \sum Y_i \\ (\sum x_i)\beta_0 + (\sum x_i^2)\beta_1 = \sum x_i Y_i \end{cases}$$

이것을 정규방정식이라고 부른다. 이 연립식을 풀고 $\bar{x}$, $\overline{Y}$를 각각 x_i, Y_i의 표본평균이라고 한다면

$$\hat{\beta_1} = \frac{\sum(x_i - \overline{x})(Y_i - \overline{Y})}{\sum(x_i - \overline{x})^2}$$

$$\hat{\beta_0} = \overline{Y} - \hat{\beta_1}\overline{x}$$

으로 구해진다. 그러므로 추정된 회귀선은 다음과 같다.

$$\hat{Y} = \hat{\beta_0} + \hat{\beta_1}x$$

여기서 실제로는 추정된 회귀계수 $\hat{\beta_0}$, $\hat{\beta_1}$에 대한 검정을 할 수 있으나 이 책의 범위를 벗어나므로 생략한다.

특히 회귀모형에서는 각각의 x_i값에 대하여 관찰값 Y_i와 추정된 회귀선에 의하여 얻어진 $\hat{Y_i}$ 값이 다를 수 있다. 또한 관찰할 수 없는 오차항 변수인 ϵ_i의 관찰치로서 다음의

$$e_i = Y_i - \hat{Y_i}, \ i = 1, 2, \cdots, n$$

값을 표본으로부터 구체적 계산으로 얻을 수 있는데 이 e_i를 잔차(residual)라 하고 이 잔차의 합은 언제나 0이 된다. 즉

$$\sum_{i=1}^{n} e_i = 0$$

앞의 [예 12-1]에서 선형모델과 회귀계수는 다음과 같다.

$$\hat{Y} = \hat{\beta_0} + \hat{\beta_1}x = 30.615 + 0.742x$$

12.3 결정계수

주어진 자료를 바탕으로 추정한 회귀선이 바람직한지를 결정하기 위하여 적합성여부 즉 회귀선의 설명력을 측정할 수가 있다. 이 설명력을 나타내는 통계량을 결정계수(coefficient of determinant) R^2이라고 하며 다음과 같은 과정을 통하여 유도된다.

잔차 e_i는

$$e_i = Y_i - \widehat{Y}_i$$

이므로 이 식을 재배열하고 표본평균을 빼면

$$(Y_i - \overline{Y}) = (\widehat{Y}_i - \overline{Y}) + e_i$$

이고 이 식의 양변을 제곱하여 i에 대하여 합함으로써 정리하면

$$\underset{\text{총제곱합SST}}{\sum(Y_i - \overline{Y})^2} = \underset{\text{회귀제곱합SSR}}{\sum(\widehat{Y}_i - \overline{Y})^2} + \underset{\text{잔차제곱합SSE}}{\sum e_i^2}$$

을 얻는다. 즉 SST=SSR+SSE임을 알 수 있다.

이것을 이용하여 단순회귀의 분산분석을 할 수가 있다. 즉 직선회귀모델의 유의성을 검정하기 위한 가설은 다음과 같다.

$$H_0: \ \beta_1 = 0$$
$$H_1: \ \beta_1 \neq 0$$

즉 X와 Y 사이의 직선관계가 존재하면 직선의 기울기인 β_1이 0은 아닐 것이다.

검정통계량은 F=MSR/MSE이고 p값이 아주 작으면 귀무가설을 기각하고 x, y 사이에 유의한 직선관계가 있다고 결론을 내린다.

분산분석표는 다음과 같다.

[표 12-1] 분산분석표

모형	제곱합	자유도	평균제곱	F	유의확률
선형회귀분석	416.391	1	416.391	15.301	.004
잔차	217.709	8	27.214		
합계	634.100	9			

$$R^2 = 0.657$$

여기에서 결정계수 R^2을 총변동 SST에 대한 회귀선으로 설명되는 변동 SSR의 비(ratio)로서 다음과 같이 정의한다.

$$R^2 = \frac{SSR}{SST}$$

따라서 결정계수 R^2는 $0 \le R^2 \le 1$ 사이의 값을 갖는다. 결정계수 R^2의 값이 1에 가까울수록 관측값들이 회귀선에 가까이 있는 경우로 자료에 대한 회귀선의 설명력이 크다는 것을 의미하고 직관적으로 회귀모형이 타당하다고 판단하게 된다. 또한 R^2의 값이 0에 가까울수록 관측값들이 회귀선에서 멀리 떨어져 있는 경우로 자료에 대한 회귀선의 설명력이 약하다는 것을 의미한다. 특히 독립변수가 1개인 단순회귀모델에서의 결정계수는 상관계수의 제곱과 동일한 값을 갖는다. 그러므로 두 변수 간의 상관계수를 알면 회귀모델의 설명력이 얼마인지 알 수가 있다.

12.4 역사: 르장드르와 최소제곱법

르장드르(Adrien Marie Legendre, 1752～1883)는 19세기 초에 프랑스의 유명한 수학자들 중의 한 사람으로서 라플라스의 수학적 깊이와 통찰에 필적할만한 업적을 만들었다. 그는 해석학, 정수론, 기하학 그리고 천문학에 중요한 공헌을 하였다.

르장드르는 오래전부터 자오선 측정에 관한 일련의 측지학 연구에 관련이 되었는데, 여기서 그는 절댓값 오차의 합을 최소화하는 대신에 오차 제곱 합의 최소화 원칙을 마련한다. 그리고 이어서 1805년에 혜성의 궤도를 결정하는 조그만 책에서 측정된 데이터로부터 적절한 정보를 추출해 내기 위한 "최소제곱법(the method of least squares)"을 제안하였다. 이 방법은 오늘날 우리가 회귀분석에서 사용하는 최소제곱법과는 다소의 차이가 있어 같은 것이라고 생각하면 안 된다.

그 이후에 가우스와 라플라스는 르장드르의 방법을 정의하기 위해 확률이론을 독립적으로 사용하였으며 이것을 보다 쉽게 사용할 수 있도록 만들었다. 19세기를 지나면서 이 강력한 최소제곱법은 유럽의 과학 공동체를 통하여 대량의 데이터를 다루는 효율적인 방법으로서 측지학이나 천문학에 널리 알려지게 되었다. 이 르장드르의 최소제곱법은 다시 율(Yule)에 의해 골턴과 피어슨의 아이디어인 회귀분석에 좀 변형된 형태로 사용되게 되었다. 또한 이 최소제곱법을 이용한 회귀분석은 20세기에 이르러 생물학과 사회과학을 통한 통계학의 광범위한 사용을 할 수 있게 하였다.

12.5 토론과 실험: 지수(index number)와 자료분석기법 요약

1) 지수(index number)

한국의 2005년 5월 현재 삼성전자의 주가는 470,000원대를 기록하고 있다. 꼭 10년 전인 1995년 5월에는 50,000선대였다. 그러면 10년 사이에 주가는 10배 증가했다는 것인가? 당시의 원화의 화폐가치와 현재의 화폐가치에는 변동이 없는가? 또한 수많은 종목의 가격이 방향을 달리하며 매일매일 시간적으로 변동하고 있다. 당연히 비교하기 어려운 문제가 발생한다. 그렇다면 어떠한 방법으로 이러한 변동을 측정할 것인가? 이러한 경우 적절한 통계 방법으로서, 시간의 변화에서 오는 자료의 가격이나 수량의 변화정도를 측정하는 통계량인 지수 index number를 생각해 볼 수 있다. 예를 들어 물가지수, 주가지수나 고용지수 등을 흔히 듣는다. 즉 지수(index)란 시간의 변화에서 발생하는 가격이나 수량의 변화를 비교하거나 측정하는 데 이용되는 척도로서의 통계량이다. 그 관계식은 다음과 같다.

$$\text{지수} = (\text{비교시점 값}/\text{기준시점 값}) \times 100$$

예를 들어 물가지수에는 사용목적에 따라 여러 가지가 생산되고 있다. 이들은 현재 한국은행에서 작성하는 생산자물가지수와 수출입물가지수, 통계청에서 작성하는 소비자물가지수, 농협중앙회에서 작성하는 농가판매가격지수와 농가구입가격지수 등이 있다.

2) 소비자물가지수

소비자물가지수(consumer price index)는 시장에서 일반 도시가구가 소비생활을 하기 위하여 구입하는 상품의 품목의 가격과 서비스요금의 변동을 종합적으로 측정하기 위하여 작성되는 것이다. 그러나 개별상품의 가격이나 거래단위나 품목단위 등이 다르므로 단순 비교하기는 어려워 비교성이 없다. 그래서 품목별로 일정 시점에 대한 가격비율을 계산하여 상대적인 가격수준을 측정한 후 품목별 가중치를 적용하여 기준시점의 물가수준을 100으로 하여 이에 대한 비교시점의 상대적인 크기로서 물가수준을 표현하게 된다. 이것이 소비자물가지수이다.

현행 소비자물가지수의 기준시점은 1995년으로서 다른 경제지표와 비교가 가능하도록 설정되어 있다. 이것은 소비지출비중이 큰 509개 품목의 가격변동을 전국적으로 평균하여 작성하므로 대표성과 객관성을 지니고 있다. 소비자물가지수의 품목의 구분은 ILO 권고안의 가계소비지출

분류체계에 따라 9개의 대분류(식료품 주거비, 광열·수도, 가구집기·가사용품, 피복 및 신발, 보건의료, 교육·교양오락, 교통·통신, 기타잡비)와 43개 중분류, 57개의 소분류로 나누어 지수를 작성하고 있다.

[표 12-2] 소비자물가지수의 품목수, 가중치

(1995년=100, 연평균 기준)

분류	품목수	가중치	2001.12
총지수	509	1000.0	120.8
식료품	171	302.9	126.9
주거비	18	148.3	112.2
광열 수도	8	41.1	176.3
가구집기 가사용품	63	48.1	112.2
피복 및 신발	54	81.9	115.4
보건의료	32	51.3	141.5
교육 교양 오락	88	159.9	127.3
교통 통신	40	118.1	136.8
기타잡비	35	48.4	133.0

자료출처(통계청 홈페이지: http://www.nso.go.kr/stat/)

소비자물가지수의 이용은 다음과 같다.

1. 물가수준의 변동을 나타내는 지표로 이용된다.
2. 도시가계의 화폐구매력 및 가계수지를 측정하는 데 이용된다.
3. 근로자의 임금인상, 생명보험료, 연금 등의 책정자료로 이용된다.
4. 물가대책, 가계저축의 이자책정 및 경기동향 측정 등에 이용된다.

그러나 일반소비자들이 체감하는 물가는 구입하는 품목이나 구입 빈도에 따라 소비자별로 각각 다르기 때문에 소비자물가지수와 체감물가와의 사이에는 다소의 차이가 있을 수 있다. 이 문제점을 보완하고자 일반소비자들이 자주 구입하는 품목과 기본생필품위주(쌀, 두부, 소고기... 등)로 154개의 품목을 대상으로 생활물가지수를 1998년부터 발표해오고 있다.

현행 소비자물가지수와 체감물가와의 차이가 발생하는 요인으로는 다음과 같은 것들이 있다.

1. 현행 소비자물가지수는 농어촌세대 및 단독세대를 제외한 도시가구 전체를 대상으로 [평균가구]가 느끼는 물가변동을 측정하는데 반하여 체감물가는 [개별가구]가 느끼는 물가변동을 나타낸다. 평균가구와 개별가구 간에는 소비구조와 구입가격등에서 차이가 있기 때문이다.
2. 현행 소비자물가지수는 일정시점에서 구입수량을 고정하고 순수한 물가의 변동을 측정하는

반면에 체감물가는 생활수준향상으로 인한 생계비증가, 가구원수의 증가에 따른 생계비 증가 등이 물가상승으로 느끼게 되기 때문이다.

3. 현행 소비자물가지수의 대상품목은 소비지출에 한정하고 있으나 체감물가는 세금과 사회보험료, 저축 및 재산구입 등과 같은 실지출 이외의 지출을 포괄하여 물가변동을 느끼기 때문이다.
4. 개인이 느끼는 물가에 대한 기억은 각자 구입 빈도가 높은 품목의 가격변동에 민감하고, 가격이 내린 품목보다 가격이 오른 품목에 대한 이미지가 오래 남아있는 경향이 있기 때문이다.

■ 자료의 패턴에 따른 분석기법요약

지금까지 앞에서 배웠던 자료의 패턴에 따른 분석기법을 요약하면 다음과 같다.

자료의 패턴에 따른 분석기법

독립변수	종속변수	분석 방법
질적 변수	질적 변수	χ^2 test 동질성 검정, 독립성 검정, 기술통계량-교차분석
범주가 두 개인 질적 변수	양적 변수	t test 평균비교-독립표본 T검정
	양적 변수 (2개)	Paired t test 평균비교-대응표본 T검정
범주가 세 개 이상인 질적 변수	양적 변수	ANOVA(분산분석) 평균비교-일원배치 분산분석
두 개 이상의 질적 변수	양적 변수	ANOVA(분산분석) 일반선형모형-일변량
여러 개의 양적 변수	양적 변수	산점도(Scatter Plot) 상관계수(Pearson Correlation Coefficient) 상관분석-이변량 상관계수 회귀분석(Regression)

연습문제_12

exercises

1. 다음 용어에 대하여 설명하여라.머

(1) 단순회귀분석　(2) 오차항　(3) 최소제곱법
(4) 결정계수　(5) 상관관계

2. 어떤 의류를 팔고 있는 상점을 중심으로 광고가 판매량에 미치는 관계를 알아보기 위하여 비슷한 여건 하에 있는 상점들 중에서 10개 자료가 다음과 같았다.

상점번호	광고료(단위: 10만원)	총판매액(단위: 100만원)
1	5	10
2	7	21
3	8	20
4	9	21
5	8	18
6	11	31
7	5	19
8	11	23
9	7	12
10	10	21

(1) 산점도를 작성하여라.
(2) 단순회귀직선을 구하여라.
(3) 결정계수를 구하여라.

3. 어떤 가스가 생성되는 반응량 y가 온도 x에 따라 어떻게 변화하는가를 실험을 통하여 측정한 결과 다음의 자료를 얻었다.

x	10	12	14	16	18	20	22	24	26
y	3.1	3.5	3.2	4.0	4.8	4.2	4.5	4.9	5.4

(1) 이 자료의 산점도를 그려라.
(2) 단순회귀직선을 구하여라.
(3) 결정계수를 구하여라

부록

표 1. 표준정규분포표

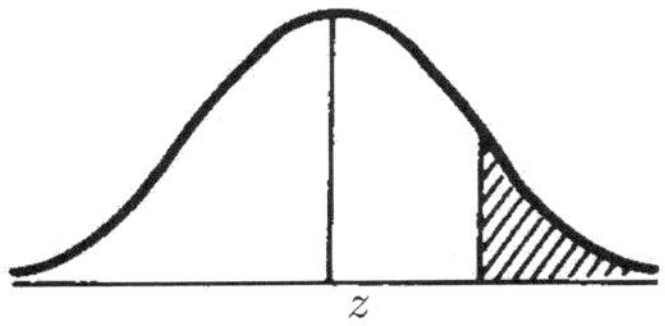

z	.00	.01	.02	.03	.04	.05	.06	.07	.08	.09
0.0	.5000	.4960	.4920	.4880	.4840	.4801	.4761	.4721	.4681	.4641
0.1	.4602	.4562	.4522	.4483	.4443	.4404	.4364	.4325	.4286	.4247
0.2	.4207	.4168	.4129	.4090	.4052	.4013	.3974	.3936	.3897	.3859
0.3	.3821	.3783	.3745	.3707	.3669	.3632	.3594	.3557	.3520	.3483
0.4	.3446	.3409	.3372	.3336	.3300	.3264	.3228	.3192	.3156	.3121
0.5	.3085	.3050	.3015	.2981	.2946	.2912	.2877	.2843	.2810	.2776
0.6	.2743	.2709	.2676	.2643	.2611	.2578	.2546	.2514	.2483	.2451
0.7	.2420	.2389	.2358	.2327	.2296	.2266	.2236	.2206	.2177	.2148
0.8	.2119	.2090	.2061	.2033	.2005	.1977	.1949	.1922	.1894	.1867
0.9	.1841	.1814	.1788	.1762	.1736	.1711	.1685	.1660	.1635	.1611
1.0	.1587	.1562	.1539	.1515	.1492	.1469	.1446	.1423	.1401	.1379
1.1	.1357	.1335	.1314	.1292	.1271	.1251	.1230	.1210	.1190	.1170
1.2	.1151	.1131	.1112	.1093	.1075	.1056	.1038	.1020	.1003	.0935
1.3	.0968	.0951	.0934	.0918	.0901	.0885	.0869	.0853	.0838	.0823
1.4	.0808	.0793	.0778	.0764	.0749	.0735	.0721	.0708	.0694	.0681
1.5	.0668	.0655	.0643	.0630	.0618	.0606	.0594	.0582	.0571	.0559
1.6	.0548	.0537	.0526	.0516	.0505	.0495	.0485	.0475	.0465	.0435
1.7	.0446	.0436	.0427	.0418	.0409	.0401	.0392	.0384	.0375	.0367
1.8	.0359	.0351	.0344	.0336	.0329	.0322	.0314	.0307	.0301	.0294
1.9	.0287	.0281	.0274	.0268	.0262	.0256	.0250	.0244	.0239	.0233
2.0	.0228	.0222	.0217	.0212	.0207	.0202	.0197	.0192	.0188	.0183
2.1	.0179	.0174	.0170	.0166	.0162	.0158	.0154	.0150	.0146	.0143
2.2	.0139	.0136	.0132	.0129	.0125	.0122	.0199	.0116	.0113	.0110
2.3	.0107	.0104	.0102	.0099	.0096	.0094	.0091	.0089	.0087	.0084
2.4	.0082	.0080	.0078	.0075	.0073	.0071	.0069	.0068	.0066	.0064
2.5	.0062	.0060	.0059	.0057	.0055	.0054	.0052	.0051	.0049	.0048
2.6	.0047	.0045	.0044	.0043	.0041	.0040	.0039	.0038	.0037	.0036
2.7	.0035	.0034	.0033	.0032	.0031	.0030	.0029	.0028	.0027	.0026
2.8	.0026	.0025	.0024	.0023	.0023	.0022	.0021	.0021	.0020	.0019
2.9	.0019	.0018	.0018	.0017	.0016	.0016	.0015	.0015	.0014	.0014
3.0	.0013	.0013	.0013	.0012	.0012	.0011	.0011	.0011	.0010	.0010
3.1	.0010	.0009	.0009	.0009	.0008	.0008	.0008	.0008	.0007	.0007
3.2	.0007	.0007	.0006	.0006	.0006	.0006	.0006	.0005	.0005	.0005
3.3	.0005	.0005	.0005	.0004	.0004	.0004	.0004	.0004	.0004	.0003
3.4	.0003	.0003	.0003	.0003	.0003	.0003	.0003	.0003	.0003	.0002

표 2. t 분포표

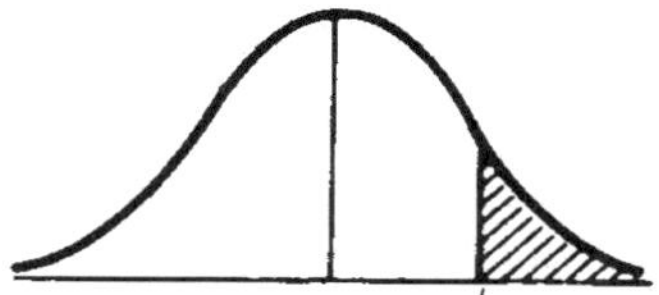

$t_{\alpha/2,df}$

df	.25	.20	.15	.10	.05	.025	.02	.01	.005	.0025	.001	.0005
1	1.000	1.376	1.963	3.078	6.314	12.71	15.89	31.82	63.66	127.3	318.3	636.6
2	0.816	1.061	1.386	1.886	2.920	4.303	4.849	6.965	9.925	14.09	22.33	31.60
3	0.765	0.978	1.250	1.638	2.353	3.182	3.482	4.541	5.841	7.453	10.21	12.92
4	0.741	0.941	1.190	1.533	2.132	2.776	2.999	3.747	4.604	5.598	7.173	8.610
5	0.727	0.920	1.156	1.476	2.015	2.571	2.757	3.365	4.032	4.773	5.893	6.869
6	0.718	0.906	1.134	1.440	1.943	2.447	2.612	3.143	3.707	4.317	5.208	5.959
7	0.711	0.896	1.119	1.415	1.895	2.365	2.517	2.998	3.499	4.029	4.785	5.408
8	0.706	0.889	1.108	1.397	1.860	2.306	2.449	2.896	3.355	3.833	4.501	5.041
9	0.703	0.883	1.100	1.383	1.833	2.262	2.398	2.821	3.250	3.690	4.297	4.781
10	0.700	0.879	1.093	1.372	1.812	2.228	2.359	2.764	3.169	3.581	4.144	4.587
11	0.697	0.876	1.088	1.363	1.796	2.201	2.328	2.718	3.106	3.497	4.025	4.437
12	0.695	0.873	1.083	1.356	1.782	2.179	2.303	2.681	3.055	3.428	3.930	4.318
13	0.694	0.870	1.079	1.350	1.771	2.160	2.282	2.650	3.012	3.372	3.852	4.221
14	0.692	0.868	1.076	1.345	1.761	2.145	2.264	2.624	2.977	3.326	3.787	4.140
15	0.691	0.866	1.074	1.341	1.753	2.131	2.249	2.602	2.947	3.286	3.733	4.073
16	0.690	0.865	1.071	1.337	1.746	2.120	2.235	2.583	2.921	3.252	3.686	4.015
17	0.689	0.863	1.069	1.333	1.740	2.110	2.224	2.567	2.898	3.222	3.646	3.965
18	0.688	0.862	1.067	1.330	1.734	2.101	2.214	2.552	2.878	3.197	3.611	3.922
19	0.688	0.861	1.066	1.328	1.729	2.093	2.205	2.539	2.861	3.174	3.579	3.883
20	0.687	0.860	1.064	1.325	1.725	2.086	2.197	2.528	2.845	3.153	3.552	3.850
21	0.686	0.859	1.063	1.323	1.721	2.080	2.189	2.518	2.831	3.135	3.527	3.819
22	0.686	0.858	1.061	1.321	1.717	2.074	2.183	2.508	2.819	3.119	3.505	3.792
23	0.685	0.858	1.060	1.319	1.714	2.069	2.177	2.500	2.807	3.104	3.485	3.768
24	0.685	0.857	1.059	1.318	1.711	2.064	2.172	2.492	2.797	3.091	3.467	3.745
25	0.684	0.856	1.058	1.316	1.708	2.060	2.167	2.485	2.787	3.078	3.450	3.725
26	0.684	0.856	1.058	1.315	1.706	2.056	2.162	2.479	2.779	3.067	3.435	3.707
27	0.684	0.855	1.057	1.314	1.703	2.052	2.158	2.473	2.771	3.057	3.421	3.690
28	0.683	0.855	1.056	1.313	1.701	2.048	2.154	2.467	2.763	3.047	3.408	3.674
29	0.683	0.854	1.055	1.311	1.699	2.045	2.150	2.462	2.756	3.038	3.396	3.659
30	0.683	0.854	1.055	1.310	1.697	2.042	2.147	2.457	2.750	3.030	3.385	3.646
40	0.681	0.851	1.050	1.303	1.684	2.021	2.123	2.423	2.704	2.971	3.307	3.551
50	0.679	0.849	1.047	1.299	1.676	2.009	2.109	2.403	2.678	2.937	3.261	3.496
60	0.679	0.848	1.045	1.296	1.671	2.000	2.099	2.390	2.660	2.915	3.232	3.460
80	0.678	0.846	1.043	1.292	1.664	1.990	2.088	2.374	2.639	2.887	3.195	3.416
100	0.677	0.845	1.042	1.290	1.660	1.984	2.081	2.364	2.626	2.871	3.174	3.390
1,000	0.675	0.842	1.037	1.282	1.646	1.962	2.056	2.330	2.581	2.813	3.098	3.300
∞	0.674	0.841	1.036	1.282	1.645	1.960	2.054	2.326	2.576	2.807	3.091	3.291

표 3. χ^2 분포표

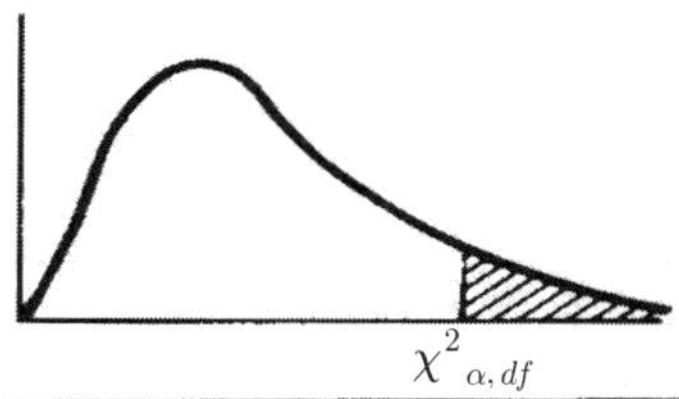

df	.9995	.999	.9975	.995	.990	.975	.950	.990	.750	.500
1	0.00	0.00	0.00	0.00	0.00	0.00	0.00	0.02	0.10	0.45
2	0.00	0.00	0.01	0.01	0.02	0.05	0.10	0.21	0.58	1.39
3	0.02	0.02	0.04	0.07	0.11	0.22	0.35	0.58	1.21	2.37
4	0.06	0.09	0.14	0.21	0.30	0.48	0.71	1.06	1.92	3.36
5	0.16	0.21	0.31	0.41	0.55	0.83	1.15	1.61	2.67	4.35
6	0.30	0.38	0.53	0.68	0.87	1.24	1.64	2.20	3.45	5.35
7	0.48	0.60	0.79	0.99	1.24	1.69	2.17	2.83	4.25	6.35
8	0.71	0.86	1.10	1.34	1.65	2.18	2.73	3.49	5.07	7.34
9	0.97	1.15	1.45	1.73	2.09	2.70	3.33	4.17	5.90	8.34
10	1.26	1.48	1.83	2.16	2.56	3.25	3.94	4.87	6.74	9.34
11	1.59	1.83	2.23	2.60	3.05	3.82	4.57	5.58	7.58	10.34
12	1.93	2.21	2.66	3.07	3.57	4.40	5.23	6.30	8.44	11.34
13	2.31	2.62	3.11	3.57	4.11	5.01	5.89	7.04	9.30	12.34
14	2.70	3.04	3.58	4.07	4.66	5.63	6.57	7.79	10.17	13.34
15	3.11	3.48	4.07	4.60	5.23	6.26	7.26	8.55	11.04	14.34
16	3.54	3.94	4.57	5.14	5.81	6.91	7.96	9.31	11.91	15.34
17	3.98	4.42	5.09	5.70	6.41	7.56	8.67	10.09	12.79	16.34
18	4.44	4.90	5.62	6.26	7.01	8.23	9.39	10.86	13.68	17.34
19	4.91	5.41	6.17	6.84	7.63	8.91	10.12	11.65	14.56	18.34
20	5.40	5.92	6.72	7.43	8.26	9.59	10.85	12.44	15.45	19.34
21	5.90	6.45	7.29	8.03	8.90	10.28	11.59	13.24	16.34	20.34
22	6.40	6.98	7.86	8.64	9.54	10.98	12.34	14.04	17.24	21.34
23	6.92	7.53	8.45	9.26	10.20	11.69	13.09	14.85	18.14	22.34
24	7.45	8.08	9.04	9.89	10.86	12.40	13.85	15.66	19.04	23.34
25	7.99	8.65	9.65	10.52	11.52	13.12	14.61	16.47	19.94	24.34
26	8.54	9.22	10.26	11.16	12.20	13.84	15.38	17.29	20.84	25.34
27	9.09	9.80	10.87	11.81	12.88	14.57	16.15	18.11	21.75	26.34
28	9.66	10.39	11.50	12.46	13.56	15.31	16.93	18.94	22.66	27.34
29	10.23	10.99	12.13	13.12	14.26	16.05	17.71	19.77	23.57	28.34
30	10.80	11.59	12.76	13.79	14.95	16.79	18.49	20.60	24.48	29.34
40	16.91	17.92	19.42	20.71	22.16	24.43	26.51	29.05	33.66	39.34
50	23.46	24.67	26.46	27.99	29.71	32.36	34.76	37.69	42.94	49.33
60	30.34	31.74	33.79	35.53	37.48	40.48	43.19	46.46	52.29	59.33
80	44.79	46.52	49.04	51.17	53.54	57.15	60.39	64.28	71.14	79.33
100	59.90	61.92	64.86	67.33	70.06	74.22	77.93	82.36	90.13	99.33

표 3. (계속)

df	.250	.200	.150	.100	.050	.025	.020	.010	.005	.0025	.001	.0005
1	1.32	1.64	2.07	2.71	3.84	5.02	5.41	6.63	7.88	9.14	10.83	12.12
2	2.77	3.22	3.79	4.61	5.99	7.82	7.82	9.21	10.60	11.98	13.82	15.20
3	4.11	4.64	5.32	6.25	7.81	9.35	9.84	11.34	12.84	14.32	16.27	17.73
4	5.39	5.99	6.74	7.78	9.49	11.14	11.67	13.28	14.86	16.42	18.42	20.00
5	6.63	7.29	8.12	9.24	11.07	12.83	13.39	15.09	16.75	18.39	20.51	22.11
6	7.84	8.56	9.45	10.64	12.59	14.45	15.03	16.81	18.55	20.25	22.46	24.10
7	9.04	9.80	10.75	12.02	14.07	16.01	16.62	18.48	20.28	22.04	24.32	26.02
8	10.22	11.03	12.03	13.36	15.51	17.53	18.17	20.09	21.95	23.77	26.12	27.87
9	11.39	12.24	13.29	14.68	16.92	19.02	19.68	21.67	23.59	25.46	27.88	29.67
10	12.55	13.44	14.53	15.99	18.31	20.48	21.16	23.21	25.19	27.11	29.59	31.42
11	13.70	14.63	15.77	17.28	19.68	21.92	22.62	24.72	26.76	28.73	31.26	33.14
12	14.85	15.81	16.99	18.55	21.03	23.34	24.05	26.22	28.30	30.32	32.91	34.82
13	15.98	16.98	18.20	19.81	22.36	24.74	25.47	27.69	29.82	31.88	34.53	36.48
14	17.12	18.15	19.41	21.06	23.68	26.12	26.87	29.14	31.32	33.43	36.12	38.11
15	18.25	19.31	20.60	22.31	25.00	27.49	28.26	30.58	32.80	34.95	37.70	39.72
16	19.37	20.47	21.79	23.54	26.30	28.85	29.63	32.00	34.27	36.46	39.25	41.31
17	20.49	21.61	22.98	24.77	27.59	30.19	31.00	33.41	35.72	37.95	40.79	42.88
18	21.60	22.76	24.16	25.99	28.87	31.53	32.35	34.81	37.16	39.42	42.31	44.43
19	22.72	23.90	25.33	27.20	30.14	32.85	33.69	36.19	38.58	40.88	43.82	45.97
20	23.83	25.04	26.50	28.41	31.41	34.17	35.02	37.57	40.00	42.34	45.31	47.50
21	24.93	26.17	27.66	29.62	32.67	35.48	36.34	38.93	41.40	43.78	46.80	49.01
22	26.04	27.30	28.82	30.81	33.92	36.78	37.66	40.29	42.80	45.20	48.27	50.51
23	27.14	28.43	29.98	32.01	35.17	38.08	38.97	41.64	44.18	46.62	49.73	52.00
24	28.24	29.55	31.13	33.20	36.42	39.36	40.27	42.98	45.56	48.03	51.18	53.48
25	29.34	30.68	32.28	34.38	37.65	40.65	41.57	44.31	46.93	49.44	52.62	54.95
26	30.43	31.79	33.43	35.56	38.89	41.92	42.86	45.64	48.29	50.83	54.05	56.41
27	31.53	32.91	34.57	36.74	40.11	43.19	44.14	46.96	49.64	52.22	55.48	57.86
28	32.62	34.03	35.71	37.92	41.34	44.46	45.42	48.28	50.99	53.59	56.89	59.30
29	33.71	35.14	36.85	39.09	42.56	45.72	46.69	49.59	52.34	54.97	58.30	60.73
30	34.80	36.25	37.99	40.26	43.77	46.98	47.96	50.89	53.67	56.33	59.70	62.16
40	45.62	47.27	49.24	51.81	55.76	59.34	60.44	63.69	66.77	69.70	73.40	76.09
50	56.33	58.16	60.35	63.17	67.50	71.42	72.61	76.15	79.49	82.66	86.66	89.56
60	66.98	68.97	71.34	74.40	79.08	83.30	84.58	88.38	91.95	95.34	99.61	102.7
80	88.13	90.41	93.11	96.58	101.9	106.6	108.1	112.3	116.3	120.1	124.8	128.3
100	109.1	111.7	114.7	118.5	124.3	129.6	131.1	135.8	140.2	144.3	149.4	153.2

표 4. F 분포표

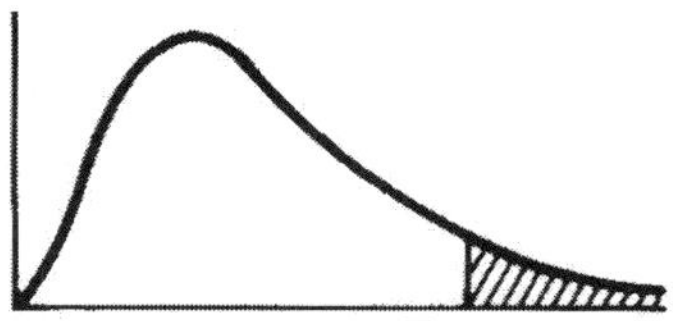

F_{α, df_1, df_2}

Denominator df	α	Numerator df 1	2	3	4	5	6	7	8	9	10
	.100	39.86	49.50	53.59	55.83	57.24	58.20	58.91	59.44	59.86	60.19
	.050	161.45	199.50	215.71	224.58	230.10	233.99	236.77	238.88	240.54	241.88
1	.025	647.79	799.50	864.16	899.58	921.85	937.11	948.22	956.66	963.28	968.63
	.010	4052.2	4999.5	5403.4	5624.6	5763.6	5859.0	5928.4	5981.1	6022.5	6055.8
	.001	405284	500000	540379	562500	576405	585937	592873	598144	602284	605621
	.100	8.53	9.00	9.16	9.24	9.29	9.33	9.35	9.37	9.38	9.39
	.050	18.51	19.00	19.16	19.25	19.30	19.33	19.35	19.37	19.38	19.40
2	.025	38.51	39.00	39.17	39.25	39.30	39.33	39.36	39.37	39.39	39.40
	.010	98.50	99.00	99.17	99.25	99.30	99.33	99.36	99.37	99.39	99.40
	.001	998.50	999.00	999.17	999.25	999.30	999.33	999.36	999.37	999.39	999.40
	.100	5.54	5.46	5.39	5.34	5.31	5.28	5.27	5.25	5.24	5.23
	.050	10.13	9.55	9.28	9.12	9.01	8.94	8.89	8.85	8.81	8.79
3	.025	17.44	16.04	15.44	15.10	14.88	14.73	14.62	14.54	14.47	14.42
	.010	34.12	30.82	29.46	28.71	28.24	27.91	27.57	27.49	27.35	27.23
	.001	167.03	148.50	141.11	137.10	134.58	132.85	131.58	130.62	129.86	129.25
	.100	4.54	4.32	4.19	4.11	4.05	4.01	3.98	3.95	3.94	3.92
	.050	7.71	6.94	6.59	6.39	6.26	6.16	6.09	6.04	6.00	5.96
4	.025	12.22	10.65	9.98	9.60	9.36	9.20	9.07	8.98	8.90	8.84
	.010	21.20	18.00	16.69	15.98	15.52	15.21	14.98	14.80	14.66	14.55
	.001	74.14	61.25	56.18	53.44	51.71	50.53	49.66	49.00	48.47	48.05
	.100	4.06	3.78	3.62	3.52	3.45	3.40	3.37	3.34	3.32	3.30
	.050	6.61	5.79	5.41	5.19	5.05	4.95	4.88	4.82	4.77	4.74
5	.025	10.01	8.43	7.76	7.39	7.15	6.98	6.85	6.76	6.68	6.62
	.010	16.26	13.27	12.06	11.39	10.97	10.67	10.46	10.29	10.16	10.05
	.001	47.18	37.12	33.20	31.09	29.75	28.83	28.16	27.65	27.24	26.92
	.100	3.78	3.46	3.29	3.18	3.11	3.05	3.01	2.98	2.96	2.94
	.050	5.99	5.14	4.76	4.53	4.39	4.28	4.21	4.15	4.10	4.06
6	.025	8.81	7.26	6.60	6.23	5.99	5.82	5.70	5.60	5.52	5.46
	.010	13.75	10.92	9.78	9.15	8.75	8.47	8.26	8.10	7.98	7.87
	.001	35.51	27.00	23.70	21.92	20.80	20.03	19.46	19.03	18.69	18.41

표 4. (계속)

Denominator df	α	12	15	20	25	30	40	50	60	120	1,000
	.100	60.71	61.22	61.74	62.05	62.26	62.53	62.69	62.79	63.06	63.30
	.050	243.91	245.95	248.01	249.26	250.10	251.14	251.77	252.20	253.25	254.11
1	.025	976.71	984.87	993.10	998.08	1001.4	1005.6	1008.1	1009.8	1014.0	1017.7
	.010	6106.3	6157.3	6208.7	6239.8	6260.6	6286.8	6302.5	6313.0	6339.4	6362.7
	.001	610668	615764	620908	624017	626099	628712	630285	631337	633972	636301
	.100	9.41	9.42	9.44	9.45	9.46	9.47	9.47	9.47	9.48	9.49
	.050	19.41	19.43	19.45	19.46	19.46	19.47	19.48	19.48	19.49	19.49
2	.025	39.41	39.43	39.45	39.46	39.46	39.47	39.48	39.48	39.49	39.50
	.010	99.42	99.43	99.45	99.46	99.47	99.47	99.48	99.48	99.49	99.50
	.001	999.42	999.43	999.45	999.46	999.47	999.47	999.48	999.48	999.49	999.50
	.100	5.22	5.20	5.18	5.17	5.17	5.16	5.15	5.15	5.14	5.13
	.050	8.74	8.70	8.66	8.63	8.62	8.59	8.58	8.57	8.55	8.53
3	.025	14.34	14.25	14.17	14.12	14.08	14.04	14.01	13.99	13.95	13.91
	.010	27.05	26.87	26.69	26.58	26.50	26.41	26.35	26.32	26.22	26.14
	.001	128.32	127.37	126.42	125.84	125.45	124.96	124.66	124.47	123.97	123.53
	.100	3.90	3.87	3.84	3.83	3.82	3.80	3.80	3.79	3.78	3.76
	.050	5.91	5.86	5.80	5.77	5.75	5.72	5.70	5.69	5.66	5.63
4	.025	8.75	8.66	8.56	8.50	8.46	8.41	8.38	8.36	8.31	8.26
	.010	14.37	14.20	14.02	13.91	13.84	13.75	13.69	13.65	13.56	13.47
	.001	47.41	46.76	46.10	45.70	45.43	45.09	44.88	44.75	44.40	44.09
	.100	3.27	3.24	3.21	3.19	3.17	3.16	3.15	3.14	3.12	3.11
	.050	4.68	4.62	4.56	4.52	4.50	4.46	4.44	4.43	4.40	4.37
5	.025	6.52	6.43	6.33	6.27	6.23	6.18	6.14	6.12	6.07	6.02
	.010	9.89	9.72	9.55	9.45	9.38	9.29	9.24	9.20	9.11	9.03
	.001	26.42	25.91	25.39	25.08	24.87	24.60	24.44	24.33	24.06	23.82
	.100	2.90	2.87	2.84	2.81	2.80	2.78	2.77	2.76	2.74	2.72
	.050	4.00	3.94	3.87	3.83	3.81	3.77	3.75	3.74	3.70	3.67
6	.025	5.37	5.27	5.17	5.11	5.07	5.01	4.98	4.96	4.90	4.86
	.010	7.72	7.56	7.40	7.30	7.23	7.14	7.09	7.06	6.97	6.89
	.001	17.99	17.56	17.12	16.85	16.67	16.44	16.31	16.21	15.98	15.77

표 4. (계속)

Denominator df	α	1	2	3	4	5	6	7	8	9	10
	.100	3.59	3.26	3.07	2.96	2.88	2.83	2.78	2.75	2.72	2.70
	.050	5.59	4.74	4.35	4.12	3.97	3.87	3.79	3.73	3.68	3.64
7	.025	8.07	6.54	5.89	5.52	5.29	5.12	4.99	4.90	4.82	4.76
	.010	12.25	9.55	8.45	7.85	7.46	7.19	6.99	6.84	6.72	6.62
	.001	29.25	21.69	18.77	17.20	16.21	15.52	15.02	14.63	14.33	14.08
	.100	3.46	3.11	2.92	2.81	2.73	2.67	2.62	2.59	2.56	2.54
	.050	5.32	4.46	4.07	3.84	3.69	3.58	3.50	3.44	3.39	3.35
8	.025	7.57	6.06	5.42	5.05	4.82	4.65	4.53	4.43	4.36	4.30
	.010	11.26	8.65	7.59	7.01	6.63	6.37	6.18	6.03	5.91	5.81
	.001	25.41	18.49	15.83	14.39	13.48	12.86	12.40	12.05	11.77	11.54
	.100	3.36	3.01	2.81	2.69	2.61	2.55	2.51	2.47	2.44	2.42
	.050	5.12	4.26	3.86	3.63	3.48	3.37	3.29	3.23	3.18	3.14
9	.025	7.21	5.71	5.08	4.72	4.48	4.32	4.20	4.10	4.03	3.96
	.010	10.56	8.02	6.99	6.42	6.06	5.80	5.61	5.47	5.35	5.26
	.001	22.86	16.39	13.90	12.56	11.71	11.13	10.70	10.37	10.11	9.89
	.100	3.29	2.92	2.73	2.61	2.52	2.46	2.41	2.38	2.35	2.32
	.050	4.96	4.10	3.71	3.48	3.33	3.22	3.14	3.07	3.02	2.98
10	.025	6.94	5.46	4.83	4.47	4.24	4.07	3.95	3.85	3.78	3.72
	.010	10.04	7.56	6.55	5.99	5.64	5.39	5.20	5.06	4.94	4.85
	.001	21.04	14.91	12.55	11.28	10.48	9.93	9.52	9.20	8.96	8.75
	.100	3.23	2.86	2.66	2.54	2.45	2.39	2.34	2.30	2.27	2.25
	.050	4.84	3.98	3.59	3.36	3.20	3.09	3.01	2.95	2.90	2.85
11	.025	6.72	5.26	4.63	4.28	4.04	3.88	3.76	3.66	3.59	3.53
	.010	9.65	7.21	6.22	5.67	5.32	5.07	4.89	4.74	4.63	4.54
	.001	19.69	13.81	11.56	10.35	9.58	9.05	8.66	8.35	8.12	7.92
	.100	3.18	2.81	2.61	2.48	2.39	2.33	2.28	2.24	2.21	2.19
	.050	4.75	3.89	3.49	3.26	3.11	3.00	2.91	2.85	2.80	2.75
12	.025	6.55	5.10	4.47	4.12	3.89	3.73	3.61	3.51	3.44	3.37
	.010	9.33	6.93	5.95	5.41	5.06	4.82	4.64	4.50	4.39	4.30
	.001	18.64	12.97	10.80	9.63	8.89	8.38	8.00	7.71	7.48	7.29
	.100	3.14	2.76	2.56	2.43	2.35	2.28	2.23	2.20	2.16	2.14
	.050	4.67	3.81	3.41	3.18	3.03	2.92	2.83	2.77	2.71	2.67
13	.025	6.41	4.97	4.35	4.00	3.77	3.60	3.48	3.39	3.31	3.25
	.010	9.07	6.70	5.74	5.21	4.86	4.62	4.44	4.30	4.19	4.10
	.001	17.82	12.31	10.21	9.07	8.35	7.86	7.49	7.21	6.98	6.80

표 4. (계속)

Denominator		Numerator df									
df	α	12	15	20	25	30	40	50	60	120	1,000
	.100	2.67	2.63	2.59	2.57	2.56	2.54	2.52	2.51	2.49	2.47
	.050	3.57	3.51	3.44	3.40	3.38	3.34	3.32	3.30	3.27	3.23
7	.025	4.67	4.57	4.47	4.40	4.36	4.31	4.28	4.25	4.20	4.15
	.010	6.47	6.31	6.16	6.06	5.99	5.91	5.86	5.82	5.74	5.66
	.001	13.71	13.32	12.93	12.69	12.53	12.33	12.20	12.12	11.91	11.72
	.100	2.50	2.46	2.42	2.40	2.38	2.36	2.35	2.34	2.32	2.30
	.050	3.28	3.22	3.15	3.11	3.08	3.04	3.02	3.01	2.97	2.93
8	.025	4.20	4.10	4.00	3.94	3.89	3.84	3.81	3.78	3.73	3.68
	.010	5.67	5.52	5.36	5.26	5.20	5.12	5.07	5.03	4.95	4.87
	.001	11.19	10.84	10.48	10.26	10.11	9.92	9.80	9.73	9.53	9.36
	.100	2.38	2.34	2.30	2.27	2.25	2.23	2.22	2.21	2.18	2.16
	.050	3.07	3.01	2.94	2.89	2.86	2.83	2.80	2.79	2.75	2.71
9	.025	3.87	3.77	3.67	3.60	3.56	3.51	3.47	3.45	3.39	3.34
	.010	5.11	4.96	4.81	4.71	4.65	4.57	4.52	4.48	4.40	4.32
	.001	9.57	9.24	8.90	8.69	8.55	8.37	8.26	8.19	8.00	7.84
	.100	2.28	2.24	2.20	2.17	2.16	2.13	2.12	2.11	2.08	2.06
	.050	2.91	2.85	2.77	2.73	2.70	2.66	2.64	2.62	2.58	2.54
10	.025	3.62	3.52	3.42	3.35	3.31	3.26	3.22	3.20	3.14	3.09
	.010	4.71	4.56	4.41	4.31	4.25	4.17	4.12	4.08	4.00	3.92
	.001	8.45	8.13	7.80	7.60	7.47	7.30	7.19	7.12	6.94	6.78
	.100	2.21	2.17	2.12	2.10	2.08	2.05	2.04	2.03	2.00	1.98
	.050	2.79	2.72	2.65	2.60	2.57	2.53	2.51	2.49	2.45	2.41
11	.025	3.43	3.33	3.23	3.16	3.12	3.06	3.03	3.00	2.94	2.89
	.010	4.40	4.25	4.10	4.01	3.94	3.86	3.81	3.78	3.69	3.61
	.001	7.63	7.32	7.01	6.81	6.68	6.52	6.42	6.35	6.18	6.02
	.100	2.15	2.10	2.06	2.03	2.01	1.99	1.97	1.96	1.93	1.91
	.050	2.69	2.62	2.54	2.50	2.47	2.43	2.40	2.38	2.34	2.30
12	.025	3.28	3.18	3.07	3.01	2.96	2.91	2.87	2.85	2.79	2.73
	.010	4.16	4.01	3.86	3.76	3.70	3.62	3.57	3.54	3.45	3.37
	.001	7.00	6.71	6.40	6.22	6.09	5.93	5.83	5.76	5.59	5.44
	.100	2.10	2.05	2.01	1.98	1.96	1.93	1.92	1.90	1.88	1.85
	.050	2.60	2.53	2.46	2.41	2.38	2.34	2.31	2.30	2.25	2.21
13	.025	3.15	3.05	2.95	2.88	2.84	2.78	2.74	2.72	2.66	2.60
	.010	3.96	3.82	3.66	3.57	3.51	3.43	3.38	3.34	3.25	3.18
	.001	6.52	6.23	5.93	5.75	5.63	5.47	5.37	5.30	5.14	4.99

표 4. (계속)

Denominator df	α	Numerator df 1	2	3	4	5	6	7	8	9	10
	.100	3.10	2.73	2.52	2.39	2.31	2.24	2.19	2.15	2.12	2.10
	.050	4.60	3.74	3.34	3.11	2.96	2.85	2.76	2.70	2.65	2.60
14	.025	6.30	4.86	4.24	3.89	3.66	3.50	3.38	3.29	3.21	3.15
	.010	8.86	6.51	5.56	5.04	4.69	4.46	4.28	4.14	4.03	3.94
	.001	17.14	11.78	9.73	8.62	7.92	7.44	7.08	6.80	6.58	6.40
	.100	3.07	2.70	2.49	2.36	2.27	2.21	2.16	2.12	2.09	2.06
	.050	4.54	3.68	3.29	3.06	2.90	2.79	2.71	2.64	2.59	2.54
15	.025	6.20	4.77	4.15	3.80	3.58	3.41	3.29	3.20	3.12	3.06
	.010	8.68	6.36	5.42	4.89	4.56	4.32	4.14	4.00	3.89	3.80
	.001	16.59	11.34	9.34	8.25	7.57	7.09	6.74	6.47	6.26	6.08
	.100	3.05	2.67	2.46	2.33	2.24	2.18	2.13	2.09	2.06	2.03
	.050	4.49	3.63	3.24	3.01	2.85	2.74	2.66	2.59	2.54	2.49
16	.025	6.12	4.69	4.08	3.73	3.50	3.34	3.22	3.12	3.05	2.99
	.010	8.53	6.23	5.29	4.77	4.44	4.20	4.03	3.89	3.78	3.69
	.001	16.12	10.97	9.01	7.94	7.27	6.80	6.46	6.19	5.98	5.81
	.100	3.03	2.64	2.44	2.31	2.22	2.15	2.10	2.06	2.03	2.00
	.050	4.45	3.59	3.20	2.96	2.81	2.70	2.61	2.55	2.49	2.45
17	.025	6.04	4.62	4.01	3.66	3.44	3.28	3.16	3.06	2.98	2.92
	.010	8.40	6.11	5.19	4.67	4.34	4.10	3.93	3.79	3.68	3.59
	.001	15.72	10.66	8.73	7.68	7.02	6.56	6.22	5.96	5.75	5.58
	.100	3.01	2.62	2.42	2.29	2.20	2.13	2.08	2.01	2.00	1.98
	.050	4.41	3.55	3.16	2.93	2.77	2.66	2.58	2.51	2.46	2.41
18	.025	5.98	4.56	3.95	3.61	3.38	3.22	3.10	3.01	2.93	2.87
	.010	8.29	6.01	5.09	4.58	4.25	4.01	3.84	3.71	3.60	3.51
	.001	15.38	10.39	8.49	3.46	6.81	6.35	6.02	5.76	5.56	5.39
	.100	2.99	2.61	2.40	2.27	2.18	2.11	2.06	2.02	1.98	1.96
	.050	4.38	3.52	3.13	2.90	2.74	2.63	2.54	2.48	2.42	2.38
19	.025	5.92	4.51	3.90	3.56	3.33	3.17	3.05	2.96	2.88	2.82
	.010	8.18	5.93	5.01	4.50	4.17	3.94	3.77	3.63	3.52	3.43
	.001	15.08	10.16	8.28	7.27	6.62	6.18	5.85	5.59	5.39	5.22
	.100	2.97	2.59	2.38	2.25	2.16	2.09	2.04	2.00	1.96	1.94
	.050	4.35	3.49	3.10	2.87	2.71	2.60	2.51	2.45	2.39	2.35
20	.025	5.87	4.46	3.86	3.51	3.29	3.13	3.01	2.91	2.84	2.77
	.010	8.10	5.85	4.94	4.43	4.10	3.87	3.70	3.56	3.46	3.37
	.001	14.82	9.95	8.10	7.10	6.46	6.02	5.69	5.44	5.24	5.08

표 4. (계속)

Denominator df	α	12	15	20	25	30	40	50	60	120	1,000
14	.100	2.05	2.01	1.96	1.93	1.91	1.89	1.87	1.86	1.83	1.80
	.050	2.53	2.46	2.39	2.34	2.31	2.27	2.24	2.22	2.18	2.14
	.025	3.05	2.95	2.84	2.78	2.73	2.67	2.64	2.61	2.55	2.50
	.010	3.80	3.66	3.51	3.41	3.35	3.27	3.22	3.18	3.09	3.02
	.001	6.13	5.85	5.56	5.38	5.25	5.10	5.00	4.94	4.77	4.62
15	.100	2.02	1.97	1.92	1.89	1.87	1.85	1.83	1.82	1.79	1.76
	.050	2.48	2.40	2.33	2.28	2.25	2.20	2.18	2.16	2.11	2.07
	.025	2.96	2.86	2.76	2.69	2.64	2.59	2.55	2.52	2.46	2.40
	.010	3.67	3.52	3.37	3.28	3.21	3.13	3.08	3.05	2.96	2.88
	.001	5.81	5.54	5.25	5.07	4.95	4.80	4.70	4.64	4.47	4.33
16	.100	1.99	1.94	1.89	1.86	1.84	1.81	1.79	1.78	1.75	1.72
	.050	2.42	2.35	2.28	2.23	2.19	2.15	2.12	2.11	2.06	2.02
	.025	2.89	2.79	2.68	2.61	2.57	2.51	2.47	2.45	2.38	2.32
	.010	3.55	3.41	3.26	3.16	3.10	3.02	2.97	2.93	2.84	2.76
	.001	5.55	5.27	4.99	4.82	4.70	4.54	4.45	4.39	4.23	4.08
17	.100	1.96	1.91	1.86	1.83	1.81	1.78	1.76	1.75	1.72	1.69
	.050	2.38	2.31	2.23	2.18	2.15	2.10	2.08	2.06	2.01	1.97
	.025	2.82	2.72	2.62	2.55	2.50	2.44	2.41	2.38	2.32	2.26
	.010	3.46	3.31	3.16	3.07	3.00	2.92	2.87	2.83	2.75	2.66
	.001	5.32	5.05	4.78	4.60	4.48	4.33	4.24	4.18	4.02	3.87
18	.100	1.93	1.89	1.84	1.80	1.78	1.75	1.74	1.72	1.69	1.66
	.050	2.34	2.27	2.19	2.14	2.11	2.06	2.04	2.02	1.97	1.92
	.025	2.77	2.67	2.56	2.49	2.44	2.38	2.35	2.32	2.26	2.20
	.010	3.37	3.23	3.08	2.98	2.92	2.84	2.78	2.75	2.66	2.58
	.001	5.13	4.87	4.59	4.42	4.30	4.15	4.06	4.00	3.84	3.69
19	.100	1.91	1.86	1.81	1.78	1.76	1.73	1.71	1.70	1.67	1.64
	.050	2.31	2.23	2.16	2.11	2.07	2.03	2.00	1.98	1.93	1.88
	.025	2.72	2.62	2.51	2.44	2.39	2.33	2.30	2.27	2.20	2.14
	.010	3.30	3.15	3.00	2.91	2.84	2.76	2.71	2.67	2.58	2.50
	.001	4.97	4.70	4.43	4.26	4.14	3.99	3.90	3.84	3.68	3.53
20	.100	1.89	1.84	1.79	1.76	1.74	1.71	1.69	1.68	1.64	1.61
	.050	2.28	2.20	2.12	2.07	2.04	1.99	1.97	1.95	1.90	1.85
	.025	2.68	2.57	2.46	2.40	2.35	2.29	2.25	2.22	2.16	2.09
	.010	3.23	3.09	2.94	2.84	2.78	2.69	2.64	2.61	2.52	2.43
	.001	4.82	4.56	4.29	4.12	4.00	3.86	3.77	3.70	3.54	3.40

(Numerator df: 12 – 1,000)

표 4. (계속)

Denominator df	α	1	2	3	4	5	6	7	8	9	10
	.100	2.96	2.57	2.36	2.23	2.14	2.08	2.02	1.98	1.95	1.92
	.050	4.32	3.47	3.07	2.84	2.68	2.57	2.49	2.42	2.37	2.32
21	.025	5.83	4.42	3.82	3.48	3.25	3.09	2.97	2.87	2.80	2.73
	.010	8.02	5.78	4.87	4.37	4.04	3.81	3.64	3.51	3.40	3.31
	.001	14.59	9.77	7.94	6.95	6.32	5.88	5.56	5.31	5.11	4.95
	.100	2.95	2.56	2.35	2.22	2.13	2.06	2.01	1.97	1.93	1.90
	.050	4.30	3.44	3.05	2.82	2.66	2.55	2.46	2.40	2.34	2.30
22	.025	5.79	4.38	3.78	3.44	3.22	3.05	2.93	2.84	2.76	2.70
	.010	7.95	5.72	4.82	4.31	3.99	3.76	3.59	3.45	3.35	3.26
	.001	14.38	9.61	7.80	6.81	6.19	5.76	5.44	5.19	4.99	4.83
	.100	2.94	2.55	2.34	2.21	2.11	2.05	1.99	1.95	1.92	1.89
	.050	4.28	3.42	3.03	2.80	2.64	2.53	2.44	2.37	2.32	2.27
23	.025	5.75	4.35	3.75	3.41	3.18	3.02	2.90	2.81	2.73	2.67
	.010	7.88	5.66	4.76	4.26	3.94	3.71	3.54	3.41	3.30	3.21
	.001	14.20	8.47	7.67	6.70	6.08	5.65	5.33	5.09	4.89	4.73
	.100	2.93	2.54	2.33	2.19	2.10	2.04	1.98	1.94	1.91	1.88
	.050	4.26	3.40	3.01	2.78	2.62	2.51	2.42	2.36	2.30	2.25
24	.025	5.72	4.32	3.72	3.38	3.15	2.99	2.87	2.78	2.70	2.64
	.010	3.82	5.61	4.72	4.22	3.90	3.67	3.50	3.36	3.26	3.17
	.001	14.03	9.34	3.55	6.59	5.98	5.55	5.23	4.99	4.80	4.64
	.100	2.92	2.53	2.32	2.18	2.09	2.02	1.97	1.93	1.89	1.87
	.050	4.24	3.39	2.99	2.76	2.60	2.49	2.40	2.34	2.28	2.24
25	.025	5.69	4.29	3.69	3.35	3.13	2.97	2.85	2.75	2.68	2.61
	.010	7.77	5.57	4.68	4.18	3.85	3.63	3.46	3.32	3.22	3.13
	.001	13.88	9.22	7.45	6.49	5.89	5.46	5.15	4.91	4.71	4.56
	.100	2.91	2.52	2.31	2.17	2.08	2.01	1.96	1.92	1.88	1.86
	.050	4.23	3.37	2.98	2.74	2.59	2.47	2.39	2.32	2.27	2.22
26	.025	5.66	4.27	3.67	3.33	3.10	2.94	2.82	2.73	2.65	2.59
	.010	7.72	5.53	4.64	4.14	3.82	3.59	3.42	3.29	3.18	3.09
	.001	13.74	9.12	7.36	6.41	5.80	5.38	5.07	4.83	4.64	4.48
	.100	2.90	2.51	2.30	2.17	2.07	2.00	1.95	1.91	1.87	1.85
	.050	4.21	3.35	2.96	2.73	2.57	2.46	2.37	2.31	2.25	2.20
27	.025	5.63	4.24	3.65	3.31	3.08	2.92	2.80	2.71	2.63	2.57
	.010	7.68	5.49	4.60	4.11	3.78	3.56	3.39	3.26	3.15	3.06
	.001	13.61	9.02	7.27	6.33	5.73	5.31	5.00	4.76	4.57	4.41

표 4. (계속)

Denominator df	α	12	15	20	25	30	40	50	60	120	1,000
	.100	1.87	1.83	1.78	1.74	1.72	1.69	1.67	1.66	1.62	1.59
	.050	2.25	2.18	2.10	2.05	2.01	1.96	1.94	1.92	1.87	1.82
21	.025	2.64	2.53	2.42	2.36	2.31	2.25	2.21	2.18	2.11	2.05
	.010	3.17	3.03	2.88	2.79	2.72	2.64	2.58	2.55	2.46	2.37
	.001	4.70	4.44	4.17	4.00	3.88	3.74	3.64	3.58	3.42	3.28
	.100	1.86	1.81	1.76	1.73	1.70	1.67	1.65	1.64	1.60	1.57
	.050	2.23	2.15	2.07	2.02	1.98	1.94	1.91	1.89	1.84	1.79
22	.025	2.60	2.50	2.39	2.32	2.27	2.21	2.17	2.14	2.08	2.01
	.010	3.12	2.98	2.83	2.73	2.67	2.58	2.53	2.50	2.40	2.32
	.001	4.58	4.33	4.06	3.89	3.78	3.63	3.54	3.48	3.32	3.17
	.100	1.84	1.80	1.74	1.71	1.69	1.66	1.64	1.62	1.59	1.55
	.050	2.20	2.13	2.05	2.00	1.96	1.91	1.88	1.86	1.81	1.76
23	.025	2.57	2.47	2.36	2.29	2.24	2.18	2.14	2.11	2.04	1.98
	.010	3.07	2.93	2.78	2.69	2.62	2.54	2.48	2.45	2.35	2.27
	.001	4.48	4.23	3.96	3.79	3.68	3.53	3.44	3.38	3.22	3.08
	.100	1.83	1.78	1.73	1.70	1.67	1.64	1.62	1.61	1.57	1.54
	.050	2.18	2.11	2.03	1.97	1.94	1.89	1.86	1.84	1.79	1.74
24	.025	2.54	2.44	2.33	2.26	2.21	2.15	2.11	2.08	2.01	1.94
	.010	3.03	2.89	2.74	2.64	2.58	2.49	2.44	2.40	2.31	2.22
	.001	4.39	4.14	3.87	3.71	3.59	3.45	3.36	3.29	3.14	2.99
	.100	1.82	1.77	1.72	1.68	1.66	1.63	1.61	1.59	1.56	1.52
	.050	2.16	2.09	2.01	1.96	1.92	1.87	1.84	1.82	1.77	1.72
25	.025	2.51	2.41	2.30	2.23	2.18	2.12	2.08	2.05	1.98	1.91
	.010	2.99	2.85	2.70	2.60	2.54	2.45	2.40	2.36	2.27	2.18
	.001	4.31	4.06	3.79	3.63	3.52	3.37	3.28	3.22	3.06	2.91
	.100	1.81	1.76	1.71	1.67	1.65	1.61	1.59	1.58	1.54	1.51
	.050	2.15	2.07	1.99	1.94	1.90	1.85	1.82	1.80	1.75	1.70
26	.025	2.49	2.39	2.28	2.21	2.16	2.09	2.05	2.03	1.95	1.89
	.010	2.96	2.81	2.66	2.57	2.50	2.42	2.36	2.33	2.23	2.14
	.001	4.24	3.99	3.72	3.56	3.44	3.30	3.21	3.15	2.99	2.84
	.100	1.80	1.75	1.70	1.66	1.64	1.60	1.58	1.57	1.53	1.50
	.050	2.13	2.06	1.97	1.92	1.88	1.84	1.81	1.79	1.73	1.68
27	.025	2.47	2.36	2.25	2.18	2.13	2.07	2.03	2.00	1.93	1.86
	.010	2.93	2.78	2.63	2.54	2.47	2.38	2.33	2.29	2.20	2.11
	.001	4.17	3.92	3.66	3.49	3.38	3.23	3.14	3.08	2.92	2.78

표 4. (계속)

Denominator df	α	1	2	3	4	5	6	7	8	9	10
	.100	2.89	2.50	2.29	2.16	2.06	2.00	1.94	1.90	1.84	1.84
	.050	4.20	3.34	2.95	2.71	2.56	2.45	2.36	2.29	2.24	2.19
28	.025	5.61	4.22	3.63	3.29	3.06	2.90	2.78	2.69	2.61	2.55
	.010	3.64	5.45	4.57	4.07	3.75	3.53	3.36	3.23	3.12	3.03
	.001	13.50	8.93	7.19	6.25	5.66	5.24	4.93	4.69	4.50	4.35
	.100	2.89	2.50	2.28	2.15	2.06	1.99	1.93	1.89	1.86	1.83
	.050	4.18	3.33	2.93	2.70	2.55	2.43	2.35	2.28	2.22	2.18
29	.025	5.59	4.20	3.61	3.27	3.04	2.88	2.76	2.67	2.59	2.53
	.010	3.60	5.42	4.54	4.04	3.73	3.50	3.33	3.20	3.09	3.00
	.001	13.39	8.85	7.12	6.19	5.59	5.18	4.87	4.64	4.45	4.29
	.100	2.88	2.49	2.28	2.14	2.05	1.98	1.93	1.88	1.85	1.82
	.050	4.17	3.32	2.92	2.69	2.53	2.42	2.33	2.27	2.21	2.16
30	.025	5.57	4.18	3.59	3.25	3.03	2.87	2.75	2.63	2.57	2.51
	.010	7.56	5.39	4.51	4.02	3.70	3.47	3.30	3.17	3.07	2.98
	.001	13.29	8.77	7.05	6.12	5.53	5.12	4.82	4.58	4.39	4.24
	.100	2.84	2.44	2.23	2.09	2.00	1.93	1.87	1.83	1.79	1.76
	.050	4.08	3.23	2.84	2.61	2.45	2.34	2.25	2.18	2.12	2.08
40	.025	5.42	4.05	3.46	3.13	2.90	2.74	2.62	2.53	2.45	2.39
	.010	7.31	5.18	4.31	3.83	3.51	3.29	3.12	2.99	2.89	2.80
	.001	12.61	8.25	6.59	5.70	5.13	4.73	4.44	4.21	4.02	3.87
	.100	2.81	2.41	2.20	2.06	1.97	1.90	1.84	1.80	1.76	1.73
	.050	4.03	3.18	2.79	2.56	2.40	2.29	2.20	2.13	2.07	2.03
50	.025	5.34	3.97	3.39	3.05	2.83	2.67	2.55	2.46	2.38	2.32
	.010	7.17	5.06	4.20	3.72	3.41	3.19	3.02	2.89	2.78	2.70
	.001	12.22	7.96	6.34	5.46	4.90	4.51	4.22	4.00	3.82	3.67
	.100	2.79	2.39	2.18	2.04	1.95	1.87	1.82	1.77	1.74	1.71
	.050	4.00	3.15	2.76	2.53	2.37	2.25	2.17	2.10	2.04	1.99
60	.025	5.29	3.93	3.34	3.01	2.79	2.63	2.51	2.41	2.33	2.27
	.010	3.08	4.98	4.13	3.65	3.34	3.12	2.95	2.82	2.72	2.63
	.001	11.97	7.77	6.17	5.31	4.76	4.37	4.09	3.86	3.69	3.54
	.100	2.76	2.36	2.14	2.00	1.91	1.83	1.78	1.73	1.69	1.66
	.050	3.94	3.09	2.70	2.46	2.31	2.19	2.10	2.03	1.97	1.93
100	.025	5.18	3.83	3.25	2.92	2.70	2.54	2.42	2.32	2.24	2.18
	.010	6.90	4.82	3.98	3.51	3.21	2.99	2.82	2.69	2.59	2.50
	.001	11.50	7.41	5.86	5.02	4.48	4.11	3.83	3.61	3.44	3.30

Numerator df: columns 1–10.

표 4. (계속)

Denominator df	α	12	15	20	25	30	40	50	60	120	1,000
	.100	1.79	1.74	1.69	1.65	1.63	1.59	1.57	1.56	1.52	1.48
	.050	2.12	2.04	1.96	1.91	1.87	1.82	1.79	1.77	1.71	1.66
28	.025	2.45	2.34	2.23	2.16	2.11	2.05	2.01	1.98	1.91	1.84
	.010	2.90	2.75	2.60	2.51	2.44	2.35	2.30	2.26	2.17	2.08
	.001	4.11	3.86	3.60	3.43	3.32	3.18	3.09	3.02	2.86	2.72
	.100	1.78	1.73	1.68	1.64	1.62	1.58	1.56	1.55	1.51	1.47
	.050	2.10	2.03	1.94	1.89	1.85	1.81	1.77	1.75	1.70	1.65
29	.025	2.43	2.32	2.21	2.14	2.09	2.03	1.99	1.96	1.89	1.82
	.010	2.87	2.73	2.57	2.48	2.41	2.33	2.27	2.23	2.14	2.05
	.001	4.05	3.80	3.54	3.38	3.27	3.12	3.03	2.97	2.81	2.66
	.100	1.77	1.72	1.67	1.63	1.61	1.57	1.55	1.54	1.50	1.46
	.050	2.09	2.01	1.93	1.88	1.84	1.79	1.76	1.74	1.68	1.63
30	.025	2.41	2.31	2.20	2.12	2.07	2.01	1.97	1.94	1.87	1.80
	.010	2.84	2.70	2.55	2.45	2.39	2.30	2.25	2.21	2.11	2.02
	.001	4.00	3.75	3.49	3.33	3.22	3.07	2.98	2.92	2.76	2.61
	.100	1.71	1.66	1.61	1.57	1.54	1.51	1.48	1.47	1.42	1.38
	.050	2.00	1.92	1.84	1.78	1.74	1.69	1.66	1.64	1.58	1.52
40	.025	2.29	2.18	2.07	1.99	1.94	1.88	1.83	1.80	1.72	1.65
	.010	2.66	2.52	2.37	2.27	2.20	2.11	2.06	2.02	1.92	1.82
	.001	3.64	3.40	3.14	2.98	2.87	2.73	2.64	2.57	2.41	2.25
	.100	1.68	1.63	1.57	1.53	1.50	1.46	1.44	1.42	1.38	1.33
	.050	1.95	1.87	1.78	1.73	1.69	1.63	1.60	1.58	1.51	1.45
50	.025	2.22	2.11	1.99	1.92	1.87	1.80	1.75	1.72	1.64	1.56
	.010	2.56	2.42	2.27	2.17	2.10	2.01	1.95	1.91	1.80	1.70
	.001	3.44	3.20	2.95	2.79	2.68	2.53	2.44	2.38	2.21	2.05
	.100	1.66	1.60	1.54	1.50	1.48	1.44	1.41	1.40	1.35	1.30
	.050	1.92	1.84	1.75	1.69	1.65	1.59	1.56	1.53	1.47	1.40
60	.025	2.17	2.06	1.94	1.87	1.82	1.74	1.70	1.67	1.58	1.49
	.010	2.50	2.35	2.20	2.10	2.03	1.94	1.88	1.84	1.73	1.62
	.001	3.32	3.08	2.83	2.67	2.55	2.41	2.32	2.25	2.08	1.92
	.100	1.61	1.56	1.49	1.45	1.42	1.38	1.35	1.34	1.28	1.22
	.050	1.85	1.77	1.68	1.62	1.57	1.52	1.48	1.45	1.38	1.30
100	.025	2.08	1.97	1.85	1.77	1.71	1.64	1.59	1.56	1.46	1.36
	.010	2.37	2.22	2.07	1.97	1.89	1.80	1.74	1.69	1.57	1.45
	.001	3.07	2.84	2.59	2.43	2.32	2.17	2.08	2.01	1.83	1.64

표 4. (계속)

Denominator df	α	Numerator df 1	2	3	4	5	6	7	8	9	10
200	.100	2.73	2.33	2.11	1.97	1.88	1.80	1.75	1.70	1.66	1.63
	.050	3.89	3.04	2.65	2.42	2.26	2.14	2.06	1.98	1.93	1.88
	.025	5.10	3.76	3.18	2.85	2.63	2.47	2.35	2.26	2.18	2.11
	.010	6.76	4.71	3.88	3.41	3.11	2.89	2.73	2.60	2.50	2.41
	.001	11.15	7.15	5.63	4.81	4.29	3.92	3.65	3.43	3.26	3.12
1,000	.100	2.71	2.31	2.09	1.95	1.85	1.78	1.72	1.68	1.64	1.61
	.050	3.85	3.00	2.61	2.38	2.22	2.11	2.02	1.95	1.89	1.84
	.025	5.04	3.70	3.13	2.80	2.58	2.42	2.30	2.20	2.13	2.06
	.010	6.66	4.63	3.80	3.34	3.04	2.82	2.66	2.53	2.43	2.34
	.001	10.89	6.96	5.46	4.65	4.14	3.78	3.51	3.30	3.13	2.99

표 4. (계속)

Denominator df	α	Numerator df 12	15	20	25	30	40	50	60	120	1,000
200	.100	1.58	1.52	1.46	1.41	1.38	1.34	1.31	1.29	1.23	1.16
	.050	1.80	1.72	1.62	1.56	1.52	1.46	1.41	1.39	1.30	1.21
	.025	2.01	1.90	1.78	1.70	1.64	1.56	1.51	1.47	1.37	1.25
	.010	2.27	2.13	1.97	1.87	1.79	1.69	1.63	1.58	1.45	1.30
	.001	2.90	2.67	2.42	2.26	2.15	2.00	1.90	1.83	1.64	1.43
1,000	.100	1.55	1.49	1.43	1.38	1.35	1.30	1.27	1.25	1.18	1.08
	.050	1.76	1.68	1.58	1.52	1.47	1.41	1.36	1.33	1.24	1.11
	.025	1.96	1.85	1.72	1.64	1.58	1.50	1.45	1.41	1.29	1.13
	.010	2.20	2.06	1.90	1.79	1.72	1.61	1.54	1.50	1.35	1.16
	.001	2.77	2.54	2.30	2.14	2.02	1.87	1.77	1.69	1.49	1.22

표 5. 난수표

행/열	(1)	(2)	(3)	(4)	(5)	(6)	(7)	(8)	(9)	(10)	(11)	(12)	(13)	(14)
1	10480	15011	01536	02011	81647	91646	69179	14194	62590	36207	20969	99570	91291	90700
2	22368	46573	25595	85393	30995	89198	27982	53402	93965	34095	52666	19174	39615	99505
3	24130	48360	22527	97265	76393	64809	15179	24830	49340	32081	30680	19655	63348	58629
4	42167	93003	06243	61680	07856	16376	39440	53537	71341	57004	00849	74917	97758	16379
5	37570	39975	81837	16656	06121	91782	60468	81305	49684	60672	14110	06927	01263	54613
6	77921	06907	11008	42751	27756	53498	18602	70659	90655	15053	21916	81825	44394	42880
7	99562	72095	56420	69994	98872	31016	71194	18738	44013	48840	63213	21069	10634	12952
8	96301	91977	05463	07972	78876	20922	94595	56869	69014	60045	18425	84903	42508	32307
9	89579	14342	63661	10281	17453	18103	57740	84378	25331	12566	58678	44947	05585	56941
10	85475	36857	53342	53988	53060	59533	38867	62300	08158	17983	16439	11458	18593	64952
11	28918	69578	88231	33276	70997	79936	56865	05859	90106	31595	01547	85590	91610	78188
12	63553	40961	48235	03427	49626	69445	18663	72695	52180	20847	12234	90511	33703	90322
13	09429	93969	52636	92737	88974	33488	36320	17617	30015	08272	84115	27156	30613	74952
14	10365	61129	87529	85689	48237	52267	67689	93394	01511	26358	85104	20285	29975	89868
15	07119	97336	71048	08178	77233	13916	47564	81056	97735	85977	29372	74461	28551	90707
16	51085	12765	51821	51259	77452	16308	60756	92144	49442	53900	70960	63990	75601	40719
17	02368	21382	52404	60268	89368	19885	55322	44819	01188	65255	64835	44919	05944	55157
18	01011	54092	33362	94904	31273	04146	18594	29852	71585	85030	51132	01915	92747	64951
19	52162	53916	46369	58586	23216	14513	83149	98736	23495	64350	94738	17752	35156	35749
20	07056	97628	33787	09998	42698	06691	76988	13602	51851	46104	88916	19509	25625	58104
21	48663	91245	85828	14346	09172	30168	90229	04734	59193	22178	30421	61666	99904	32812
22	54164	58492	22421	74103	47070	25306	76468	26384	58151	06646	21524	15227	96909	44592
23	32639	32363	05597	24200	13363	38005	94342	28728	35806	06912	17012	64161	18296	22851
24	29334	27001	87637	87308	58731	00256	45834	15398	46557	41135	10367	07684	36188	18510
25	02488	33062	28834	07351	19731	92420	60952	61280	50001	67658	32586	86679	50720	94953

표 5. (계속)

행/열	(1)	(2)	(3)	(4)	(5)	(6)	(7)	(8)	(9)	(10)	(11)	(12)	(13)	(14)
26	81525	72295	04839	96423	24878	82651	66566	14778	76797	14780	13300	87074	79666	95725
27	29676	20591	68086	26432	46901	20849	89768	81536	86645	12659	92259	57102	80428	25280
28	00742	57392	39064	66432	84673	40027	32832	61362	98947	96067	64760	64584	96096	98253
29	05366	04213	25669	26422	44407	44048	37937	63904	45766	66134	75470	66520	34693	90449
30	91921	26418	64117	94305	26766	25940	39972	22209	71500	64568	91402	42416	07844	69618
31	00582	04711	87917	77341	42206	35126	74087	99547	81817	42607	43808	76655	62028	76630
32	00725	69884	62797	56170	86324	88072	76222	36086	84637	93161	76038	65855	77919	88006
33	69011	65795	95876	55293	18988	27354	26575	08625	40801	59920	29841	80150	12777	48501
34	25976	57948	29888	88604	67917	48708	18912	82271	65424	69774	33611	54262	85963	03547
35	07963	83473	73577	12908	30883	18317	28290	35797	05998	41688	34952	37888	38917	88050
36	91567	42595	27958	30134	04024	86385	29880	99730	55536	84855	29080	09250	79656	73211
37	17955	56349	90999	49127	20044	59931	06115	20542	18059	02008	73708	83517	36103	42791
38	46503	18584	18845	49618	02304	51038	20655	58727	28168	15475	56942	53389	20562	87338
39	92157	89634	94824	78171	84610	82834	09922	25417	44137	48413	25555	21246	35509	20468
40	14577	62765	35605	81263	39667	47358	56873	56307	61607	49518	89656	20103	77490	18062
41	98427	07523	33362	64270	01638	92477	66969	98420	04880	45585	46565	04102	46880	45709
42	34914	63976	88720	82765	34476	17032	87589	40836	32427	70002	10663	88863	77775	69348
43	70060	28277	39475	46473	23219	53416	94970	25832	69975	94884	19661	72828	00102	66794
44	53976	54914	06990	67245	68350	82948	11398	42878	80287	88267	47363	46634	06541	97809
45	76072	29515	40980	07391	58745	25774	22987	80059	39911	96189	41151	14222	60697	59583
46	90725	52210	83974	29992	65831	38857	50490	83765	55657	14361	31720	57375	56228	41546
47	64364	67412	33339	31926	14883	24413	59744	92351	97473	89286	35931	04110	23726	51900
48	08962	00358	31662	25388	61642	34072	81249	35648	56891	69352	48373	45578	78547	81788
49	95012	68397	93526	70765	10592	04542	76463	54328	02349	17247	28865	14777	62730	92277
50	15664	10493	20492	38391	91132	21999	59516	81652	27195	48223	46751	22923	32261	85653

표 5. (계속)

행/열	(1)	(2)	(3)	(4)	(5)	(6)	(7)	(8)	(9)	(10)	(11)	(12)	(13)	(14)
26	81525	72295	04839	96423	24878	82651	66566	14778	76797	14780	13300	87074	79666	95725
27	29676	20591	68086	26432	46901	20849	89768	81536	86645	12659	92259	57102	80428	25280
28	00742	57392	39064	66432	84673	40027	32832	61362	98947	96067	64760	64584	96096	98253
29	05366	04213	25669	26422	44407	44048	37937	63904	45766	66134	75470	66520	34693	90449
30	91921	26418	64117	94305	26766	25940	39972	22209	71500	64568	91402	42416	07844	69618
31	00582	04711	87917	77341	42206	35126	74087	99547	81817	42607	43808	76655	62028	76630
32	00725	69884	62797	56170	86324	88072	76222	36086	84637	93161	76038	65855	77919	88006
33	69011	65795	95876	55293	18988	27354	26575	08625	40801	59920	29841	80150	12777	48501
34	25976	57948	29888	88604	67917	48708	18912	82271	65424	69774	33611	54262	85963	03547
35	07963	83473	73577	12908	30883	18317	28290	35797	05998	41688	34952	37888	38917	88050
36	91567	42595	27958	30134	04024	86385	29880	99730	55536	84855	29080	09250	79656	73211
37	17955	56349	90999	49127	20044	59931	06115	20542	18059	02008	73708	83517	36103	42791
38	46503	18584	18845	49618	02304	51038	20655	58727	28168	15475	56942	53389	20562	87338
39	92157	89634	94824	78171	84610	82834	09922	25417	44137	48413	25555	21246	35509	20468
40	14577	62765	35605	81263	39667	47358	56873	56307	61607	49518	89656	20103	77490	18062
41	98427	07523	33362	64270	01638	92477	66969	98420	04880	45585	46565	04102	46880	45709
42	34914	63976	88720	82765	34476	17032	87589	40836	32427	70002	10663	88863	77775	69348
43	70060	28277	39475	46473	23219	53416	94970	25832	69975	94884	19661	72828	00102	66794
44	53976	54914	06990	67245	68350	82948	11398	42878	80287	88267	47363	46634	06541	97809
45	76072	29515	40980	07391	58745	25774	22987	80059	39911	96189	41151	14222	60697	59583
46	90725	52210	83974	29992	65831	38857	50490	83765	55657	14361	31720	57375	56228	41546
47	64364	67412	33339	31926	14883	24413	59744	92351	97473	89286	35931	04110	23726	51900
48	08962	00358	31662	25388	61642	34072	81249	35648	56891	69352	48373	45578	78547	81788
49	95012	68397	93526	70765	10592	04542	76463	54328	02349	17247	28865	14777	62730	92277
50	15664	10493	20492	38391	91132	21999	59516	81652	27195	48223	46751	22923	32261	85653

Abridged from *Handbook of Tables for Probability and Statistics*, 2nd edition, edited by William H. Beyer (Cleveland: The Chemical Rubber Compan 1968). Reproeuced by permission of the publishers, The Chemical Rubber Company.

표 5. (계속)

행/열	(1)	(2)	(3)	(4)	(5)	(6)	(7)	(8)	(9)	(10)	(11)	(12)	(13)	(14)
51	16408	81899	04153	53381	79401	21438	83035	92350	36693	31238	59649	91754	72772	02338
52	18629	81953	05520	91962	04739	13092	97662	24822	94730	06496	35090	04822	86774	98289
53	73115	35101	47498	87637	99016	71060	88824	71013	18735	20286	23153	72924	35165	43040
54	57491	16703	23167	49323	45021	33132	12544	41035	80780	45393	44812	12515	98931	91202
55	30405	83946	23792	14422	15059	45799	22716	19792	09983	74353	68668	30429	70735	25499
56	16631	35006	85900	98275	32388	52390	16815	69298	82732	38480	73817	32523	41961	44437
57	96773	20206	42559	78985	05300	22164	24369	54224	35083	19687	11052	91491	60383	19746
58	38935	64202	14349	82674	66523	44133	00697	35552	35970	19124	63318	29686	03387	59846
59	31624	76384	17403	53363	44167	64486	64758	75366	76554	31601	12614	33072	60332	92325
60	78919	19474	23632	27889	47914	02584	37680	20801	72152	39339	34806	08930	85001	87820
61	03931	33309	57047	74211	63445	17361	62825	39908	05607	91284	68833	25570	38818	46920
62	74426	33278	43972	10119	89917	15665	52872	73823	73144	88662	88970	74492	51805	99378
63	09066	00903	20975	95452	92648	45454	09552	88815	16553	51125	79375	97596	16296	66092
64	42238	12426	87025	14267	20979	04508	64535	31355	86064	29472	47689	05974	52468	16834
65	16153	08002	26504	41744	81959	65642	74240	56302	00033	67107	77510	70625	28725	34191
66	21457	40742	29820	96783	29400	21840	15035	34537	33310	06116	95240	15957	16572	06004
67	21581	57802	02050	89728	17937	37621	47075	42080	97403	48626	68995	43805	33386	21597
68	55612	78095	83197	33732	05810	24813	86902	60397	16489	03264	88525	42786	05269	92532
69	44657	66999	99324	51281	84463	60563	79312	93454	68876	25471	93911	25650	12682	73572
70	91340	84979	46949	81973	37949	61023	43997	15623	80644	43942	89203	71795	99533	50501
71	91227	21199	31935	27022	84067	05462	35216	14486	29891	68607	41867	14951	91696	85065
72	50001	38140	66321	19924	72163	09538	12151	06878	91903	18749	34405	56087	82790	70925
73	65390	05224	72958	28609	81406	39147	25549	48542	42627	45233	57202	94617	23772	07896
74	27504	96131	83944	41575	10573	08619	64482	73923	36152	05184	94142	25299	84387	34925
75	37169	94851	39117	89632	00959	16487	65536	49071	39782	17095	02330	74301	00275	48280

표 5. (계속)

행/열	(1)	(2)	(3)	(4)	(5)	(6)	(7)	(8)	(9)	(10)	(11)	(12)	(13)	(14)
76	11508	70225	51112	38351	19444	66499	71945	05422	13442	78675	84081	66938	93654	59894
77	37449	30362	06694	54690	04052	53115	62757	95348	78662	11163	81651	50245	34971	52924
78	46515	70331	85922	38329	57015	15765	97161	17869	45349	61796	66345	81073	49106	79860
79	30986	81223	42416	58353	21532	30502	32305	86482	05174	07901	54339	58861	74818	46942
80	63798	64995	46583	09785	44160	78128	83991	42885	92520	83531	80377	35909	81250	54238
81	82486	84846	99254	67632	43218	50076	21361	64816	51202	88124	41870	52689	51275	83556
82	21885	32906	92431	09060	64297	51674	64126	62570	26123	05155	59194	52799	28225	85762
83	60336	98782	07408	53458	13564	59089	26445	29789	85205	41001	12535	12133	14645	23541
84	43937	46891	24010	25560	86355	33941	25786	54990	71899	15475	95434	98227	21824	19585
85	97656	63175	89303	16275	07100	92063	21942	18611	47348	20203	18534	03862	78095	50136
86	03299	01221	05418	38982	55758	92237	26759	86367	21216	98442	08303	56613	91511	75928
87	79626	06486	03574	17668	07785	76020	79924	25651	83325	88428	85076	72811	22717	50585
88	85636	68335	47539	03129	65651	11977	02510	26113	99447	68645	34327	15152	55230	93448
89	18039	14367	61337	06177	12143	46609	32989	74014	64708	00533	35398	58408	13261	47908
90	08362	15656	60627	36478	65648	16764	53412	09013	07832	41574	17639	82163	60859	75567
91	79556	29068	04142	16268	15387	12856	66227	38358	22478	73373	88732	09443	82558	05250
92	92608	82674	27072	32534	17075	27698	98204	63863	11951	34648	88022	56148	34925	57031
93	23982	25835	40055	67006	12293	02753	14827	23235	35071	99704	37543	11601	35503	85171
94	09915	96306	05908	97901	28395	14186	00821	80703	70426	75647	76310	88717	37890	40129
95	59037	33300	26695	62247	69927	76123	50842	43834	86654	70959	79725	93872	28117	19233
96	42488	78077	69882	61657	34136	79180	97526	43092	04098	73571	80799	76536	71255	64239
97	46764	86273	63003	93017	31204	36692	40202	35275	57306	55543	53203	18098	47625	88684
98	03237	45430	55417	63282	90816	17349	88298	90183	36600	78406	06216	95787	42579	90730
99	86591	81482	52667	61582	14972	90053	89534	76036	49199	43716	97548	04379	46370	28672
100	38534	01715	94964	87288	65680	43772	39560	12918	86537	62738	19636	51132	25739	56947

Abridged from *Handbook of Tables for Probability and Statistics*, 2nd edition, edited by William H. Beyer (Cleveland: The Chemical Rubber Company, 1968). Reproeuced by permission of the publishers, The Chemical Rubber Company.

표 6. 이항분포표

		p										
n	*x*	0.05	0.1	0.2	0.3	0.4	0.5	0.6	0.7	0.8	0.9	0.95
2	0	0.902	0.810	0.640	0.490	0.360	0.250	0.160	0.090	0.040	0.010	0.002
	1	0.095	0.180	0.320	0.420	0.480	0.500	0.480	0.420	0.320	0.180	0.095
	2	0.002	0.010	0.040	0.090	0.160	0.250	0.360	0.490	0.640	0.810	0.902
3	0	0.857	0.729	0.512	0.343	0.216	0.125	0.064	0.027	0.008	0.001	
	1	0.135	0.243	0.384	0.441	0.432	0.375	0.288	0.189	0.096	0.027	0.007
	2	0.007	0.027	0.096	0.189	0.288	0.375	0.432	0.441	0.384	0.243	0.135
	3		0.001	0.008	0.027	0.064	0.125	0.216	0.343	0.512	0.729	0.857
4	0	0.815	0.656	0.410	0.240	0.130	0.062	0.026	0.008	0.002		
	1	0.171	0.292	0.410	0.412	0.346	0.250	0.154	0.076	0.026	0.004	
	2	0.014	0.049	0.154	0.265	0.346	0.375	0.346	0.265	0.154	0.049	0.014
	3		0.004	0.026	0.076	0.154	0.250	0.346	0.412	0.410	0.292	0.171
	4			0.002	0.008	0.026	0.062	0.130	0.240	0.410	0.656	0.815
5	0	0.774	0.590	0.328	0.168	0.078	0.031	0.010	0.002			
	1	0.204	0.328	0.410	0.360	0.259	0.156	0.077	0.028	0.006		
	2	0.021	0.073	0.205	0.309	0.346	0.312	0.230	0.132	0.051	0.008	0.001
	3	0.001	0.008	0.051	0.132	0.230	0.312	0.346	0.309	0.205	0.073	0.021
	4			0.006	0.028	0.077	0.156	0.259	0.360	0.410	0.328	0.204
	5				0.002	0.010	0.031	0.078	0.168	0.328	0.590	0.774
6	0	0.735	0.531	0.262	0.118	0.047	0.016	0.004	0.001			
	1	0.232	0.354	0.393	0.303	0.187	0.094	0.037	0.010	0.002		
	2	0.031	0.098	0.246	0.324	0.311	0.234	0.138	0.060	0.015	0.001	
	3	0.002	0.015	0.082	0.185	0.276	0.312	0.276	0.185	0.082	0.015	0.002
	4		0.001	0.015	0.060	0.138	0.234	0.311	0.324	0.246	0.098	0.031
	5			0.002	0.010	0.037	0.094	0.187	0.303	0.393	0.354	0.232
	6				0.001	0.004	0.016	0.047	0.118	0.262	0.531	0.735
7	0	0.698	0.478	0.210	0.082	0.028	0.008	0.002				
	1	0.257	0.372	0.367	0.247	0.131	0.055	0.017	0.004			
	2	0.041	0.124	0.275	0.318	0.261	0.164	0.077	0.025	0.004		
	3	0.004	0.023	0.115	0.227	0.290	0.273	0.194	0.097	0.029	0.003	
	4		0.003	0.029	0.097	0.194	0.273	0.290	0.227	0.115	0.023	0.004
	5			0.004	0.025	0.077	0.164	0.261	0.318	0.275	0.124	0.041
	6				0.004	0.017	0.055	0.131	0.247	0.367	0.372	0.257
	7					0.002	0.008	0.028	0.082	0.210	0.478	0.698
8	0	0.663	0.430	0.168	0.058	0.017	0.004	0.001				
	1	0.279	0.383	0.336	0.198	0.090	0.031	0.008	0.001			
	2	0.051	0.149	0.294	0.296	0.209	0.109	0.041	0.010	0.001		
	3	0.005	0.033	0.147	0.254	0.279	0.219	0.124	0.047	0.009		
	4		0.005	0.046	0.136	0.232	0.273	0.232	0.136	0.046	0.005	
	5			0.009	0.047	0.124	0.219	0.279	0.254	0.147	0.033	0.005
	6			0.001	0.010	0.041	0.109	0.209	0.296	0.294	0.149	0.051
	7				0.001	0.008	0.031	0.090	0.198	0.336	0.383	0.279
	8					0.001	0.004	0.017	0.058	0.168	0.430	0.663

표 6. (계속)

		p										
n	*x*	0.05	0.1	0.2	0.3	0.4	0.5	0.6	0.7	0.8	0.9	0.95
9	0	0.630	0.387	0.134	0.040	0.010	0.002					
	1	0.299	0.387	0.302	0.156	0,060	0.018	0.004				
	2	0.063	0.172	0.302	0.267	0.161	0.070	0.021	0.004			
	3	0.008	0.045	0.176	0.267	0.251	0.164	0.074	0.021	0.003		
	4	0.001	0.007	0.066	0.172	0.251	0.246	0.167	0.074	0.017	0.001	
	5		0.001	0.017	0.074	0.167	0.246	0.251	0.172	0.066	0.007	0.001
	6			0.003	0.021	0.074	0.164	0.251	0.267	0.176	0.045	0.008
	7				0.004	0.021	0.070	0.161	0.267	0.302	0.172	0.063
	8					0.004	0.018	0.060	0.156	0.302	0.387	0.299
	9						0.002	0.010	0.040	0.134	0.387	0.630
10	0	0.599	0.349	0.107	0.028	0.006	0.001					
	1	0.315	0.387	0.268	0.121	0.040	0.010	0.002				
	2	0.075	0.194	0.302	0.233	0.121	0.044	0.011	0.001			
	3	0.010	0.057	0.201	0.267	0.215	0.117	0.042	0.009	0.001		
	4	0.001	0.011	0.088	0.200	0.251	0.205	0.111	0.037	0.006		
	5		0.001	0.026	0.103	0.201	0.246	0.201	0.103	0.026	0.001	
	6			0.006	0.037	0.111	0.205	0.251	0.200	0.088	0.011	0.001
	7			0.001	0.009	0.042	0.117	0.215	0.267	0.201	0.057	0.010
	8				0.001	0.011	0.044	0.121	0.233	0.302	0.194	0.075
	9					0.002	0.010	0.040	0.121	0.268	0.387	0.315
	10						0.001	0.006	0.028	0.107	0.349	0.599
11	0	0.569	0.314	0.086	0.020	0.004						
	1	0.329	0.384	0.236	0.093	0.027	0.005	0.001				
	2	0.087	0.213	0.295	0.200	0.089	0.027	0.005	0.001			
	3	0.014	0.071	0.221	0.257	0.177	0.081	0.023	0.004			
	4	0.001	0.016	0.111	0.220	0.236	0.161	0.070	0.017	0.002		
	5		0.002	0.039	0.132	0.221	0.226	0.147	0.057	0.010		
	6			0.010	0.057	0.147	0.226	0.221	0.132	0.039	0.002	
	7			0.002	0.017	0.070	0.161	0.236	0.220	0.111	0.016	0.001
	8				0.004	0.023	0.081	0.177	0.257	0.221	0.071	0.014
	9				0.001	0.005	0.027	0.089	0.200	0.295	0.213	0.087
	10					0.001	0.005	0.027	0.093	0.236	0.384	0.329
	11							0.004	0.020	0.086	0.314	0.569
12	0	0.540	0.282	0.069	0.014	0.002						
	1	0.341	0.377	0.206	0.071	0.017	0.003					
	2	0.099	0.230	0.283	0.168	0.064	0.016	0.002				
	3	0.017	0.085	0.236	0.240	0.142	0.054	0.012	0.001			
	4	0.002	0.021	0.133	0.231	0.213	0.121	0.042	0.008	0.001		
	5		0.004	0.053	0.158	0.227	0.193	0.101	0.029	0.003		
	6			0.016	0.079	0.177	0.226	0.177	0.079	0.016		
	7			0.003	0.029	0.101	0.193	0.227	0.158	0.053	0.004	
	8			0.001	0.008	0.042	0.121	0.213	0.231	0.133	0.021	0.002
	9				0.001	0.012	0.054	0.142	0.240	0.236	0.085	0.017
	10					0.002	0.016	0.064	0.168	0.283	0.230	0.099
	11						0.003	0.017	0.071	0.206	0.377	0.341
	12							0.002	0.014	0.069	0.282	0.540

표 7. 포아송분포표

x	0.1	0.2	0.3	0.4	0.5	0.6	0.7	0.8	0.9	1.0
0	0.9048	0.8187	0.7408	0.6703	0.6065	0.5488	0.4966	0.4493	0.4066	0.3679
1	0.0905	0.1637	0.2222	0.2681	0.3033	0.3293	0.3476	0.3595	0.3659	0.3679
2	0.0045	0.0164	0.0333	0.0536	0.0758	0.0988	0.1216	0.1438	0.1647	0.1839
3	0.0002	0.0011	0.0033	0.0072	0.0126	0.0198	0.0284	0.0383	0.0494	0.0613
4		0.0001	0.0002	0.0007	0.0016	0.0030	0.0050	0.0077	0.0111	0.0153
5				0.0001	0.0002	0.0003	0.0007	0.0012	0.0020	0.0031
6							0.0001	0.0002	0.0003	0.0005
7										0.0001

λ

x	1.1	1.2	1.3	1.4	1.5	1.6	1.7	1.8	1.9	2.0
0	0.3329	0.3012	0.2725	0.2466	0.2231	0.2019	0.1827	0.1653	0.1496	0.1353
1	0.3662	0.3614	0.3543	0.3452	0.3347	0.3230	0.3106	0.2975	0.2841	0.2707
2	0.2014	0.2169	0.2303	0.2417	0.2510	0.2584	0.2640	0.2678	0.2700	0.2707
3	0.0738	0.0867	0.0998	0.1127	0.1255	0.1378	0.1496	0.1607	0.1710	0.1804
4	0.0203	0.0260	0.0324	0.0395	0.0471	0.0551	0.0636	0.0723	0.0812	0.0902
5	0.0045	0.0062	0.0084	0.0111	0.0141	0.0176	0.0215	0.0260	0.0309	0.0361
6	0.0008	0.0012	0.0018	0.0026	0.0035	0.0047	0.0061	0.0078	0.0098	0.0120
7	0.0001	0.0002	0.0003	0.0005	0.0008	0.0011	0.0015	0.0020	0.0027	0.0034
8			0.0001	0.0001	0.0001	0.0002	0.0003	0.0005	0.0006	0.0009
9							0.0001	0.0001	0.0001	0.0002

λ

x	2.1	2.2	2.3	2.4	2.5	2.6	2.7	2.8	2.9	3.0
0	0.1225	0.1108	0.1003	0.0907	0.0821	0.0743	0.0672	0.0608	0.0550	0.0498
1	0.2572	0.2438	0.2306	0.2176	0.2052	0.1931	0.1815	0.1703	0.1596	0.1494
2	0 2700	0.2681	0.2652	0.2613	0.2565	0.2510	0.2450	0.2384	0.2314	0.2240
3	0.1890	0.1966	0.2033	0.2090	0.2138	0.2176	0.2205	0.2225	0.2237	0.2240
4	0.0992	0.1082	0.1169	0.1254	0.1336	0.1414	0.1488	0.1557	0.1622	0.1680
5	0.0416	0.0476	0.0538	0.0602	0.0668	0.0735	0.0804	0.0872	0.0940	0.1008
6	0.0146	0.0174	0.0206	0.0241	0.0278	0.0319	0.0362	0.0407	0.0455	0.0504
7	0.0044	0.0055	0.0068	0,0083	0.0099	0.0118	0.0139	0.0163	0.0188	0.0216
8	0.0011	0.0015	0.0019	0.0025	0.0031	0.0038	0.0046	0.0057	0.0068	0.0081
9	0.0003	0.0004	0.0005	0.0007	0.0009	0.0011	0.0014	0.0018	0.0022	0.0027
10	0.0001	0.0001	0.0001	0.0002	0.0002	0.0003	0.0004	0.0005	0.0006	0.0008
11						0.0001	0.0001	0.0001	0.0002	0.0002
12										0.0001

λ

x	3.1	3.2	3.3	3.4	3.5	3.6	3.7	3.8	3.9	4.0
0	0.0450	0.0408	0.0369	0.0334	0.0302	0.0273	0.0247	0.0224	0.0202	0.0183
1	0.1397	0.1304	0.1217	0.1135	0.1057	0.0983	0.0915	0.0850	0.0789	0.0733
2	0.2165	0.2087	0.2008	0.1929	0.1850	0.1771	0.1692	0.1615	0.1539	0.1465
3	0.2236	0.2226	0.2209	0.2186	0.2158	0.2125	0.2087	0.2046	0.2001	0.1954
4	0.1734	0.1781	0.1823	0.1858	0.1887	0.1912	0.1931	0.1944	0.1951	0.1954
5	0.1075	0.1140	0.1203	0.1264	0.1322	0.1377	0.1429	0.1477	0.1522	0.1563
6	0.0555	0.0607	0.0662	0.0716	0.0771	0.0826	0.0881	0.0936	0.0989	0.1042
7	0.0246	0.0278	0.0312	0.0348	0.0385	0.0425	0.0466	0.0508	0.0551	0.0595
8	0.0095	0.0111	0.0128	0.0148	0.0169	0.0191	0.0215	0.0241	0.0269	0.0298
9	0.0033	0.0040	0.0047	0.0056	0.0066	0.0076	0.0089	0.0102	0.0116	0.0132
10	0.0010	0.0013	0.0016	0.0018	0.0023	0.0028	0.0033	0.0039	0.0045	0.0053
11	0.0003	0.0004	0.0005	0.0006	0.0007	0.0009	0.0011	0.0013	0.0016	0.0019
12	0.0001	0.0001	0.0001	0.0002	0.0002	0.0003	0.0003	0.0004	0.0005	0.0006
13					0.0001	0.0001	0.0001	0.0001	0.0002	0.0002
14										0.0001

참고문헌

교육부(2011), 수학과 교육과정, 교육과학기술부 고시 제2011-361호[별책 8]
김기영, 박유성, 송석헌, 신한풍, 이재원, 이재창, 장인식, 전명식, 허명회(2004), 통계적 탐구, 교우사.
김민경, 김성수, 이기재(2002), 국가통계의 이해, 한국방송통신대학교출판부.
김응환(2004), 학교수학에서 통계교육의 개선방향, 한국학교수학회 논문집 제7권 2호.
김응환(1996), 확률밀도함수의 교과서의 재구성, 수학교육 제35권 2호.
노마 히데키(2012), 한글의 탄생, 돌베개.
박영옥, 신지은, 이부일, 황현식, 이석훈(2013), SPSS를 활용한 통계자료분석, 경문사.
번스타인(1998), 리스크, 한국경제신문사.
마이클셔머(2005), 과학의 변경지대, 김희봉옮김, 사이언북스.
스티븐 스티글러(2005), 통계학의 역사, 조재근 옮김, 한길사.
시오노 나나미(1999), 로마인 이야기, 한길사.
앨프리드 크로비스(2005), 수량화 혁명, 심산
이기석, 노희방(1994), 지도로 본 서울, 서울시정개발연구원, 성지문화사.
이계오, 박진우, 이기재(1999), 표본조사론, 한국방송대학교 출판부.
이광휘(2001), 일류국가의 길, 문학사상사.
이석훈, 김응환(1999), 통계와 확률지도론, 경문사.
이석훈, 신지은(2011), 관계와 통계적 모형, 경문사.
오창혁, 신재경(1995), 표본조사, 교우사.
잭 웰치(2003), 끝없는 도전과 용기, 청림사.
전명식(1991), 수리통계학, 자유아카데미.
전종우, 손건태(2000), 확률의 개념 및 응용, 자유아카데미.
정한영(1995), 통계학사개론, 한림대출판부.
제임스 글리크(1993), 카오스, 동문사.
폴 힐트(2001), 수학없는 물리, 홍릉과학출판사.
후쿠야마(1996), 트러스트, 한국경제신문사.
히로나까(1996), 학문의 즐거움, 김영사.
한국통계학회(1997), 통계학용어집, 자유아카데미.
허명회(2008), SPSS를 활용한 통계적 방법론 2판, 한나래아카데미.
허명회(1997), 통계적 개념, 방법, 응용, 자유아카데미.

허명회(1992), 비교연구를 위한 통계적 방법론, 자유아카데미.
허명회(1991), 통계학사 콜로키움, 자유아카데미.

Aliaga, Martha and Gunderson, Brenda, Interactive Statistics, 2nd edition, Prentice Hall Companion, 2003.

American Statistical Association(1991), Guidelines for the teaching of statistics K-12 mathematics curriculum, Landover, MD: Corporate Press.

Berlinghoff, William P. and Gouvea, Fernando Q. (2004), Math through the Ages: A gentle history for teachers and others, expended edition, Oxton House Publishers.

Chatterjee(2003), Statistical Thought; a perspective and history, Oxford University Press.

Crucio, F. R.(1987), Comprehension of mathematical relationships express in graphs, Journal for Research in Mathematics Education, 18, 382-393.

Gordon, Sheldon and Florence(1992), Statistics for the Twenty-First Century, The Mathematical Association of America, Washington, D.C.

Garfield, J., and Ahlgren, A.(1988), Difficulties in learning basic concepts in probability and statistcs: Implications for research, Journal for Research in Mathematics Education, 19(1), 44-63.

Gelman, Andrew and Nolan, Deborah(2002), Teaching Statistics; A Bag of Tricks, Oxford University Press.

Hogg and Tanis(2001), Probability and statistical inference, 6th edition, Prentise Hall.

Kilpatrik, J. (2001), adding it up: helping children learn mathematics, national research council, National Academy Press.

Lajoie, Susanne P.(1998), Reflections on Statistics; learning, teaching, and assessment in grades k-12, Lawrence Erlbaum Associates, Publishers, New Jersey.

Lajoie, S. P., Jacobs, V. R. and Lavigne, N. C.(1995), Empowering children in the use of statistics, Journal of Mathematical Behavior, 14(4), 401-425.

MAA(1995), Proofs without words-Exercises in visual thinking.

Moore, David S. (1997), Statistics: concepts and conversation, 4th edition, Freeman.

Moore, Tom(2000), Teaching Statistics: Resources for Undergraduate Instructors, The Mathematical Association of America, MAA Notes Volume 52, Washington, D.C.

National Council of Teachers of Mathematics(1989), Curriculum and evaluation standards for school mathematics, Reston, Virginia: Author.

National Council of Teachers of Mathematics(1995), Assesment standards for teaching mathematics, Reston, Virginia: Author.

National Council of Teachers of Mathematics(2000), The principles and standards for school mathematics, Reston, Virginia: Author.

Rossman, Allan J. and Chance, Beth L. (2001), Workshop Statistics discovery with data, 2nd edition, Key College Publishing.

Ross, Sheldon(1998), A First Course in Probability, 5th edition, Prentice-Hall, Inc.

Scheaffer, R. L., Watkins, A. E. and Landwehr, J. M.(1998), Reflection on Statistics, edited by Susanne P. Lajoie: What every high-school graduate should know about statistics, pp. 3-31.

Shulman, L. S.(1987), Knowledge and teaching: Foundations of the new reform. Harvard Educational Review,

57, 1-22.

Tankard, James W. Jr(1984), The Statistical Pioneers, Schenkman Publishing Company, Inc. Massachusetts.

The College Board(2003), teacher's guide AP statistics, Advanced Placement Program.

Tufte, E. R.(1983), The visual display of quantitative information. Cheshire. CT: Graphics Press.

Tufte, E. R.(2002), The Visual display of Quantitative Information, 2nd edition, Graphics Press.

Tukey, John W. (1976), Exploratory Data Analysis, Princeton University and Bell Telephone Laboratories.

Wilkinson, Leland (1999), The Grammar of Graphics, Springer.

Woolf, H.(1961), Quantification: A History of the Meaning of Measurement in the Natural and Social Science, Bobbs-Merrill, pp. 5-12.

찾아보기

[ㅅ]

[ㅇ]

[ㅈ]

통계와 확률 교육

지은이 김응환 · 이석훈
펴낸이 조경희
펴낸곳 경문사
펴낸날 2015년 2월 5일 1판 1쇄
2019년 9월 1일 1판 2쇄
등 록 1979년 11월 9일 제313-1979-23호
주 소 04057, 서울특별시 마포구 와우산로 174
전 화 (02)332-2004 팩스 (02)336-5193
이메일 kyungmoon@kyungmoon.com
facebook facebook.com/kyungmoonsa

값 22,000원

ISBN 978-89-6105-840-7